"十四五"职业教育国家规划教材
"十三五"职业教育国家规划教材
高等职业教育农业农村部"十三五"规划教材

中草药

ZHONGCAOYAO
ZAIPEI JISHU

栽培技术

张成霞 林向群 主编

U0208863

中国农业出版社
北　京

内容简介

本教材分为上篇和下篇。上篇主要介绍中草药的繁殖技术，包括两个项目：项目一着重介绍中草药的有性繁殖技术，项目二着重介绍中草药的扦插、嫁接、分株、压条和组培等无性繁殖技术。下篇主要介绍中草药的栽培技术，包括7个项目，分别按照根及根茎类药材、种子果实类药材、全草类药材、叶类药材、花类药材、皮类药材、菌类药材等7个类型对84种药材从任务目标、知识准备（包括每种中草药的概述、形态特征、生物学特性等）、任务实施（包括种植、病虫害防治、采收加工、包装与贮藏、商品质量标准等）、任务评价4个方面全面阐述中草药特征、生物学特性以及种植的全生产过程。

本教材作为高等职业院校相关专业教材，也可供广大药材种植户使用。

编写人员名单

主　编　张成霞　林向群

副主编　孙　燕　张　晶　沈文彤

编　者　（以姓氏笔画为序）

马秀梅　安明显　孙　燕　沈文彤

张　晶　张成霞　林向群

〖前言〗

在"回归自然"的潮流袭卷全球的今天，天然药物以其较小的毒副作用越来越受到人们的青睐，这无疑成为我国中草药种植业发展的绝好契机。随着人类社会的不断进步与发展，人类健康观念发生了显著改变，已由单纯的疾病治疗型转变为预防、保健、治疗相结合。中草药正成为研究开发预防癌症、艾滋病、心脑血管病、糖尿病等疾病的新药药源。同时，随着现代人类疾病谱发生的显著变化，中草药在治疗现代疾病，如心脑血管疾病、神经系统病症、代谢和消化系统疾病、恶性肿瘤、自身免疫性疾病等方面有独特的优势和潜力。中草药在保健食品、天然香料、化妆品市场也都有广阔的发展前景。我国疆域辽阔，地形、气候条件多种多样，蕴藏着极为丰富的中草药资源，中草药的栽培、采集、加工和利用在我国历史悠久，人民群众在中草药栽培方面积累了丰富的经验。但种植加工粗放，规格及质量标准不规范，农药残留、重金属含量超标，贮藏及包装落后，个体生产、分散经营，未形成产业，生产调节困难、市场反馈乏力，新技术、新方法难以推广等成为中药材产业化、现代化发展的瓶颈。为了进一步规范中草药的种植，适应新的时代要求，特编写本教材。

本教材在内容安排上是围绕中草药的繁殖技术和栽培技术两个部分来编写的。以中草药的繁殖、种植、施肥及病虫害防治等重点生产任务为载体，把较为重要的84种中草药按照7个项目84个任务，分别从任务目标、知识准备、任务实施、任务评价4个方面全面阐述中草药特征、生物学特性以及种植的全生产过程。本教材理论联系实践，有较好的实用性。

本教材在编写过程中，参考、选用了大量的文献资料，借鉴了民间中草药的种植和加工经验，从生产实际出发，可操作性强，通俗易懂，技术先进，科学实用，便于掌握。由于编者水平所限，不当之处在所难免，恳请专家、同行和广大读者批评指正。

编　者

2018 年 3 月

〖 目 录 〗

前言

上篇　中草药繁殖技术

项目一　中草药的有性繁殖 ·· 3

项目二　中草药的无性繁殖 ·· 10

    任务一　中草药的扦插繁殖 ·· 10

    任务二　中草药的嫁接繁殖 ·· 13

    任务三　中草药的分离繁殖 ·· 16

    任务四　中草药的压条繁殖 ·· 18

    任务五　中草药的组培快繁 ·· 19

下篇　中草药栽培技术

项目三　根及根茎类药材的栽培 ·· 27

    任务一　百合的栽培 ·· 27

    任务二　白芍的栽培 ·· 31

    任务三　白术的栽培 ·· 35

    任务四　板蓝根的栽培 ·· 39

    任务五　半夏的栽培 ·· 42

    任务六　苍术的栽培 ·· 47

    任务七　柴胡的栽培 ·· 50

    任务八　川贝母的栽培 ·· 54

    任务九　川芎的栽培 ·· 58

    任务十　丹参的栽培 ·· 61

    任务十一　当归的栽培 ·· 67

    任务十二　党参的栽培 ·· 72

任务十三　大黄的栽培 ……………………………………………………… 77

任务十四　地黄的栽培 ……………………………………………………… 81

任务十五　防风的栽培 ……………………………………………………… 84

任务十六　甘草的栽培 ……………………………………………………… 88

任务十七　葛根的栽培 ……………………………………………………… 94

任务十八　何首乌的栽培 …………………………………………………… 97

任务十九　黄连的栽培 ……………………………………………………… 101

任务二十　黄芪的栽培 ……………………………………………………… 107

任务二十一　桔梗的栽培 …………………………………………………… 111

任务二十二　人参的栽培 …………………………………………………… 115

任务二十三　三七的栽培 …………………………………………………… 120

任务二十四　山药的栽培 …………………………………………………… 123

任务二十五　天麻的栽培 …………………………………………………… 127

任务二十六　西洋参的栽培 ………………………………………………… 131

任务二十七　延胡索的栽培 ………………………………………………… 136

任务二十八　远志的栽培 …………………………………………………… 139

任务二十九　浙贝母的栽培 ………………………………………………… 143

任务三十　知母的栽培 ……………………………………………………… 146

任务三十一　泽泻的栽培 …………………………………………………… 149

项目四　种子果实类药材的栽培 …………………………………………… 154

任务一　车前的栽培 ………………………………………………………… 154

任务二　枸杞的栽培 ………………………………………………………… 157

任务三　胡椒的栽培 ………………………………………………………… 160

任务四　决明子的栽培 ……………………………………………………… 164

任务五　莲的栽培 …………………………………………………………… 166

任务六　连翘的栽培 ………………………………………………………… 169

任务七　罗汉果的栽培 ……………………………………………………… 173

任务八　芡实的栽培 ………………………………………………………… 176

任务九　砂仁的栽培 ………………………………………………………… 180

任务十　山楂的栽培 ………………………………………………………… 184

任务十一　山茱萸的栽培 …………………………………………………… 187

任务十二　酸枣仁的栽培 …………………………………………………… 194

任务十三　王不留行的栽培 ………………………………………………… 196

任务十四　五味子的栽培 …………………………………………………… 199

任务十五　薏苡的栽培 …………………………………………………………… 203

任务十六　银杏的栽培 …………………………………………………………… 206

任务十七　栀子的栽培 …………………………………………………………… 210

项目五　全草类药材的栽培 ………………………………………………………… 214

任务一　薄荷的栽培 ……………………………………………………………… 214

任务二　穿心莲的栽培 …………………………………………………………… 219

任务三　藿香的栽培 ……………………………………………………………… 223

任务四　绞股蓝的栽培 …………………………………………………………… 225

任务五　金钱草的栽培 …………………………………………………………… 229

任务六　荆芥的栽培 ……………………………………………………………… 232

任务七　麻黄的栽培 ……………………………………………………………… 236

任务八　石斛的栽培 ……………………………………………………………… 239

任务九　细辛的栽培 ……………………………………………………………… 244

任务十　益母草的栽培 …………………………………………………………… 248

项目六　叶类药材的栽培 …………………………………………………………… 253

任务一　半枝莲的栽培 …………………………………………………………… 253

任务二　侧柏的栽培 ……………………………………………………………… 256

任务三　芦荟的栽培 ……………………………………………………………… 259

任务四　桑叶的栽培 ……………………………………………………………… 262

任务五　茵陈的栽培 ……………………………………………………………… 266

任务六　紫苏的栽培 ……………………………………………………………… 268

项目七　花类药材的栽培 …………………………………………………………… 273

任务一　白兰的栽培 ……………………………………………………………… 273

任务二　丁子香的栽培 …………………………………………………………… 276

任务三　番红花的栽培 …………………………………………………………… 280

任务四　桂花的栽培 ……………………………………………………………… 283

任务五　红花的栽培 ……………………………………………………………… 286

任务六　金银花的栽培 …………………………………………………………… 290

任务七　菊花的栽培 ……………………………………………………………… 294

任务八　玫瑰花的栽培 …………………………………………………………… 299

任务九　辛夷的栽培 ……………………………………………………………… 303

任务十　月季花的栽培 …………………………………………………………… 306

项目八 皮类药材的栽培 ··· 310

任务一 牡丹皮的栽培 ··· 310

任务二 杜仲的栽培 ··· 314

任务三 厚朴的栽培 ··· 318

任务四 黄柏的栽培 ··· 321

任务五 肉桂的栽培 ··· 325

项目九 菌类药材的栽培 ··· 329

任务一 茯苓的栽培 ··· 329

任务二 猴头菇的栽培 ··· 333

任务三 灰树花的栽培 ··· 337

任务四 灵芝的栽培 ··· 343

任务五 猪苓的栽培 ··· 347

参考文献 ··· 352

上 篇

【中草药繁殖技术】

"课程思政"
教学目标
（上篇）

中草药的有性繁殖

【任务目标】

通过本任务的学习，能熟练掌握常见中草药有性繁殖的主要技术流程，能独立完成中草药有性繁殖的工作。

【知识准备】

用种子进行繁殖的过程称为有性繁殖。有性繁殖具有简便、快速、数量大、苗株根系完整、生长健壮、寿命长等优点，也是用于新品种培育的常规方法。

种子繁殖

种子是有生命的特殊商品，种子的选购应注意以下几点：首先应该从切实可靠的科研单位和种子公司购买种子；其次，购买有商标及信誉较好的包装种子；第三，从种子的质量上看，质量高的种子一般净度较高，没有梗子、杂质及其他种子颜色，粒形均匀一致，种子表皮富有光泽、新鲜，有些种子还具有特殊的味道，如芹菜、胡萝卜等的新种子比陈种子味道浓。

一、药用植物种子的采收

药用植物种类繁多，其种子的形状、大小、颜色、寿命和发芽特性都不一样。药用植物种子的成熟期随植物种类、生态环境、花的着生部位等不同而差异较大。种子成熟期间，需注意观察，一旦成熟立即采收，并进行适当处理，以备播种或贮藏。种子成熟过程包括生理成熟和形态成熟。生理成熟就是种子发育到一定大小，种胚具有发芽能力。形态成熟就是种子中营养物质停止了积累，含水量减少，种皮坚硬致密，充实饱满，具有成熟时的颜色。一般情况下，种子的成熟过程是经过生理成熟再到形态成熟。有些种子是先完成形态成熟，后完成生理成熟，如刺五加、人参、西洋参等。种子成熟程度的确定，是根据种子形态成熟时的特征判断的。

种子成熟后要及时采收。如五味子等浆果类种子，应将果实浸入水中，使果肉与种子分离，然后用清水淘洗，漂选，风干；桔梗等易开裂的蒴果、黄芪等荚果类种子，采收果实后在阳光下晒干，果皮开裂后取出种子。采收的种子需要通过粒选、筛选、风选和液体相对密度选等方法进行精选。无论选用何种方法都要选取大小整齐、饱满、无病虫害的种子留种。有些种子需要带果皮贮藏，直至播种前脱粒。

二、种子寿命

药用植物种子发芽能力（生活力）能够保持的年限称为种子的寿命。种子的寿命因药用植物种类不同而有较大差异，主要取决于种子的环境温度、成熟度、遗传特性和种子收获与贮藏条件。根据寿命不同，种子可划分为 3 种类型：短命种子，如天麻、白头翁、辽细辛等；中命种子，如黄芪、甘草等；长命种子，如野决明种子。在通常贮藏条件下，细辛、千里光约 30 d，贝母为 60 d；三花龙胆、大叶龙胆、金莲花、黑水缬草、金丝桃只有 3～4 个月；五味子、黄芩、桔梗等种子寿命相对较长，有 1～2 年的存活期。在生产中，一般以达到 50% 以上发芽率的贮藏时间为衡量种子寿命的标准。

影响种子寿命的因素有种子结构、种子贮藏物、种子含水量及种子成熟度等。种皮（或果皮）坚硬致密、不易透气透水的寿命长。一般含脂肪、蛋白质多的种子比含淀粉多的种子寿命长。干燥种子的含水量低，有利于延长种子生活力。通常种子含水量在 5%～14%，其含水量每降低 1%，种子寿命可增加 1 倍。当种子含水量为 18%～30% 时，容易迅速死亡。但是种子的含水量也不是越低越好，过分干燥或脱水过急，也会降低某些种子的生活力。大部分药用植物种子适宜干藏，最理想的贮藏条件是将充分干燥的种子密封于低温及相对湿度低的环境中。含水量低于 10% 时，温度在 2～4 ℃ 条件保存较好。此外，有少部分药用植物种子适宜贮藏在湿度较高的条件下，如细辛等。种子成熟度也影响种子的寿命。不成熟的种子寿命短于成熟种子。

此外，温度、湿度和通风条件也会严重影响种子的寿命。高温和高湿降低种子的寿命。温度在 0～50 ℃，每降低 5 ℃，寿命可延长 1 倍。大多数药用植物的种子需贮存在湿度 5%～15%、温度 10～20 ℃ 的低温干燥条件下，而有些药用植物种子应贮存在湿度 15%～17%、温度 −5～−1 ℃ 的条件下。如细辛、延胡索、棉团铁线莲等，低温条件下能保持其生活力，以利于种子的后熟过程。

三、种子的贮藏

种子贮藏的目的是保持药用植物种子的生活力。不同植物种子所需的适宜贮藏条件不同，因而贮藏方法也有差异。常采用的贮藏方法有以下几种。

（一）干燥贮藏法

将采回的种子干燥后装入麻袋、布袋或开放的容器中，存放于仓库或干燥凉爽通风的室内。在气候较湿润的地方，数量较少的种子可储存于罐、坛、瓶中，底部放些石灰或干燥木炭吸潮；如需长期保存，应将种子干燥至安全含水量，装入密封容器内，在低温条件下储存，如冰箱、冷藏库等。干燥、低温、缺氧等可降低种子的代谢和微生物繁衍，延长种子寿命。

（二）湿润贮藏法

对于一些在干燥条件下丧失生活力的种子，如黄连、三七、肉桂、细辛等种子，宜将种子与湿润基质混合贮藏。湿润基质一般都是就地取材，有腐殖土、沙、泥、蛭石、苔藓等。种子细小的多与腐殖土、湿沙混合储存；种子颗粒大的多与湿沙、湿土层积贮藏，即一层沙、土，再铺一层种子，每层 3～5 cm，层积 2～3 层。所用的腐殖土、沙等不宜过湿或过干，一般以含水量 2% 左右为宜（用手捏沙不会成团）。过湿易发生烂种，或者在贮藏期萌发；过干易使种子脱水干燥，丧失生活力。此类种子常有低温休眠特性，可在室外挖坑贮藏，上面盖土盖草，严防积水。贮藏期间要定期翻动检查，保持湿度适当。

（三）悬挂贮藏法

对不宜脱粒或需连果壳贮存的种子，如泽泻、白芥、栝楼、决明、丝瓜、川牛膝等，一般将果穗绑扎成小把悬挂于阴凉通风的室内、房檐下，让其自然干燥，储存至播种前脱粒。川牛膝果有钩刺，采收后将它们捏成团穿上竹篾悬挂贮藏，贮藏期忌烟熏火燎。

四、种子的休眠

具有生活力的种子处于适宜的发芽条件下，仍不正常发芽的现象称为种子的休眠。休眠是植物抵御不良环境的自我保护方式之一，通常分为自发休眠和强制休眠两种类型，前者是种子自身原因引起的休眠，称为自发休眠，后者是由于环境条件不适宜而引起的种子休眠，称为强制休眠。引起种子休眠的原因有以下几点。

（一）种皮不透水、不透气和机械障碍引起的休眠

有些植物种子种皮坚硬致密，或具有蜡质层不易透水透气，或产生机械的约束作用，阻碍种子吸水或种胚的生长。如果将胚单独取出，在适宜的环境条件下即可萌发。例如，黄芪、甘草等一些豆科植物的种子具有坚硬致密的种皮。这些种子可通过擦破种皮，极端高、低温，浓硫酸处理，采用高水压和高频发生器等物理、化学方法破除休眠。

（二）种皮（或果皮）阻碍抑制剂

从胚中排出或种皮本身存在抑制剂并供给种胚。有相当多的药用植物种子的种皮中存在活性比较高的抑制物质，如山葵种子的种皮中有抑制物质，去除种皮可使其发芽率提高到98%。

（三）种子萌发抑制物质的存在

存在于胚乳、胚、子叶或果汁中的种子萌发抑制物质，抑制种子的萌发。

（四）种胚未成熟

有些药用植物种子的胚形态发育不健全或种胚生理发育不健全，都会引起种子的自发休眠。这些种子需要通过后熟才能萌发。所谓后熟，是指种子经过一系列的生理生化变化才能萌发的过程。

1. 种胚形态发育不健全 自然成熟的种子，种胚在形态上发育不健全，如种胚的大小，这类种子的胚还需要吸收胚乳营养继续生长发育。

2. 种胚生理发育不健全 这类种子形态发育完全，但生理上未成熟，需要经历一段时间的低温才能萌发。五味子种子长期休眠的根本原因是胚的生理未完成后熟作用，经过一段时间的低温处理或赤霉素（GA）处理，能使五味子在正常的室温下裂口、发芽。

3. 种胚形态和生理发育不健全 这类种子的胚不仅在形态上发育不完全，生理上也未达到萌发的条件。胚后熟需要在较高的温度下完成形态上发育，然后在一定时期的低温下完成生理上的发育，如人参、西洋参、刺五加等。人参种子刚收获时胚呈原胚状态，而西洋参果实收获时其种胚仅长 0.4～0.5 mm。

五、播种前种子处理方法

为了提高中药材种子品质，打破种子休眠，促进种子出苗整齐和幼苗健壮成长，中药材种子在播种前需要进行处理，防治种子病虫害，常用的处理方法主要有以下几种。

（一）选种

选取颗粒饱满、发育完善、不携带病菌虫卵、生命力强的种子。数量少时可手工选种，

数量大时可用风选。种子精选的方法有风选、筛选、盐水选等，通过精选，可以提高种子的纯度，将种子进行分级。

（二）晒种

播种前晒种能促进某些药材种子的生理后熟，提高种子内部新陈代谢，提高种子成活率、发芽势和发芽率，并起到防治病虫害的作用。晒种一般选晴朗天气晒 2~3 d。在水泥地上晒种时，注意不能摊得太薄，以防烫伤种子，一般以 5~10 cm 为宜。每隔 2~3 h 翻动一次，使种子受热均匀。

（三）种子消毒

种子消毒可预防通过种子传播的病虫害，主要有药剂消毒、温汤浸种和热水烫种等方法。

1. 药剂消毒　用药剂消毒种子可采用药剂拌种或药水浸种两种方法。前者是将种子在浸种后与药剂充分混匀，也可与干种子混合拌匀。一般取种子质量 0.3% 的杀虫剂和杀菌剂。常用的杀菌剂有 70% 敌磺钠、50% 福美锌等，杀虫剂有 90% 敌百虫粉等。后者是把种子在清水中浸泡 5~6 h，然后浸入药水中，按规定时间消毒。捞出后，立即用清水冲洗种子。常用药剂有福尔马林、1% 硫酸铜的水溶液、10% 磷酸钠或 2% 氢氧化钠的水溶液。采用药剂浸种消毒时，必须严格掌握药液浓度和浸种时间，以防药害。

2. 温汤浸种　种子用冷水或 40 ℃ 左右温水直接浸种，可使种皮老化、透性增强，并能杀死种子内外所含的病菌，防止病害传播，促使种子快速、整齐地萌发。浸种时间应根据种子大小、种皮厚薄而定。例如，伞形科柴胡及茄科、葫芦科等植物的种子用 30 ℃ 左右水浸泡一昼夜即可。薏苡种子冷热水交替浸种，直到流出的水没有黑色为止，此法对防治黑粉病的发生有良好的效果。

3. 热水烫种　对一些种皮坚硬的种子可用 70~75 ℃ 的热水，或开水烫种促进种子萌发，如黄芪、甘草等，先用冷水浸没种子，再用 80~90 ℃ 的热水边倒边搅拌，使水温降到 70~75 ℃ 后并保持 1~2 min，然后加冷水逐渐降温至 20~30 ℃，再继续浸种。

（四）机械处理

有些药材种子坚硬，富含蜡质，不透水，影响种子的萌发，可采用人工破壳或粗沙、玻璃、磨米机等机械方法划破种皮增强透性，促进种子萌发。如杜仲可采用破翅果，取出种仁直接播种；黄芪、穿心莲的种子种皮有蜡质，可先用细沙摩擦，再用温水浸种，可显著提高发芽率。

（五）化学药剂处理

用化学药剂处理药用植物种子能提高种子的发芽率和整齐度，但不同植物所使用药剂浓度和处理时间不同，必须根据种子的特性，选择适宜的药剂和浓度，严格掌握处理时间，才能收到良好的效果。具有蜡质层的种皮，可用 60% 硫酸浸种 30 min，捞出后，用清水冲洗数次并浸泡 10 h 再播种，如甘草种子用硫酸处理可打破种皮障碍，提高发芽率。桔梗用 0.3%~0.5% 高锰酸钾浸种可提早发芽 8~10 d。党参、当归用 0.5% 小苏打浸种半小时可提早发芽 10 d 左右，提高发芽率 10%。

（六）层积处理

层积处理是打破种子休眠的常用方法。尤其适用于具有种胚形态后熟、生理后熟、坚硬的核果类种子或多因素引起休眠的种子。有些药用植物的种子在贮藏期，用一层湿沙一层种子进行堆积可打破种子休眠，有利于种子后熟和提高发芽率。例如牡丹、芍药、防风、黄柏、黄连、银杏、人参等种子常用层积处理来促进发芽。

（七）激素处理

激素能显著提高种子发芽势和发芽率，促进生长，提高产量。常用的生长调节剂有吲哚乙酸（IAA）、萘乙酸（NAA）、赤霉素、ABT 生根粉等。在药用植物种子处理上应用较多的是赤霉素，适宜浓度的赤霉素有代替低温打破种子休眠的作用。如 10～20 mL/L 的赤霉素处理桔梗、细辛的种子可提早发芽 3～4 d。

六、播种

（一）土地准备

土地准备包括翻耕、整地、作畦等。翻地时要施基肥，施基肥对根类药用植物尤为重要；翻地后敲碎土块，以防种子不能正常发芽。根据植物特性和当地气候特点做畦，如在南方种植根类药材多采用高畦，畦的宽度以便于操作管理为准。

（二）播种期

药用植物特性各异，播种期很不一致，但通常以春、秋两季播种为多。一般耐寒性差、生长期较短的一年生草本植物及没有休眠特性的木本植物宜春播，如薏苡、紫苏、荆芥、川黄柏等。耐寒性强、生长期长或种子需休眠的植物宜秋播，如北沙参、白芷、厚朴等。由于我国各地气候差异较大，同一种药用植物在不同地区的播种期也不一样，如红花在南方宜秋播，而在北方则多春播。每一种药用植物都有适宜的播种期，如当归、白芷在秋季播种过早，第二年植物易发生抽薹现象，造成其根部不能作药用，而播种过迟，则影响药用植物的产量甚至使其发生冻害。药用植物在生产过程中应注意确定适宜的播种期。

（三）播种方法

1. 直播有穴播、条播、撒播 3 种方法　在播种过程中要注意播种密度、覆土深度等，如大粒种子宜深播，小粒种子宜浅播；黏土宜浅播，沙土宜深播。

2. 育苗移栽　杜仲、黄柏、厚朴、菊花、白术、党参、黄连、射干等药用植物的培育，宜采用先在苗床育苗然后将苗移栽于大田的方法。育苗移栽能提高土地利用率，方便管理，便于培育壮苗。

【任务实施】

一、材料准备

将种子、处理种子的药剂和容器、铁锹、铁耙、盆子、洒壶等材料和工具准备好。

二、实施步骤

（一）种子筛选和处理

根据具体种植中药材的种子，选择适宜的处理方法。

（二）整地

大多数中药材植物适宜在土壤结构良好、疏松肥沃、酸碱度呈中性、排水良好的壤土中生长。但人参、黄连等喜欢在含腐殖质丰富的森林土中生长；白术、贝母、肉桂、栀子等喜酸性或微酸性土壤中生长；枸杞、甘草等喜在碱性土中生长；蔓荆子、北沙参等喜在沙土中生长。因此，要根据植物自身的生长习性和生物学特性，选择适宜的土壤来栽培。

播种前深翻土壤，将土壤耙细、整平，进行做畦或做垄。深耕土壤对深根性中草药，如党参、白芷、牛膝等能增加产量。深耕结合施肥，尤其是施足有机肥，不仅能改善土壤的物理性状，而且也可以促进土壤的熟化，提高土壤肥力。

(三) 播种

根据所选种子大小确定播种方式。一般来说，播种方式有条播、点播、撒播和精量播种。大粒种子适宜深播，覆土深度为种子厚度的 3 倍。小粒种子适宜浅播，覆土以不见种子为宜。

播种量主要根据播种方法、密度、种子千粒重、种子净重、发芽率等条件来确定。计算公式如下：

播种量（g/亩*）＝（每亩需要苗株数×种子千粒重）/（种子净度×种子发芽率×1000）

(四) 苗期管理

苗期管理是从播种后幼苗出土，对中药材苗及土壤进行的管理，如遮阳、间苗、灌溉、施肥、中耕、除草等工作。根据各时期中药材苗生长的特点，采用相应的技术措施，以便使其达到速生丰产的目的。

1. 遮阳 遮阳可使日光不直接照射地面，能有效降低育苗地地表温度，以免幼苗受日灼伤害。遮阳的方法：一般采用苇帘、竹帘或黑色的编织布等设置活动荫棚，透光度以50%～80%为宜。荫棚高 40～50 cm，每天上午 9:00 至下午 4:00 左右进行放帘遮阳，其他时间或阴天可把帘子卷起。也可以采用在苗床上插松枝或间种等办法进行遮阳。

2. 间苗 幼苗过密，导致通风、透光不好，且每株的营养面积小，长势弱，质量下降，易发生病虫害。因此，为了调整幼苗的疏密度，使其保持一定的距离，对幼苗进行间苗。间苗次数应依幼苗生长速度确定，一般间苗 1～2 次为好，间苗的时间宜早不宜迟。

第一次间苗在苗高 5 cm 时进行，将受病虫危害的、受机械损伤的、生长不正常的、密集在一起影响生长的幼苗去掉一部分，使幼苗间保持一定距离。第二次间苗与第一次间苗相隔 10～20 d，第二次间苗即为定苗。间苗的数量应按单位面积产苗量的指标进行留苗，其留苗数可比计划产苗量增加 5%～15%，作为损耗系数，以保证产苗计划的完成，但留苗数不宜过多，以免降低幼苗质量。间苗后要立即浇水，淤塞苗根孔隙。

3. 补苗 补苗工作是补救缺苗断垄的一种措施。补苗时间越早越好，以减少对根系的损伤，早补不但成活率高，而且后期生长与原来苗木无显著差别。补苗工作可和间苗工作同时进行，最好选择阴天或傍晚进行，以减少日光的照射，防止萎蔫。必要时要进行遮阳，以保证成活。

4. 移栽 移植一般用于幼苗生长快的树种，移植应掌握适当的时期，一般在幼苗长出2～3 片真叶后，结合间苗、移植应选在阴天进行，移植后要及时灌水并进行适当的遮阳。

5. 中耕与除草 中耕是在中药材生长期间对土壤进行浅层耕作。中耕可以疏松表土层，减少土壤水分蒸发，促进土壤空气流通，有利于微生物的活动，提高土壤中有效养分的利用率，促进中药材生长。中耕和除草往往结合进行，这样可以取得双重的效果。中耕在苗期宜浅

---

* 亩为非法定计量单位 1 hm^2＝15 亩，1 亩≈667 m^2。

并要及时，每当灌溉或降水后，当土壤表土稍干后就可以进行，以减少土壤水分的蒸发及避免土壤发生板结和龟裂。当中药材逐渐长大后，要根据苗木根系生长情况来确定中耕深度。

除草是为了消灭杂草，减少与目标植物争夺水肥，防止病虫的滋生和蔓延。除草一般也结合中耕、间苗等进行，以节省劳力。防除杂草的方法很多，如精选种子、轮作换茬、水旱轮作、合理耕作、人工除草、机械中耕除草、化学除草等。

6. 灌溉与排水 灌溉与排水是控制土壤水分，满足药材正常生长发育对水分要求的措施。当自然降水不能满足中药材植物生长时，需要进行人工灌溉。茎枝急速生长时期植物最需要水分。花果类药用植物在开花期和果熟期不宜灌水，否则容易引起落花落果。当雨水过多时要及时排水，特别是根类及地下茎类药用植物注意排水，否则容易引起烂根。对于多年生药用植物，为了使其安全越冬，不造成冬季的冻害，应在土地结冻前灌一次"封冻水"。

7. 施肥 药用植物栽培定苗后，依植株生长发育状况及时施肥。肥料分为有机肥和无机肥。有机肥一般都作基肥使用，供应植物整个生育期的需求。栽培根及地下茎类中药材时多施有机肥。无机肥分解快，极易被植物吸收，为速效性肥料，一般多在植物生长期间作追肥。种植一年生或二年生的全草类中药材时，苗期要多追施氮肥，促进植物茎叶生长，生长后期可配合施用磷肥、钾肥。对于多年生和根及地下茎类中药材，追肥次数要少，一般在春季开始生长后进行第一次追肥，开花前第二次，开花后第三次，冬季要重施肥。对于木本花、果、种子类中药材，应在秋季植物进入休眠期前有机肥与无机肥一起施入，效果较好。

【任务评价】

从播种中药材的出苗率、成活率等方面进行评价任务完成的结果，来评判是否掌握种子繁殖的主要流程及注意事项（表1-1）。

表1-1 中药材种子繁殖育苗任务评价

任务评价内容	任务评价要点
准备工作	播种繁殖所需的材料、用具等的准备
种子的筛选和处理	1. 选取籽粒饱满、健康的种子 2. 用正确方式处理种子
整地	播种前深耕土壤，耙细、整平
播种	根据所种植的中草药种子，选择正确的播种方法
苗期管理	播后及时浇水；苗期光照适宜，定期浇水、施肥，中耕除草

【思考与练习】

1. 如何计算种子播种量？
2. 种子繁殖的主要步骤有哪些？
3. 苗期管理有哪些？
4. 如何统计药材的出苗率、成活率？

中草药的无性繁殖

无性繁殖又称营养繁殖，是指利用中草药植物营养体的根、茎、叶、芽等一部分材料，利用植物细胞的全能性而获得新植株的繁殖方法。如茎或枝扦插后可长出叶和根，叶扦插后可长出芽和根。

无性繁殖的繁殖系数大，后代来自同一植物的营养体，所以获得植株后代基因型一致，能保持原有母本的优良性状和固有的表现型特征；成株快，可缩短幼苗期，有利于药用植物提早开花结实。对不结实的、结实少或不产生有效种子或种子发芽困难的，以及实生苗生长年限长、产量低的药用植物，可采用无性繁殖。但无性繁殖苗的根系没有明显的主根，适应性较差、寿命短。常用的无性繁殖方法有扦插、嫁接、分株、压条等。

任务一　中草药的扦插繁殖

【任务目标】

通过本任务的学习，能熟练掌握常见中草药扦插繁殖的主要技术流程，并能独立完成扦插繁殖的工作。

【知识准备】

中草药的扦插繁殖是利用药用植物营养器官具有的再生能力，切取其茎、叶或根的一部分，适宜条件下插入基质中，使其生根、萌芽、抽枝，长成新植株的繁殖方法。如杜仲、枸杞、金银花等可用此法进行繁殖。

一、扦插的种类及方法

扦插方法主要有枝插法和根插法两种，其中以枝插法最为普遍。

（一）枝插法

枝插法是利用植物的枝条，剪成长短适宜的插穗插入基质中，进行繁殖的方法。一般插穗的上切口剪成平口，离最上面一个芽 $1\sim2$ cm 为宜，下切口剪成 $45°$，利于后期生根。枝插法又分为嫩枝扦插、短枝扦插和硬枝扦插。

1. 嫩枝扦插法　嫩枝扦插法又称绿枝扦插，插条为尚未木质化或半木质化的当年生的枝条或新梢，以开始木质化的嫩枝为最好，因为其内含的营养物质丰富，生命力强，容易愈合生根，过嫩或已完全木质化的枝条则不宜采用。草本植物一般用当年生嫩枝或芽扦插，如菊花、藿香等，一般在 5—7 月扦插，每一插条有 $2\sim3$ 个芽，其长度为 $10\sim20$ cm，上部保留叶片 1～2 枚，大叶片可剪去部分，以减少水分蒸发。嫩枝扦插多在高温季节，所以插后尤其要注意遮阳和保持土壤与空气湿润。

在温度较高和阳光充足的季节进行绿枝扦插，有条件的地区可采取"全光照间歇喷雾扦插法"，用自动控制装置间歇喷雾，使插穗叶片披一层薄水膜，可抑制蒸腾作用，减少呼吸消耗，增强光合作用，有利于生根。但土壤透气排水力差时不宜使用此方法，插床的基质以排水良好的蛭石、石英砂、粗沙混入泥炭等为宜。

2. 短枝扦插法 利用伞形科藁本属植物川芎、藁本的茎节膨大、触地即生根萌发的特性，剪取只具一个节的茎干作插条，横埋土中，即可生长成为新个体。这种扦插方法是我国传统的短枝扦插。

3. 硬枝扦插法 插条为已木质化的枝条，多用于木本植物，如桑、金银忍冬、蔓荆、木槿、木瓜等。多选 1～2 年生，发育健壮，表皮光滑的枝条，从母株割下，剪成 10～20 cm 的小段，每段应有 2～3 个芽，在其下端贴近节位处削成斜面，有利于生根，上端平截或微斜，常绿木本植物要保留部分叶片，在准备好的插床上，先开横沟，将插条按一定株距斜倚沟壁，上端露出土面 1/4～1/3，覆土压紧，使插条与土壤紧贴，插好后浇水，注意保持土壤湿润，以有利于插条生根，也可覆盖薄膜或草秆等增温保湿。

（二）根插法

根插法是剪取植物的根插入或埋入土中，使之成为新个体的繁殖方法，如草本植物丹参、防风等，木本植物杜仲、山楂等可采用此法。一般应选择健壮的幼龄树或生长健壮的 1～2 年生苗作为采根母树，根穗的年龄以一年生为好。根穗可从母树周围挖取，采根时勿伤根皮，随采随插。根穗直径应在 0.5 cm 以上，长度一般可剪成 8～12 cm。根的上端可剪成平口，下端为斜口。在整好的苗床上开横沟，将根插条按 7～10 cm 株距，其上端朝一个方向稍低于土面斜倚沟壁，扦插时注意不能倒插，最后覆土稍压紧，使根条与土壤紧贴，浇水，并保持湿度，插条成活后移栽。

二、扦插时间

露地扦插时间因植物种类、特性和气候特点而异。一般 4 月下旬至 10 月下旬均可进行。草本植物适应性较强，对扦插时间要求不严，除严寒、酷暑外，其他时间均可进行；木本植物一般以在植物休眠期扦插为宜；常绿植物则适宜在温度较高、湿度较大的夏季扦插。若有保温设施，一年四季均可扦插育苗。

三、影响插条成活的因素

影响扦插生根成活的因素有植物种类、插条的年龄及部位、枝条的发育状况、扦插基质及温度、水分、氧气、光照等环境条件。

（一）植物的扦插生根能力

枝条年龄较小，皮层幼嫩，其分生组织生活力旺盛，再生能力也强，易生根成活。插条中营养物质淀粉和可溶性糖类含量高时发根力强。此外，激素能加强淀粉和脂肪的水解，提高过氧化氢酶等的活性，促进新陈代谢，从而加速细胞分裂和愈伤组织的形成，有利于提高插条的生根能力。

（二）扦插生根的外部环境条件

插床土壤的水分含量一般不能低于田间持水量的 50%，尤其在温度较高、光照较强的情况下，若水分不足，则影响插条的成活。其次，各种植物插条生根对温度与空气有一定的要求。一般插条生根最适土温为 15～20 ℃。土壤通气良好则有利于插条发根，故苗床以选择土质疏松、通气和保水状况良好的沙质壤土为宜。

四、促进插条生根的方法

为促进插穗生根，对于扦插不易成活的药用植物，可在母株上剪取插穗前，对选定的枝条采用环剥、刻伤、缢伤等方法进行处理，使营养物质聚积在伤口附近，然后剪取枝条扦插，可促进其生根。

不易成活的药用植物可采用萘乙酸、ABT 生根粉、2,4-滴、吲哚乙酸、吲哚丁酸（IBA）等生长调节剂进行处理，可显著缩短插条发根的时间，诱导生根困难的植物插条生根，提高插条成活率。先用少量酒精将生长素溶解，然后配置成不同浓度的药液进行浸蘸。具体处理时间与溶液的浓度随树种和插条种类的不同而异。一般生根较难的浓度要高些，生根较易的浓度要低些。硬枝浓度高些，嫩枝浓度低些。如以 0.1% 2,4-滴粉剂处理酸橙的插条，发根率达 100%。此外，也可用高锰酸钾、醋酸、二氧化碳、氧化锰、硫酸镁、硫酸处理插条，如丁子香、石竹等植物的插条下端用 5%～10% 的蔗糖溶液浸渍 24 h 后扦插，生根效果显著。

【任务实施】

一、材料准备

将生根粉、乙醇（95%）、扦插材料、铁锹、铁耙、枝剪、盆子、洒壶等材料和工具准备好。

二、实施步骤

1. 选取枝条。一般选取生长健壮、表皮光滑的枝条。
2. 根据所提供的材料，正确剪取插穗。一般剪成 10～20 cm 的小段，每段应有 2～3 个芽，在其下端贴近节位处削成斜面，有利于生根，上端平截或微斜，常绿木本植物要保留部分叶片，叶片过大的要剪成半叶，以便减少水分的蒸发。
3. 插穗处理。掌握插穗处理药剂的浓度及处理时间。
4. 扦插。整平插床、正确扦插。
5. 插后管理。扦插后将水浇透，光照适宜，保持一定的空气湿度。

【任务评价】

从插穗的选取、剪切、处理及扦插等主要过程和技术要领来评价任务完成的情况，来评判是否掌握扦插繁殖的主要流程及注意事项（表 2-1）。

表 2-1　中药材扦插繁殖育苗任务评价

任务评价内容	任务评价要点
准备工作	扦插所用的用具和药品的准备
插穗的选取和剪切	1. 正确选取剪切插穗的枝条 2. 根据所提供材料正确剪取插穗

（续）

任务评价内容	任务评价要点
插穗处理	掌握用生长调节剂、杀菌剂等药剂处理插穗时的浓度配比及处理时间的长短
扦插	将扦插床整平好后，采用正确的扦插方法、株行距
插后管理	扦插后及时浇水；光照适宜；定期喷雾，保持一定的空气湿度，利于插穗生根

【思考与练习】

1. 药用植物扦插的原理是什么？
2. 以药用玫瑰为例，写出扦插繁殖的主要步骤。
3. 中药材扦插育苗的主要技术要领是什么？

任务二　中草药的嫁接繁殖

【任务目标】

通过本任务的学习，能熟练掌握常见中草药嫁接繁殖的主要技术流程，并能独立完成嫁接育苗的工作。

【知识准备】

中草药的嫁接繁殖是将一种药用植物的枝或芽嫁接到另一种药用植物上，使其愈合生长在一起形成一个新植株的繁殖方法。通常把嫁接用的枝条或芽称为接穗，承接接穗带根系的植株称为砧木。嫁接繁殖能够提高繁殖系数，保持植物品种优良性状，也能引起遗传物质的改变，创造新品种，改进品质和提高产量，同时。嫁接繁殖还可大大缩短生产年限，如山茱萸实生苗需要 8～10 年才开花结果，而嫁接苗只需 2～3 年即可结果。以花果类入药的木本药用植物应用较多，但药用植物的嫁接要注意有效成分的变化。药用植物中采用嫁接繁殖的有诃子、金鸡纳、木瓜、山楂、辛夷等。

一、影响嫁接成活的因素

嫁接成活的关键是接穗和砧木两者形成层的紧密结合，产生愈伤组织。所以接穗的削面一定要平，接入时才能与砧木紧密结合，两者的形成层对准，有利于愈合。动作要准确快捷，捆扎松紧适度，并要防止接口感染和水分蒸发。影响嫁接成活的因素有内因和外因两个方面。

（一）内在因素

内在因素包括砧木与接穗的亲缘关系、砧木与接穗的生长发育状态及植物内含物状况等。

1. 砧木与接穗的亲缘关系　亲缘关系是砧木和接穗在内部组织结构上、生理上和遗传上彼此相同或相近的程度，表示砧木和接穗经嫁接而能愈合生长的能力。亲缘关系越近的植株，嫁接越容易成活，生长发育正常。反之，亲缘关系越远的植物，嫁接越不易成活，即使成活也生长发育不良，容易从接口处劈断或过早衰亡。一般来说，嫁接时接穗和砧木的配置要选择近缘植物。

2. 砧木与接穗的生长发育状态　一般植物生长健壮、接穗和砧木贮有养分较多，嫁接就比较容易成活。在形成层活跃生长期间，砧木与接穗的木质化程度越高，嫁接越易成活。接穗的含水量也会影响形成层细胞的活动，通常接穗含水量在 50% 左右时为好。砧木和接穗的树液流动期和发芽期越是相近或相同，成活率也就越高，反之成活率就低。一般于砧木已开始萌动、接穗将要萌动时嫁接为宜。否则，若接穗已萌发，抽枝发叶，而砧木供应不上养分，就会影响嫁接成活。

3. 植物内含物状况　核桃等植物含有较多的酚类物质（如单宁），嫁接时，伤口的单宁物质在多酚氧化酶的作用下，形成高分子的黑色浓缩物，使愈伤组织难以形成，造成接口的霉烂。同时，单宁物质也直接与构成原生质的蛋白质结合发生沉淀作用，使细胞原生质颗粒化，从而在结合处形成隔离层，阻碍砧木和接穗的物质交接愈合，导致嫁接失败。

（二）环境条件

环境条件主要指温度和湿度。形成层薄壁细胞的分生组织活动产生愈伤组织，要求一定的温度和湿度，并且是在一定的养分和水分条件之下进行的。温度过高，蒸发量大，切口水分消失快，不能在愈伤组织表面保持一层水膜，不易成活。春季雨天，气温低、湿度大，形成层分生组织活动力弱，愈合时间过长，往往造成接口腐烂。不同植物形成层活动要求的温度不同，一般以 20～25 ℃ 为宜。

二、嫁接的种类及方法

目前药用植物嫁接常用的方法主要有枝接和芽接两种方法。

（一）枝接法

枝接法是用带有 2～3 个芽的 1～2 年生枝条作接穗，基部削成与砧木切口易于密接的削面，然后插入砧木的切口中，注意砧木和接穗形成层对体吻合，并绑缚覆土，使之结合成为新植株。枝条宜随采随用，不宜用水浸泡。此法的优点是嫁接后苗木生长快，健壮整齐，当年即可成苗，但需要接穗数量大，可供嫁接的时间较短。根据嫁接的形式，枝接法又可分为劈接、切接、舌接、皮下接等，其中应用最普遍的是切接和劈接。

1. 切接　多在早春树木开始萌动而尚未发芽前进行。砧木选用直径为 2～3 cm 的幼苗，先将砧木距地面 5 cm 左右处剪断、削平，选择较平滑的一面，用切接刀在砧木一侧（略带木质部）垂直向下切，深 2～3 cm。再选取具有 2～3 个完整饱满芽、长为 5～10 cm 的接穗，顶端剪去梢部，将接穗从距下切口最近的芽位背面，用切接刀向内切达木质部（不要超过髓心），随即向下平行切削到底，切面长 2～3 cm，再于背面末端削成 0.8～1 cm 的小斜面。斜面均需平滑，以利于和砧木接合。将削好的接穗长削面直插入砧木切口中，使双方形成层相互密接。接穗插入的深度以接穗削面上端露出 0.2～0.3 cm 为宜，俗称"露白"，有利于愈合成活。接好后，用塑料条或麻皮等捆扎物由下向上捆紧，必要时可在接口处涂上石蜡或用疏松湿润的土壤埋盖，以减少水分蒸发，利于成活。

2. 劈接　劈接适用于砧木较粗大的嫁接。方法是选取砧木，在离地面 5～10 cm 处横切，在断面中心垂直劈开，深约 5 cm，然后选取长约 10 cm、带 3～4 个芽的接穗，在接穗下端顶芽的两侧削成平滑的楔形切面，轻轻插入砧木劈口，使接穗与砧木的形成层相互对准并紧密相接，砧木粗壮的可在两侧各插一条接穗，再用塑料带捆紧，用接蜡或黄泥浆封好接口，或套塑料袋等以保湿，防止干燥。

枝接后 20～30 d 检查成活率。成活接穗上的芽新鲜、饱满，甚至已经萌动，接口处产生愈伤组织。未成活的接穗则干枯，或变黑发霉。已成活的植株，解除或放松绑扎物。待接穗长出土面时，去掉覆土。当嫁接苗长出新梢时，应及时立支柱，防止其被风吹断。

（二）芽接法

芽接法是在接穗枝条上切取一个芽（略带或不带木质部），插入砧木上的切口中，并绑扎，使之密接愈合，成活后萌发形成新植株。它具有接合牢固、易成活、操作简便、应用广泛等优点。一般在早春或夏末秋初（7—9 月）进行。秋季嫁接时间太晚，气温低会影响接芽成活或冻死接芽抽生的嫩枝。在生产上应用最多的芽接法是 T 形芽接。

砧木一般选用 1～2 年生，茎粗 0.5 cm 的实生苗。方法是：在距离地面 5 cm 左右处选光滑无节部位，横切一刀，深度以切断皮层为准，然后从横切口中央切一垂直口，长约 2 cm，切口呈 T 形，深度以切穿皮层而不伤或微伤木质部为好，将皮层向两侧撕开。从当年生枝条剪取留有叶柄的芽作为接穗，削芽片时先从芽上方 0.5 cm 左右横切一刀，刀口长 0.8～1 cm，深达木质部，再从芽片下方 1 cm 左右连同木质部向上切削到横切口处取下芽，芽片要削成盾形，芽居芽片正中或稍偏上一点，长 2～3 cm，宽 1 cm 左右，稍带木质部。最后把芽片放入切口，由上而下将芽片插入砧木切口内，使芽片和砧木皮层紧贴，用麻皮或塑料条绑扎。注意将芽和叶柄留在外面，以便检查成活。

芽接后 7～10 d 检查成活率。成活的芽下的叶柄一触即掉，芽片皮色鲜绿。未成活时芽片干枯变黑。嫁接未成活应在其上或其下错位及时进行补接。在检查时如发现绑缚物太紧，要松绑或解除绑缚物，以免影响接穗的发育和生长。一般当新芽长至 2～3 cm 时，即可全部解除绑缚物，但不宜松绑过早，避免接穗从接口处碰落或被风吹折。松绑时以不影响砧木和接穗的生长分化，不形成缢痕为好。芽接的嫁接苗当接穗成活后要及时断砧，即剪去接口上部的砧木，以免影响接穗的生长；及时抹除嫁接苗砧木上经常长出的萌条和根蘖，减少与接穗争夺养分，保证接穗的正常生长，抹芽除蘖最好从萌条或蘖的基部剪除。

【任务实施】

一、材料准备

将砧木、接穗、嫁接刀、枝剪、麻皮或塑料绑扎带等材料和工具准备好。

二、实施步骤

（1）接穗选取。一般选取生长健壮、表皮光滑的枝条作为接穗。

（2）根据所提供的砧木材料，正确剪取。一般离地面 5～10 cm 处横切，采用不同的嫁接方法在砧木上进行削切，然后选取带有 2～3 个芽的 1～2 年生枝条作接穗，基部削成与砧木切口易于密接的削面，然后插入砧木的切口中，注意砧木和接穗形成层对齐吻合，并绑缚扎紧，用接蜡或黄泥浆封好接口，或套塑料袋等以保湿，防止干燥。

（3）接穗嫁接成活后要将砧木上的萌蘖及时去除，以免与其争夺养分，影响新植株正常生长。

【任务评价】

从接穗的选取剪切、砧木削切及接穗在砧木嫁接等主要过程和技术要领来评价任务完成的情况，来评判是否掌握药用植物嫁接繁殖的主要流程及注意事项（表 2-2）。

表 2-2 中药材嫁接繁殖任务评价

任务评价内容	任务评价要点
准备工作	嫁接所用的用具、材料的准备
接穗的选取和砧木的剪切	1. 正确选取采接穗的枝条并正确剪取的接穗 2. 正确剪切砧木
接穗和砧木的嫁接	根据不同的嫁接方法选取正确的切削方法，将砧木和接穗形成层对齐吻合，并绑缚扎紧，用接蜡或黄泥浆封好接口，或套塑料袋等以保湿，利于嫁接成活
除萌蘖	接穗嫁接成活后要将砧木上的萌蘖及时去除，以免与其争夺养分，影响新植株体正常生长

【思考与练习】

1. 药用植物嫁接的原理是什么？
2. 中药材嫁接育苗的主要技术要领是什么？

任务三　中草药的分离繁殖

【任务目标】

通过本任务的学习，能熟练掌握常见中草药的分离繁殖的主要技术流程，并能独立完成分株育苗的工作。

【知识准备】

分离繁殖指人为地将植物体分生出来的幼株（吸芽、株芽、根蘖等）或者植物营养器官的一部分（变态茎等）进行分离或分割，脱离母体而形成独立植株的繁殖方法。该方法简便，成活率高。宿根性多年生药用植物多采用此法进行繁殖。

一、分离繁殖时间

因药用植物种类和气候差异，分离繁殖的时期一般在春季发芽前的休眠期、秋季落叶后进行，具体时间依据各地气候条件而定。

繁殖材料选择具有完整根系或芽饱满、无病虫害的球茎、鳞茎、块茎、根茎。脱离母体后，先晾 1~2 d，使伤口稍干，或拌草木灰，促进伤口愈合，减少腐烂。栽种时，球茎和鳞茎类材料的芽朝上摆放，分株和根茎类材料根系要舒展，覆土深浅应适度。

二、分离繁殖的类型

分离繁殖主要有以下几种类型。

（一）分萌蘖

又称分株繁殖，指将株丛分割成单株或挖取母株的萌蘖进行栽种，如五味子、砂仁、沿阶草、木瓜、吴茱萸、菊花、薄荷、玉兰等均可采用此法，多数在早春进行。为了获得较多萌蘖，可将植株地上部分剪除，堆土覆盖，抽枝后再进行分株移栽。

（二）分球茎

将地下小球茎用来培育成新植株，如番红花、慈姑等球茎类药材用此方法繁殖。

（三）分鳞茎

将地下小鳞茎分离或大鳞茎分瓣、切瓣进行繁殖，成为新个体，如百合、平贝母等鳞茎类药材用此方法繁殖。

（四）分块茎

将地下新生的小块茎用来繁殖成新植株，如天南星、掌叶半夏、延胡索、地黄、山药、白芨等块根块茎类药材用此方法繁殖。

（五）分根茎

在早春选取带芽的根茎，分割下来另行栽植，如射干、紫菀、马兜铃、丹参、芍药、牡丹等根茎类药材可用此方法繁殖。

（六）分珠芽

如半夏、黄独、山药、卷丹等的叶腋部长有珠芽，取下叶繁殖成新个体。

【任务实施】

一、材料准备

准备铁锹、小锹、枝剪、钉齿耙、花盆等工具。

二、实施步骤

根据所供材料进行分取或分割植物的鳞茎、球茎、块茎、块根、根茎、根蘖进行移植，如平贝、百合、番红花等。可选取母根周围生出的"小种球"栽种。地黄、款冬、菊三七、东川芎等，可切割根部，进行繁殖，但切下的种根，每块至少要带一个芽。有的木本植物或多年生宿根草本根际发生的根蘖，可以分割下来进行移植，如山楂、东北杏、玉竹等。芍药、射干的顶芽，也可切下繁殖。

【任务评价】

从分离材料的选取、正确的切取分蘖或根茎等主要过程和技术要领来评价任务完成的情况，评判是否掌握药用植物分离繁殖的主要流程及注意事项（表 2-3）。

表 2-3　中药材分离繁殖任务评价

任务评价内容	任务评价要点
准备工作	分离所用的用具、材料的准备
材料的选取和正确的剪切	1. 选取分离繁殖材料 2. 正确剪切要分离的根蘖或根茎或珠芽等
栽种	将所分离的材料剪取后按要求进行栽种，并及时浇水、遮阳，保证新苗的成活率

【思考与练习】

1. 药用植物分离繁殖的最佳时间是什么？
2. 中药材分离育苗的主要技术要领是什么？

任务四　中草药的压条繁殖

【任务目标】

通过本任务的学习，能熟练掌握常见中草药的压条繁殖的主要技术流程，并能独立完成压条育苗的工作。

【知识准备】

压条繁殖是将母株上的一部分枝条或茎蔓埋压土中，或用泥土、青苔等湿润材料包裹，促使枝条的被压部分生根，然后与母株分离，成为独立的新植株。由于在生长过程中持续得到母株的营养，压条繁殖比扦插、嫁接容易生根，但繁殖速度较慢。马兜铃、玫瑰、何首乌、蔓荆子、连翘、枸杞、金银花等都可以用此法繁殖。

压条时期视植物种类和当地气候条件而定，一般在春季和秋季都可进行，次年秋季即可分离母体。在夏季生长期间压条，应将枝梢顶端剪去，使养分向下方集中，有利于生根。压条繁殖可分为堆土压条、曲枝压条、空中压条3种方法。

一、堆土压条

凡枝条较硬的药用植物可采用此法。方法是：早春发芽前堆土于母株周围，使大部分枝条埋于土中。堆土前在枝条的基部刻伤或进行环状剥皮，促进愈合生根。生根后分离每一枝条均可成为一新植株。注意灌水、施肥等，促进生根。

二、曲枝压条

凡枝条离地面近且容易弯曲的药用植物可采用此法。方法是：将植株基部枝条弯曲至地面，将弯曲部分埋入土中，再将土压实，并在弯曲处分别插入木棍固定。露出地面的枝条用支柱扶直。埋入土中的部分要刻伤或进行环状剥皮，生根后与母体分离栽植。枝条长而柔软或为藤本植物，如连翘、忍冬、蔓荆子等可采用此方法进行繁殖。

三、空中压条

凡是枝条不易弯曲到地面、树冠高大和基部枝条缺乏、不易发生根蘖的树种，均可用此法繁殖，如木瓜、玉兰、佛手、梅树等。具体方法是：发芽前选择健壮的1～2年生枝条，做刻伤或环状剥皮。将松彰细土和苔藓混合后裹上，外用塑料薄膜包扎，上下两头捆紧。压条之后应保持土壤的湿度，调节土壤通气和适宜的温度，适时灌水，及时中耕除草。同时要注意检查埋入土中的压条是否露出地面，若露出则需重压，留在地上的枝条如果太长，可适当剪去部分顶梢。待长出新株后，便与母株分离栽植。

【任务实施】

一、材料准备

准备好铁锹、小锹、枝剪、钉齿耙等工具。

二、实施步骤

压条最好在春季进行，有时也可在秋季进行。一般常绿植物多在梅雨季节进行，此时温度高、湿度大，常绿植物易生根成活；落叶植物多在秋季或早春萌发前进行，此时养分积累丰富，也有利于压条生根。通常将枝条压弯，置入挖好的沟中，放入枝条后，用土封埋，枝梢竖起捆在支柱上。枝条长的可连压数段。为促进生根，可在压土的部位用刀切一伤口。连翘、金银花、枸杞等可采用此法。

【任务评价】

从压条材料的选取、正确的压条方法等主要过程和技术要领来评价任务完成的情况，来评判是否掌握药用植物压条繁殖的主要流程及注意事项（表 2-4）。

表 2-4　中药材压条繁殖任务评价

任务评价内容	任务评价要点
准备工作	压条所用的用具、材料的准备
材料选取、压条时期和方法确定	1. 压条繁殖材料的选取 2. 确定适宜的压条时间和压条方法
压条后管理	压条材料生根后从母体上剪取后栽种，并及时浇水、遮阳，保证新苗的成活率

【思考与练习】

1. 药用植物分离繁殖的最佳时间是什么？
2. 中药材分离育苗的主要技术要领是什么？

任务五　中草药的组培快繁

【任务目标】

通过本任务的学习，能熟练掌握常见中草药组培快繁的主要技术流程，能独立完成中草药组织培养的工作，并对期间发生的异常状况作出相应处理，如污染、褐化、黄化、玻璃化、性状变异等。

【知识准备】

一、植物组培快繁技术的概念

植物组培快繁就是利用植物组织培养技术，快速繁殖"名、优、特、新、稀"等植物品种，使其在短时间内繁衍大量植株的一套技术与方法，又称植物离体快繁技术或试管快繁技术。

二、植物组织培养的相关术语

（一）外植体

外植体泛指第一次接种所用的植物组织、器官等一切材料，包括顶芽、腋芽、茎段、茎尖、形成层、皮层、花序、花瓣、胚珠、叶片、叶柄、花粉、根、表皮组织、胚、胚轴、子叶、胚根、块茎、原生质体等。

（二）培养基

培养基是供植物组织生长的人工配制的养料，一般都含有糖类、含氮物质、无机盐（包括微量元素）以及维生素和水等。不同培养基可根据实际需要，添加一些自身无法合成的化合物，即生长因子。

（三）愈伤组织

愈伤组织原指植物在受伤之后于伤口表面形成的一团薄壁细胞，在组培中则指在人工培养基上由外植体长出来的一团无序生长的薄壁细胞。

【任务实施】

一、MS 培养基母液的配制与保存

（一）大量元素母液的配制与保存

用分析天平按表 2-5 称取药品，分别用少量蒸馏水彻底溶解，然后再将它们混溶，最后定容到 1 L，贴好标签（标明配制日期），于冰箱中冷藏。注意 Ca^{2+} 和 PO_4^{3-} 易发生沉淀，可用磁力搅拌器加速溶解。

表 2-5 MS 培养基各种母液的成分和称取量

母液名称	化合物名称	分子式	培养基用量/（mg/L）	配 1 L 母液的称取量/mg	浓缩倍数	配 1 L 培养基时的移取量/mL
大量元素	硝酸钾	KNO_3	1 900	19 000	10×	100
	硝酸铵	NH_4NO_3	1 650	16 500		
	硫酸镁	$MgSO_4 \cdot 7H_2O$	370	3 700		
	磷酸二氢钾	KH_2PO_4	170	1 700		
	氯化钙	$CaCl_2 \cdot 2H_2O$	440	4 400		
微量元素	硫酸锰	$MnSO_4 \cdot 4H_2O$	22.3	2 230	100×	10
	硫酸锌	$ZnSO_4 \cdot 7H_2O$	8.6	860		
	硼酸	H_3BO_3	6.2	620		
	碘化钾	KI	0.83	83		
	钼酸钠	$Na_2MoO_4 \cdot 2H_2O$	0.25	25		
	硫酸铜	$CuSO_4 \cdot 5H_2O$	0.025	2.5		
	氯化钴	$CoCl_2 \cdot 6H_2O$	0.025	2.5		

（续）

母液名称	化合物名称	分子式	培养基用量/（mg/L）	配1 L母液的称取量/mg	浓缩倍数	配1 L培养基时的移取量/mL
铁盐	乙二氨四乙酸二钠	$Na_2 - EDTA$	37.3	3 730	100×	10
	硫酸亚铁	$FeSO_4 \cdot 7H_2O$	27.8	2 780		
有机成分	甘氨酸	NH_2CN_2COOH	2.0	20	10×	100
	盐酸硫胺素	$C_{12}H_{17}ClN_4OS \cdot HCl$	0.1	1		
	盐酸吡哆素	$C_8H_{11}O_3N \cdot HCl$	0.5	5		
	烟酸	NC_5H_4COOH	0.5	5		
	肌醇	$C_6H_{12}O_6 \cdot 2H_2O$	100	1 000		

（二）微量元素母液的配制与保存

用分析天平按表2-5准确称取药品后，分别用少量蒸馏水彻底溶解，然后再将它们混溶，最后定容到1 L，于冰箱中冷藏。

（三）铁盐母液的配制与保存

用分析天平按表2-5准确称取药品后，将称好的 $Na_2 - EDTA$ 和 $FeSO_4 \cdot 7H_2O$ 分别放到450 mL蒸馏水中，边加热边不断搅拌使它们溶解，然后将两种溶液混合，并将pH调至5.5，最后定容到1 L，保存在棕色玻璃瓶中，于冰箱中冷藏。

（四）有机成分母液的配制与保存

用分析天平按表2-5准确称取药品后，分别用少量蒸馏水彻底溶解，然后再将它们混溶，最后定容到1 L，于冰箱中冷藏。

在使用提前配制的母液时，应在量取各种母液之前，轻轻摇动盛放母液的瓶子，如果发现瓶中有沉淀、悬浮物或被微生物污染，应立即淘汰这瓶母液，重新进行配制。用量筒或移液管量取培养基母液之前，必须用所量取的母液将量筒或移液管润洗2次。

二、常用激素母液的配制与保存

每种激素必须单独配制成母液，浓度一般为1 mg/mL。因为激素用量很少，一次可配成50 mL或100 mL。另外，多数激素难溶于水，要先溶于可溶物质，然后才能加水定容。配制方法如下：将IAA、IBA、GA₃等先溶于少量的95%酒精溶液中，再加水定容。NAA、ZT可先溶于热水或少量95%酒精溶液中，再加水定容。脱落酸（ABA）用少量无水乙醇溶解，再缓慢加水定容。2,4-滴可用少量1 mol/L的NaOH溶解后，再加水定容。玉米素（KT）和6-苄基氨基嘌呤（6-BA）先溶于少量1 mol/L的HCl中，再加水定容。外源激素的稳定性差异较大，一般的激素母液可以冷藏，但IAA、IBA、ZT、ABA需冷冻避光保存，并且ZT的高压灭菌稳定性很差，需过滤灭菌。

三、MS 固体培养基的配制、灭菌与存放

取1 L的烧杯一只，加800 mL蒸馏水，用天平称7 g琼脂放入蒸馏水中，在电炉上加热溶解，称30 g蔗糖放入溶解的琼脂中。按配方依次取出各种母液，放入溶解后的琼脂和

蔗糖溶液中，用玻璃棒搅动混合，并加蒸馏水定容至 1 L（若配制添加有外源激素的培养基，应于定容前加；需过滤灭菌的除外）。用 NaOH 或 HCl 将 pH 调至 5.8，可用 pH 精密试纸或酸度计测定。用分装工具将培养基分注于培养瓶中。用封口膜、棉塞或其他封口物包扎瓶口，并做好标记。

把分装好的培养基及所需灭菌的各种用具、蒸馏水等，放入高压灭菌锅的消毒桶内，121 ℃灭菌 20～30 min。培养基及灭菌物品在室温下自然冷却后，存放于阴凉干燥洁净处待用。不要放置时间过长，最多不能超过 1 周。

四、外植体的分离、接种与培养

提前准备好培养基、无菌水、培养皿及接种工具，并做好相应的灭菌工作。提前采集外植体备用。将上述备用品置于接种台上，打开超净工作台紫外灯开关，同时打开接种室内的紫外灯，照射 15～20 min，关闭室内紫外灯，打开工作台送风开关，关闭台内的紫外灯，通风 10 min 后，再开日光灯进行无菌操作。接种前用肥皂洗手，特别是将手指洗净，然后用沾有 75％酒精的棉球把手消毒一次。

将银杏叶片、铁皮石斛茎段等在流水下冲洗干净，移入超净工作台，放于一培养皿中，用 75％的酒精溶液浸泡 30 s，无菌水冲洗 3 次，然后用 0.1％氯化汞溶液或 10％次氯酸钠溶液浸泡 3～10 min（加入吐温 2 滴）。期间不断摇动溶液，倒掉废液，用无菌水洗涤 4 次待用。在超净工作台上，于无菌培养皿中，将银杏叶片用刀片（提前用烘箱进行干热灭菌，用前在酒精灯火焰上燃烧灭菌）切成 2 cm×2 cm 的小块，将铁皮石斛茎段切成 2 cm 切断（剪成每芽一段）。

在酒精灯火焰旁揭去三角瓶的封口膜或棉塞，火焰封口，镊子灼烧冷却后，夹取银杏叶片或铁皮石斛茎段，将其放在培养基上，每瓶可放 4～6 个外植体。转动瓶口灼烧，将封口膜从酒精灯火焰上过一下，封好瓶口。标上接种日期、材料名称、培养基类型及激素浓度、接种人姓名等。将接种材料移到培养室培养，并跟踪观察、记录，发现污染瓶及时检出。

五、继代增殖培养

（一）愈伤组织继代培养
首先配制继代培养基，灭菌备用。无菌操作同初代培养。无菌条件下，用解剖刀或镊子将愈伤组织分割成小块，并移入继代培养基上。跟踪观察，发现有污染现象及时检出并记录污染率、增殖系数或不定芽的分化情况。

（二）瓶苗继代培养
首先配制继代培养基，灭菌备用。无菌操作同初代培养，在无菌区用无菌刀或无菌剪将瓶苗剪成一段一芽的小茎段，并迅速接入继代培养基中。为减少污染，可选用弯头剪刀灭菌后伸入培养瓶中剪取茎段，而且操作过程中始终火焰封口，污染概率较小。跟踪观察并记录瓶苗的增殖系数，发现有污染现象及时检出并记录污染率。

六、生根培养

MS 培养基的无机盐浓度较高，不适宜生根，所以一般在配制生根培养基时需要将大量元素母液减半，配制成 1/2 MS 培养基。生长素利于根的分化，所以一般在配制生根培养基时加入生长素，如 NAA 等，一般使用浓度为 1 mg/L。

无菌操作，取出无菌苗接种到生根培养基上。一般 12～15 d 后，小植株的基部可看到有白色的根原基出现，慢慢即可变成正常的根，25 d 左右大部分根长为 1～3 cm，此时可进行炼苗移栽。

七、试管苗的驯化移栽

（一）炼苗

当试管苗生根后或根系得到基本发育后，将培养瓶移到室外遮阴棚或温室中，将培养瓶的盖子打开，在自然光下进行开瓶炼苗 3～7 d。开瓶炼苗可以分阶段进行，即首先拧松瓶盖 1～2 d，然后部分开盖 1～2 d，最后再完全揭去瓶盖。炼苗成功的标准是：试管苗茎、叶颜色加深，根系由白色或黄白色变为黄褐色并延长，伴有新根生出时表示炼苗成功。

（二）移栽用基质的处理

选择适宜基质，按一定比例（如珍珠岩：蛭石：草炭＝1：1：1）混拌均匀、消毒。消毒方法可采用喷洒 0.1％高锰酸钾水溶液或 500～800 倍多菌灵水溶液，喷洒要全面、彻底，喷后用塑料覆盖 20～30 min。

（三）育苗盘准备

取干净的育苗盘或塑料营养钵，用 5％高锰酸钾水溶液浸泡后刷洗，然后用清水冲洗干净，将消毒后的基质倒入育苗盘中，用木板刮平。如采用塑料营养钵移苗，则将基质装至距钵沿 0.5～1.0 cm 处。基质装填完成后浇透水。

（四）试管苗出瓶与消毒

用镊子小心将试管苗取出，用自来水冲洗掉根部黏着的培养基，要清洗干净彻底，以防残留培养基造成杂菌滋生。在去除琼脂时动作要轻，避免伤及根系。对过长的根要适当修剪，再放入温水中清洗 1 次。将除去培养基的试管苗放入 500～800 倍多菌灵水溶液中浸泡 10～15 min。

（五）移栽

在穴盘的孔穴或塑料营养钵的基质中心位置用塑料钎打孔，孔深及孔大小根据试管苗根系而定。然后手持镊子夹住试管苗，轻轻放入孔穴内，舒展根系，而后轻轻镇压，用细喷雾器喷水，以基质表面不积水为度。

（六）幼苗的管理

在移栽后 5～7 d 内，要保证空气相对湿度 90％以上，减少叶面的水分蒸发，尽量接近培养瓶的条件，使小苗始终保持挺拔状态。由于试管苗原来的环境是无菌的，移出来后难以保持完全无菌。因此，应尽量不使菌类大量滋生，以利于成活。可以适当使用一定浓度的杀菌剂以便有效地保护幼苗，如多菌灵、硫菌灵等，浓度一般 500～800 倍，喷药宜 7～10 d 一次。为了提高移栽成活率，可适当让小苗接受自然光照射，适时配制营养液进行叶面追肥，增加营养。

【任务评价】

一、母液的配制

计算准确，称量准确，没有沉淀产生。

二、培养基的配制

工作流程正确，琼脂完全熔化并且没有发生糊锅现象，蔗糖溶化彻底，母液移取体积正确，定容准确，pH调节正确。分装前清理瓶口保证无沾染培养基。

三、无菌操作严格，没有发生污染

外植体消毒方法适当，没有杂菌残留，又能保证其生活力；外植体切取大小适当，接种方式正确。

四、愈伤组织继代培养

无菌操作严格，没有发生污染；愈伤组织分离适当，受伤较少，大小适中。

五、瓶苗继代培养

无菌操作严格，没有发生污染；瓶苗分割大小适中，受伤较少。

六、生根培养

无菌操作严格，没有发生污染；发根时间在 20 d 左右，根粗壮。

七、试管苗的驯化移栽

驯化方法适当，小苗健壮，没有发生污染，有新根长出；移栽成活率较高，至少应在90％以上。

【思考与练习】

1. 一个组培实验室需有哪些组成部分？各部分的作用是什么？
2. 组培室常用的仪器设备有哪些？
3. 培养基和激素为什么要配制母液？
4. 无菌操作的程序是什么？需要进行哪些必要的准备和整理工作？
5. 进行植物组织培养时，材料的生长受哪些环境因素的影响？
6. 试管苗和实生苗在解剖结构和生理上有很大区别，在驯化过程中，采取哪些措施可使长期生长在培养瓶内的试管苗适应外界环境？

下 篇

【中草药栽培技术】

"课程思政"
教学目标
（下篇）

根及根茎类药材的栽培

任务一　百合的栽培

【任务目标】

通过本任务的学习，能熟练掌握百合栽培的主要技术流程，并能独立完成百合栽培的工作。

【知识准备】

一、概述

百合（*Lilium brownii* F. E. Brown）为百合科百合属植物，以鳞茎入药，味甘、微苦，性平。有润肺止咳、清热安神的功能。主治邪气、腹胀、心痛，利大小便，补中益气。主产于江苏宜兴、甘肃兰州、湖南邵阳、浙江湖州，为全国"四大百合产区"。

二、形态特征

百合为多年生草本，高 70～150 cm。鳞茎球状，白色，其暴露部分带紫色，先端叶呈莲座状。茎直立，不分枝，常有褐紫色斑点。叶互生，无柄，披针形至椭圆状披针形，全缘，叶脉弧形。花大、白色微带淡棕色，漏斗形，单生于茎顶。蒴果短圆形。花期 5—8 月，果期 8—10 月（图 3-1）。

三、生物学特性

（一）生长发育习性

百合根分为肉质根和纤维状根两类。肉质根从鳞茎底部长出，较粗壮，无主、侧根之分，称为"下盘根"。纤维状根，又称不定根，生长在鳞茎之上，俗称"上盘根"。茎有鳞茎和地上茎之分。鳞茎为地下部分，由鳞片和短缩茎组成。地上茎由底盘的顶芽伸长而成，一般在第二年春抽生。在全生育期中单株叶片总数可多于 100 片。百合在 6 月上旬现蕾，7

图 3-1　百　合

（谢凤勋，1999. 中草药栽培实用技术）

月上旬始花，果期 7—10 月。花很少结实，单果有种子 200 粒以上。

（二）生态环境条件

百合喜半阴条件，耐阴性较强。前期和中期，尤其以现蕾开花期喜光照，为长日照植物。喜凉爽，较耐寒。生长发育温度以 15～25 ℃为宜。喜干燥，怕水涝。整个生长期土壤温度不能过高，雨后积水，应及时排除。喜肥沃深厚的沙质土壤。百合根系粗壮发达，能从土壤中吸收大量的养分，是耐肥植物。

【任务实施】

一、百合的种植

（一）选地与整地

应选择土壤肥沃、地势高爽、排水良好、土质疏松的地段栽培。前茬以豆类、瓜类或其他蔬菜地为好。黏结、积水、排水不良的田块不宜种植。选地后，先行深翻，栽前施足基肥。整地要细，并应视地势和气候而定。凡坡地、丘陵地、地下水位低且排水通畅的地方，可整成平畦。畦面宽 1～1.2 m，两畦间开宽 20～25 cm、深 10～15 cm 的排水沟；在地下水位高、雨水较多的地方，应整成高畦栽培。畦面宽 1 m 左右，沟宽 30～40 cm，深 15～20 cm，以利排水。

（二）繁殖方法

1. 无性繁殖　目前生产上主要有鳞片繁殖、籽球繁殖和珠芽繁殖 3 种。

（1）鳞片繁殖。秋季当叶片开始枯黄时，选择健壮无病植株，采挖鳞茎，剥除鳞茎表面质量差或干枯的鳞片，里层的鳞片剥下后，选肥大者在 1∶500 的多菌灵或克菌丹水溶液中浸 30 min，取出后阴干，将基部向下扦插在有肥沃壤土的苗床上，插入部分为鳞片的 1/2～2/3，鳞片间距为 3～6 cm，插后盖草，以利遮阳保湿。

（2）籽球繁殖。采收时，将无病植株上的小鳞茎收集，按鳞片繁殖的方法消毒。然后，按行株距 15 cm×16 cm 播种。经 1 年培养，一部分可达种球标准，较小者，继续培养 1～2 年，再作种用。

（3）珠芽繁殖。珠芽于夏季成熟后采收，收后与湿润细沙混合，贮藏在阴凉通风处。当年 9—10 月，在苗床上按行距 12～15 cm，开 3～4 cm 浅沟，于沟内每 4～6 cm 播珠芽 1 粒，播后盖厚约 3 cm 的浅土，并覆草，翌年出苗时揭除盖草，并追肥。待秋季地上部枯萎后掘取鳞茎，随即再按行株距 20 cm×10 cm 播于苗床。到第三年秋采收时，一部分鳞茎可达种茎标准，较小者再栽 1 年。

2. 有性繁殖　秋季将成熟的种子采下。播前，在冷床内，将 4 份菜园土和 4 份充分腐熟的堆肥，与 2 份河沙混合拌匀，并平铺于苗床，厚约 10 cm，随即撒播或条播。播后，盖细土厚约 3 cm，再盖草。春季出苗时，揭除盖草，进行间苗、施肥，秋季即可产生小鳞茎。

3. 定植　以 9—10 月为宜。栽前对收获后的种茎先在室内摊开，上盖草晾种 5～7 d，促进百合表层水分蒸发，以利发根和出苗。栽植时，种球应分档种植。先在整好的地上，按行距 40 cm，开深 3～4 cm 浅沟，然后在沟中按株距 15 cm 挖穴，种茎栽入穴中，1 穴 1 个。覆土厚以鳞茎顶端离土表 3.5 cm 左右为宜，并稍加按紧。栽植深度要适宜，过浅，鳞茎易分瓣；过深，出苗迟，且生长细弱，缺棵率较高。

（三）田间管理

1. 前期管理　冬季选晴天进行中耕，晒表土，保墒保温，为翌年出早苗、壮苗打下基础。北方地区也可采用地膜覆盖方式进行出苗期的处理，提高地温，延长生育期。也可盖稻草、麦草保墒，以防表土板结。

2. 中耕除草　栽种后冬春两季应多次中耕、松土、除草，中耕松土应浅，防止伤根，到植株封行后，不再中耕除草，到后期由于百合怕高温，因此，适量的杂草能遮阳降温，延长叶片寿命，对鳞茎的养分积累和生长有利，不必除去。

3. 施肥

（1）基肥。百合较耐肥，一般每亩施用堆肥或厩肥 1 500～2 500 kg，发酵饼肥 50～75 kg，尿素 15 kg，钙镁磷肥 20～30 kg，硫酸钾 7.5～10 kg。具体施肥种类应根据土壤情况而定，以有机肥为主。

（2）追肥。追肥一般 3 次。第一次在 1 月前后，掌握解冻时机，亩施熟猪粪、牛粪 1 500 kg，饼肥 50～75 kg，草木灰 100 kg 左右，匀铺畦面覆盖。第二次在苗高 10 cm 时施提苗肥腐熟人粪尿 1 500 kg，用于加速上盘根的生长。第三次在 6 月中旬，收获珠芽后，如叶色褐淡，施速效性碳酸氢铵 15～20 kg，兑水施入，也可用 0.2％磷酸二氢钾进行叶面喷施，效果较好。

4. 排水灌溉　百合种植后期对水分的管理控制很关键，如水分过多，会造成病害严重、烂根或使百合鳞茎产生褐色斑点，影响品质，所以，结合中耕除草、施肥，整修排水沟，以利排水畅通，后期一般不灌溉，特别是大水漫灌，如发现叶片发黄、变紫，应及时除掉病株。

5. 覆盖处理　百合早春覆盖地膜，对提高地温，保墒，促进百合早出苗、出好苗有很好的作用，齐苗后可揭去地膜收藏保管，除草，并覆盖麦草。

6. 打顶、除蕾、去除珠芽　当百合植株有一定的营养生长的枝叶面积后，就生长状况可去除顶芽（一般为 5 月下旬左右），减少过旺的营养生长，避免造成消耗过多养分，而使养分向鳞茎转移。

如果是以生产鳞茎为主要目的，而无须采集种子和留取珠芽的，可以进行去花蕾和抹珠芽处理，摘花蕾应在花序形成、组织尚未老化时进行，抹珠芽可在 6 月上旬进行。

二、病虫害防治

主要病害有立枯病，嫩芽、幼苗、成年植株均受害，逐渐干枯而死。鳞茎受害初期，呈淡褐色，最后腐烂，合瓣脱落。防治方法：拔除病株，烧掉；出苗前喷 1∶2∶200 波尔多液 1 次，出苗后喷 50％多菌灵 1 000 倍液 2～3 次。

主要虫害为蚜虫，初夏发生。群集在嫩叶、茎、花瓣上吸取汁液，使植株萎缩，影响生长，并传染病害。防治方法：用 40％氧化乐果 1 500 倍液喷杀，在虫口密度低、天敌数量多时，可不用农药防治，以保护天敌。

三、采收加工

定植后的第二年秋季，待植株地上部分完全枯萎、鳞茎成熟时，即可采收。采收在晴天进行，挖起全株，除去茎秆，剪去茎基部须根。

洗净泥土等杂物，剥下鳞片，用开水燎或蒸，以鳞茎片边缘柔软而中部未熟，背面有极小的裂纹为度。时间过短，鳞片干后容易卷曲，且多呈黑色；时间过久，鳞片过熟，生成糊状而易破碎，均易影响质量。燎、蒸后立即用清水漂洗，使之迅速冷却，并洗去黏液。漂洗后摊开暴晒至七八成干，用硫黄蒸 8～12 h，再晒至全干。

四、包装与贮藏

百合一般用麻袋包装，贮存于通风干燥处，适宜温度 30 ℃以下，相对湿度 70%～75%，商品安全水分 9%～13%。

鲜百合贮藏一般采用沙土层积法，百合鳞茎在室内稍摊晾，然后选择阴凉的房间，用 0.5% 的甲醛和高锰酸钾熏蒸 1 次，再铺清洁沙土或河沙，将百合排放整齐，上面用沙土覆盖，层层堆放，一般高度不超过 1 m，可放到翌年春天。

百合在贮藏期间，应尽量少翻动，发现腐烂变质，应及时清除，商品百合如发现温度过高，虫蛀，应及时摊晾，翻垛通风，虫情严重时，可用磷化铝等药物熏杀，或密封充氮降氧防治。

五、商品质量标准

浸出物不得少于 18.0%。

【任务评价】

百合栽培任务评价见表 3-1。

表 3-1　百合栽培任务评价

任务评价内容	任务评价要点
栽培技术	1. 选地与整地 2. 繁殖方法：①无性繁殖；②有性繁殖；③定植 3. 田间管理：①前期管理；②中耕除草；③追肥；④排水灌溉；⑤覆盖处理；⑥打顶、除蕾、去除珠芽
病虫害防治	1. 病害防治：立枯病 2. 虫害防治：蚜虫
采收与加工	1. 采收：采收方法及注意事项 2. 加工：加工方法及注意事项
包装与贮藏	1. 包装：用麻袋包装 2. 贮藏：置通风干燥处贮藏

【思考与练习】

1. 百合的田间管理有什么注意事项？
2. 百合的采收、加工与贮藏有哪些注意事项？

任务二　白芍的栽培

【任务目标】

通过本任务的学习，能熟练掌握白芍栽培的主要技术流程，并能独立完成白芍栽培的工作。

【知识准备】

一、概述

白芍为毛茛科芍药属植物芍药（*Paeonia lactiflora* Pall），多年生草本。为常用补血类中药。其性味酸、苦，微寒，入肝、脾经；有养血敛阴，平肝止痛，敛阴止汗之功；常用于血虚肝旺、胁痛、腹痛、月经不调之症。

芍药为多年生草本植物，性喜温暖湿润气候，耐寒，适宜在无霜期较长的地区生长。主产于安徽、浙江和四川等地（图 3-2）。

二、形态特征

白芍株高 50~80 cm，根肥大，常呈圆柱形，外皮棕红色。茎直立。叶互生，下部叶为二回三出复叶，小叶片长卵形至披针形，先端渐尖，基部楔形，叶缘具骨质小齿；叶柄较长；上部叶为三出复叶。花单生于花枝的顶端，花大；萼片 4 片；花瓣 9~13 片，白色、粉红色或红色；雄蕊多数；心皮 3~5 个，分离。花期 5—7 月，果期 6—8 月。

图 3-2　芍　药
（张改英，王敏强，李民，2007.
百种中草药栽培与加工新技术）

三、生物学特性

（一）生长发育习性

芍药是宿根植物。每年 3 月萌发出土，4—6 月为生长发育旺盛时期，花期 5 月，果期 6—8 月，8 月中旬地上部分开始枯萎，这时是芍药甙含量最高时期。芍药种子为上胚轴休眠类型，播种后当年生根，再经过一段低温打破上胚轴休眠，翌年春破土出苗。

（二）生态环境条件

白芍野生于山坡、山谷、灌木丛和嵩丛中。喜温暖湿润气候，能耐寒，宜选择温暖、阳光充足和排水良好的地方栽种。土壤以肥沃的沙质壤土腐殖土为好，黏土或排水不良的低洼地、盐碱地不宜种植。忌连作，可与紫菀、红花、菊花、豆科作物轮作。收获后应换种其他作物 2~3 年后再种。在年均温 14.5 ℃、7 月均温 27.8 ℃、极端最高温 42.1 ℃的条件下生长良好。

【任务实施】

一、白芍的种植

（一）选地与整地

选择阳光充足、排水良好的沙质壤土或腐殖土，黏土及排水不良的低洼地、盐碱地不宜种植。地的四周不应有树木及其他荫蔽物遮阳，以免影响产量。忌连作。

芍药是深根植物，栽培后要经 3～4 年才能收获，故栽植前的整地非常重要，要求精耕细耙 1～2 次，耕深 30～60 cm，以不翻出生土为原则。每亩施厩肥或堆肥 2 500～4 000 kg 作基肥（如肥料少，也可穴施），然后耕细整平，做成 120～210 cm 宽的平畦，畦间做灌、排水沟，深、宽各 21～24 cm。

（二）育苗与移栽

1. 育苗　主要采用分根繁殖法。在收获时，先把芍药根部从芽头的着生处全部割下，加工作药用；选形状粗大、不空心、无病虫害的芽头，按其大小和芽的多少，顺其自然生长情况，切成数块，每块应有芽苞 2～3 个作种苗用。一般 1 亩芍药所得的芍芽，可栽 3～4 亩，最好随收随切随种。

2. 栽植　芍药在 9 月上旬至 10 月上旬均可栽种，越早越好。栽植的行距为 45 cm×45 cm，每亩栽 4 000～4 500 株为宜。栽时先按行株距挖穴，穴径 18～21 cm，深 9～12 cm，在穴中施入已腐熟的农家肥 0.5～1 kg 做底肥，每穴放芍药芽 1～2 个，芽子向上。但因芍芽长短不一，应以芽子在地面以下 3～6 cm 为宜，然后覆土固定，后壅成小土堆，所用覆土必须细碎。

（三）田间管理

1. 中耕除草　栽后第二年，于早春解冻后，松土保墒，便于出苗。出苗后由于行距宽、苗小、杂草滋生，故应勤除。以后每年出苗至封垄前，除草 4～6 次，雨后或浇灌后松土，防止土壤板结。10 月下旬土壤上冻前，在离地面 6～9 cm 处剪去枝叶，在根际培土 12～15 cm，以利越冬。

2. 施肥　生长期需肥较多，应分期追肥。于栽种第一年起，每年追肥 3 次：第一次于 3 月下旬至 4 月下旬，施淡人粪尿；第二次于 4 月下旬每亩施入人粪尿 500 kg；第三次于 10—11 月，以施厩肥为主，每亩数千千克，于行间开整理沟施下。第三年植株长大，需肥量也随之增加，在 3 月下旬每亩施人粪尿 750 kg、腐熟饼肥 50 kg、过磷酸钙 25 kg；4 月下旬每亩施人粪尿 1 t，11 月施厩肥数千千克。第四年追肥 2 次，3 月下旬每亩施人粪尿 1 t，加硫酸铵 10 kg，过磷酸钙 25 kg；4 月下旬，除磷肥外按上述肥量再施 1 次，每次施肥宜于植株两侧开穴施下。

3. 浇水与排水　白芍耐旱怕积水，只有在严重干旱时才需灌溉。多雨季节，注意及时排除田间积水，以免引起烂根。

4. 摘除花蕾　为了使养分集中，供根部生长，每年春季现蕾时，应及时将花蕾摘除。

二、病虫害防治

（一）病害

1. 叶斑病　主要危害叶片。受害叶正面为灰褐色近圆形病斑，有轮纹，上生黑色霉状物。防治方法：发病前及发病初期喷 1∶1∶100 的波尔多液或 50％肿·锌·福美双 800 倍液，7～10 d 喷 1 次，连续数次。

2. 灰霉病　危害叶、茎、花各部分。开花后发生，叶斑褐色，近圆形，有不规则的层纹，茎上病斑呈梭形紫褐色，软腐后植株倒伏，花被害后变褐色，上生一层灰霉。防治方法：①轮作及深翻，可减轻来年发病；②选用无病种芽，用 65％代森锌 300 倍液浸种 10～15 min 后栽种；③发病初期喷 1∶1∶100 波尔多液，隔 10～14 d 喷 1 次，连续 3～4 次。

3. 锈病　危害叶片。在 5 月开花后发生，7—8 月严重，开始叶面无明显病斑，叶背生黄褐色颗粒状的夏孢子堆；后期叶面呈现圆形或不规则形灰褐色病斑，背面则出现刺毛状的冬孢子堆。防治方法：①选地要高燥，排水良好；②收获后将病残体烧毁或深埋，减少越冬菌原；③发病初期喷 0.3～0.4 波美度石硫合剂，7～10 d 喷 1 次，连续数次。

4. 软腐病　又称烂芍，危害种芽，是种芽储藏期间和芍药加工过程中发生的一种病害。潮湿情况下，种芽切口处病部呈水渍状褐色，后变软为黑褐色，用手掐可流出浆水。病部有生灰白色绒毛，后顶端生出小黑点。如温湿度不适则病部干缩僵化。防治方法：①种芽储放要选通风处，使切口干燥，储放场所先除表土及熟土后，用 1％福尔马林与波美度石硫合剂喷洒消毒；②芍药加工时注意勤翻、薄摊，防止腐烂。

(二) 虫害

主要包括蛴螬、蝼蛄、金针虫、地老虎 4 种地下害虫。这 4 种害虫的防治方法基本相同：①施用的粪肥要充分腐熟，最好用高温堆肥；②灯光诱杀成虫，即在田间用黑光灯或马灯进行诱虫，灯下放置盛虫的容器，内装适量的水，水中滴少许煤油即可；③用 75％辛硫磷乳油按种子量的 0.1％拌种；④田间发生期间用 90％敌百虫 1 000 倍液或 75％辛硫磷乳油700 倍液浇灌；⑤毒饵诱杀，用 25 g 氯丹乳油拌炒香的麦麸 5 kg，加适量水配成毒饵，于傍晚撒于田间或畦面诱杀。

三、采收与初加工

栽植后 3～4 年即可收获。收获期一般在 8—9 月，不能迟于 10 月上旬，过迟根内淀粉转化，干燥后不坚实，重量减轻，质量下降。收获时选择晴天，割去茎叶，挖出全根，抖去泥土，切下芍根。

(一) 擦皮

即擦去芍根外皮。将截成条的芍根装入箩筐内浸泡 1～2 h，然后放入木床中，床中加入黄沙，用木耙来回搓擦或用人工刮皮，使白芍根条的皮全部脱落，再用水冲洗后浸在清水缸中。

(二) 煮芍

先将锅水烧至 80 ℃左右，将芍条从清水缸倒入锅中 10～29 kg，放在锅内煮沸 20～30 min，具体时间根据芍条大小而定，煮时上下翻动，锅水以浸没芍根为宜。煮过芍条的水不能重复使用，必须每锅换水。

(三) 干燥

煮好的芍条必须马上捞出置阳光下摊开暴晒 1～2 h，以后逐渐把芍条堆厚暴晒，使表皮慢慢收缩。晒时经常翻动，连续晒 3～4 d，以后于中午阳光过强时用晒席反盖，下午 3～4时再摊开晾晒，晒到能敲出清脆响声时收回室内，堆置 2～3 d，促使水分外渗"发汗"，再晒 1～2 d 即可全干。

四、包装与贮藏

包装材料符合《瓦楞纸箱国家标准》GB/T 6543—2008、《食品安全国家标准 食品接触材料及制品通用安全要求》GB 4806.1—2016 的要求。包装扎紧后贮藏于清洁、干燥、通风、避光处。

五、商品质量标准

符合《中华人民共和国药典》（2015 年版）相关标准。鲜品以芍药根呈圆柱形，顺直或弯曲，长 9～15 cm，直径 0.6～2.4 cm，表面呈粉红色或浅棕色，栓皮除尽处呈棕褐色斑痕，较光滑或有纵皱及须根痕迹为好。成品以根粗长，质坚实，体重大，不易折断，断面灰白色或微带棕色，中间有菊花纹，气味微苦而酸，粉性大，皮色整洁，无空心者为佳。

一等：长 8 cm 以上，中部直径 1.7 cm 以上。无芦头、花麻点、破皮、裂口、夹生、杂质、虫蛀、霉变。

二等：长 6 cm 以上，中部直径 1.3 cm 以上，间有花麻点。无芦头、破皮、裂口、夹生、杂质、虫蛀、霉变。

三等：长 4 cm 以上，中部直径 0.8 cm 以上，间有花麻点。无芦头、破皮、裂口、夹生、杂质、虫蛀、霉变。

四等：长短粗细不分，兼有夹生，间有花麻点、头尾碎节。无枯芍、芦头、杂质、虫蛀、霉变。

【任务评价】

白芍栽培任务评价见表 3-2。

表 3-2 白芍栽培任务评价

组号		姓名				日期	
序号	评分项目	分值	组内自评	组间互评	教师评价	平均分	说明
1	整地	15					
2	育苗	15					
3	栽植	20					
4	管理	10					
5	总结	20					
6	态度及环保意识	10					
7	团结合作	10					
总分							

【思考与练习】

1. 简述白芍的生长环境要求。

2. 简述如何进行整地。

3. 简述白芍栽植的关键技术。

4. 简述白芍栽培中的施肥技术。

任务三　白术的栽培

【任务目标】

通过本任务的学习，能熟练掌握白术栽培的主要技术流程，并能独立完成白术栽培的工作。

【知识准备】

一、概述

白术（*Atractylodes macrocephala* Koidz）为菊科苍术属类植物，又名于术、浙术、冬术等。以根状茎入药，切片生用或炒用，具补脾健胃、燥湿利水、止汗安胎等功能。白术性喜凉爽气候，怕高温高湿。对土壤要求不严格，以排水良好的沙质壤土为好，而不宜在低洼地、盐碱地种植。主产于浙江、江苏，江西、安徽、四川、湖南、河南、福建等20多个省份（图3-3）。

图3-3　白　术

（张改英，王敏强，李民，2007.
百种中草药栽培与加工新技术）

二、形态特征

多年生草本，株高30～80 cm。根茎肥厚粗大，略呈拳状，灰黄色，茎直立，基部木质化。叶互生，茎下部的叶有长柄，叶片3深裂或羽状5深裂，边缘具刺状齿；茎上部叶柄渐短，叶片不分裂，呈椭圆形或卵状披针形。头状花序单生于枝端，形大；总苞片7～8层，基部被一轮羽状深裂的叶状总苞所包围；花多数着生在平坦的花托上，全为管状花，花冠紫色；雄蕊5枚，聚药，花药线形；雌蕊1枚，子房下位。瘦果椭圆形，稍扁，表面被绒毛，冠毛羽状。

三、生物学特性

（一）生长发育习性

花期7—9月，果期9—11月。白术喜凉爽气候，怕高温多湿，根茎生长适宜温度为26～28 ℃，8月中旬至9月下旬为根茎膨大最快时期。种子容易萌发，发芽适温为20 ℃左右，且需较多水分，一般吸水量为种子质量的3～4倍。种子寿命为1年。根茎发育分为3个阶段：第一阶段，根茎开始增长期，为5月中旬至8月中旬，为花蕾发育成长时期，此时根茎的发育速度较慢；第二阶段，根茎发育盛期，为 8 月中旬至 10 月中旬，此时根茎增长 3 倍以上，为整个生长期中根茎发育速度最快的时期；第三阶段，生长发育末期，自 10 月中旬至 12 月中旬，根茎的增长速度显著下降。

（二）生态环境条件

白术喜凉爽气候，怕高温多湿。种子萌发适温为 25 ℃，根茎生长最适温度为 26～28 ℃，日平均气温超过 30 ℃，白术生长受到抑制。白术对土壤要求不严格，酸性的黏壤土、微碱性的沙质壤土都能生长，以排水良好的沙质壤土为好，而不宜在低洼地、盐碱地种植。育苗地最好选用坡度小于 15°～20° 的阴坡生荒地或撂荒地，以较瘠薄的地为好，过肥的地白术苗枝叶过于柔嫩，抗病力减弱。

【任务实施】

一、白术的种植

（一）选地与整地

白术前作以禾本科作物为好，或选择生荒地或停种白术 4 年以上的地。翻土 9～12 cm，不宜过深，整平，除去粗石子，做 75 cm 宽畦备用。

（二）育苗与移栽

1. 育苗 4 月中下旬播种，条播每亩用种子 4～5 kg，撒播每亩用种子 5～7.5 kg。播种前选择籽粒饱满的种子，与沙土混合播入田间（干旱地区宜先将种子在温水中浸泡 24 h）。条播按行距 15 cm，播幅 6～9 cm，开 3～4.5 cm 浅沟（沟底要平，使出苗一致），播种后覆土 3 cm，稍压，使种子与土壤紧密结合。在出苗前土壤应保持足够温度，一般浇 2～3 次水可出苗。

幼苗出土后，要及时拔草间苗，间去密生苗和病弱苗。苗高 4.5～6 cm 时，可按株距 6～9 cm 定苗。苗期追肥 1～2 次，以有机粪尿为好，用量不宜过多；干旱时适当浇水或在行间铺草防旱。

9 月中下旬至 11 月上旬开始挖取白术种栽，去除茎叶和须根（注意勿伤主根和根状茎表皮），阴干 1～2 d，选择干燥阴凉的地方进行贮存。先铺 3 cm 厚的沙，再铺一层术栽（厚 9～12 cm），然后再铺一层沙、一层术栽。堆至 30 cm 左右高时，在堆放的中央插几束草以利通风，上面盖层干湿适中的沙或土。冬季严寒时，应盖草保温。术栽贮藏期间，每隔15～30 d 需检查 1 次，发现病栽应及时挑出，以免引起腐烂。如果术栽萌动，要进行翻动，以防芽的生长。

2. 栽植 翌年 3 月底至 4 月上旬开始栽植。要注意挑选生长健壮、根群发达、顶端芽头饱满、表皮柔嫩、顶端细长、尾部圆大的种栽做繁殖材料；顶部茎秆木质化、主根粗长、侧根稀少者栽后生长不良。栽植按行株距 24 cm×12 cm 或 18 cm×12 cm 下栽，深度 6～9 cm（以埋着术栽，上有 3 cm 土为度），密度每亩 10 000～12 000 株，种栽量每亩 50 kg 左右。

（三）田间管理

1. 中耕除草 要勤除草，浅松土，原则上做到田无杂草，土不板结。雨后露水未干时不能除草，否则容易感染病害。

2. 施肥 在白术栽培中，药农总结有"施足基肥，早施草肥，重施追肥"的生产经验。

一般基肥每亩需施入有机肥 500～1 000 kg，过磷酸钙 25～35 kg；5 月上旬苗基本出齐时，施稀薄人粪尿 1 次，每亩 500 kg；结果前后是白术整个生育期吸肥力最强，生长发育最快，地下根状茎膨大最迅速的时期，一般在盛花期每亩施有机肥 1 000 kg，复合磷肥 30 kg。

3. 浇水排水　白术喜干燥，特别是前期温度高会发病，田间积水易死苗，要注意挖沟、理沟，雨后及时排水。8 月下旬根状茎膨大明显，需要一定水分，如久旱需适当浇水，保持田间湿润，不然会影响产量。

4. 摘除花蕾　为了使养分集中供应根状茎生长，除留种植株每株留 5～6 个花蕾外，其余都要适时摘除。一般在 7 月中旬到 8 月上旬分 2～3 次摘除，摘蕾时，一手捏茎，一手摘蕾，需尽量保留小叶，不摇动植株根部。摘蕾应选晴天进行，雨天摘蕾，伤口浸水易引起病害。

5. 盖草　7 月高温季节可在地表撒一层树叶、麦糠等覆盖，调节地温，使白术安全越夏。

二、病虫害防治

（一）病害

1. 立枯病　低温高湿地易发，多发生于术栽地，危害根茎。防治方法：降低田间湿度；发病初期，用 50％多菌灵 1 000 倍液浇灌。

2. 铁叶病　又称叶枯病。于 4 月始发，6—8 月尤重，危害叶片。防治方法：清除病株；发病初期用 1∶1∶100 波尔多液，后期用 50％硫菌灵或多菌灵 1 000 倍液喷雾。

3. 白绢病　又称根茎腐烂病。发病期同上，危害根茎。防治方法：与禾本科作物轮作；清除病株，并用生石灰粉消毒病穴；栽种前用哈茨木霉进行土壤消毒。

4. 根腐病　又称烂根病。发病期同上，湿度大时尤重，危害根部。防治方法：选育抗病品种；与禾本科作物轮作，或水旱轮作；栽种前用 50％多菌灵 1 000 倍液浸种 5～10 min；发病初期用 50％多菌灵或 50％甲基硫菌灵 1 000 倍液浇灌病区。在地下害虫危害严重的地区，可用 1 000～1 500 倍液乐果或 800 倍液敌百虫浇灌。

5. 锈病　5 月始发，危害叶片。防治方法：清洁田园，发病初期用 25％三唑酮 1 000 倍液喷雾。

（二）虫害

主要是术籽虫，开花初期始发，危害种子。防治方法，深翻冻垡；水旱轮作；开花初期用 80％敌敌畏 800 倍液喷雾。

此外，尚有菌核病、花叶病、蚜虫、根结线虫、南方菟丝子、小地老虎等危害。

三、采收与初加工

白术栽种植当年，在 10 月下旬至 11 月中旬，白术茎叶开始枯萎时为采收适期。采收时，挖出根茎，剪去茎秆，运回加工。烘干时，起初用猛火，温度可掌握在 90～100 ℃，出现水汽时降温至 60～70 ℃，2～3 h 上下翻动一次，须根干燥时取出闷堆"发汗"7～10 d，再烘至全干，并将残茎和须根搓去。产品以个大肉厚、无高脚茎、无须根、坚固不空心、断面色黄白、香气浓郁者为佳。一般亩产干货 200～400 kg，折干率 30％。

四、包装与贮藏

包装材料符合《瓦楞纸箱国家标准》GB/T 6543—2008、《食品安全国家标准　食品接触材料及制品通用安全要求》GB 4806.1—2016 的要求。用麻袋和竹篓包装时，每件重50～70 kg；用方竹篓外套单丝麻袋包装，每件重 100 kg。最好内衬防潮纸等。由于白术容易生虫、发霉和走油，故应贮存于干燥、阴凉之处，防潮、放热和防风。切制的饮片必须晒干、放冷，装入坛内闷紧，梅雨季节宜入石灰缸存放。

五、商品质量标准

符合《中华人民共和国药典》（2015 年版）相关标准。白术为不规则的厚片，外表皮灰棕色或灰黄色，切面黄白色或淡黄色，中间色较深。气清香，味甘、味辛，嚼之略带黏性。

麸炒白术：为不规则的厚片；表面黄棕色，偶见焦斑；质坚硬；有香气。焦白术：为不规则的厚片；表面焦褐色，断面焦黄色；质脆；有焦香气，味微苦。土白术：为不规则的厚片；表面显土色，有土香气。

【任务评价】

白术栽培任务评价见表 3-3。

表 3-3　白术栽培任务评价

组号		姓名				日期	
序号	评分项目	分值	组内自评	组间互评	教师评价	平均分	说明
1	整地	15					
2	育苗	15					
3	栽植	20					
4	管理	10					
5	总结	20					
6	态度、环保意识	10					
7	团结合作	10					
总分							

【思考与练习】

1. 描述白术的形态特征。

2. 简述白术育苗的关键技术。

3. 简述白术栽培中的田间管理技术。

4. 如何防治根腐病？

任务四　板蓝根的栽培

【任务目标】

通过本任务的学习，能熟练掌握板蓝根栽培的主要技术流程，并能独立完成板蓝根栽培的工作。

【知识准备】

一、概述

板蓝根（*Isatis indigotica* L.）又称菘蓝、大青叶，是十字花科菘蓝属二年生的草本植物，用根入药称之为板蓝根，用叶入药称之为大青叶。它具有清热解毒、消肿利咽、凉血等多种作用，主要用于预防和治疗流行性腮腺炎、流行性感冒、咽喉肿痛等病症。板蓝根抗旱耐寒，适应性广，主产河南、河北、江苏、安徽、浙江等地，在我国各地都可以栽培。其一般每公顷产干货板蓝根 3 750～5 200 kg，产干货大青叶 2 250～3 000 kg，每公顷产值可达到 2.4 万～3.3 万元。据全国市场调查，板蓝根年需求量约为 400 万 kg，市场前景广阔。近两年来，市场对板蓝根的需求量增大，其经济效益大幅度提高，种植面积不断扩大（图 3 - 4）。

图 3 - 4　板蓝根

（张改英，王敏强，李民，2007.
百种中草药栽培与加工新技术）

二、形态特征

板蓝根为二年生草本，株高 40～90 cm。主根深长，圆柱形，外皮灰黄色；茎直立，上部多分枝，光滑无毛。单叶互生，基生叶较大；叶片椭圆形，茎生叶长圆形状倒披针形，基部垂耳状、箭形半抱形。复总状花序，花梗细长，花瓣 4 个，花冠黄色。角果长圆形，扁平，边缘翅状，紫色，顶端圆钝或截形。种子 1 枚，椭圆形，褐色有光泽。

三、生物学特性

（一）生长发育习性

板蓝根为长日照植物，全生育期为 9～10 个月，秋季播种出苗后，是营养生长阶段，露地越冬经过春化阶段，于翌春抽茎、开花，之后结实、枯死，完成整个生长周期。花期 4～5 个月，果期 5～6 个月。植株经低温刺激才能抽薹开花，春播当年不能开花结果。

（二）生态环境条件

板蓝根适应性较强，对自然环境和土壤要求不严，能耐寒，我国南北各地都能栽培。其根深长，喜土层深厚、疏松肥沃、排水良好的沙质壤土。土质黏重以及低洼地不宜种植。对土壤的物理性状和酸碱度要求不严。一般微碱性的土壤较适宜，pH 6.5～8 的土壤都能适应，但耐肥性较强，肥沃和深厚的土层是生长发育的必要条件。地势低洼易积水土地不宜种植。

【任务实施】

一、板蓝根的种植

（一）选地与整地

选地势平坦、排水良好、疏松肥沃的沙质壤土，于秋季深翻土壤 20～30 cm，沙地可稍浅。结合整地亩施入堆肥或厩肥 2 000 kg、过磷酸钙 50 kg 或草木灰 100 kg 翻入土中作基肥。然后整平耙细作成宽 1.3 m 的高畦，四周挖好深的排水沟，以防积水。

（二）育苗与移栽

板蓝根多采用种子繁殖。春播，也可夏播。春播 4 月中下旬，夏播 6 月上旬。种子成熟，随采随播。撒播或条播，以条播为好，便于管理。在整好的畦面上按行距 20～25 cm 横向开沟，浅沟深 2 cm 左右，将种子均匀地播入沟内。播前最好将种子用 30～40 ℃水浸泡 4 h，捞出晾干后下种；播后，施入腐熟的人畜粪水，覆土与畦面平齐。保持土壤湿润，5～6 d 即可出芽。每亩用种量 2 kg 左右。

（三）田间管理

1. 浇水与排水　板蓝根生长前期水分不宜太多，以促进根部向下生长，后期可适当多浇水。多雨地区和季节，厢沟加深，大田四周加开深沟，以利及时排水，避免烂根。夏播后遇干旱天气，应及时浇水。雨水过多时，应及时清沟排水，防止田间积水。

2. 施肥　收大青叶为主的，每年要追肥 3 次，第一次是在定植后，在行间开浅沟，每亩施入 10～15 kg 尿素，及时浇水保湿。第二次和第三次是在收完大青叶以后追肥，为使植株生长健壮旺盛可以用农家肥适当配施磷、钾肥；收板蓝根为主的，在生长旺盛的时期不割大青叶，并且少施氮肥，适当配施磷、钾肥和草木灰，以促进根部生长粗大，提高产量。

3. 除草　幼苗出土后浅耕，定苗后中耕。在杂草 3～5 叶时可以选择精喹禾灵类化学除草剂喷施除禾本科杂草，每亩用药 40 mL，兑水 50 kg 喷雾。

4. 间苗定苗　出苗后，当苗高 7～8 cm 时按株距 6～10 cm 定苗，去弱留壮，缺苗补齐。苗高 10～12 cm 时结合中耕除草，按照株距 6～9 cm、行距 10～15 cm 定苗。

二、病虫害防治

（一）病害

1. 霜霉病　该病在 3—4 月始发，在春夏梅雨季节尤其严重，主要危害板蓝根的叶部，病叶背面产生白色或灰白色霉状物，严重时叶鞘变成褐色，甚至枯萎。主要防治方法：排水降湿，控制氮肥用量。发病初期用 70％代森锰锌 500 倍液喷雾防治，或用恶霜·锰锌 800 倍液喷雾防治，每隔 7～10 d 喷 1 次，连喷 2～3 次。

2. 叶枯病　主要危害叶片，从叶尖或叶缘向内延伸，呈不规则黑褐色病斑迅速蔓延，至叶片枯死。在高温多雨季节发病严重。发病前期可用 50％多菌灵 1 000 倍液喷雾防治，每隔 7～10 d 喷 1 次，连喷 2～3 次。该时期应多施磷、钾肥。

3. 根腐病 5月中下旬开始发生，6—7月为盛期。常在高温多雨季节发生，雨水浸泡致根部腐烂，整株枯死。发病初期可用50％多菌灵1 000倍液或甲基硫菌灵1 000倍液淋穴，并拔除残株。

（二）虫害

菜粉蝶俗称小菜蛾，主要危害叶片，5月开始发生，尤以6月危害严重。可以用菊酯类农药喷雾防治。

三、采收与初加工

春播板蓝根在收根前可以收割2次叶子，第一次可在6月中旬，当苗高20 cm左右时从植株茎部距离地面2 cm处收割，有利于新叶的生长；第二次可在8月中下旬。高温天气不宜收割，以免引起成片死亡。收割的叶子晒干后即成药用的大青叶，以叶大、颜色墨绿、干净、少破碎，无霉味者为佳。板蓝根应在入冬前选择晴天采挖，挖时一定要深刨，避免刨断根部。起土后、去除泥土茎叶，摊开晒至七八成干以后，扎成小捆再晒至全干。以根条长直、粗壮均匀、坚实粉足为佳。

四、包装与贮藏

包装材料符合《瓦楞纸箱国家标准》GB/T 6543—2008、《食品安全国家标准 食品接触材料及制品通用安全要求》GB 4806.1—2016的要求。板蓝根和大青叶在包装前应再次检查是否充分干燥，并清除劣质品及异物。所使用的包装材料为麻袋或无毒聚乙烯袋，麻袋或无毒聚乙烯袋的大小可根据购货商的要求而定。包装后的产品置于阴凉通风干燥处，并注意防潮、霉变、虫蛀。

五、商品质量标准

符合《中华人民共和国药典》（2015年版）相关标准。

（一）板蓝根

亩产干货300 kg左右。以根条粗壮均匀，条长整齐，粉性足实者为佳。

（二）大青叶

亩产干叶2 000 kg左右，以无杂质、完整、色暗灰绿者为佳。

【任务评价】

板蓝根栽培任务评价见表3-4。

表3-4 板蓝根栽培任务评价

组号		姓名				日期	
序号	评分项目	分值	组内自评	组间互评	教师评价	平均分	说明
1	整地	15					
2	育苗	15					
3	栽植	20					

（续）

组号			姓名				日期	
序号	评分项目	分值	组内自评	组间互评	教师评价	平均分	说明
4	管理	10					
5	总结	20					
6	态度及环保意识	10					
7	团结合作	10					
总分							

【思考与练习】

1. 简述板蓝根的育苗技术。
2. 简述板蓝根施肥技术。
3. 简述板蓝根栽植技术。
4. 如何采收板蓝根？

任务五　半夏的栽培

【任务目标】

通过本任务的学习，能熟练掌握半夏栽培的主要技术流程，并能独立完成半夏栽培的工作。

【知识准备】

一、概述

半夏［*Pinellia ternata*（Thun b.）Breit］又名地文、守田等，属天南星科半夏属植物。广泛分布于中国长江流域以及东北、华北等地区。药用植物，具有燥湿化痰，降逆止呕，生用有消疖肿作用，兽医用以治锁喉癀（图 3-5）。

二、形态特征

块茎圆球形，直径 1～2 cm，具须根。叶 2～5枚，有时 1 枚。叶柄长 15～20 cm，基部具鞘，鞘内、鞘部以上或叶片基部（叶柄顶头）有直径 3～5 mm 的珠芽，珠芽在母株上萌发或落地后萌发；幼苗叶片卵状心形至戟形，为全缘单叶，长 2～3 cm，宽 2～2.5 cm；老株叶片 3 全裂，裂片绿色，背淡，长圆状椭圆形或披针形，两头锐尖，中裂片长 3～10 cm，宽 1～3 cm；侧裂片稍短；全缘或具不明显

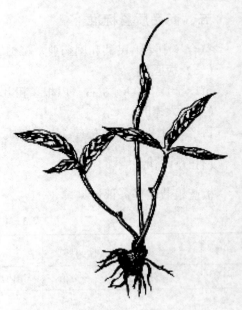

图 3-5　半　夏

（张改英，王敏强，李民，2007.
百种中草药栽培与加工新技术）

的浅波状圆齿，侧脉 8～10 对，细弱，细脉网状，密集，集合脉 2 圈。花序柄长 25～30 cm，长于叶柄。佛焰苞绿色或绿白色，管部狭圆柱形，长 1.5～2 cm；檐部长圆形，绿色，有时边缘青紫色，长 4～5 cm，宽 1.5 cm，钝或锐尖。肉穗花序：雌花序长 2 cm，雄花序长 5～7 mm，其中间隔 3 mm；附属器绿色变青紫色，长 6～10 cm，直立，有时 S 形弯曲。浆果卵圆形，黄绿色，先端渐狭为明显的花柱。花期 5—7 月，果 8 月成熟。

三、生物学特性

（一）生长发育习性

半夏根浅，喜温和、湿润气候，怕干旱，忌高温。夏季宜在半阴半阳中生长，畏强光；在阳光直射或水分不足条件下，易发生倒苗。耐阴，耐寒，块茎能自然越冬。要求土壤湿润、肥沃、深厚，土壤含水量在 20%～30%、pH 6～7 呈中性反应的沙质壤土较为适宜。一般对土壤要求不严，除盐碱土、砾土、过沙、过黏以及易积水之地不宜种植外，其他土壤基本均可，但以疏松肥沃沙质壤土为好。

半夏一般于 8～10 ℃萌动生长，13 ℃开始出苗，随着温度升高出苗加快，并出现珠芽，15～26 ℃最适宜半夏生长，30 ℃以上生长缓慢，超过 35 ℃而又缺水时开始出现倒苗，秋后低于 13 ℃出现枯叶。

冬播或早春种植的块茎，当 1～5 cm 的表土地温达 10～13 ℃时，叶柄发出，此时如遇地表气温又持续数天低于 2 ℃以下，叶柄即在土中开始横生，横生一段并可长出一代珠芽。气温差持续时间越长，叶柄在土中横生越长，地下珠芽长得越大。当气温升至 10～13 ℃时，叶柄直立长出土外。

用块茎繁殖，块茎越大，不仅叶柄粗，珠芽结得大，而且珠芽在叶柄上着生的位置也越高；块茎越小，叶柄细，珠芽也小，珠芽在叶柄上着生的位置越低。

（二）生态环境条件

1. 对温度的要求　平均地温在 10 ℃左右时，半夏萌发出苗；平均气温达 15～27 ℃时，半夏生长最茂盛。在我国部分地区，7 月中旬开始，随着梅雨季节的结束，气温上升，最高温度经常超过 35 ℃，半夏生长受到严重影响，没有遮阳条件的半夏地上部分相继死亡，形成夏季大倒苗。半夏生长的适宜温度为 23～29 ℃。

2. 对湿度的要求　半夏不耐旱，喜爱在湿度较高的土壤中生长。主要的措施之一就是夏季坚持每天傍晚用井水沟灌 1 次，这样既保持了土壤湿润，又降低了土温，一举两得。半夏既喜水又怕水，当土壤湿度超出一定的限度，反而生长不良，造成烂根、烂茎、倒苗死亡，块茎产量下降。

3. 对光照的要求　半夏是耐阴而不是喜阴植物，在适度遮光条件下，能生长繁茂。但是，若光照过强，半夏则难以生存。以半阴环境为宜，珠芽数和块茎增重可达最大值。

【任务实施】

一、半夏的种植

（一）选地与整地

宜选湿润肥沃、保水保肥力较强、质地疏松、排灌良好、呈中性反应的沙质壤土种植，也可选择半阴半阳的缓坡山地。可连作 2～3 年。涝洼、盐碱、重金属含量高的地块不宜种植。土壤选好后，还应对周围的环境进行考察，1 000 m 内没有污染源，离交通主干道100 m 以上，所用的灌溉水应符合国家农田灌溉水标准。

地选好后，于 10—11 月，深翻土地 20 cm 左右，除去石砾及杂草，使其风化熟化。半夏生长期短，基肥对其有着重要的作用，结合整地，每亩施入发酵好的厩肥或堆肥 2 000 kg，过磷酸钙 50 kg，翻入土中作基肥。于播前，再耕翻 1 次，然后整细耙平，起宽 1.3 m 的高畦，畦沟宽 40 cm。

(二) 育苗与移栽

1. 块茎繁殖 半夏栽培 2～3 年，可于每年 6 月、8 月、10 月倒苗后挖取地下块茎。选横径粗 0.5～10 cm、生长健壮、无病虫害的中、小块茎作种，小种茎作种优于大种茎。将其拌以干湿适中的细沙土，贮藏于通风阴凉处，于当年冬季或翌年春季取出栽种。以春栽为好，秋冬栽种产量低。

2. 珠芽繁殖 夏秋间利用叶柄下成熟的珠芽进行条栽，行距 10～16 cm，株距 6～10 cm，开穴，每穴放株芽 3～5 个，覆土厚 1.6 cm。同时，施入适量的混合肥，既可促进珠芽萌发生长，又能为母块茎增施肥料，有利增产。

3. 种子繁殖 二年生以上的半夏，从初夏至秋冬，能陆续开花结果，此法在种苗不足或育种时采用。从秋季开花后约 10 d 佛焰苞枯萎采收成熟的种子，放在湿沙中贮存。

4. 栽种

(1) 确定栽种时间。不同地区栽种时间不尽相同，无冻害的南方可冬季栽培。总之，适时早播并采取有效措施，可使半夏叶柄在土中横生并长出珠芽，在土中形成的珠芽个大，并能很快生根发芽，形成一棵新植株，并且产量高。

(2) 栽种。在整细耙平的备播畦面上开横沟条播。把已分开大小种茎分开播种，一级种茎行株距较稀，播种较深；依次类推，四级种茎行株距较密，种植较浅。播后，上面施一层混合肥土，由腐熟堆肥和厩肥加人畜肥、草土灰等混拌均匀而成，最后覆土少，低于地面即可（也可采用现实新技术半机械化播种，一次完成，可提高效率80%）。

(3) 喷洒除草剂。由于半夏生长期间杂草较多，尤其是在苗期，往往是看不见半夏只见草，所以，半夏播种完成后，马上喷洒半夏专用除草剂，并立即盖上地膜，可有效防治杂草的危害，特别对禾本科杂草的防治效果达 100%。

(4) 覆盖地膜。待喷洒除草剂后要立即盖上地膜，所用地膜可以是普通农用地膜（厚 0.014 mm），也可以用高密度地膜（0.008 mm）。地膜宽度视畦的宽窄而选。盖膜 3 人 1 组，先从畦的两埂外侧各开一条 8 cm 左右深的沟，深浅一致，1 人展膜，2 人同时在两侧拉紧地膜，平整后用土将膜边压在沟内，均匀用力，使膜平整紧贴畦埂上，用土压实。

(三) 田间管理

1. 揭掉地膜 半夏出苗后，待苗高 2～3 cm 时，应及时"破膜放苗"，或苗出齐后揭去地膜，以防膜内温度过高，烤伤小苗。

2. 中耕松土 半夏植株矮小，在生长期间要经常松土除草，避免草荒。同时，中耕还可破除土壤板结，增加土壤的透气性，对半夏的生长非常有利。一般中耕深度不要超过 5 cm，避免伤根。

3. 摘除花蕾 为了使养分集中于地下块茎，促进块茎的生长，有利增产，除留种外，应把抽出的花蕾分批摘除。

4. 浇水　半夏喜湿怕旱，无论采用直播或套种，在播种前都应浇一次透水，以利出苗。出苗前后不宜再浇，以免降低地温。立夏前后，天气渐热，半夏生长加快，干旱无雨时，可根据墒情适当浇水。浇后及时松土。夏至前后，气温逐渐升高，干旱时可 7～10 d 浇水 1次。处暑后，气温渐低，应逐渐减少浇水量。经常保持栽培环境阴凉而又湿润，可延长半夏生长期，减少倒苗，有利于光合作用，多积累干物质。久晴不雨，应及时灌水，若雨水过多，应及时排水，避免因田间积水，造成块茎腐烂。

5. 施肥　除施足基肥外，生长期追肥 4 次。第一次于 4 月上旬齐苗后，每亩施入 1:3的人畜粪水 1 000 kg；第二次在 5 月下旬珠芽形成期，每亩施用人畜粪水 2 000 kg；第三次于 8 月倒苗后，当子半夏露出新芽，母半夏脱壳重新长出新根时，用 1:10 的粪水泼浇，每半月 1 次，至秋后逐渐出苗；第四次于 9 月上旬，半夏全苗齐苗时，每亩施入腐熟饼肥25 kg、过磷酸钙 20 kg、尿素 10 kg。经常泼浇稀薄人畜粪水，有利于保持土壤湿润，促进半夏生长，起到增产的作用。

6. 培土　珠芽在土中才能生根发芽，在 6—8 月，有成熟的珠芽和种子陆续落于地上，此时要进行培土，从畦沟取细土均匀地撒在畦面上，厚 1～2 cm。追肥培土后无雨，应及时浇水。一般应在芒种至小暑时培土 2 次，使萌发新株。二次培土后行间即成小沟，应经常松土保墒。半夏生长中后期，每 10 d 根外喷施 1 次 0.2%磷酸二氢钾或三十烷醇，有一定的增产效果。

二、病虫害防治

(一) 病害

1. 白星病　4—5 月发生，发病初期可喷洒 50%甲基硫菌灵可湿性粉剂 500 倍液，或50%多菌灵可湿性粉剂 500～1 000 倍液，或 50%胂·锌·福美双可湿性粉剂 500 倍液，每隔 7～10 d 喷 1 次，共喷 2～3 次。

2. 叶斑病　于发病初期喷 1:1:120 波尔多液或 65%代森锌 500 倍液，或 50%多菌灵800～1 000 倍液，或甲基硫菌灵 1 000 倍液防治，每 7～10 d 喷 1 次，连续喷 2～3 次；或用大蒜 1 kg 加水 20～25 kg 喷洒；同时拔除病株烧毁。

(二) 虫害

主要是红天蛾，防治方法：用 90%晶体敌百虫 800～1 000 倍液喷洒，每 5～7 d 喷 1 次，连续喷 2～3 次。

三、采收与初加工

(一) 刨收

半夏的收获时间对产量和产品质量影响极大。适时刨收，加工易脱皮、干得快、商品色白粉性足、折干率高。刨收过早，粉性不足，影响产量。刨收过晚不仅难脱皮、晒干慢，而且块茎内淀粉已分解，加工的商品粉性差、色不白，易产生"僵子"（角质化）质量差，产量更低。倒苗后再刨收，费工 3 倍还多。

在收获时，如土壤湿度过大，可把块茎和土壤一起先刨松一下，让其较快地蒸发出土壤中水分，使土壤尽快变干，以便于收刨。刨收时，从畦一头顺行用爪钓或铁镐将半夏整棵带叶翻在一边，细心地拣出块茎。倒苗后的植株掉落在地上的珠芽应在刨收前拣出。刨收后地中遗留的枯叶和残枝应捡出烧掉,以减轻翌年病虫害的发生。

(二) 加工

1. 发酵 将收获的鲜半夏块茎堆放室内,厚度 50 cm,堆放 15～20 d,检查发现半夏外皮稍腐,用手轻搓外皮易掉,即可。

2. 去皮 将发酵后的半夏块茎用筛分出大、中、小 3 级。数量少的可采用人工去皮,其方法是,将半夏块茎分别装入编织袋或其他容器内,水洗后,脚穿胶靴踏踩或用手来回反复推搓 10 min,倒在筛子里用水漂去碎皮,未去净皮的拣出来再搓,直至全部去净为止。如果较大的块茎去皮后,底部(俗称“后腔门”)仍有一小圆块透明的“茧子”时,量少可用手剥去,量多再装袋搓掉,直至半夏块茎全部呈纯白色为止。面积较大的半夏基地,可采用机械脱皮。

3. 干燥 脱皮后的半夏需要马上晾晒,在阳光下暴晒最好,并不断翻动,晚上收回平摊于室内晾干,次日再取出晒至全干,即成商品。如半夏数量较大,最好建有烘房,随脱皮,随烘干,不受天气影响,其加工的半夏商品质量较好。

四、包装与贮藏

包装材料符合《瓦楞纸箱国家标准》GB/T 6543—2008、《食品安全国家标准 食品接触材料及制品通用安全要求》GB 4806.1—2016 的要求。包装后贮于干净、通风、干燥、阴凉的地方。

五、商品质量标准

符合《中华人民共和国药典》(2015 年版)相关标准。

本品呈类球形,有的稍偏斜,直径 1～1.5 cm。表面白色或浅黄色,顶端有凹陷的茎痕,周围密布麻点状根痕;下面钝圆,较光滑。质坚实,断面洁白,富粉性。气微,味辛辣,麻舌而刺喉。

【任务评价】

半夏栽培任务评价见表 3-5。

表 3-5 半夏栽培任务评价

组号			姓名				日期	
序号	评分项目	分值	组内自评	组间互评	教师评价	平均分	说明	
1	整地	15						
2	育苗	15						
3	栽植	20						
4	管理	10						
5	总结	20						
6	态度及环保意识	10						
7	团结合作	10						
总分								

【思考与练习】

1. 简述半夏的适生环境。
2. 简述半夏的育苗技术。
3. 简述半夏的栽培管理技术。
4. 简述半夏的采收与初加工技术。

任务六　苍术的栽培

【任务目标】

通过本任务的学习，能熟练掌握苍术栽培的主要技术流程，并能独立完成苍术栽培的工作。

【知识准备】

一、概述

苍术为菊科苍术属植物茅苍术（茅术）*Atractylodes lancea*（Thunb.）DC.（*Atractylis lancea* Thunb.）和北苍术 *Atractylodes chinensis*（DC.）Koidz.（*Atractylis chinensis* DC.）的根状茎。燥湿健脾，用于治食欲不振、消化不良、寒湿吐泻、胃腑胀满、水肿、湿痰留饮、夜盲症、佝偻病、湿疹。苍术分南苍术、北苍术。南苍术又称为茅苍术，产于江苏、河南、安徽、浙江、江西；北苍术产于东北三省、河南、山东、山西、陕西、内蒙古、西藏、宁夏、甘肃等省、自治区（图 3-6）。

图 3-6　苍　术

（来自 http：//image.baidu.com/search/detail）

二、形态特征

（一）茅苍术（南苍术）

多年生草本，高 30～70 cm。根状茎粗肥，结状，节上有细须根，外表棕褐色，有香气，断面有红棕色油点。茎直立，圆柱形而有纵棱，上部不分枝或稍有分枝。叶互生，基部叶有柄或无柄，常在花期前脱落，中部叶椭圆状被外形，长约 4 cm，宽 1～1.5 cm，完整或 3～7 羽状浅裂，边缘有刺状锯齿，上面深绿，下面稍带白粉状，上部叶渐小，不裂，无柄。秋季开花，头状花序多单独顶生，基部具 2 层与花序等长的羽裂刺缘的苞状中，总苞片 6～8 层，有纤毛；两性花，花单性，花多异株；花全为管状，白色；两性花冠毛羽状分枝，较花冠稍短；雌花具 5 枚线状退化雄蕊。瘦果圆筒形，被黄白色毛。

（二）北苍术

与茅苍术大致相同，其主要区别点为叶通常无柄，叶片较宽，卵形或窄卵形，一般羽状

5 深裂，茎上部叶 3～5 羽状浅裂或不裂；头状花序稍宽，总苞片多为 5～6 层，夏秋间开花。

三、生物学特性

（一）生长发育习性

3 月下旬气温升高，冬芽萌动并开始生长，4 月底为地上茎叶生长盛期，5—6 月地下根茎开始膨大，8—9 月根茎生长迅速，10 月停止生长。每年只长 1～2 节，9 月下旬开花，11 月上旬开始倒苗，转入休眠期。

（二）生态环境条件

苍术喜温暖，具有一定的抗寒性，但怕高温和高湿，虽然对土壤的要求不严，但最好是在半阴半阳的坡地种植最好，能获得高产。苍术生于山坡、较干燥处或草丛中，生活力很强。荒山、瘦地均种植，喜凉爽气候，排水良好、地下水位低、土壤结构疏松、富含腐殖质的沙质土壤上生长最好。忌低洼地，水浸根易乱。

【任务实施】

一、苍术的种植

（一）选地与整地

育苗地宜选海拔偏高的通风、凉爽、肥沃疏松，有一定坡度或排水良好的地块。移栽地宜选海拔 500～1 000 m 的东晒山坡地、带状地或梯地。土质以含腐殖质多的沙质壤土为好。大面积的坡地应开厢成 1.3 m 左右宽的地块，以利于排水和管理。打垄种植，垄宽 30 cm，沟深 15～20 m，沟宽 20 cm。秋冬播种与移栽的田块应及早翻秋坑；春播春栽宜早冬耕地，以利于疏松土壤和减少病虫害。播种或移栽前再翻耕 1 次。

（二）育苗与移栽

1. 种子繁殖

（1）育苗。在 10 月采摘成熟种子贮藏，第二年 3 月下旬至 4 月上旬在整好的苗床上进行播种育苗。播种可分撒播和条播。为了经济利用土地，一般可采用撒播。在畦面上均匀撒上种子，播后把畦沟的土覆到畦面上厚约 1 cm，再覆盖一层草木灰或杂草，保持土壤湿润。15 d 左右出苗，5 月浇 1 次稀薄粪水，促苗生长。越夏时，间种高秆作物以利遮阳，到翌年春移栽。

（2）移栽。翌年 4 月上中旬，苗返青前在整好的地块上做 1.2 m 宽的高畦，按行距 30 cm、株距 21～25 cm 开穴，穴深 12～15 cm，每穴栽苗 2～3 株，栽时注意芽头向上，栽后施入畜粪及草木灰，盖土与畦面齐平。

2. 根茎繁殖 在 4 月或 10 月，结合收获，挖取根茎，切下上部有芽的一节，或把老株分割成 2～3 兜，每兜都要有芽 1～3 个作为种苗。按株距 15 cm、行距 20 cm 挖穴栽种，而后覆以细土，管理方法与育苗移栽相同。

（三）田间管理

1. 中耕除草 5—7 月应及时除草松土，先深后浅，不要伤及根部。植株封行后，应适当培土。

2. 施肥　"早施苗肥，重施蕾肥，增施磷钾肥"。"早施苗肥"是指 4 月上旬施速效氮肥 1 次，以促进幼苗迅速健壮生长；5—7 月植株进入孕蕾期，可以适当增施 1 次氮肥，保持植株茂盛。7—8 月，植株进入生殖生长阶段，地下根茎迅速膨大增加，这段时期是苍术需肥量最大的时候，主要施钾肥。开花结果期，可用 1％～2％磷酸二氢钾或过磷酸钙，进行根外施肥，增施磷、钾肥，延长叶片的功能期，增加干物质的积累，对根茎膨大十分有利。

3. 摘蕾　在植株现蕾尚未开花之前，选择晴天，分期分批摘蕾。摘蕾时防止摘去叶片和摇动根系，除留下顶端 2～3 朵花蕾外，其余均应摘掉。

4. 松土除草　为了保持土壤疏松，杂草不与作物争肥，需分别于 5 月、6 月、8 月各松土 1 次。结合除草理沟，把畦沟的土覆盖一层到畦面上。

5. 浇水及灌水　浇水及遮阳，在人工栽培条件下，阳光直射，光照度、温度、土壤的干湿等都直接与苍术生长发育有密切关系。一般在坡地上栽培排水问题不大。主要的是久旱及夏天的高温与强光，容易造成伤苗。如遇天气干旱，要适时浇水，可保持土壤一定的温度，同时还可降低土温。5 月上旬需间种玉米等高秆作物，避开夏季的强光高温，起到降温遮阳作用。

二、病虫害防治

（一）病害

苍术地下部分在高温高湿天气发病率较高，目前危害苍术的主要病害有立枯病、白绢病、根腐病、铁叶病，苍术一旦染病，治疗较为困难，因此一定要以预防为主。主要预防措施有：轮作，开沟排渍，栽种前用多菌灵浸种，注意严禁使用高毒、高残留农药。

（二）虫害

主要害虫为蚜虫。可用 1∶2 000 乐果乳剂或敌敌畏液喷杀。

三、采收与初加工

翌年 10 月底即可采挖。采挖出来的块茎，应切下最肥壮的芽头留下一茬的种苗。留下种苗后，应在晴天将商品块茎洗净。在清洗时，可将太大的块茎尽量从自然节处掰开，但分割开的块茎晒干后直径不得小于 1.5 cm。以自然干燥为好。烘制温度 30～40 ℃，不允许火烧。干燥过程中要注意反复"发汗"，以利于干透。

四、包装与贮藏

包装材料符合《瓦楞纸箱国家标准》GB/T 6543—2008、《食品安全国家标准　食品接触材料及制品通用安全要求》GB 4806.1—2016 的要求。存放于清洁、干燥、阴凉、通风、无异味的仓库中，温度控制在 25 ℃下，相对湿度≤70％。

五、商品质量标准

符合《中华人民共和国药典》（2015 年版）相关标准。

（一）种子

倒卵形，长 4.3～7.5 mm，宽 1.4～2.8 mm，表面被稠密顺向贴附的白色长直毛，顶有冠毛脱落的痕迹。大小均匀，饱满，干燥，无杂质。种子千粒重不低于 6.0 g（规定水分为 8.0%）。

1. 一级种子 7 目 2.4 mm 筛与 2.8 mm 筛之间的种子。

2. 二级种子 10 目 2.0 mm 筛与 2.4 mm 筛之间种子。

3. 三级种子 14 目 1.43 mm 筛与 10 目 2.0 mm 筛之间种子。

（二）药材性状

外形为不规则连珠状或结节状圆柱形，略弯曲，偶有分枝，长 3.5～10 cm，直径 0.5～2 cm。表面灰棕色，有皱纹、弯曲纹及残留须根，顶端具茎痕或残留茎基。断面黄白或灰白色，散有多数橙黄或棕红色油点，俗称朱砂点，放置后有白毛状结晶析出。香气特异，浓郁，味微甜而苦。

【任务评价】

苍术栽培任务评价见表 3－6。

表 3－6　苍术栽培任务评价

组号			姓名				日期	
序号	评分项目	分值	组内自评	组间互评	教师评价	平均分	说明	
1	整地	15						
2	育苗	15						
3	栽植	20						
4	管理	10						
5	总结	20						
6	态度及环保意识	10						
7	团结合作	10						
总分								

【思考与练习】

1. 简述苍术的适生环境。
2. 简述苍术的生长特性。
3. 简述苍术的育苗技术。
4. 简述苍术的施肥技术。

任务七　柴胡的栽培

【任务目标】

通过本任务的学习，能熟练掌握柴胡栽培的主要技术流程，并能独立完成柴胡栽培的工作。

【知识准备】

一、概述

柴胡（*Bupleurum chinense* DC.）为伞形科柴胡属植物，别名为北柴胡、竹叶柴胡。以根入药，性微寒，味苦、辛。具有和解退热、疏肝解郁、升举阳气的功效。用于寒热往来、胸胁苦满、口苦、咽干、目眩、肝气郁结、胁肋胀痛、头痛、发热、月经不调、痛经、脱肛、子宫脱垂、短气、倦乏等症，产品销往全国各地，并大量出口，是我国创汇产品之一。主产于黑龙江、吉林、河北、河南、辽宁、内蒙古、湖北、陕西、甘肃等地。多为野生。近年来，部分省区有大面积种植。

二、形态特征

柴胡为多年生草本，株高 45～85 cm。主根圆柱形，分枝或不分枝，质坚硬。茎直立丛生，上部分枝，略呈"之"字形弯曲。叶互生，基生倒披针形，基部渐窄成长柄；基生叶长团状披针形或倒披针形，无柄，先端渐尖呈短芒状，全缘，有平行脉 5～9 条，背面具粉霜。复伞形花序腋生兼顶生，伞梗 4～10，总苞片 1～2，常脱落；小总苞片 5～7 个，有 3 条脉纹。花小，鲜黄色，萼齿不明显；花瓣 5 枚，先端向内折；雄蕊 1 枚，子房下位，花柱 2 枚，花柱基黄棕色。双悬果宽椭圆形，扁平，分果瓣形，褐色，弓形，背面具 5 条棱。花期 8—9月，果期 9—10 月（图 3-7）。

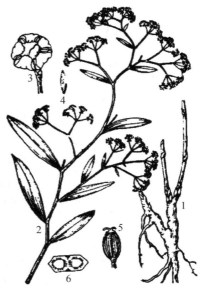

图 3-7　柴　胡

1. 根　2. 花枝　3. 花放大　4. 小总苞片
5. 果实　6. 果实横切面

（徐昭玺，2000. 中草药种植技术指南）

三、生物学特性

（一）生长发育习性

柴胡属多年生草本药用植物，需要 2 年才能完成一个生长发育周期。人工栽培柴胡第一年生长只生基生叶和茎，只有很少植株开少量花，尚不能产种子。田间能够自然越冬。翌年春季返青，植株生长迅速。全生育期 190～200 d。播种后第二年的 9—10 月收获。

柴胡 4 月播种后，保持土壤湿润，2～3 周可出苗。幼苗期生长缓慢，随着气温的升高而逐渐加快。6—7 月为生长期，生长迅速。7—9 月为花期，7—8 月开始现蕾，后开花。8—10 月为果期。8 月中旬结果，10 月上旬果实成熟，10 月下旬为终花期。后期花不能结果。后期根的生长加快，随着气温逐渐下降，地上部分枯萎进入越冬期。

（二）生态环境条件

柴胡喜欢稍冷凉的环境，属喜温植物。种子适宜发芽的温度为 15～25 ℃。柴胡耐寒性强。

柴胡喜湿润的气候，较能耐旱，适应性较强。但播种后，应保持土壤湿润，促进种子的萌发。在追肥的同时，结合浇水，有利于提高产量。一般情况下不需灌溉。但应注意雨后排水防涝，防止烂根。

柴胡喜光，在生育期间，要给予较好的光照。为直根性药用植物，进行人工栽培需选壤土、沙壤土。在土壤肥沃、疏松的夹沙土地块上生长良好，而盐碱地、黏重土壤不宜栽培。土壤 pH 以 6.7 为宜。前茬以禾本科植物为好，忌连作。

【任务实施】

一、柴胡的种植

（一）选地与整地

选择土层深厚、疏松肥沃、排水良好的夹沙土或壤土地种植。选好地后，深翻土壤 30 cm 以上，打碎土块，整平耙细，每亩施入腐熟厩肥 1 500 kg，翻入土中作基肥。播种前，再浅耕 1 次，整平耙细，做成宽 1.3 m 的高畦，畦长自定，开宽 40 cm 的畦沟，沟深底平利于排水。坡地可只开排水沟，不做畦。

采用育苗移栽方式的，在选择育苗地时，除土壤要求外，还应具备灌排条件，以利于培育壮苗。

（二）繁殖方法

种子繁殖，分为育苗移栽和直播定植。

1. 种子处理　播前将种子先用 40 ℃温水浸泡 12 h，浸泡时边搅拌、边撒籽。然后捞去浮在水面上的瘪籽，将沉底的饱满种子取出晾干备用。

2. 育苗　在 3 月上旬至 4 月下旬进行。在整好的畦面上，按行距 10 cm 横向开浅沟条播，沟深 1.5 cm，将处理后的种子与火土灰搅匀，均匀地撒入沟内，覆土与畦面齐平，稍加压紧后，用细孔喷壶浇水，最后盖地膜或草，以利保温保湿，约 20 d 出苗。齐苗后，立即揭去覆盖物，加强管理，培育 1 年，翌春出圃定植。

3. 移栽定植　在 3 月上中旬至 4 月上中旬，在整好的畦面上，按行距 20 cm 横向开沟，深 10 cm，开沟要尽量使沟的一边朝一个方向成一斜口，另一边可陡一些，随即在斜口上每隔 15 cm 摆 1 株苗，根端接近沟底，根系要理顺摆直，先盖沟陡一边的土，后盖沟斜一边的土，将苗扶正栽紧，浇足定根水，再覆土与畦面平。

（三）田间管理

1. 苗期管理　当苗高 5～6 cm 时，间去过密苗及弱苗、病苗。如有缺穴断垄现象应及时补栽上，栽后立即浇水，以利成活。苗长到 10 cm 左右时定苗，每隔 5～7 cm 留苗 1 株。柴胡的幼苗长势弱，容易发生草荒，应及时清除杂草，要做到早锄、勤锄和雨后必锄，以利于透气增温，促进柴胡根苗生长。结合除草进行中耕，中耕宜浅，以免伤及根部。种子发芽出苗和苗期如遇干旱应浇水保苗。出苗前要勤浇水，浇小水，以保持地表湿润，不板结，必要时用喷壶喷水保持湿润，不要漫洒，以防将种子冲走，出苗后可浇大水。

2. 生长期管理　柴胡属于根类中药材，人工栽培以获得高产量、高质量的柴胡根为目的。生长期适当增加中耕松土的次数，有利于改善柴胡根系生长环境，促根深扎，增加粗度，减少分枝。一般在生长期要进行 3～4 次中耕，特别是在干旱时和下雨过后，进行中耕十分有效。

生长期是柴胡需营养和水分的第一高峰期，为满足植株生长的需要，要在6月中旬追肥1次。施以尿素每亩10～12 kg，追肥后浇一次透水。待水下渗后2～3 d再次进行中耕松土，保持田面土壤疏松通透性良好。生长期间见草就要及时拔除。同时夏季也是洪涝灾害多发期，因柴胡怕积水，遇涝要及时排除。

植株生长到7—8月，田间出现个别植株抽薹现蕾现象，发现后及时摘除，减少营养不必要的消耗。同时做好防虫工作。

二、病虫害防治

（一）病害及其防治

1. 锈病　5—6月开始发病。

（1）识别特征。主要危害茎叶，叶面出现黄色病斑。

（2）防治方法。清园，处理病残株或发病初期用25％三唑酮1 000倍液喷雾防治。

2. 斑枯病　病菌以菌丝体和分生孢子器在病株残体上越冬。翌年春天，分生孢子借气流传播引起初侵染。

（1）识别特征。斑枯病危害叶部。叶片上病斑圆形或近圆形，直径1～3 mm，灰白色，边缘色深，上生黑色小点，即病原菌的分生孢子器。严重时，叶片上病斑连成一片，植株枯萎死亡。

（2）防治方法。发病前喷施波尔多液（1∶1∶160），生育期喷施40％代森铵1 000倍液。清园，烧掉病株残体。发病初期用1∶1∶120波尔多液或50％胂·锌·福美双1 000倍液喷雾防治。

3. 根腐病　病菌在土壤越冬，5月开始发病。

（1）识别特征。发病初期，只是个别支根和须根变褐腐烂，后逐渐向主根扩展，主根发病后，根部腐烂，只剩下外皮，最后植株成片死亡。

（2）防治方法。移栽时严格剔除病株弱苗，选壮苗栽植。种苗根部用50％硫菌灵1 000倍液浸根5 min，取出晾干后栽植。收获前增施磷、钾肥，增强植株抗病力。积极防治地下害虫和线虫。雨季注意排水。

（二）主要虫害及其防治

主要虫害为蚜虫、桃粉蚜、黄凤蝶等。苗期及早春返青时危害叶片，常聚集在嫩茎、叶上吸取汁液，造成苗株枯萎。其识别及防治技术参考当归有关部分。

三、采收与初加工

柴胡春秋均可采挖，以秋季采挖为宜。人工栽培二年生的植株（或第一年育苗，第二年移栽），秋季植株开始枯萎时，可用药叉采挖。采挖后剪去残茎和须根，抖去泥土，晒干备用或出售。二年生柴胡每亩可产药用根100～150 kg，三年生可产药用根150～200 kg。折干率为2/5～1/3。

四、包装与贮藏

因产地不同，包装规格也不一致。用席、麻袋、竹篓、竹筐等包装，外用绳捆扎紧实，每件质量有 40 kg、65 kg、80 kg 不等。

柴胡易被虫蛀、受潮生霉，故应贮藏于干燥、通风处。仓内温度保持在 20 ℃以下，相对湿度为 65%～75%。商品安全水分 9%～12%。贮藏期应保持环境整洁、干燥，并定期消毒。发现吸潮及轻度霉变时要及时翻晒。生虫严重时，可用溴甲烷及磷化铝熏。也可密封抽氧充氮养护。

五、商品质量标准

水分不得超过 10.0%，总灰分不得超过 8.0%，酸不溶性灰分不得超过 3.0%，浸出物不得少于 11.0%。

【任务评价】

柴胡栽培任务评价见表 3-7。

表 3-7　柴胡栽培任务评价

任务评价内容	任务评价要点
栽培技术	1. 选地与整地 2. 繁殖方法：种子繁殖 3. 田间管理：①苗期管理；②生长期管理
病虫害防治	1. 病害防治：①锈病；②斑枯病；③根腐病 2. 虫害防治：①蚜虫；②黄凤蝶
采收与加工	1. 采收：采收方法及注意事项 2. 加工：加工方法及注意事项
包装与贮藏	1. 包装：用麻袋或竹篓包装 2. 贮藏：置干燥通风处贮藏

【思考与练习】

1. 如何防治柴胡锈病？
2. 柴胡的繁殖方法是什么？

任务八　川贝母的栽培

【任务目标】

通过本任务的学习，能熟练掌握川贝母栽培的主要技术流程，并能独立完成川贝母栽培的工作。

【知识准备】

一、概述

川贝母（*Fritillaria cirrhosa* D. Don）为百合科贝母属植物，多年生草本，通常指暗紫贝母（F. *unibracteata* Hsiao et K. C. Hsia）、甘肃贝母（F. *przewalskii* Maxim. ex Batal.）和梭砂贝母（F. *delavayi* Franch.）的干燥鳞茎。具清热润肺、化痰止咳功效，用于肺热咳嗽、干咳少痰、阴虚劳咳、咳痰带血之症。主产于我国四川、陕西、湖北、甘肃、青海和西藏等地（图 3-8）。

图 3-8　川贝母

（张改英、王敏强、李民，2007.
百种中草药栽培与加工新技术）

二、形态特征

（一）暗紫贝母

株高 15～60 cm。鳞茎扁球形或近圆锥形，茎直立，无毛，绿色或具紫色。茎生叶最下面 2 片对生，上面的通常互生，无柄，线形至线状披针形，先端渐尖。花生于茎顶，通常 1～2 朵；花被片 6，长 2～3 cm，深紫色，内面有或无黄绿色小方格；叶状苞片 1 枚，先端不卷曲。蒴果长圆形，6 棱，棱上翅宽约 1 mm。种子卵形至三角状卵形，扁平，边缘有狭翅。

（二）甘肃贝母

与暗紫贝母相似。区别在于花黄色，有细紫斑，花柱裂片通常短于 1 mm，叶状苞片先端稍卷曲或不卷曲。

（三）川贝母

株高 20～85 cm。与暗紫贝母区别在于茎生叶通常对生，叶线形、狭线形，先端卷曲或不卷曲；花被长 2.5～4.5 cm，黄绿色或紫色，具紫色或黄绿色的条纹、斑块、方格斑，花柱裂片长 2.5～5 mm，叶状苞片通常 3 枚，先端向下面卷曲 1～3 圈或成近环状弯钩。蒴果棱上翅宽 1～1.5 mm。

（四）梭砂贝母

株高 15～35 cm。须根根毛长密，着生叶的茎段较花梗短，茎生叶卵形至椭圆状卵形，花被长 2.5～4.5 cm；蒴果翅宽约 2 mm，宿存花被果熟前不萎蔫。

三、生物学特性

（一）生长发育习性

川贝母喜冷凉气候条件，具有耐寒、喜湿、怕高湿、喜荫蔽的特性。气温达到 30 ℃或地温超过 25 ℃时，植株就会枯萎；海拔低、气温高的地区不能生存。在完全无荫蔽条件下种植，幼苗易成片晒死；日照过强会促使植株水分蒸发和呼吸作用加强，易导致鳞茎干燥率低，贝母色稍黄，加工后易成"油子""黄子"或"软子"。川贝母种子具有后熟特性。播种出苗的第一年，植株纤细，仅一匹叶；叶大如针，称"针叶"。第二年具单叶 1～3 片，叶面展开，称"飘带叶"。第三年抽茎不开花，称"树兜子"。第四年抽茎开花，花期称"灯笼"，果期称果实为"八卦锤"。在生长期中，如外界条件变化，生长规律即相应变化，进入"树兜子"。"灯笼花"的植株可能会退回"双飘带""一匹叶"阶段。川贝母植株年生长期 90～120 d。9 月中旬以后，植株迅速枯萎、倒苗，进入休眠期。

（二）生态环境条件

性喜冷凉湿润的气候。适于生长在海拔 2 000～3 000 m，年均温 0～6 ℃，最热月不超过 15 ℃，最冷月不低于 0 ℃，年降水量不少于 700 mm 的区域生长，以排水良好的富含腐殖质的壤土或沙壤土为宜。

【任务实施】

一、川贝母的种植

（一）选地与整地

选背风的阴山或半阴山为宜，并远离麦类作物，防止锈病感染；以疏松、富含腐殖质的壤土为好。结冻前整地，清除地面杂草，深耕细耙，做 1.3 m 宽的畦。每亩用厩肥 1 500 kg、过磷酸钙 50 kg、油饼 100 kg，堆沤腐熟后撒于畦面并浅翻；畦面做成弓形。

（二）育苗与移栽

鳞茎繁殖 7—9 月收获时，选择无创伤病斑的鳞茎作种，用条栽法，按行距 20 cm 开沟，株距 3～4 cm，栽后覆土 5～6 cm。或在栽时分瓣，斜栽于穴内，栽后覆盖细土、灰肥 3～5 cm 厚，压紧镇平。

（三）田间管理

1. 搭棚 川贝母生长期需适当荫蔽。播种后，春季出苗前，揭去畦面覆盖物，分畦搭棚遮阳。搭矮棚，高 15～20 cm，第一年郁闭度 50%～70%，第二年降为 50%，第三年为 30%；收获当年不再遮阳。搭高棚，高约 1 m，郁闭度 50%。最好是晴天荫蔽，阴雨天亮棚炼苗。

2. 除草 川贝母幼苗纤弱，应勤除杂草，不伤幼苗。除草时带出的小贝母随即栽入土中。每年春季出苗前，秋季倒苗后各用草甘膦除草 1 次。

3. 施肥 秋季倒苗后，每亩用腐殖土、农家肥，加 25 kg 过磷酸钙混合后覆盖畦面 3 cm 厚，然后用搭棚树枝、竹梢等覆盖畦面，保护贝母越冬。有条件的每年追肥 3 次。

二、病虫害防治

（一）病害

1. 锈病 锈病为川贝母主要病害，病源多来自麦类作物，多发生于 5—6 月。防治方法：选远离麦类作物的地种植；整地时清除病残组织，减少越冬病原；增施磷、钾肥，降低田间湿度；发病初期喷 0.2 波美度石硫合剂或 97% 敌锈钢 300 倍液。

2. 立枯病 立枯病危害幼苗，发生于夏季多雨季节。防治方法：注意排水、调节郁闭度，以及阴雨天揭棚盖；发病前后用 1∶1∶100 的波尔多液喷洒。

（二）虫害

金针虫、蛴螬 4—6 月危害植株。防治方法：每亩用 50% 氯丹乳油 0.5～1 kg，于整地时拌土或出苗后掺水 500 kg 灌土防治。

三、采收与初加工

川贝母家种、野生均于 6—7 月采收。家种贝母，用种子繁殖的，播后第三年或第四年收获。选晴天挖起鳞茎，清除残茎、泥土；挖时勿伤鳞茎。贝母忌水洗，挖出后要及时摊放晒席上；以 1 d 能晒至半干，次日能晒至全干为好，切勿在石坝、三合土或铁器上晾晒。切忌堆沤，否则冷油变黄。如遇雨天，可将贝母鳞茎窖于水分较少的沙土内，待晴天抓紧晒干。也可烘干，烘时温度控制在 50 ℃以内。在干燥过程中，贝母外皮未呈粉白色时，不宜翻动，以防发黄。翻动用竹、木器而不用手，以免变成"油子"或"黄子"。

四、包装与贮藏

包装材料符合《瓦楞纸箱国家标准》GB/T 6543—2008、《食品安全国家标准　食品接触材料及制品通用安全要求》GB 4806.1—2016 的要求。通常用木箱或纸箱包装，或用麻袋或白布袋装后再装木箱。包装后贮于干净、通风、干燥、阴凉的地方。贮藏温度 25 ℃以下，相对湿度 55%～70%。贮藏期间应定期检查，及时晾晒，或采用密封充氮降氧养护。

五、商品质量标准

符合《中华人民共和国药典》（2015 年版）相关标准。

（一）松贝

呈类圆锥形或近球形，高 0.3～0.8 cm，直径 0.3～0.9 cm。表面类白色。外层鳞叶 2 瓣，大小悬殊，大瓣紧抱小瓣，未抱部分呈新月形，俗称"怀中抱月"；顶部闭合，内有类圆柱形、顶端稍尖的心芽和小鳞叶 1～2 枚；先端钝圆或稍尖，底部平，微凹入，中心有 1 个灰褐色的鳞茎盘，偶有残存须根。质硬而脆，断面白色，富粉性。气微，味微苦。

（二）青贝

呈类扁球形，高 0.4～1.4 cm，直径 0.4～1.6 cm。外层鳞叶 2 瓣，大小相近，相对抱合，顶部开裂，内有心芽和小鳞叶 2～3 枚及细圆柱形的残茎。

（三）炉贝

呈长圆锥形，高 0.7～2.5 cm，直径 0.5～2.5 cm。表面类白色或浅棕黄色，有的具棕色斑点。外层鳞叶 2 瓣，大小相近，顶部开裂而略尖，基部稍尖或较钝。

【任务评价】

川贝母栽培任务评价见表 3-8。

表 3-8　川贝母栽培任务评价

组号		姓名				日期	
序号	评分项目	分值	组内自评	组间互评	教师评价	平均分	说明
1	整地	15					
2	育苗	15					
3	栽植	20					
4	管理	10					
5	总结	20					
6	态度及环保意识	10					
7	团结合作	10					
总分							

【思考与练习】

1. 描述川贝母的形态特征。
2. 简述川贝母育苗技术。
3. 简述川贝母锈病的防治技术。
4. 简述川贝母的采收技术。

任务九　川芎的栽培

【任务目标】

通过本任务的学习，能熟练掌握川芎栽培的主要技术流程，并能独立完成川芎栽培的工作。

【知识准备】

一、概述

川芎（*Ligusticum chuanxiong* Hort.）为伞形科藁本属植物，以根茎入药，味辛，性温。有活血行气、散风止痛的功能。主治月经不调、闭经腹痛、胸胁胀痛、感冒风寒、头晕头痛、风湿麻痹及冠心病、心绞痛等症。主产都江堰市和崇州市，已有四百多年的栽培历史，四川省其余地区和全国许多省、自治区都有种植。

二、形态特征

川芎为多年生草本植物，高 30～70 cm。根状茎呈不规则的结节状拳形团块，黄褐色。茎丛生，直立，中空，节盘显著膨大。叶互生，2～3 回奇数羽状复叶，有长柄，基部成鞘抱茎，小叶 3～5 对。复伞形花序生于分枝顶端，花白色。双悬果卵形。花期 7—8 月，果期 9—10 月（图 3-9）。

图 3-9　川芎
（谢凤勋，1999. 中草药栽培实用技术）

三、生物学特性

（一）生长发育习性

川芎 8 月栽后的第一个月地上部生长较慢，但地下部可见新的根茎形成。9 月中旬至 11 月中旬地上部旺盛生长，地下根茎生长较慢，11 月中旬地上部生长基本稳定，转入地下根茎物质积累，根茎迅速膨大。12 月中旬后有部分叶片枯黄掉落，冬前的叶多为基生叶丛。

翌年 2 月中旬后普遍抽茎，生长迅速，3 月下旬茎叶数基本稳定，4 月下旬以后生长渐慢，进入干物质积累阶段。5 月下旬后收获。

（二）生态环境条件

川芎产区气候表现为气温、水温、土温低，雨水多，日照少即"三低一多一少"的特点。川芎商品药材栽种以选海拔 500～1 000 m，气候温和，雨量充沛，日照充足的坝区、丘陵为宜。栽种川芎宜选地势向阳、土层深厚、排水良好、肥力较高、中性或微酸性的沙质壤土，过沙或过枯的土壤不宜种植。

【任务实施】

一、川芎的种植

（一）选地与整地

栽培川芎宜选地势向阳、土层深厚、排水良好、肥力较高、中性或微酸性的土壤。过沙的冷沙土或过黏的黄泥、白鳝泥、下湿田等，不宜栽种。栽前除净杂草，烧灰作肥，挖土后整细整平，根据地势和排水条件作成宽 1.6～1.8 m 的畦。

（二）繁殖方法

川芎采用无性繁殖，繁殖材料是地上茎的茎节，称"芩子"，常在山区培育。

1. 培育"芩子"　于 12 月底至翌年 1 月中旬，在平坝大田区挖取专供繁殖用的川芎根茎，称"扶芎"，运往山区栽种，栽植期不应迟于 2 月上旬。栽时在畦上按株行距 24～27 cm 见方挖深 6～7 cm 的穴。穴内先施堆肥或人畜粪水，再栽入小抚芎 2 个。芽向上按紧栽稳，后盖土。栽后于 3 月上旬出苗，3 月底 4 月初苗高 10～13 cm 时疏苗，扒开穴土，露出根茎顶端，选留粗细均匀，生长好的地上茎 8～12 根，把其余的从基部割除。疏苗时和 4 月下旬备中耕除草 1 次，同时施追肥，用人畜粪水和腐熟饼肥混合浇穴。

7 月中下旬茎节膨大略带紫褐色时收获，选晴天把全株挖起。选健壮植株，去掉叶子，割下根茎（烘干可供药用）。把茎秆捆成小束，运至阴凉的山洞或室内贮存，地上铺一层茅草，把茎秆一层层摆好，上面用茅草盖好，每周上下翻动 1 次，防止腐烂。

8 月上旬取出茎秆运下山作繁殖用，割成长 3～4 cm，中间有一节盘的短节，即为繁殖用的芩子。把大的、节盘突出的选留作种，较小的和茎秆上端的茎节最好不用。

在海拔 1 000 m 左右的地方或邻近没有山的新区种川芎，也可用本田的芩子来繁殖。选留作种的可把收获期延至 6 月底或 7 月上中旬，割下的茎秆需贮藏 1～2 个月，如贮藏得当。也能获得较好的芩子，但连续多年使用本田芩子作种，会产生退化现象。

2. 栽种　栽植期为 8 月上中旬，栽种过迟，当年生长期短、长势弱。栽时在畦上横开浅沟，按行距 33 cm，开深 2～3 cm 浅沟。每行栽 8 个芩子，株距约 20 cm，行间两端各栽芩子 2 个，每隔 6～10 行的行间密栽芩子 1 行，以备补苗。芩子平放沟内，芽向上按入土中，后用筛细的堆肥或土粪掩盖芩子，必须把节盘盖住。再在畦面铺盖稻草，减少强烈日光照射和暴雨冲刷。

（三）田间管理

1. 补苗　在第一、二次中耕除草时，选择阴天补苗，补苗时应带土栽植，栽植后必须浇水，成活率才高。

2. 中耕除草　一般进行 4 次。第一次在栽后 15 d 左右齐苗后，浅锄 1 次。隔 20 d，进行第二次中耕除草，也应浅松土，深了容易伤根。再过 20 d 进行第三次中耕除草，此时正是根茎开始发育旺盛的时候，切忌伤根，所以只除草不中耕。第四次在翌年1月中下旬，当地上茎叶枯黄时进行，先扯去地上部分再行中耕除草，中耕时将行间泥土垒于行上，覆盖苗基保护根茎安全过冬。

3. 施肥 前3次中耕除草后各追肥1次，以人畜粪水与腐熟饼肥为主，可适量加入化肥，化肥以氮磷钾配合施用最好；第三次施水肥后，还要用土粪、草木灰、腐熟饼肥等拌匀后施于植株基部，然后覆土。这次施肥不宜过迟，须在10月中旬前施下，否则气温降低，肥料不易分解，肥力不高。第二年返青后再增施一次稀薄水粪，这次施肥，应根据植株生长情况，酌情施用，尤其是氮肥不能过量，否则易引起茎叶徒长。

二、病虫害防治

（一）病害及其防治

1. 根茎腐烂病 该病适温范围广，在5～40℃均可发生，但以20～25℃最适合，是川芎生产上的重要病害，田间发病率通常在16.5％以上，严重者可达30％。

（1）识别特征。发病初期，心叶发黄，地下块茎（早期为苓种）内部局部变为褐色，新根少，部分变为水渍状。随着病害的发展，植株生长减慢，叶片从叶尖、叶缘开始变枯。到后期，整个植株完全停止生长、枯死，块茎腐烂。

（2）防治方法。①应深耕翻土，适当深开排水沟，以降低土壤湿度；实行水旱轮作，可有效地降低发病率。②妥善保管苓种，种用苓秆切忌成堆成捆放置，应摊晾于通风阴暗处，以减少病菌互相传染；栽植时去掉变色、过嫩的苓种，选择健壮无病苓种，实行育苗移栽，以培育壮苗。③可用50％多菌灵可湿性粉剂800倍液浸种30 min，或用50％多菌灵可湿性粉剂按苓种与药剂比为100∶1拌种。

2. 白粉病 发病时期一般是6月下旬开始，7—8月高温季节发病严重。

（1）识别特征。染病后，先由叶下部向上蔓延。叶片和茎秆上初现灰白色的白粉，后期病部出现黑色小点，严重者茎叶枯焦死亡。

（2）防治方法。发病初期用25％三唑酮1 500倍液或50％硫菌灵1 000倍液喷洒，每10 d喷1次，连续2～3次。

（二）主要虫害及其防治

1. 川芎茎节蛾

（1）危害症状。幼虫咬食叶、花蕾。

（2）防治方法。在早晨或傍晚用90％敌百虫800倍液或80％敌敌畏乳油1 000倍液。

2. 黄翅茴香螟 现蕾开花时发生。

（1）危害症状。幼虫从心叶或叶鞘处蛀入茎秆，咬食接盘。

（2）防治方法。在山区育苓期中，应随时掌握虫情，及时用40％乐果乳油1 000倍液防治，喷药工作应细致，着重喷射叶心和叶鞘；坝区栽植前，一般用烟骨头（筋）和麻柳叶（枫杨叶）5～6 kg，加水100 kg，浸泡数日，再将苓子放入浸12～24 h，取出稍稍晾干即可栽植，或用40％乐果乳油1 000倍液，浸泡3 h后栽种。

三、采收与加工

栽后第二年收获，平原栽者以5月下旬，山地栽者多在8—9月挖取。根茎挖出后除去茎叶、须根、泥土，洗净、晒干或烘干，散发出浓郁香气，放入竹制撞笼中来回抖动，除去泥沙和须根。亩产干根茎 100～150 kg，高产者可达 250 kg。

四、包装与贮藏

川芎用麻袋或竹篓盛装，每件 30～40 kg。贮藏于阴凉干燥处，适宜温度 30 ℃以下，相对湿度 70%～75%，商品安全水分 10%～30%。

本品易遭虫蛀，也易受潮生霉、泛油。泛油品断面颜色变深，气味减弱。危害的仓虫有咖啡豆象、药材甲、烟草甲等，多由商品裂隙或根茎痕处蛀入。贮藏期间，应严格控制空气湿度及商品水分，受潮品应及时置通风干燥处摊晾。高温高湿季节应用吸湿剂或去湿机吸潮、降温。发现虫害，用磷化铝熏杀。有条件的地方可进行抽氧充氮养护。

五、商品质量标准

水分不得超过 12.0%，总灰分不得超过 6.0%，酸不溶性灰分不得超过 2.0%，浸出物不得少于 12.0%。

【任务评价】

川芎栽培任务评价见表 3-9。

表 3-9　川芎栽培任务评价

任务评价内容	任务评价要点
栽培技术	1. 选地与整地 2. 繁殖方法：①培育"苓子"；②栽种 3. 田间管理：①补苗；②中耕除草；③追肥
病虫害防治	1. 病害防治：①根茎腐烂病；②白粉病 2. 虫害防治：①川芎茎节蛾；②黄翅茴香螟
采收与加工	1. 采收：采收方法及注意事项 2. 加工：加工方法及注意事项
包装与贮藏	1. 包装：用麻袋或竹篓包装 2. 贮藏：置阴凉干燥处贮藏

【思考与练习】

1. 川芎的繁殖方法有哪些？
2. 川芎的虫害及其防治方法有哪些？

任务十　丹参的栽培

【任务目标】

通过本任务的学习，能熟练掌握丹参栽培的主要技术流程，并能独立完成丹参栽培的工作。

【知识准备】

一、概述

丹参（*Salvia miltiorrhiza* Bunge.）为唇形科鼠尾草属植物，别名血生根、赤参、血参、紫丹参、红根。丹参以根入药，是常用中药材。有活血去淤、消肿止痛、养血安神的功能。丹参生于山坡、林缘、水边等处。分布于浙江、江西、福建、湖南、广东、广西等地。

二、形态特征

多年生草本。茎高 40～80 cm。叶常为单数羽状复叶；小叶 3～7 叶，卵形或椭圆状卵形。轮伞花序 6 至多花，组成顶生或腋生假总状花序，密生腺毛或长柔毛；苞片披针形；花萼紫色，二唇形；花冠蓝紫色，筒内有毛环，上唇镰刀形，下唇短于上唇，3 裂，中间裂片最大。花期 4—6 月，果期 7—8 月（图 3-10）。

图 3-10 丹 参
（张改英，王敏强，李民，2007. 百种中草药栽培与加工新技术）

三、生物学特性

（一）生长发育习性

地上部分生长最适气温在 20～26 ℃，平均气温 10 ℃以下，地上部分开始枯萎。抗寒力较强，初次霜冻后叶仍保持青绿。根在气温−15 ℃左右、最大冻土深度 40 cm 左右仍可安全越冬。种子一般在 18～22 ℃情况下，保持一定湿度，约 2 周可出苗。

（二）生态环境条件

喜气候温和，光照充足，空气湿润，土壤肥沃。生育期光照不足，气温较低，幼苗生长慢，植株发育不良。年平均气温为 17.1 ℃，平均相对湿度为 77％的条件下，生长发育良好。适宜在土质肥沃的沙质壤土上生长，土壤酸碱度适应性较广，中性、微酸、微碱均可生长。

【任务实施】

一、丹参的种植

（一）选地与整地

选择甘薯、玉米、花生等为前作，前作收获后进行整地，深翻 30 cm 以上，结合整地施基肥，亩施堆肥或厩肥 2 000 kg 左右，耙细整平，做成高畦或平畦，畦宽 1.3 m，畦长视地形而定。清除大田四周杂草病远离田间集中烧毁，每亩施充分腐熟的厩肥或绿肥 1 500～2 000 kg，磷酸二铵 10 kg 做底肥，深翻 30～35 cm，整细、耙平、作垄。垄宽 1.2 m，高

20 cm，垄间留沟 25 cm 宽。大田四周开好宽 40 cm、深 35 cm 的排水沟，以利田间排水。

结合整地，每亩施入 3％辛硫磷颗粒 3 kg，撒入地面，翻入土中，进行土壤消毒；或者用 50％辛硫磷乳油 200～250 g，加 10 倍水稀释成 2～2.5 kg，喷洒在 25～30 kg 细土上，拌均匀，使药液充分吸附在细土上，制成毒土，结合整地均匀撒在地面，翻入土中，或者将此毒土顺垄撒施在丹参苗附近，如能在雨前施下，效果更佳。

（二）育苗与移栽

1. 种子育苗　选择离水源较近，地势平坦，排水良好；地下水位不超过 1.5 m；耕作土层一般不少于 30 cm；土壤比较肥沃的微酸性或微碱性的沙壤土；要求前一年栽种作物为禾本科植物，如小麦、玉米或休闲地，扦插种植花生、蔬菜和丹参的地块，不能作为育苗田，地点最好选在基地范围内。每亩施充分腐熟的厩肥或绿肥 1 000 kg，磷酸二铵 10 kg，翻耕深 20 cm 以上。耙细、整平、清除石块杂草。作畦，畦宽 1.2 m，畦间开宽 30 cm，深 20 cm 的排水沟。

播种时间应在种子收获后即时播种，一般在 6 月底或 7 月初。每亩地用种子 3～5 kg，与 2～3 倍细土混匀以后，均匀撒播在苗床上，用扫帚或铁锨轻轻拍打，使种子和土壤充分接触后，用麦秸或麦糠盖严至不露土为宜，再浇透墒水，以保持足够的湿度。

播种后，每天检查苗床一次，观察苗床墒情和出芽情况，如天旱可在覆盖物上喷洒清水以保持苗床湿润；出苗后如有杂草，应及时用手拔除，以防荒苗；如种苗密度过大，应间苗，保持苗株距为 2～5 cm。一般 1 亩苗田可供 10～12 亩大田移栽。

2. 种苗移栽　一般在移栽前进行，随起随栽为好，用牙镢采挖。起苗后要立即在荫蔽无风处选苗。剔除不合格苗，每 100 株苗用麦秆或稻草扎成一把，捆扎不能过紧。种苗在移栽前要进行筛选，对烂根、色泽异常及有虫咬或病苗、弱苗要除去（特别要注意根部有小疙瘩的苗子必须剔除，此为根结线虫病）。

（1）种苗处理。对前茬种植蔬菜、花生或丹参的地块，移栽时要对种苗进行药剂处理。方法是：优选无病虫的丹参苗，栽前用 50％多菌灵或 70％甲基硫菌灵 800 倍液蘸根处理 10 min，晾干后移栽，以有效地控制根腐等病菌的侵染。

（2）种苗移栽。秋季种苗移栽在 10 月下旬至 11 月上旬（寒露至霜降之间）进行，春栽在 3 月初。株行距 20 cm×20 cm 左右，视土壤肥力而定，肥力强者株行距宜大。在垄面开穴，穴深以种苗根能伸直为宜，苗根过长的要剪掉下部，保留 10 cm 左右长的种根即可；将种苗垂直立于穴中，培土、压实至微露心芽，每亩栽 12 000 株左右，栽后视土壤墒情浇适量定根水，忌漫灌。

3. 根栽

（1）大田选择、土壤处理及清理同育苗移栽。

（2）芦头栽种。芦头栽种出芽率和成活率都较高、分根多、产量高，所以提倡用芦头栽种。芦头也分冬栽和春栽，以冬栽为好。

在采挖丹参时，选取生长健旺，无病虫害的植株，主根（粗根）切下供药用，将茎粗 0.6 cm 以下的细根连同根茎上的芦头作种栽，按株行距 20 cm×25 cm 挖窝或开沟，深度以细根能自然伸直为宜，然后将芦头栽入窝或沟内，覆土，覆盖上地膜。冬栽提倡用地膜覆盖，可保持土壤温度和湿度，促使早发芽，出苗快而整齐，生长期延长，产量高。

（3）切根繁殖（又称分根繁殖）。种根在运输、保存中都应注意透气、通风，切忌集中堆放，以免发热烧坏发芽点。冬栽、春栽均可，以冬栽为好。

秋冬收获丹参时，选择色红、无腐烂、无病虫害、发育充实、直径 0.7～1 cm 的根条作种根，进行栽培。也可选留生长健壮、无病虫害的植株在原地不起挖，留作种根，待栽种时随挖随栽。选种根时，尽量截取上部 2/3 的根为最佳。春栽于早春 2—3 月，在整平耙细的垄上，按株行距 20 cm×25 cm 开沟或挖窝，窝或沟深 7～9 cm，窝底施入适量的粪肥或土杂肥，于底土拌匀，然后将种根切成 5～7 cm 的小段作种根，按原生长方向栽种，不能倒置，每窝栽入一段，再盖细土厚 2～3 cm。不宜过厚或过薄，否则难以出苗；栽后用地膜覆盖，待出苗厚打孔放苗。每亩需种根 80 kg 左右。

（三）田间管理

1. 查苗补苗 在每年 5 月上旬以前，对缺苗地块进行检查，如出苗率、成活率低于 85% 的，则要抓紧时间补苗。补苗方法为：首先选择与移栽时质量一致的种苗，时间选择在晴天的下午 3 时以后补栽；如种苗已经出苗或抽薹，则需剪去抽薹部分，只留 1～2 片单叶即可；移栽后需浇透定根水。

2. 中耕除草 一般中耕除草 3 次，4 月幼苗高 10 cm 左右时进行一次；6 月中旬开花前后进行一次，8 月下旬进行一次，平时做到有草就除。总之，除草要及时，若不及时除草，会造成荒苗，导致严重减产或死苗。

3. 施肥 施肥的时间和种类。丹参开春后，要经过 9 个月的生长期才能收获，除栽种时多施底肥外，在生长过程中还需追肥 3 次。第一次在 3 月中旬丹参返青时，结合灌水施提苗肥，每亩施尿素 5～10 kg。第二次在 4 月底至 5 月中旬，不留种的地块，可在剪过第一次花序后再施；留种的地块可在开花初期施；硫酸钾复合肥每亩施 5～10 kg。第三次在 8 月中旬至 9 月上旬，正值丹参生长旺盛期，根部迅速伸长膨大，每亩施硫酸钾复合肥 10～15 kg。

4. 灌溉和排水

（1）灌溉。

① 灌溉设备条件。基地内应有河流水源或机井，有条件的地方可配备喷灌设施。

② 5—7 月是丹参生长的旺盛期，需水量较大，如遇干旱，土壤墒情缺水时，应及时由垄沟放水渗灌或喷灌，禁用漫灌。

（2）排水。

① 排水条件。田地四周要有与垄沟连接的深 40 cm 以上的排水沟，并保持通畅。

② 排水。遇连阴雨天气，土壤出现积水时，应及时疏通并加深田间的排水沟至 35 cm 以上，将水引入四周的总排水沟排出地块。丹参根系增重最快的时期在 8 月中旬至 10 月中旬，因此这一时期营养水分充足与否对产量影响很大，必须加强田间管理，防止积水、干旱、缺肥和草荒。

5. 摘蕾控苗 除留种子田块外，其余地块均应打蕾。在 4 月下旬至 5 月上旬主轴上和侧枝上有蕾芽出现时立即剪掉蕾芽，以后应随时剪除（蕾芽应清除出田间），以促进根的发育。

二、病虫害防治

（一）病害

1. 根腐病 植株发病初期，先由须根、支根变褐腐烂，最后导致全根腐烂，外皮变为黑色，随着根部腐烂程度的加剧，地上茎叶自下而上枯萎，最终全株枯死。拔出病株，可见主根上部和茎地下部分变黑色，病部稍凹陷；纵剖病根，维管束呈褐色。防治方法：①合理轮作，可抑制土壤病菌的积累，特别是与葱蒜类蔬菜轮作效果最好。②加强栽培管理，采用高垄深沟栽培，防止积水，避免大水漫灌，发现病株及时拔除。③栽种前浸种根：用 50％多菌灵 800 倍液或 70％甲基硫菌灵 1 000 倍液灌根，每株灌液量 250 mL，7～10 d 再灌 1次，连续 2～3 次。也可用以下药剂喷洒：70％甲基硫菌灵 500 倍液，或 75％百菌清 600 倍液，每隔 10 d 喷 1 次，连喷 2～3 次，注意喷射茎基部。

2. 叶斑病　5 月初发生，6—7 月发病严重。发病初期叶片出现深褐色病斑，近圆形或不规则形，后逐渐融合成大斑，严重时叶片枯死。防治方法：①实行轮作，同一地块种植丹参不能超过 2 个周期；②收获后将枯枝残叶及时清理出田间，集中烧毁；③增施磷、钾肥，或于叶面上喷施 0.3％磷酸二氢钾，以提高丹参的抗病力；发病初期每亩用 50％可湿性多菌灵粉剂配成 800～1 000 倍的溶液喷洒叶面，隔 7～10 d 喷 1 次，连续喷 2～3 次；④用 300～400 倍的 EM复合菌液，叶面喷雾 1～2 次；⑤发病时应立即摘去发病叶片，并集中烧毁以减少传染源。

（二）虫害

1. 根结线虫病　由于根结线虫的寄生，丹参根部生长出许多瘤状物，致使植株生长矮小，发育缓慢，叶片退绿，逐渐变黄，最后全株枯死。拔起病株，须根上有许多虫瘿状的瘤，瘤的外面黏着土粒，难以抖落。防治方法：①实行轮作，同一地块种植丹参不能超过 2个周期，最好与禾本科植物，如玉米、小麦等轮作；②结合整地进行土壤处理，方法同大田土壤处理。

2. 蛴螬　5—6 月大量发生，全年危害。在地下咬食丹参植株的根茎，使植株逐渐萎蔫、枯死，严重时造成缺苗断垄。防治方法：①精耕细作，深耕多耙，合理轮作倒茬，合理施肥和灌水，都可降低虫口密度，减轻危害；②结合整地，深耕土地进行人工捕杀，或每亩用5％辛硫磷颗粒剂 1～1.5 kg 与 15～30 kg 细土混匀后撒施；③施用充分腐熟的厩肥；④大量发生时用 50％的辛硫磷乳剂稀释成 1 000～1 500 倍液或 90％敌百虫 1 000 倍液浇根，每苗50～100 mL；或用 90％晶体敌百虫 0.5 kg，加 2.5～5 kg 温水与敌百虫化匀，喷在 50 kg 碾碎炒香的油渣上，搅拌均匀做成毒饵，在傍晚撒在行间或丹参幼苗根际附近，隔一定距离撒一小堆，每亩毒饵用量 15～20 kg；⑤晚上用黑光灯诱杀成虫。

3. 金针虫　5—8 月大量发生，全年危害。将丹参植株的根部咬食成凹凸不平的空洞或咬断，使植株逐渐枯萎，严重者枯死。在夏季干旱少雨、生荒地以及施用未充分腐熟的厩肥时，危害严重。防治方法：同蛴螬的防治方法。

4. 银纹夜蛾　以幼虫取食丹参叶片，咬成孔洞或缺口，严重时可将叶片吃光。防治方法：①收获后及时清理田间残枝病叶并集中烧毁，消灭越冬虫源；②栽培地悬挂黑光灯或糖醋液诱杀成虫；③7—8 月在第二、三代幼虫低龄期，喷洒病原微生物，可用苏云金杆菌，每次每亩用 250 g 或 250 mL，兑水 50～70 kg，进行叶片喷雾；也可用 25％灭幼脲 3 号每亩10 g，加水稀释呈 2 000～2 500 倍液常规喷雾；或者可用 1.8％阿维菌素乳油 3 000 倍液均匀喷雾。

三、采收与初加工

丹参栽种后，在大田生长一年或一年以上，根部化学成分达到质量标准（丹参酮ⅡA含量不低于 0.2，丹参素含量不低于 1.2％）时，于 10 月底至 11 月初，丹参地上部分开始枯萎，土壤干湿度合适，选晴天采挖。

常用牙镢、筐、剪、人力车等，要求保持清洁，不接触有害物质，避免污染。

用牙镢或用 40 cm 以上长的"扎锹"顺垄沟逐行采挖，将挖出的丹参置原地晒至根上泥土稍干燥，剪去茎秆、芦头等地上部分，除去沙土（忌用水洗），装筐、避免清理后的药材与地面和土壤再次接触。

采后运回的丹参先置芦席、竹席或洁净的水泥晒场上晾晒。也可采用烘干机进行干燥。

四、包装与贮藏

包装材料符合《瓦楞纸箱国家标准》GB/T 6543—2008、《食品安全国家标准 食品接触材料及制品通用安全要求》GB 4806.1—2016 的要求。产品经晾晒或烘干后，手感药材干燥，折之即断，含水量在 12% 以下时，利用挑选、筛选等方法除去杂质后，即可进行初包装（注意：净选时不能将红皮磨损，否则将降等级收购）。包装材料一般用清洁卫生的乙烯编织袋或麻袋包装，缝牢袋口。

五、商品质量标准

符合《中华人民共和国药典》（2015 年版）相关标准。

本品根茎短粗，顶端有时残留茎基。根数条，长圆柱形，略弯曲，有的分枝并具须状细根，长 10～20 cm，直径 0.3～1 cm。表面棕红色或暗棕红色，粗糙，具纵皱纹。老根外皮疏松，多显紫棕色，常呈鳞片状剥落。质硬而脆，断面疏松，有裂隙或略平整而致密，皮部棕红色，木部灰黄色或紫褐色，导管束黄白色，呈放射状排列。气微，味微苦涩。

（一）一级

药材晒至 5 成干时，将药材中部直径 1.4 cm 以上的整枝挑选出来，剪去芦头和细尾，去掉须根，使之成为长 10 cm 的整枝，用手轻捏使根条顺直，再继续晒至干透，困扎成束；将不是红棕色和霉变的丹参及碎节挑出。

（二）二级

药材晒至 5 成干时，将药材中部直径 1.2 cm 以上的整枝挑选出来，剪去芦头、去掉须根，再继续晒至干透。去除霉变的丹参。

（三）三级

一级和二级挑选后的剩下部分直接晒干，去尽须根。去除霉变的丹参。

【任务评价】

丹参栽培任务评价见表 3-10。

表 3-10　丹参栽培任务评价

组号		姓名				日期	
序号	评分项目	分值	组内自评	组间互评	教师评价	平均分	说明
1	整地	15					
2	育苗	15					

（续）

组号			姓名				日期	
序号	评分项目	分值	组内自评	组间互评	教师评价		平均分	说明
3	栽植	20						
4	管理	10						
5	总结	20						
6	态度及环保意识	10						
7	团结合作	10						
总分								

【思考与练习】

1. 丹参的适生环境是什么？
2. 简述丹参的栽植地块整地措施。
3. 简述丹参栽培的田间管理技术。
4. 简述丹参的品质质量标准。

任务十一 当归的栽培

【任务目标】

通过本任务的学习，能熟练掌握当归栽培的主要技术流程，并能独立完成当归栽培的工作。

【知识准备】

一、概述

当归 ［*Angelica sinensis*（Oliv.）Diels］为伞形科当归属植物，以干燥的根入药，有补血、活血、调经止血、润燥滑肠、破瘀生新的功能。主产于甘肃岷县、宕昌、漳县、渭源等地，云南、四川、陕西、湖北等地也有少量栽培。产品销往全国各地，并大量出口，是我国创汇产品之一。

二、形态特征

当归为多年生的草本植物，茎直立，带紫色，表面有纵沟，高 40～100 cm，有芳香气味。主根粗短、肥大、肉质，下端有多数粗长的支根，外皮黄棕色，断面黄白色。基生叶及茎下部叶三角状楔形，2～3 回三出式羽状全裂，基部扩大呈鞘状抱茎；复伞形花序，花白色，雄蕊 5 枚，子房下位。双悬果，椭圆形，白色。花期 6—7 月，果期 8 月（图 3-11）。

图 3-11 当 归
（谢凤勋，1999. 中草药栽培实用技术）

三、生物学特性

(一)生长发育习性

当归生育期一般为 2 年,第一年为营养生长期,主要是形成肉质根后休眠;第二年开始抽薹开花,完成生殖生长。当归在整个生育期内有 6 个生育时期:依次为幼苗期、第一次返青期、叶根生长期、第二次返青期、抽薹开花期和种子成熟期。在人工栽培的条件下,当归整个生育期需 780 d。前 2 年为营养生长阶段,第三年转入生殖生长阶段。但将当归栽培于适合它生长的条件下,仍有许多在第二年会抽薹开花结实,人们把这种现象称为"早期抽薹"。早期抽薹植株所结的种子通常称为"火药籽",此类种子育成的苗栽移后容易早期抽薹。由于当归是以干燥的肉质根入药,而开花结实后的当归根已木质化,失去了药用价值。目前生产中,早期抽薹植株占 10%~30%,高者达 50%~70%,严重影响当归药材产量与质量,是当前生产亟待解决的问题。

(二)生态环境条件

当归喜高寒凉爽气候、耐寒冷、怕酷热,多生长在海拔 1 500~3 000 m,无霜期 100~150 d 的高寒山区。低海拔地区栽培气温高,不易越夏,生长期短,易死亡。

当归对土壤的要求不十分严格,但以土层深厚、肥沃,富含有机质的沙质壤土为好。土壤酸碱度以微酸性至中性为宜。忌连作,前作以玉米、大麻、小麦、油菜或绿肥作物为宜,轮作期 2~3 年,不宜与马铃薯、豆类作物轮作。新开垦的荒地宜种植一年农作物后再种植。

当归对水分的要求以湿润为宜,土壤含水量以 20%~35%为宜,雨水均匀、充足能获高产,但水分过多出现积水的地方易发生根腐病。

当归在各个生长阶段对光照有不同的要求。幼苗期对光十分敏感,怕干旱和高温及烈日照射,应向阳地育苗,搭棚遮阳,当新叶生长出 3~5 片时,就不宜再遮阳。移栽于大田的植株需充足的阳光,宜在向阳的地势种植。

【任务实施】

一、当归的种植

(一)选地与整地

1. 育苗地 育苗地的选择是影响当归育苗质量的关键因素。既关系苗子的生长好坏,也与移栽后早期抽薹率的高低密切相关。育苗地可以选择阴凉肥湿的生荒地或熟地,要求土层深厚、肥沃疏松、富含腐殖质的沙质壤土,pH 近中性。生荒地育苗,一般在 4—5 月开荒,先将灌木杂草砍除,晒干后堆起点火,烧制熏肥,随后深翻土地 25 cm 以上,翻后打碎土块,去尽草根、石块等,即可作畦;若选用熟地育苗,初春解冻后,要进行多次深翻,施入基肥。基肥以厩肥和熏肥最好,每亩施入腐熟厩肥 3 500 kg,均匀撒于地面,再浅翻一次,使土肥混合均匀,以备作畦。当归育苗都采用带状高畦,以利排水。一般按 1.3 m 开沟作畦,畦沟宽 30 cm,畦高约 25 cm,四周开好排水沟以利排水。

2. 栽植地 当归为深根性植物,入土较深,喜肥,怕积水,忌连作。所以移栽地应选土层深厚、疏松肥沃、腐殖质含量高,排水良好的荒地或休闲地。当归生长第二年比苗期要求较高的温度和充足的光照，如栽在山坡上，以阳坡较好，阴坡生长慢。当归不宜连作，前茬以小麦、大麻、亚麻、油菜、烟草为宜。如果不得不连作，必须多施有机质肥和追肥，并用杀菌剂和杀虫剂作好土壤消毒、灭菌处理。选好的地块，栽前要深翻（25 cm），结合深翻施入基肥能促进根部生长，每亩施腐熟厩肥 6 000～8 000 kg，油渣 100 kg；有条件的还可施适量的过磷酸钙或其他复合肥。翻后耙细。作成高畦（顺坡）或高垄，畦宽 1.5～2.0 m，高 30 cm，畦间距离 30～40 cm；垄宽 40～50 cm，高 25 cm 左右。

（二）育苗与移栽

1. 育苗　通常选用移栽后第二年所结新鲜种子。当种皮呈蔚蓝色或粉红色时，即可采收，风干后脱粒，贮藏备用。于 6 月上旬至下旬播种，按沟距 17～20 cm 开横沟，均匀播入种子，覆盖一层细土，将种子盖严，再盖一层杂草。每亩播种子 4～5 kg。发芽适温为 20 ℃左右，播后半个月左右出苗，此时将盖草挑松，以防揭草时伤苗。8 月初揭去盖草。有草就除，保持田间无杂草，结合除草间苗，去弱留强，株距 1 cm 左右为宜。

2. 移栽　10 月上旬，将幼苗连根挖起，捆成小把，用堆藏或窖藏。一般于 4 月上中旬移栽为宜。在整好的畦面上，按行株距 35 cm×25 cm 的三角形种植，穴探 16 cm。选择所育之苗根，直径以控制在 3.5 mm 左右为好，过大的苗根容易提前抽薹；过小则适应性差，成活率低。栽后边覆土边压紧，覆土没过种苗根茎 2～3 cm 即可。

（三）田间管理

1. 间苗、定苗、补苗　直播的当归苗高 3 cm 时，开始第一次间苗，半月后苗高 10 cm 时进行第二次间苗，即予定苗，每穴留壮苗 2～3 株。移栽当归应于阴天或傍晚带土移栽，栽后及时浇水。在移栽后 20 d 左右便陆续长出新叶，发现死苗，应及时补栽。定苗一般在小暑前后早期抽薹基本结束时进行。定苗时采用穴栽方式的，每穴留 1 株苗；条栽的间苗时按株行距留强去弱，每亩留苗 6 000～7 000 株。

2. 中耕除草与培土　中耕除草每年进行 3～4 次，通常第一次除草是在苗高 5～7 cm 时进行，此时主根尚未扎入土层深处，宜进行浅中耕除草；第二次于苗高 13～17 cm 时进行，此时根已扎入土层深处，中耕宜稍深；第三次在植株封垄前进行，这时根系多已肥大，容易伤根，宜浅中耕除草。封垄后不再中耕除草。第二、三次除草时结合拔除抽薹植株。当归生长到中后期，根系开始发育，生长迅速，此时应给予增土，以促进归身的生长，有助于提高当归的产量和质量。

3. 施肥　当归是一种喜肥植物。在生长期内需肥量较多，所以除施基肥外，还应及时追肥。追肥应以饼粕、厩肥为主，同时配以适量速效肥。追肥分 2 次进行，第一次在 5 月下旬，以饼粕和熏肥为主。若为熏肥，则应配施适量氮肥，以促进地上叶片充分发育、提高光合效率；第二次在 7 月中下旬，以厩肥为主，配施适量磷、钾肥，以促进根系发育，获得高产。

4. 排水灌溉　当归生长需要较湿润的土壤环境，天旱时进行适量的灌溉有利于高产，雨水过多时要注意开沟排水，特别是在生长的后期，田间不能积水，否则会引起根腐病，造成烂根。

5. 及时拔薹　早期抽薹的植株生命力强，生长快，对水肥的消耗量大，对正常植株有较大影响，应及时拔除。药农经验认为：植株高大，呈暗褐色的将来一定抽薹，应及时拔除，植株蓝绿色，生长矮小的不抽薹。

二、病虫害防治

（一）病害及其防治

1. 根腐病　发病时期一般是5—9月，6—8月危害严重，是当归发病率最高、危害最为严重的病害。

（1）识别特征。患病植株根部组织初呈褐色，进而腐烂变成黑色水浸状，只剩下纤维状物。地上部叶片变褐至枯黄，变软下垂，最终整株死亡。

（2）防治方法。①选择排水良好，透水性强的沙质土壤作栽培地，高垄栽种，忌连作。②移栽前，每亩用1.3 kg 50％利克菌拌土撒匀，或200倍65％代森锌均匀喷洒。③选用健壮无病种苗移栽，移栽前用1∶1∶150的波尔多液浸泡10～15 min，晾干栽植，或育苗时用多菌灵、硫菌灵按种子质量的0.3％～0.5％拌种。④及时拔除病株，集中烧毁。病穴中施一撮石灰粉，并用50％胂·锌·福美双600～1 000倍液或50％硫菌灵800～1 000倍液全面喷洒病区，以防蔓延。

2. 褐斑病　发病时期一般是5—10月，7—8月较严重，是一种地上病害。

（1）识别特征。发病初期叶面出现褐色斑点，病斑逐渐扩大成边缘红褐色，中心灰白色。后期，病斑内出现小黑点，病情严重时，叶片大部分呈红褐色，最后逐渐枯萎死亡。

（2）防治方法。①冬季做好田园清洁工作，彻底烧毁病残组织，减少病菌来源。②发病初期及时摘除病叶，并喷1∶1∶150波尔多液或500倍65％的代森锌或800～1 000倍50％的甲基硫菌灵进行防治，每隔10 d左右喷1次，连续3～4次。

3. 白粉病

（1）识别特征。发病初期，叶面上出现灰白色粉状病斑。后期病斑上出现黑色小颗粒，病情发展迅速，全叶布满白粉，逐渐枯死。

（2）防治方法。①种子经福尔马林500倍液浸泡5 min或闷种2 h。②及时拔除病株，集中烧毁。③发病初期，每隔10 d左右喷洒1 000倍50％甲基硫菌灵或500倍65％的代森锌防治，连续3～4次。

4. 菌核病

（1）识别特征。植株发病初期叶片变黄，根部组织开始腐烂成为空腔，腔内含有多个黑色鼠粪状菌核。

（2）防治方法。①集中清除烧毁发病植株和土壤中菌核，杜绝病菌源。②水旱轮作，消除土壤中的菌核，效果较好。③移栽时，穴内稍施石灰、草木炭，增加肥力又消毒。④发病初期及时喷洒600倍65％代森锌或波尔多液（1∶1∶300）或用300倍菌核利浇灌。

（二）主要虫害及其防治

1. 黄凤蝶　主要危害期为5—8月，以幼虫危害。

（1）危害症状。幼虫于夜间咬食叶片，造成缺刻，严重时将叶片吃光，仅剩叶柄和叶脉。

（2）防治方法。①人工捕杀，幼虫发生初期和3龄期以前，抓紧人工捕捉。②用90％敌百虫1 000倍液喷杀，每周1次，连续2～3次。

2. 粉桃蚜

（1）危害症状。成、若蚜聚集在当归新梢和嫩叶叶背吸食汁液，使心叶嫩叶卷曲皱缩以至枯萎，植株矮小。

（2）防治方法。①栽培当归的地块，应选择远离桃、李、杏、梅等越冬寄主植物，以减少虫源。②生物防治：释放草蛉幼虫或食蚜瓢虫。③40％氧化乐果乳油 1 500 倍液或 50％灭蚜松乳剂 1 000～1 500 倍液喷杀。每隔 5～7 d 喷 1 次，连续 2～3 次。

除了以上虫害，当归还受地老虎、金针虫、蝼蛄、蛴螬等害虫危害。

三、采收与初加工

（一）采收

移栽定植的当归在当年 10 月下旬，地上部枯萎后即可采挖。如采挖得过早，根部的干物质积累仍然在继续，造成产量偏低、质量差；过迟，土壤结冻，难以将根完整地挖出。采收的方法：在收获前，先割除地上叶片，让太阳暴晒 3～5 d，割叶时要留叶柄 3～5 cm，以利采挖时识别。根挖起后，抖落泥土，运回加工。

（二）加工

1. 晾晒　当归从地里运回后，不能堆置，应放在通风处晾晒几日，直至发达的侧根失水变软，残留的叶柄干缩为止。

2. 削侧根　当归晾晒的同时，将其切根用锋利的刀子从"芦头"上削下，然后分开处理晾晒，太小的当归根可以直接理顺侧根，扎成小把。

3. 芦头和侧根的处理　将削好的芦头用细绳或细铁丝串到一起，一般每 50 个 1 串，将削下的侧根再按粗细分级，分别晾晒。

4. 烘烤　当归的干燥主要采用烟熏火烤的方法，在设有多层棚架的烤房内进行。熏前将芦头挂于烤架上，而将其他的小把和根节分别装框后架在烤架上。在产地由于产量很大，故多用太阳晒的方法来干制当归，但此方法获得的产品外皮颜色没有熏烤的好看。

四、包装与贮藏

当归一般用竹篓或木箱包装，前者每件 20～30 kg，后者 50～75 kg。这两种包装最外层再套以麻袋，能起到良好的保护作用。

当归属含挥发油类药材，还含有丰富的糖分，极易走油和吸潮，故必须贮于干燥、凉爽之地，遇阴雨天严禁开箱，防止潮气进入，并且当归不宜贮藏得过久。

五、商品质量标准

水分不得超过 10.0％，浸出物不得少于 50.0％。

【任务评价】

当归栽培任务见表 3-11。

表 3-11　当归栽培任务评价

任务评价内容	任务评价要点
栽培技术	1. 选地与整地 2. 育苗与移栽 3. 田间管理：①搭遮阴棚；②床面覆盖；③排水与灌溉；④施肥；⑤除草；⑥摘蕾和疏果

（续）

任务评价内容	任务评价要点
病虫害防治	1. 病害防治：①根腐病；②褐斑病；③白粉病；④菌核病 2. 虫害防治：①黄凤蝶；②粉桃蚜
采收与加工	1. 采收：采收方法及注意事项 2. 加工：加工方法及注意事项
包装与贮藏	1. 包装：竹篓或木箱包装 2. 贮藏：贮于干燥、凉爽之地

【思考与练习】

1. 当归育苗中应注意什么？
2. 当归的贮藏应该注意什么？

任务十二　党参的栽培

【任务目标】

通过本任务的学习，能熟练掌握党参栽培的主要技术流程，并能独立完成党参栽培的工作。

【知识准备】

一、概述

党参 [*Codonopsis pilosula* (Franch.) Nannf.]，别名上党、东党、西党、潞党、条党、狮头参、中灵草。为桔梗科党参属植物，以干燥的根入药，性味甘平、无毒，有补中益气、生津止渴等功效，主治脾肺虚弱、气短心悸、食少便溏、虚喘咳嗽、内热消渴等症状，是我国传统的补益药之一，并常作为人参的替代品。主产于山西、甘肃、陕西、四川、黑龙江、吉林、青海等地。

二、形态特征

多年生缠绕草质藤本，高 1～2 m，有多数分枝，嫩茎有白毛，折断后有乳汁流出。根体肥大肉质，长圆柱状，顶端有一膨大的根头，上端 5～10 cm 部分有细密环纹，具多数瘤状茎痕，内有菊花心，有香味，外皮乳黄色至淡灰棕色。叶对生或互生，呈卵形，老时仍两面有毛。花单生、腋生或顶生，花萼绿色，5 裂；花冠钟形，淡黄绿色带淡紫色斑点；雄蕊 5 枚；子房半下位，柱头有白色刺毛。蒴果圆锥形，有宿存花萼。种子细小卵形，褐色，有光泽。花期 7—9 月，果期 9—10 月（图 3-12）。

图 3-12　党　参

（周成明，1997.80 种常用中草药的栽培）

三、生物学特性

（一）生长发育习性

党参为多年生植物，从种子播种到成熟一般需 2 年，2 年以后年年开花结籽。种子细小，千粒重 0.35～0.34 g。种子萌发最低地温为 5 ℃，20～25 ℃ 为好，利于种子萌发。

党参春、夏、秋三季均可播种，但以夏、秋播种出苗整齐。一般 3 月底至 4 月初出苗，进入缓慢的苗期生长，6 月中旬至 10 月中旬进入营养生长的快速期，10 月下旬植株地上部分枯萎，进入休眠期。2 年及 2 年以上生植株，8—9 月为党参根系生长的旺盛季节，做好田间管理，有利于党参根的生长，各产地由于海拔高度、气候等不同，生长周期略有差异。

党参根生长的基本情况：第一年主要以伸长生长为主，可长到 15～30 cm，根粗仅 2～3 mm。第二年到第七年，参根以加粗生长为主，特别是 2～5 年根的加粗生长很快，这个时期党参正处壮年时期，参苗一般长达 2～3 m，地上部分光合面积大，光合产物多，根中营养物质积累多而快，参根的加粗增重明显。8～9 年进入衰老期，参苗老化，参根木质化，糖分积累变少，质量变差。因此，要获得优质高产，宜采收 3～5 年的党参药用。

（二）生态环境条件

党参对环境的适应性较强，多分布于海拔 1 400～2 100 m 的半阴半阳坡或阴坡；海拔低，昼夜温差小，不利于党参根中糖分的积累，影响产品质量和品质。喜冷凉湿润环境，较耐寒，炎热对生长极为不利，地上部容易枯萎且易发生病害。一般在无霜期 130～270 d、温度 8～30 ℃ 能正常生长。对光照要求严格，不同生长阶段的要求不同。幼苗期喜阴，成株期喜光。在强烈光照下幼苗易被晒死或生长不良。随着苗龄的增长，对光的要求逐渐增加，二年生以上植株喜光，光照不足时植株细弱，产量低。因此，产区应在背阴山地的低处育苗，在向阳山地的高处定植栽培。或苗期用覆盖物遮阳数月，后逐渐撤除。

党参对水分的要求随生长期不同而异，播种期及苗期需水量较多，缺水不出苗，即使出苗也易旱死。定植后对水分要求不严格，但不应过于潮湿，注意排水，防治烂根；一般在相对湿度 57%～72%，全年降水量 500～900 mm 条件下就可正常生长。

党参是深根性植物，喜土层深厚、肥沃、疏松、排水良好的沙质壤土，以富含腐殖质的山地油沙土和山地夹沙土为好。pH 为 6.5～7，土壤过于黏重和易积水的地方不宜种植。不宜连作，须轮作 2～3 年，前茬以禾谷类作物为好，尤以种过黄连的地最好。富含腐殖质的新垦荒地优于熟地。

【任务实施】

一、党参的种植

（一）选地与整地

党参对土壤的要求较为严格，宜选土层深厚肥沃、土质疏松、排水良好的沙质壤土为佳。育苗地宜选择靠近水源，土质疏松肥沃，无宿根草的沙质壤土；移栽定植地可选山坡、梯田、生地或熟地，但盐碱地、涝洼地不宜种植。在排水条件好或较干燥的地方易于种植，以免根病蔓延造成减产。

育苗地以畦作为好，每亩施厩肥 2 500～3 500 kg，耕翻、耙细、整平做畦。做畦因地势而定，一般坡度不大、地势较为平坦的地可以做成平畦或高畦，坡度大较陡的地一定要做成高畦。平原地区荒地育苗，应于前一年冬季犁起树根草皮，晒干堆起，烧成熏肥，撒在地面，深耕整平，做畦；熟地育苗，宜选富含腐殖质、背阳地，前茬以玉米、谷子、马铃薯为好。前茬作物收后翻犁 1 次，使土壤充分风化，减少病虫害，提高土壤肥力。播前再翻耕 1 次，每亩施入基肥（堆肥、厩肥）1 500～3 000 kg，耕细整平做畦。

（二）育苗与移栽

育苗移栽是目前常用方法，特点是药材产量高，生长周期较短。

1. 育苗 春、夏、秋三季均可播种。春播在土壤解冻后 3—4 月进行；夏播多在 5—6 月雨季进行，夏季温度高，要特别注意幼苗期的遮阳与防旱，春夏播种时可将种子进行催芽处理；秋播以 10 月下旬至 11 月上中旬封冻前为宜，秋播当年不出苗，到翌年清明前后出苗，秋播宜迟不宜早，太早种子发芽出苗，小苗难以越冬。应注意党参种子细小，撒种或覆土切忌过深过厚，否则会使出苗明显降低或不出苗。

2. 移栽 分春栽和秋栽两种。春季移栽于芽苞萌动前，即 3 月下旬至 4 月上旬；秋季移栽在 10 月中下旬。春栽宜早，秋栽宜迟，以秋栽为好。移栽最好选阴天或早晚进行。一般亩栽大苗 1.6 万株左右，栽小苗 2 万株左右。密植栽培亩栽参苗 4 万株左右。在平原地区或低海拔山区多采用育苗一年的参秧移栽；在高海拔山区多采用二年生的参苗移栽。亩用参苗 30～40 kg。移栽时先将挖起的党参苗剔除无芽头的、挖断的或过小的，再扎成 250～500 g 的小把，放在荫蔽处，随栽随取，当天挖起的参苗最好当天栽种完毕，如栽不完应将其埋在湿土中，以免干枯。移栽时行距 20～23 cm，株距 5～10 cm。且将参苗斜栽于畦上深浅合适的横沟内，并覆盖细土，压于畦面即可。若高山地区秋末移栽，应将参苗的芦头置于土表以下 7～8 cm 深处，以防冰冻。

（三）田间管理

1. 苗期管理 党参幼苗生长细弱，喜湿润，怕旱涝；喜阴凉，怕热晒、阳光直射。所以育苗及苗期管理很关键，此期如管理不善，不仅成苗率低，且已成的苗也会逐渐死亡。因此，进行遮阳育苗是党参育苗的关键技术，生产上常用的遮阳方法有盖草遮阳、塑料薄膜遮阳。也可在畦边间作高秆作物，如玉米、高粱等进行遮阳，但不可过密。

直播者于春季苗高 5 cm 左右时即可间苗。每隔 3～5 cm 留 1 株。如有缺苗，同时补植；移栽者，如有死苗时，也应补植，补苗时可用小竹棍插入土中，旋一小孔，将秧苗放进孔中，然后压紧。

2. 排水与灌溉 幼苗期根据地区、土质等自然条件适当浇水。不可大水浇灌，以免冲断参苗。出苗期和幼苗期畦面保持潮湿，以利出苗。参苗长大后少灌水，水分过多易造成过多枝叶徒长，苗期适当干旱有利于参根的伸长生长，雨季特别注意排水，防止烂根烂秧，造成参苗死亡。

3. 施肥 每年春季中耕除草后追肥 1 次，一个月后再施 1 次，以促进参苗生长。每次每亩施稍淡人畜粪水 1 000～1 500 kg，不可过浓。如用化肥，如尿素，每亩 3～4 kg，加水 200～250 倍浇施。结合第二次松土每亩施入过磷酸钙 25 kg，肥施入根部附近，在冬季每亩地施厩肥 1 500 kg 左右，以促进党参次年苗齐、苗壮。

4. 中耕除草 除草是保证党参产量的主要措施之一，移栽的与直播的应分别结合补苗与间苗进行松地除草，且必须做到有草必除，松土宜浅。第二年及第三年春季应中耕除草 1

次，秋末苗枯后中耕除草与培土 1 次，如参苗过小则不宜中耕。秋季苗枯后进行除草时，可将干枯的党参蔓茎割除，然后再用小锄在行间浅锄，不宜过深，以免伤根，同时应培土。

二、病虫害防治

（一）病害及其防治

1. 锈病　发病时期一般是 7—8 月，是党参产区普遍发生的一种叶部病害。

（1）识别特征。叶、茎、花托部均可被危害。发病初期叶面出现浅黄色病斑，扩大后叶病斑中心淡褐色或褐色，周围有明显的黄色晕圈。病部叶背略隆起，呈黄褐色斑状（夏孢子堆），后期表皮破形，并散发出锈黄色的粉末（夏孢子）。

（2）防治方法。①选育抗病品种，高畦种植，注意排水。②忌连作，实行轮作。③及时拔除并烧毁病株，病穴用石灰消毒，收获后清园，消灭越冬病源。④发病初期喷 50％二硝散 200 倍液或敌锈钠 200 倍液，或用 25％三唑酮 1 000 倍液，每 7～10 d 喷 1 次，连续 2～3次。⑤发病期喷 0.2～0.3 波美度石硫合剂，每 7 d 喷 1 次，连用 2～3 次。

2. 根腐病　是党参生产中常见的一种重要根病，主要针对 2 年以上的参根，常发病于 6—8 月。

（1）识别特征。根部发病，先从须根、侧根开始。病根出现红褐色斑，随后变黑腐烂。扩大到主根，根部自下向上呈水渍状黑褐色腐烂。发病较晚的，秋后可留下半截病参，次年春病参芦头虽可发芽出苗，但不久因继续腐烂，植株地上部分叶片也相应变黄逐渐枯死。有时发病后整个参根很快呈水渍状软腐，内部维管束变褐色，植株萎蔫枯死。腐烂根上有少许白色绒状物。

（2）防治方法。①培育和选用无病健壮参秧，党参种子在播种前用清水漂洗，以去掉不饱满和成熟度不够的瘪种，苗床用 25％多菌灵粉剂 500 倍液或 38％～40％福尔马林 50 倍液处理土壤后播种。收挖党参时，如果用作种秧栽植，一定要通过栽前精选，淘汰带病参秧，同时用 25％多菌灵 300 倍液浸秧 30 min，晾干水气后栽植。②雨季随时清沟排水，降低田间湿度。③田间搭架，避免藤蔓密铺地面，有利于地面通风透光。④发病高峰季节要勤检查，发现病株立即用 25％多菌灵 500 倍液或 50％甲基硫菌灵 1 500 倍液浇灌病株及其周围的植株以控制病害蔓延。

（二）主要虫害及其防治

1. 蚜虫　主要危害期为 6—7 月，蚜虫吸取植物汁液，使植株萎缩，生长不良，严重影响开花结果。

（1）危害症状。蚜虫以成虫、若虫常大量聚集在党参的叶片、茎部刺吸汁液，被害部褪色，有时因蚜虫蜜露而诱发煤污病，呈煤污状。天旱时发生严重，严重时参苗叶片枯黄，植株生长不良，甚至枯死。

（2）防治方法。①消灭越冬虫源，清除附近杂草，进行彻底清园。②蚜虫危害期喷洒 40％乐果或氧化乐果 1 200 倍液，或灭蚜松乳剂 1 500 倍液，或 2.5％鱼藤酮 1 000～1 500 倍液。

2. 蛴螬　是金龟子的幼虫，成虫有趋光性，有取食嫩绿叶片的习性，1 年发生 1 代，以幼虫越冬。

（1）危害症状。白色，呈 C 形，在表土下 3～6 cm 处咬食参根，将党参吃成孔洞或咬断参根，造成缺苗断垄甚至毁产。

（2）防治方法。①施用腐熟有机肥，以防止招引成虫来产卵。②人工捕杀，在田间出现蛴螬危害时，可挖出被害植株根际附近的幼虫。③施用毒土，每亩用90％晶体敌百虫100～150 g，或50％辛硫酸乳油100 g，拌细土15～20 g做成毒土。④用1 500倍辛硫磷溶液浇植株根部，也有较好的防治效果。

3. 小地老虎 别名地蚕、乌地蛋，属鳞翅目，夜蛾科，是一种多食性的地下害虫。常从地面咬断幼苗并拖入洞内继续咬食。或咬食未出土的幼芽，造成断苗缺株。当党参植株茎基部硬化或天气潮湿时也能咬食分枝的幼嫩枝叶。

（1）危害症状。地老虎有几种，各地有不同的主要危害种。但都以幼虫在近地面处咬断根茎或咬断刚出土的幼芽，造成断垄缺苗。幼虫常潜伏在被害植株附近表土下，早晨从断苗根部可拨查出幼虫。

（2）防治方法。①3—4月清除参地周围杂草和枯枝落叶，消灭越冬幼虫和蛹。②清晨日出前，检查参地，发现新被害苗附近土面有小孔，立即挖土捕杀幼虫。③4—5月开始危害时，用90％敌百虫1 000倍液浇穴。

4. 蝼蛄 为地下害虫，属直翅目，蝼蛄科，又名小蝼蛄，俗称土狗、拉拉结等，几乎遍及全国。我国常见的有华北蝼蛄和非洲蝼蛄两种，以成虫和若虫取食种子和幼苗。

（1）危害症状。蝼蛄以成虫、若虫在参畦表土层下开掘纵横隧道，咬断幼苗，嚼食参根，被害苗断裂处呈麻丝状。

（2）防治方法。①低畦潮湿和新垦荒伐林地虫多，应在前一年做好土壤处理后，再做参床使用。②不使用未腐熟的厩肥做基肥。③麦麸毒饵诱杀，将麦麸50 kg，炒香后晾干，拌入2.5％敌百虫粉1～1.5 kg或50％辛硫磷乳油0.3～0.5 kg，再慢慢加适量水，约15 kg左右，搅拌均匀后即可使用。每次使用毒饵3～4 kg，于傍晚黄昏前进行。

三、采收与初加工

党参必须足年采挖。直播繁殖的党参需生长3年，育苗移栽的则宜于移栽后2年收获，少数在移栽后1年或3年的秋季收获，如继续栽培不挖，可相应提高产量。秋末苗枯后收获，要仔细深挖，把全根挖出，挖时要小心，避免挖伤折断或因浆汁外溢而形成黑疤，影响商品的质量和外观。

将挖出的党参根按老、大、中3级洗净后分别加工，以免干燥不匀。先在晒席上摊晒2～3 d，到参根发软能绕在手指上不断时把根理成直径约5 cm的小把，一手握住芦头的一端，一手向下顺握，握后再摊晒，晚上收回，第二天再摊晒，如此3～4次，晒后将其扎成头尾顺直重约2 kg的牛角把子，并置木板上反复压搓，然后再继续晒干。搓过的党参根皮细、肉坚、饱满绵软。每次握或搓后，必须成行摊开，不能堆放，以免发酵，影响品质。晒到六七成干时，要把第二行芦头压在第一行的尾部摊晒，这样可使参根头尾干燥一致，并可减少折断参尾的损失，晒至全干才可收藏。

四、包装与贮藏

党参含有大量糖分，性质柔润，在贮藏中极易虫蛀、发霉、泛糖、变色和走味等。贮藏应放凉爽干燥处，勿受潮。但仓内相对湿度控制要适当，过分干燥，党参散潮太多，势必造成党参干硬失润，增加损耗。贮藏党参的库房相对湿度应经常保持在60％～70％。

五、商品质量标准

水分不得超过 16.0%，总灰分不得超过 5.0%，浸出物不得少于 55.0%。

【任务评价】

党参栽培任务见表 3 - 12。

表 3 - 12　党参栽培任务评价

任务评价内容	任务评价要点
栽培技术	1. 选地与整地 2. 育苗与移栽 3. 田间管理：①苗期管理；②排水与灌溉；③中耕除草
病虫害防治	1. 病害防治：①锈病；②根腐病 2. 虫害防治：①蚜虫；②蛴螬；③小地老虎
采收与加工	1. 采收：采收方法及注意事项 2. 加工：加工方法及注意事项
包装与贮藏	1. 包装：麻袋包装 2. 贮藏：凉爽干燥处

【思考与练习】

1. 党参选地与整地的注意事项有哪些？
2. 党参病虫害如何防治？

任务十三　大黄的栽培

【任务目标】

通过本任务的学习，能熟练掌握大黄栽培的主要技术流程，并能独立完成大黄栽培的工作。

【知识准备】

一、概述

大黄为蓼科大黄属植物掌叶大黄（*Rheum palmatum* Linn.），又称香大黄、川军，多年生草本植物。根茎及根加工干燥后入药，有泻实热、下积滞、行瘀、解毒等功效，主治实热便秘、急性阑尾炎、不完全性肠梗阻、积滞腹痛、血瘀经闭等症。主产于四川、青海、甘肃、西藏等地。

二、形态特征

掌叶大黄为多年生草本，高可达 2 m。根及根状茎粗壮，肥厚，稍木质化，外皮暗褐色，断面深黄色。叶片为宽卵形或近圆形，长达 35 cm，掌状浅裂至半裂，两面疏生乳头状小突起和白色短刺毛。茎直立，高 2 m。圆锥花序，花期 6～7 个月，果期 7～8 个月。种子容易萌发，在 5～15 ℃ 时发芽率 85% 以上（图 3-13）。

三、生物学特性

（一）生长发育习性

4—6 月生长较快，7 月生长缓慢甚至停止生长，8—9 月以后恢复快速生长，植株生长到第三年才开花结果，种子发芽温度为 10～13 ℃，最适合温度为 15～20 ℃，只要土壤湿润，温度适宜，经过两昼夜可萌发。种子寿命在自然条件下只有 1 年，怕积水，高温多雨季节易烂根。喜冷凉气候，忌高温，忌连作，须隔 4～5 年再种。宜与豆科、禾本科作物轮作。

（二）生态环境条件

喜欢凉爽气候，怕高温，适宜生长的温度为 15～25 ℃，气温超过 28 ℃ 生长缓慢，持续时间过长会

图 3-13 大 黄
（张改英，王敏强，李民，2007.
百种中草药栽培与加工新技术）

被热死，在海拔 1 500 m 以上山区生长良好。喜阳光，应选择阳光充足的地区栽培。大黄是深根作物，应选土层深厚中性及碱性的沙质壤土种植为好，重黏土、酸性土和低洼积水地不宜种植。忌连作。

【任务实施】

一、大黄的种植

（一）选地与整地

在海拔 1 500 m 以上的山区种植，生长表现良好。选土层深厚、疏松、肥沃、排水良好的腐殖质土、中性微碱性沙质土壤培植。在春季解冻时，按亩施优质农家肥 3 000～4 000 kg，把肥料均匀撒入地表，然后结合整地进行耕翻入土，耕地深度 30 cm 左右，耕平整细。

（二）育苗与移栽

1. 种子繁殖

（1）种子处理。大黄主要采用种子繁殖。选择三年生大黄植株上所结的饱满种子，在 20～30 ℃ 的湿水中浸泡 4～8 h 后，以 2～3 倍于种子质量的细沙拌匀，放在向阳的地下坑内催芽，或用湿布将要催芽的种子覆盖起来，每天翻动 2 次，有少量种子萌发时，揭去覆盖物稍晾后，即可播种。

（2）直播。南方宜在 8 月中下旬，用当年收的新种子；北方宜在 3 月下旬至 4 月上旬播

种。在整好的地内，按行距 60 cm，株距 45 cm，挖深度为 3 cm 的穴点种，每穴点籽 5～6粒，覆土厚度 1～2 cm，稍做镇压，使种子与土壤密接，然后在地面撒施敌百虫粉剂，防止害虫危害刚出土幼芽及幼叶，亩用种量 2～2.5 kg。

（3）育苗移栽。在 4 月上中旬，育苗时先把地整成 100～120 cm 宽的平畦，向畦内灌水，待水下渗后表土稍松散时，在畦内按行距 15～16 cm，开 3 cm 深的浅沟，将种子均匀撒施于沟内，覆土厚度以不露种子为宜（春播于清明至谷雨期内，秋播在大暑至立秋时，但以秋播为佳，因种子新鲜，发芽率高，幼苗栽后植株生长健壮，产量高）。春季育的苗在翌年春分至清明期间移栽，秋季育的苗在次年秋季移栽。移栽时按行距 60 cm，挖 24 cm 宽，深30 cm 左右的沟，将挖出的土培成垄，施用农家肥 5 000 kg 以上于沟内，再用铁锹翻一遍，使肥料与土均匀混合，整平低沟，待栽苗子。当清明前幼苗刚开始萌动时，先从育苗畦内挖出药苗，选健壮苗，削去侧根及尾稍移栽，芽头向沟壁平放沟内，离沟壁 3 cm 左右，株距30～45 cm。摆好后覆土。

2. 子芽繁殖　收获时将母株根茎上萌生的健壮较大的子芽摘下栽种。过小的子芽栽于苗床里，生长 1 年后移栽大田。栽时稍晾干，或在伤口处涂上草木灰。

（三）田间管理

1. 中耕除草　当年小苗要勤松土除草，松土宜浅，把草除下即可。连锄两遍，以后有了草就除。第二、三年在 5 月上旬、7 月中旬各松土除草 1 次，保持土表疏松、无杂草。

2. 追肥与浇水　大黄耐肥力强，除施足底肥外，还应多追肥。苗期，亩用 0.5% 尿素液120 kg 喷洒小苗，隔 10～15 d 喷 1 次，连喷 3 次。第二、三年的 4 月、6 月，分别埋施磷酸二铵 25 kg，硫酸钾复合肥 50 kg，施肥后连续浇 2 遍水，有旱情时适时浇水。

3. 割除花薹　当大黄长出花薹时，除留种者外在花薹刚刚抽出时，选择晴天用镰刀将花薹割去，并培土到割薹处，用脚踢实，防止雨水浸入空心花序茎中，引起根茎腐烂。

4. 培土防冻　大黄根部在生长的同时也在逐渐膨大，以至根茎裸露土面。故在每次中耕除草时均应培土于根部。逐渐形成小土堆状，厚 5～10 cm，用以防冻。

二、病虫害防治

（一）病害

1. 大黄锈病　危害幼苗及成株叶片，叶片出现鲜黄色斑点，使叶片枯萎。防治方法：发病初期喷 15% 三唑酮 600 倍液。

2. 根腐病　危害幼苗及根茎，呈湿润状大小不等的病斑，局部病斑变黑腐烂，直至死亡。防治方法：选无病株小苗移栽；移栽时用种衣剂浸小苗根茎 1 min 后再移栽。实行 3 年以上轮作。

3. 轮纹病　叶部病斑周围紫红色，中间黄白色，具有同心轮状纹。严重时病斑连成片。叶片枯萎凋落。防治方法：发病初期喷 50% 甲基硫菌灵 600 倍液；增施磷、钾肥，增强抗病力。

4. 黑粉病　危害叶片，出现红色隆起状斑，有的呈鲜红色脓包状，俗称红疱，最后叶片穿孔、枯萎。防治方法：在生地栽培；增施磷、钾肥；发病期喷 40% 百菌清 600 倍液。

（二）虫害

1. 菜蚜　吸食叶部的汁液，叶片变淡黄色，生长受阻。防治方法：喷 40% 乐果或抗蚜威 1 000 倍液。

2. 金龟子 夏季危害叶片，严重时只留叶脉。防治方法：灯火诱杀成虫，人工捕杀，用 90％敌百虫 1 000 倍液喷杀。

三、采收与初加工

移栽后 3～4 年便可收获，中秋至深秋当叶子由绿变黄时刨挖。采挖时选晴天先将地上茎割去，再将植株四周的土深刨 40～60 cm，挖出地下根，抖去泥土，切去根茎部顶芽及芽穴，刮掉根茎部粗皮，对过粗的根纵劈成 6 cm 厚的片，小根不切，直接晒干或慢火熏干，呈黄色时可供药用，根茎部分称大黄，根及侧根称水根、水大黄，也可用药。4～5 kg 鲜货，可加工 1 kg 干货。一般亩产干品 400～500 kg。

四、包装与贮藏

包装材料符合《瓦楞纸箱国家标准》GB/T 6543—2008、《食品安全国家标准 食品接触材料及制品通用安全要求》GB 4806.1—2016 的要求。化学性质较稳定，透气湿性较小，密闭性能好的包装材料。一般应密闭贮藏，以减少湿度（水分）、温度、光线、微生物等因素的影响。

五、商品质量标准

符合《中华人民共和国药典》（2015 年版）相关标准。呈圆柱形、圆锥形、卵圆形或不规则块状，长 3～17 cm，直径 3～10 cm。除尽外皮者表面黄棕色至红棕色，有的可见类白色网状纹理及星点散状，残留的外皮棕褐色，多具绳孔及粗皱纹。质坚实，有的中心稍松软，断面淡红色或黄棕色，显颗粒性；根茎髓部宽广，有星点环列或散状；根木部发达，具放射状纹理，形成环明显，无星点。气清香，味苦而微涩，嚼之黏牙，有沙粒感。

【任务评价】

大黄栽培任务评价见表 3-13。

表 3-13　大黄栽培任务评价

组号			姓名				日期	
序号	评分项目	分值	组内自评	组间互评	教师评价	平均分	说明	
1	整地	15						
2	育苗	15						
3	栽植	20						
4	管理	10						
5	总结	20						
6	态度及环保意识	10						
7	团结合作	10						
总分								

【思考与练习】

1. 简述大黄的育苗技术。
2. 简述大黄的移栽技术。
3. 如何防治锈病和根腐病？
4. 简述大黄的采收与加工方法。

任务十四　地黄的栽培

【任务目标】

通过本任务的学习，能熟练掌握地黄栽培的主要技术流程，并能独立完成地黄栽培的工作。

【知识准备】

一、概述

地黄（*Rehmannia glutinosa* Libosch）为玄参科地黄属植物，又名生地、熟地等，是一种用量较大的中药材，目前，国内外都很畅销，并出现供不应求现象。地黄原野生在我国北方地区，现已广为栽培，一般亩产鲜地黄 2 000～3 000 kg，可加工成干地黄 1 000～1 500 kg，收入可观，是一种大有发展前途的经济作物。主产河南、山西、陕西、山东、江苏、浙江等地。

二、形态特征

多年生草本。株高 25～40 cm，全株密被灰白色柔毛和腺毛。根状茎肉质肥厚，呈块状、圆柱形或纺锤形，表面橘黄色。叶通常丛生于茎的基部，倒卵形或长椭圆形，先端钝，边缘具不整齐的锯齿，叶面有皱纹。花茎直立，总状花序，顶生，花多毛，花萼钟形，花冠筒状，微弯，外面暗紫色，内面黄色，有明显紫纹，先端有 5 浅裂片，略呈二唇形。蒴果卵形或卵圆形，上有宿存花柱。种子多数，细小。花期 4—6 月，果期 5—7 月（图 3-14）。

图 3-14　地　黄

（张改英，王敏强，李民，2007.

百种中草药栽培与加工新技术）

三、生物学特性

（一）生长发育习性

地黄根茎萌蘖力较强，芽眼多，易发芽生根。生育期 150 d 左右。种子无休眠期，正常发芽率仅 50%，在气温 25 ℃左右，播后 5 d 即可出苗；根茎在 20 ℃左右，栽后 10 d 即可出苗，出苗后先长叶，后发根。

（二）生态环境条件

喜温和气候和阳光充足的环境。性喜干燥，忌积水，能耐寒，要求深厚、疏松、排水良好的沙质壤土。土壤酸碱度以微碱性为好，但不宜在盐碱性大、土质过黏以及低洼地栽种。忌连作，轮作期要在 5 年以上。主产于山西、陕西、河南等地，现全国各地均有栽培。

【任务实施】

一、地黄的种植

（一）选地与整地

地黄适宜在气候温和、阳光充足、排灌良好、土层深厚、肥沃疏松的沙质土内生长（不能种在地势低洼、容易积水的地内，以免水渍烂根），土质过硬则易使地下茎长成畸形，影响质量和产量，减少收入。地黄易感染病害，切忌连作，对前茬作物要求也较严，忌以茄科和十字花科作物做前茬，也不适合在种过棉花、芝麻的田里栽培，而以禾本科作物谷子、玉米、麦类做前茬为最好。"三北"地区栽培的地黄以春种秋收为主，可于上冻前深耕 30 cm左右，待翌年春季解冻后，每亩施堆肥 500 kg，并加拌过磷酸钙 20～25 kg 做基肥，然后浅耕 15 cm 左右，耙碎，整平，即可栽种。也可采用畦田，一般畦宽 1～1.2 m，长 10 m，畦面要呈倾斜状，以防止积水。

（二）育苗与移栽

1. 窖藏种栽 可于收获地黄时，选择品种优良，无病虫害的根状茎，储藏在地窖里越冬，以备翌年开春使用。

2. 大田留种 在收获时将留做种栽的地黄留在田里，待翌年春季刨起做种栽。

3. 先栽后移 春季栽的地黄，可于 7 月中下旬将留做种栽的刨出，移栽到别的地块上，使其在田间越冬，待翌年开春后刨出来做种栽。

4. 栽植 栽种前要对种栽进行严格挑选，以有螺纹的中间一段为好，然后将其截成 6 cm 长的小段，并进行日晒，待断面收缩愈合后再下种。按行距 30 cm，内深 15 cm，株距20～25 cm 开沟，将种栽平放在沟内，然后覆土，稍压实。气温在 20～24 ℃时，15 d 左右即可出苗。每亩用种栽 30 kg 左右，种植 8 000～10 000 株。

（三）田间管理

1. 补栽 地黄出苗后，若发现缺株，要及时补栽。

2. 施肥 从出苗到封垄前要追肥 1～2 次，每次每亩追施腐熟的人粪尿 1 000 kg，或硫酸铵 15～20 kg（第二次可在苗株高 20 cm 左右时施入）。

3. 除草 在追肥的同时，要中耕除草，但要浅锄、慢锄。中耕深度以不超过 2 cm 为宜，谨防伤害根茎和幼芽、嫩叶。当地黄茎叶长大并覆盖地面时，切忌用锄除草，可改用手拔。在地黄生长期间，应及时摘除花蕾和分蘖，因药用根茎抽薹开花会消耗养分，因此，出现花蕾和分蘖要及时打掉，以确保根茎正常生长发育。

4. 浇水 地黄浇水要求比较严格，素有"三浇三不浇"之说。所谓"三浇"是指施肥后必须浇、天旱时必须浇、暴雨过后地温升高必须浇，所谓"三不浇"即地面不干不浇、天空阴暗不浇、中午炎热不浇。地黄不仅怕干旱，而且怕雨涝，下雨后田间积水过多时要及时排水，以防块茎腐烂。

二、病虫害防治

危害地黄的病虫害较多，要确保丰产丰收，必须随时做好病虫害防治工作。

（一）病害

1. 斑枯病和轮纹病　发病部位在叶面，病斑呈黄褐色或黑褐色，有明显的同心轮纹，可喷洒 1：1：150 波尔多液 3～5 次，效果明显。

2. 根腐病　发病初期叶柄呈水浸状的褐色斑，叶柄腐烂，地上部枯萎下垂。防治方法：选地势高燥地块种植；与禾本科作物轮作，4 年左右轮作 1 次。发病初期用 50％胂•锌•福美双 1 000～1 500 倍液或用 50％多菌灵 1 000 倍液浇灌，每 7～10 d 喷 1 次，连续 2～3 次。

3. 花叶病　发病部位为叶面，病灶呈浅黄色圆斑，在发病地块喷洒 25～50 mg/kg 的土霉素溶液，效果较为明显。

（二）虫害

1. 红蜘蛛　可用 50％三硫磷乳剂 1 500～2 000 倍液，或 30％三氯杀螨矾与 40％乐果 1 500 倍液混合进行灭杀。

2. 地老虎和蝼蛄　可用 90％敌百虫 1 000～1 500 倍液浇穴防治。也可按白砒、饴糖各 1 份，麦麸 2.5 份的比例，掺入适量水制成毒饵诱杀。

三、采收与初加工

春栽地黄一般于 10 月中下旬收获。采收时先将地面的部分割掉，然后挖出根部，抖掉泥土，即为鲜地黄。为便于贮存和增加收入，通常要加工成干货，其加工方法主要有两种：一是日晒法，即将收下的鲜地黄摊在席子等晒具上，利用阳光晒一段时间，然后堆在室内闷几天，最后再摊开日晒，直至质地柔软、干燥时为止。二是烘干法，先按大小等分，并盖上席子或麻袋，然后放进烘干室内加温。开始时要求温度保持在 65 ℃左右，2 天后降为 60 ℃左右，最后降至 50 ℃左右。若温度过高，易焙吹（即被焙成外焦中空的废品）；如果火力过小，又易焙流（即有糖浆状物质流出）。烘烤 1～2 d 后，要边翻边烘，待烘至根茎无硬心、质地柔软时取出堆闷使其发汗后，再烘至全干，即为干地黄。干货的规格是以个大、柔软、皮灰黑色、断面油润乌亮为最好。一等干货每千克在 32 支以内，二等在 34～60 支，三等在 60 支以上。加工好的干货要装入筐内，置于干燥通风处，并谨防潮湿和虫蛀。鲜地黄可用干沙土掩埋贮存。

四、包装与贮藏

包装材料符合《瓦楞纸箱国家标准》GB/T 6543—2008、《食品安全国家标准　食品接触材料及制品通用安全要求》GB 4806.1—2016 的要求。包装后贮于干净、通风、干燥、阴凉的地方。

五、商品质量标准

符合《中华人民共和国药典》（2015 年版）相关标准。本品呈圆形或不规则的厚片。外表皮棕黑色或棕灰色，极皱缩，具不规则的横曲纹。切面棕黑色或乌黑色，有光泽，具黏性。气微，味微甜。

【任务评价】

地黄栽培任务评价见表 3 - 14。

表 3 - 14　地黄栽培任务评价

组号		姓名				日期	
序号	评分项目	分值	组内自评	组间互评	教师评价	平均分	说明
1	整地	15					
2	育苗	15					
3	栽植	20					
4	管理	10					
5	总结	20					
6	态度及环保意识	10					
7	团结合作	10					
总分							

【思考与练习】

1. 简述地黄的整地技术。
2. 简述地黄的栽植关键技术。
3. 简述地黄的采收加工技术。
4. 简述地黄的产品质量标准。

任务十五　防风的栽培

【任务目标】

通过本任务的学习，能熟练掌握防风栽培的主要技术流程，并能独立完成防风栽培的工作。

【知识准备】

一、概述

防风 [*Saposhnikovia divaricata*（Turcz.）Schischk.] 为伞形科防风属植物，以干燥的根入药，味甘、辛，性温。有解表、祛风除湿等功能。主治感冒、头疼、发热、无汗关节痛、风湿痹痛、皮肤瘙痒等症。主产于黑龙江、吉林、辽宁省，河北、山西和内蒙古等地也产，以黑龙江所产为佳。

二、形态特征

防风为多年生草本植物。根粗长，为圆柱形，略有分枝，根茎处密被褐色毛状的旧叶纤维，上端有横纹，下部渐细有纵纹，表面土黄色，折断面黄白色，中心黄色。茎单生，高30～70 cm，茎上有细棱光滑无毛，在基部有许多分枝，分枝和主茎近等长，斜向上，全株略呈球形。基生叶丛生，叶柄长而扁，叶片卵形或长圆形，2回或3回羽状复叶。茎生叶和基生叶相似，但比较小，茎上部的叶片逐渐简化，几乎完全成为鞘状。花为复伞形花序，多数，花茎4～6 cm。在花茎的顶端形成聚伞状圆锥花序；伞梗4～10个，不等长，无毛，没有总苞片或少数有1枚；小伞形花序有4～9朵花，其中只有4～5朵花可以发育成为果实；子房下位，花萼5枚，花瓣5枚，白色无毛，雄蕊5枚，与花瓣互生。果实为双悬果，狭椭圆形或椭圆形，长4～5 mm，宽约2 mm，背部稍扁；花期8—9月，果实成熟期9—10月（图3-15）。

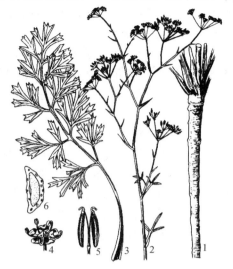

图3-15 防 风
1.根 2.果枝 3.基生叶 4.花
5.双悬果 6.分生果横切

（王云玲、余春霞，2003.丹参、远志、
防风高效栽培技术）

三、生物学特性

（一）生长发育习性

防风为深根植物，一年生根长13～17 cm，二年生根长50～66 cm。根具有萌生新芽和产生不定根繁殖新个体的能力。植株生长早期，以地上部茎叶生长为主，根部生长缓慢。当植物进入营养生长旺期，根部生长加快，根的长度明显增加，8月以后根部才以增粗为主。人工栽培防风，第一年只进行营养生长，呈莲座叶形态，不抽薹开花，田间可自然越冬。经过冬季休眠，翌春返青后，植株生长发育迅速，并逐渐抽生分枝，开花结实。植株开花后根部木质化、中空。

防风新鲜种子发芽率为70%左右。贮存1年以上的种子发芽力显著降低，甚至丧失发芽能力，不能作种。种子在20 ℃时约1周出苗，15～17 ℃时需2周出苗。

（二）生态环境条件

防风一般生长在海拔1 000～1 800 m高度，多生长于草原、丘陵、山坡之上。不宜生长在过于潮湿的土地，土壤以疏松、肥沃、土层深厚、排水良好的沙质壤土为优，黏土、涝洼、重盐碱地不宜制种。

防风喜温暖、凉爽的气候，怕高温，夏季持续的高温容易引起植株枯萎。有较强的耐旱能力，因此，栽培防风以干燥的气候条件为好。防风怕涝，积水容易造成烂根。低洼、排水不畅的地块不宜种植。喜阳光，在光照充足的环境下生长良好，反之，则植株生长缓慢。

【任务实施】

一、防风的种植

（一）选地与整地

1.选地 防风系深根性植物。栽培防风宜选向阳、地势高燥、土层深厚、疏松肥沃、排水良好、地下水位低的沙质壤土或含石灰质壤土、富腐殖质壤土种植，也可选择有野生防风分布的荒地种植。留种防风应选荒地或农田种植。酸性大、黏性重或过沙、盐碱地、低洼积水的土壤不宜种植。

2. 整地 整地方法视种植目的而定。做商品田的地应深翻；做种子田的应耕翻起垄。春翻秋翻均可，翻深 25～33 cm。春翻地应随翻随起垄，秋翻地可翌年春顶浆起垄，垄距为 60～70 cm。生产上，北方宜用平畦；南方通常作成畦宽 1.3 m、沟深 25 cm 左右的高畦。畦长自定。

（二）繁殖方法

防风可以用种子繁殖，也可根插繁殖，但生产中以种子繁殖为主。

1. 种子繁殖 播种分春秋两期。春播在 3 月下旬至 4 月中旬；秋播在 9—10 月。播种前先将种子用水泡 1 d。浸后捞出，放于室内，保持一定温度。种子开始萌动时播种。播时按行距 30 cm 开沟条播，沟深 2 cm，将种子均匀播入沟内，覆土盖平，稍加镇压，盖草浇水，保持土壤湿润。播后 20～25 d 即可出苗。每亩用种子 1～2 kg。

2. 根插繁殖 在收获时或早春，取粗 0.7 cm 以上的根条，截成 3～5 cm 长的根段，按行距 50 cm、株距 15 cm 开穴栽种，穴深 6～8 cm，每穴垂直或倾斜栽入 1 个根段，栽后覆土 3～5 cm 厚。栽种时应注意根的上端向上，下端向下，不能倒栽。每亩用根量为 50 kg。也可将种根于冬季按 10 cm×5 cm 的行株距假植育苗，待翌年早春有 1～2 片叶子时移栽定植，定植时注意剔除未萌发的种根。

（三）田间管理

1. 间苗、定苗 出苗 1 个月后，苗高 5 cm 时，按株距 5 cm 间苗，待苗高 10～15 cm 时，按 10～15 cm 株距定苗。

2. 除草与培土 6 月前除草 3～4 次。7 月以后封垄，即不能进入地内除草。保持田间清洁。防风地上部生长茂盛，在雨季前应培土，防止地上部倒伏，造成通风透光不良，容易发生病害。地冻前应再次培土保护根部，同时兼行除草。

3. 施肥 如播种时基肥施得多、质量好，植株生长旺盛，第一年可不追肥，第二年早春返青时施人粪尿 1 000 kg，加过磷酸钙 15～25 kg，沟施于行间，或用堆肥每亩加 500 kg 磷肥、也可单用硫酸铵 10～15 kg，加上磷肥效果更好。

4. 排水灌溉 防风虽喜干旱，但从播种至苗期都需要适宜的水分，过于干旱不但影响出苗，也阻碍生长，当苗高 15 cm 以上时，根深入地下，抗旱力增强，可少灌水。地面经常湿润，容易烂根。雨季特别注意排水，勿使地内积水。

5. 摘薹 播种当年只形成叶丛，第二年 6—7 月抽薹开花。留种地应选 3～4 年生、生长健壮、开花早、结实饱满的植株留种。非留种的植株，发现抽薹的及时摘除，避免因开花而消耗养分，影响根部发育。防风开花后根部木质化、中空，不能作药用。

二、病虫害防治

（一）病害及其防治

1. 白粉病 气候条件中空气相对湿度大、温度较高（如 20～24 ℃）时，最利于白粉病的发生和流行。

（1）识别特征。主要侵染防风叶片、叶柄，花梗及果实也可受害。叶片受害初期在叶面或叶背产生白色、近圆形的白粉霉斑，以叶面较多，在条件适宜时霉斑向四周蔓延连接成片，成为边缘不整齐的大片白粉斑，以后逐渐变为灰白色至灰褐色。叶面散生黑色小点，病叶开始变黄萎缩，严重时引起早期落叶及茎干枯。

（2）防治方法。①冬前清除病残体，集中销毁，及时耕翻，减少田间侵染源，与禾本科作物轮作。②加强栽培管理，合理密植，做好田间的通风透光，适当增施磷、钾肥，避免低洼地种植。③在发病初期及时用药控制病势蔓延。防治白粉病的药剂有 0.2～0.3 波美度石硫合剂、15％三唑酮可湿性粉剂 1 000 倍液、12.5％禾果利可湿性粉剂 2 000～3 000 倍液等。

2. 斑枯病　发病时期一般是 7—8 月，是一种常见的叶斑病，危害严重时影响产量。

（1）识别特征。病斑发生于叶片两面，圆形或近圆形，直径 2～5 mm，中心部分淡褐色，边缘褐色，后期病斑上产生小黑点（病菌的分生孢子器）。

（2）防治方法。冬前清除田间病残体，集中烧毁，减少翌年菌源。发病初期喷洒 50％多菌灵可湿性粉剂 500～1 000 倍液。

（二）防风主要虫害及其防治

1. 黄凤蝶　主要危害期为 5 月，以幼虫危害。

（1）危害症状。幼虫咬食叶、花蕾。

（2）防治方法。在早晨或傍晚用 90％敌百虫 800 倍液或 80％敌敌畏乳油 1 000 倍液。

2. 黄翅茴香螟　现蕾开花时发生。

（1）危害症状。危害花蕾及果实。

（2）防治方法。在幼龄期喷 90％敌百虫 800 倍液或 BT 乳剂 300 倍液喷雾防治。

除了以上虫害，防风还受地老虎、赤条蝽、蝼蛄等害虫危害，但一般不严重。

三、采收加工

防风宜于 10 月下旬至 11 月中旬或春季萌芽前采收。春季根插繁殖的防风，在水肥充足、生长茂盛的条件下，当年即可收获；秋季繁殖的植株，一般于第二年冬季收获。根挖出后除净残留茎叶和泥土，晒至半干时去掉须毛，按根的粗细长短分级，晒干即可。

一般每公顷产干货 3 750～5 250 kg，折干率 25％。

四、包装与贮藏

防风采收晾干后，要按等级不同打捆，可以用麻袋、胶丝袋等包装。打捆时，将防风条理顺好，扎成小把。可按不同等级，在包装物上拴上标签，一等品用红色签，二等品用绿色签。货签上要写明等级、质量、单位等。

防风夏季易受潮而生虫，也容易霉烂、变色（发黑），所以应该贮藏在通风干燥的地方。

五、商品质量标准

水分不得超过 10.0％，总灰分不得超过 6.5％，酸不溶性灰分不得超过 1.5％，浸出物不得少于 13.0％。

【任务评价】

防风栽培任务评价见表 3 - 15。

表 3 - 15　防风栽培任务评价

任务评价内容	任务评价要点
栽培技术	1. 选地与整地 2. 繁殖方法：①种子繁殖；②根插繁殖 3. 田间管理：①间苗定苗；②除草培土；③追肥；④排水灌溉；⑤摘薹
病虫害防治	1. 病害防治：①白粉病；②斑枯病 2. 虫害防治：①黄凤蝶；②黄翅茴香螟
采收与加工	1. 采收：采收方法及注意事项 2. 加工：加工方法及注意事项
包装与贮藏	1. 包装：用麻袋、胶丝带包装 2. 贮藏：置干燥通风处贮藏

【思考与练习】

1. 防风栽培之前如何选地整地？
2. 防风田间管理时应注意什么？

任务十六　甘草的栽培

【任务目标】

通过本任务的学习，能熟练掌握甘草栽培的主要技术流程，并能独立完成甘草栽培的工作。

【知识准备】

一、概述

甘草（*Glycyrrhiza uralensis* Fisch.）别名国老、甜草、乌拉尔甘草、甜根子，为豆科甘草属多年生草本植物。中药正品甘草的原植物有 3 种：乌拉尔甘草（*Glvcvrrhizaeura lensis* Fisch.）、胀果甘草（*Glvcvrrhizaeinflata* Bat.）和光果甘草（*Glycyrrhizae* glabra L.）。药用部位是根及根茎，气微，味甜而特殊，清热解毒、祛痰止咳等，是一种补益的大宗中草药，被国家列为重点专控中草药。甘草多生长在干旱、半干旱的荒漠草原、沙漠边缘和黄土丘陵地带，喜阴暗潮湿、日照长气温低的干燥气候。

甘草多生长在干旱、半干旱的沙土、沙漠边缘和黄土丘陵地带，在引黄灌区的田野和河滩地里也易于繁殖。喜阳光充足，雨量较少，夏季酷热，冬季严寒和生长期间昼夜温差大的生态条件。它适应性强，抗逆性强。对土壤要求不严格，但通常多适应于腐殖质含量高的沙质壤土和壤土，尤其适宜在土层深厚、土质疏松、排水良好的沙质土壤中生长。耐盐碱力强。属旱生植物，分布区年降水 180～500 mm。

　　甘草主要分布于新疆、内蒙古、宁夏、甘肃、山西朔州，以野生为主。人工种植甘草主产于新疆、内蒙古、甘肃的河西走廊、陇西周边，宁夏部分地区。

二、形态特征

　　甘草的根茎呈圆柱状，高 25～100 cm，直径 0.6～3.5 cm。外皮松紧不一，表面红棕色或灰棕色，表面有芽痕，断面中部有髓。茎直立，稍带木质，被白色短毛及腺状毛。单数羽状复叶，托叶披针形，早落；小叶 4～8 对，小叶柄甚短；小叶片卵圆形、卵状椭圆形，长 2～5.5 cm，宽 1.5～3 cm，先端急尖或近钝状，基部通常圆形，两面被腺鳞及短毛。总状花序腋生，花密集，长 5～12 cm；花萼钟形，长约为花冠的 1/2 而稍长，花冠淡紫堇色。荚果线状长圆形，镰刀状或弯曲呈环状，通常宽 6～8 mm，密被褐色的刺状腺毛。种子 2～8 个，扁圆形或肾形，黑色光滑。花期 6—7 月，果期 7—9 月（图 3-16）。

图 3-16　甘　草
1. 果枝　2. 叶放大　3. 有毛果
4. 无毛果　5. 根
（王芳，2002. 当归、甘草、龙胆栽培技术）

三、生物学特性

　　甘草种子有较厚角质层，透性差，吸水困难，处于强迫休眠状态，不经处理很难出苗。种子千粒重 8～12 g。贮存管理得好，种子寿命达 3～4 年。幼苗为子叶出土萌发型，在幼苗的茎、叶上即可看到附属物的存在。出现真叶后常先具 7～8 片单叶，而后过渡为 3 片复叶，进而产生羽状复叶。当年生苗可高达 50 cm，入冬前根头直径不足 1 cm，多在 0.5～0.8 cm。二年生苗高可达 80 cm，根头直径平均 1.3 cm 左右，最粗可达 2.8 cm。根头处可发出 10 多条长短不等的水平根茎。三年生苗高达 1 m，并能开花结实。

　　甘草多生长于北温带地区大陆性气候地带海拔 220 m 以下的平原山区、河谷。野生甘草伴生罗布麻、胡杨、米口袋、草木犀、大蓟、土黄芪、沙蒿、麻黄等植物，多长成繁盛的群丛，有的植丛被沙丘掩埋后还可继续生长。

【任务实施】

一、甘草的种植

（一）选地与整地

甘草的适应性很强，对栽培环境要求不严格。其生物学特性决定了种植地应该具备光照强、日照时间长、昼夜温差大、土层深厚、透气良好的特点，甘草为深根性植物，所以宜选择 pH 为 7～8 的土层深厚、排水良好、地下水位相对较低的壤土、沙质壤土或沙地,可以达到发芽保苗率高、生长速度快、根和根状茎色泽鲜艳、品质好、经济效益高的目的。不宜选坡度大、盐碱含量高以及涝洼地和地下水位高的地块种植,以免形成叉根,影响质量。

甘草种子小,顶土弱,幼苗生长缓促,要求深翻并精细整地,选好的地块在整地前先施足底肥,施肥种类以有机肥为主,每亩施经充分腐熟的厩肥 1 000～3 000 kg,磷酸二胺或过磷酸钙 20～30 kg,然后深耕 35～50 cm,再根据地形耙细整平。若在降水量较多的平原地区应起垄或做成台田,畦宽 1 m,高 20 cm,并挖好排水沟。这样的土地就可随时栽植甘草苗。

(二) 育苗与移栽

1. 育苗 目前生产上多采用集中育苗 1 年后移栽,可保证根条长度及品质。选地势平坦、土层深厚、排水良好、具有灌溉条件的中性或微碱性沙质壤土作为育苗地。地选好后每公顷施腐熟厩肥 60 000 kg,深翻 2～3 遍,整平耙细。播种前浇透水,稍干爽后按行距 25～30 cm,播幅 15 cm,播深 3～5 cm,保证每公顷存苗 120 万株左右。播种后及时浇水,保持土壤湿润并及时清除杂草,直到幼苗长出真叶。每公顷播种量为 60 kg 左右。

2. 移栽 在育苗地生长 1 年后,移栽一般在第二年春季进行,初春化冻后到 5 月及秋季土壤封冻前均可移栽。春季移栽甘草苗返青稍迟,秋季移栽第二年春季甘草苗返青较早。用于移栽的地块要提前 5～7 d 浇水保持土壤墒情。翻地时施底肥,土地平整好之后按 50～60 cm 的行距宽起垄,按株距 10～12 cm,沟深 10～15 cm 栽植。栽苗时将甘草苗朝同一方向逐条平栽或稍微斜栽于沟内,以便采收时容易起挖。栽苗时根头部距离土表 3～5 cm,根主体距离土表部 10～15 cm。栽植后覆土镇压,墒情不足时要及时浇水。每公顷移栽株数保持在 12 万～15 万株,如果苗小密度应达到 18 万株,以保证产量。根较粗的苗子要适当深栽,种根直径 1 cm 以上时,出苗率达 95% 以上。在灌溉条件好的地方可适当浅栽。移栽盖土后要浇一次透水,否则苗子脱墒造成霉变死亡;秋季移栽苗必须灌透一次封冻水。

(三) 田间管理

1. 间苗与定苗 栽培甘草多在干旱地带,常年春季墒情不好,影响出苗和保苗。为保证全苗,播量多偏高。所以出苗后要视苗情状况进行间苗。直播田当幼苗长至 2～3 片真叶时即可间苗,拔除弱苗、病苗,留取壮苗、大苗,当年苗株距应为 10～15 cm。第二年再次去杂、去劣、去弱,株距最终达到 30～50 cm。育苗移栽田和根茎栽植田通常无须进行间苗和定苗。

2. 排水与灌溉 甘草虽为旱生植物,但在甘草幼苗期,因未形成强大的根系,植株从土壤中吸取水分的面积有限,与成年植株相比,具有不耐旱的特性。因此,甘草在出苗前后要经常保持土壤湿润,以利于出苗和幼苗生长;灌溉应视土壤类型和盐碱度而定,沙质无盐碱或微盐碱土壤,播种后即可灌水,土壤黏重或盐碱较重,应在播种前浇水,抢墒播种,播后不灌水。以免土壤板结和盐碱度上升;苗期如遇旱情,应及时进行喷灌。浇地时要浇透,有利于主根向下生长。

对于成年的甘草植株,由于人工栽培地大多数都不是甘草最适宜的土壤,土壤含水量尤其是雨季的土壤含水量都超过甘草的自然分布的状态,因此在水分管理上重点不是防旱而是防涝,除苗期要科学施肥浇水,在植株成长的其余时期,基本上不用灌溉浇水,特别是进入生长后期，要严格控制浇水。具体方法是：整地时，打垄、作畦都要有利于排水。汛期来临之前，要做好疏沟排放水准备，严防田间积水，否则会因积水时间过长造成烂根死亡，轻者也会使商品甘草粉性不足，纤维粗，甜味不浓。

3. 施肥　播种和栽植时最好能适量施入磷钾肥，如磷酸二胺、过磷酸钙等。甘草根具有根瘤，有固氮作用，一般不施氮肥。2002 年，甘草栽培中首次引进根瘤菌生物固氮技术，即栽培前将种苗用根瘤剂处理，可有效提高作物的产量和品质，减少有害物质的残留。

4. 除草　甘草第一年幼苗生长缓慢，易受杂草影响，必须加强中耕除草。一年生小苗间苗时，应同时进行除草，进入雨季之前除草 1 次，秋后再除草 1 次，同时注意向根部培土，以便安全越冬。第二年返青到入伏，进行 1～2 次中耕即可，第三年返青后视生长情况可进行 1 次，或不进行中耕。

二、病虫害防治

（一）病害及其防治

1. 甘草锈病　该病是栽培甘草的主要病害，遍布各甘草主产区，也是影响密植的主要因素，可影响甘草的产量和质量，严重时会引起部分植株地上部分的枯萎死亡。

（1）识别特征。主要危害叶片，有时也发生于茎部。叶背初生圆形、苍白色小孢斑，表面破裂后呈现黄褐色粉堆（病菌夏孢子堆和夏孢子）。后期叶片和茎上形成黑褐色孢子堆（病菌冬孢子堆和冬孢子）。叶上孢子堆极多时，常产生局部斑块，甚至叶片干枯脱落。

（2）防治方法。①收获后彻底清除田间病残体；冬春灌水、秋季适时割去地上部茎叶，以减轻病害的发生。②注意除草、排水，保持通风透光，发现夏孢病菌应及时拔除，防止传播。③发病初期喷洒 20％三唑酮乳油 1 500 倍液、65％代森锌可湿性粉剂 500 倍液或 12.5％烯唑醇可湿性粉剂 2 500 倍液，喷雾 2～3 次。

2. 甘草褐斑病　是夏秋季常见的叶部病害，病菌以分生孢子梗和分生孢子在病叶上越冬，次年产生分生孢子引起初侵染，发病后病斑上又产生大量分生孢子，借风雨传播，不断引起再侵染。病菌喜稍高温度，夏末早秋雨水多、露水重有利于发病。该病是甘草生长后期常见的叶部病害。

（1）识别特征。叶上病斑近圆形或不规则形，直径 1～3 mm，中央灰褐色，边缘褐色，有时不明显。后期常多个病斑汇合成大枯斑，上生灰黑色霉层，为病原菌的分生孢子梗和分生孢子。

（2）防治方法。①收获后彻底清除田间病残体；秋季植株枯萎后及时割掉地上部分，并清除田间落叶，以减轻病害发生。②发病初期喷 1∶1（100～160）波尔多液或 70％甲基硫菌灵可湿性粉剂 1 500～2 000 倍液或 75％百菌清可湿性粉剂 500～600 倍液，每 7 d 喷 1 次。③发病期喷施 65％代森锌 500 倍液 1～2 次。有经济条件的可喷无毒高脂膜 200 倍液保护植株。

3. 甘草白粉病　多在 7—9 月发生，病原菌为粉孢属真菌，主要危害甘草叶片、叶柄。分生孢子主要靠气流传播，不断进行再次侵染，因此不相邻的田块也会传染发病。

（1）识别特征。初期叶表面产生小圆形白粉状霉斑，逐渐扩大，形成边缘不明显的连片的大型白粉斑，使叶片如覆盖一层白粉。后期使叶片叶绿素受到破坏变成黄色，并生出黑色小点，即病原菌的闭囊壳。严重时叶片脱落，影响甘草产量和质量。

（2）防治方法。①入冬前清除田间病株，集中烧毁，减少第二年的病原。②发病初期喷施 0.2～0.3 波美度的石硫合剂，每 10～15 d 喷 1 次，每次每亩喷施 50 kg；也可喷施硫黄粉，每次每亩 1.3 kg。

（二）主要虫害及其防治

1. 甘草胭珠蚧 主要危害期为 5—8 月，除严重危害野生甘草外，内蒙古、宁夏、甘肃等地人工栽培甘草受到其毁灭性危害，被害率一般为 20％～40％，严重田死株率达 80％，个别田块绝产。受害部位在土表下 5～15 cm 的根部。

（1）危害症状。受害重的甘草田，翌年发芽返青晚，长势弱，有的难以萌芽返青，植株根茎腐烂，当年虫口密度也较大。6 月中下旬受害植株下部叶片枯黄，或中、下部叶片的叶缘焦黄，叶心绿黄，7 月中旬后达到危害高峰期，个别被害植株死亡。8 月上中旬起，甘草生长趋于好转和稳定，部分甘草明显地恢复正常叶色和长势。雨量适中的年份危害大于干旱少雨年份。背风洼地、上年发生重的田块等易受危害。

（2）防治方法。①人工栽培中应注意生境类型的选择，选择没有虫源的土地作为人工栽培基地，是防止虫害发生的根本性措施，要避免选择有过虫害发生的野生或栽培甘草地作为甘草生产栽培用地。②应重点抓好成虫期和越冬后初龄若虫活动期施药。8 月下旬成虫交配产卵的羽化盛期，是药剂控制的最佳期，施药 1～2 次，可用 4.5％甲敌粉，每亩用 3～4 kg，或喷洒 2.5％溴氰菊酯 3 000 倍液，对雄虫杀伤效果较好，达 72％以上，并可减少产卵量和孵化串，有后效作用。于无风的中午前后施药最佳。4 月中旬前后，在土中的越冬若虫开始活动，寻觅寄主，可用 50％辛硫磷乳油根施，每亩 0.5 kg，一般可在雨前或雨后开沟、施药、复土，如土干无雨，根际施药后应浅水灌溉，以发挥药效。

2. 叶甲类害虫 主要危害期是 7 月中旬至 8 月下旬，是危害甘草叶子的重要害虫，种群数量多、含量大，严重发生时可以在几天内将大面积甘草叶子全部吃光。主要种类有跗粗角萤叶甲、榆蓝叶甲、黄斑叶甲、锯角叶甲等，在内蒙古、宁夏和甘肃河西走廊地区危害严重，新疆、吉林及辽宁等地的甘草种植区也时有发生。

（1）危害症状。成幼虫均取食甘草叶。危害后叶片千疮百孔。取食叶肉及叶背，常残留叶脉和上表皮，虫孔周线不齐，呈波状。严重时甘草田无一完整叶片。被害甘草残留叶片枯黄、脱落，严重影响光合作用，植株生长不良。

（2）防治方法。①越冬前可进行冬前消除田间残枝落叶、入冬灌溉措施处理，降低越冬成活率，达到防治目的。②在 5—6 月发现虫口密度较大时（越冬虫），应及时喷药防治一次，可用 3％的甲敌粉、2.5％的敌百虫粉防治，每亩用药 2.5 kg 左右，也可在发生盛期用 2.5％的溴氰菊酯 3 000～50 000 倍液防治。

3. 蚜虫 多在 6 月下旬至 7 月上旬危害个别植株，其他时期不易见到。主要为乌苏黑蚜、桃蚜等。分布普遍，不同年份、不同生境发生危害程度差异甚大，通常年份危害期短。

（1）危害症状。蚜虫危害，多群集嫩芽、嫩叶上吸食汁液，使芽梢枯萎，嫩叶卷缩，其分泌物常引起病菌繁殖，严重影响寄主的生长。

（2）防治方法。一般年份可利用瓢虫、草蛉、食蚜绳等食蚜天敌控制危害，无须防治。同时注意田边、渠林旁杂草的清除。大发生年份应注意及早防治，注意食蚜天敌控制能力的发挥，药剂使用以短效的溴氰菊酯、乐果等为主。

4. 地下害虫 危害甘草的地下害虫种类多、数量大，其种类和危害方式与危害农作物的地下害虫基本相同。主要啃食种子，嚼食种苗根系，危害严重时会造成缺苗断垄，影响甘草的生长和药材产量。最常见的有蝼蛄、蛴螬（金龟子的幼虫）和金针虫等。

防治方法：①播种前选择地下害虫轻或不利于其发生的生境、地块。②精细整地、深耕重耙，破坏其生境、杀伤虫体。③施用腐熟厩肥，防止人为带入。④重视播前的催芽伴种处理，用50％硫磷乳油按种子质量的0.1％拌种。⑤田间发生期用90％敌百虫1 000倍液或50％辛硫磷乳油1 000倍液浇灌。

三、采收与初加工

甘草中的主要成分是甘草酸和甘草次酸，研究证明甘草酸的含量以春季最高，秋季稍低，夏季最低，故甘草采挖一般在春、秋两季进行。另外，3～4年生根甘草酸的含量在8％以上，明显高于1～2年生根。人工栽培的三年生甘草采挖供药用为好。采挖时应顺着根系生长的方向深挖，尽量不刨断，不伤根皮。

挖出的甘草根和根茎运到初加工场地，抖净泥土，趁鲜将支根从靠近主根部削下，然后用铡刀从贴近根头处铡下芦头，按主根、侧根、根茎分类晾晒，半干时再按不同径级和长度分类（按照商品规格分组标准分级）捆成小把，然后晒至全干。也可采用人工或机械的方法将半干甘草加工成切片。晾网过程中不能雨淋，晒至安全含水量后就可以包装、销售或贮存。

四、包装与贮藏

经过干燥达到安全含水量的甘草，一般用铁丝捆绑成长方体大捆，外面再用麻布等进行包装。经过检验合格后在外包装贴上货物标签和合格证等标识。货物标签内容要包括产地、产品批号、规格、等级和质量等信息。包装合格后登记入库贮存。

甘草贮藏期间有谷盗、豆象、天牛等多种仓库害虫危害，贮藏期间应定期检查、消毒，经常通风。若发现有幼虫危害，可将甘草在日光下暴晒，或将甘草密闭后充氮气或二氧化碳，使成虫及幼虫死亡。甘草易霉变，若空气湿度过大，表面易发生白色和绿色霉斑。因此，贮存时置于通风干燥处，捆堆下面垫木棍通风防潮。

五、商品质量标准

水分不得超过12.0％，总灰分不得超过7.0％，酸不溶性灰分不得超过2.0％。重金属及有害元素：铅不得超过5×10^{-6} mg/kg，镉不得超过3×10^{-7} mg/kg，砷不得超过2×10^{-6} mg/kg，汞不得超过3×10^{-7} mg/kg，铜不得超过2×10^{-5} mg/kg。

【任务评价】

甘草栽培任务评价见表3-16。

表3-16 甘草栽培任务评价

任务评价内容	任务评价要点
栽培技术	1. 选地与整地 2. 繁殖方法：①育苗；②移栽 3. 田间管理：①间苗定苗；②排水灌溉；③追肥；④除草

（续）

任务评价内容	任务评价要点
病虫害防治	1. 病害防治：①甘草锈病；②褐斑病；③白粉病 2. 虫害防治：①甘草胭珠蚧；②叶甲类害虫；③蚜虫；④地下害虫
采收与加工	1. 采收：采收方法及注意事项 2. 加工：加工方法及注意事项
包装与贮藏	1. 包装：用麻布包装 2. 贮藏：置通风干燥处贮藏

【思考与练习】

1. 简述甘草的繁殖方法。
2. 简述甘草田间管理的注意事项。
3. 简述甘草病虫害的防治方法。

任务十七　葛根的栽培

【任务目标】

通过本任务的学习，能熟练掌握葛根栽培的主要技术流程，并能独立完成葛根栽培的工作。

【知识准备】

一、概述

葛根 [*Pueraria lobata*（Willd.）Ohwi] 为豆科葛属植物，以干燥块茎入药，味甘、辛，性平。具解肌退热、生津止渴、诱发斑疹等作用。主治感冒发热、疹出不透、肠胃炎、高血压等症。主产于湖南、河南、广东、浙江、四川等地。

二、形态特征

葛根为藤本植物，茎长可达 10 m，全株被黄褐色长硬毛。植株根部肥大，圆柱状，粉性强。茎基粗大、多分枝。三出复叶，具长柄，叶片宽卵形，基部圆形或斜形，先端渐尖，托叶盾形。总状花序腋生或顶生，花密，蝶形花，紫红色，花筒内外有黄色柔毛。荚果条形，长 5～10 cm，种子卵形，红褐色，扁平，光滑。花期 4—8 月，果期 8—10 月（图 3-17）。

图 3-17　葛　根

1. 花枝　2. 花去花瓣示雄雌蕊

（许小琴，2000. 中草药栽培新法）

三、生物学特性

（一）生长发育习性

葛根种子发芽率低，实生苗生长慢，多以扦插、压条育苗。自扦插育苗至块根收获，需240～300 d 或更长，可分为两个生长时期，前期主要是茎叶生长，后期茎叶生长与块根形成同时进行。生长发育过程中，要注意调整好地上部与地下部的生长关系，并保持茎叶生长不衰，提高光合效能，以有利于块根形成。

（二）生态环境条件

野葛适应性强，野生多分布在向阳湿润的山坡、林地路旁，喜温暖、潮湿的环境，有一定的耐寒耐旱能力，对土壤要求不甚严格。但以疏松肥沃、排水良好的壤土或沙质壤土为好。

【任务实施】

一、葛根的种植

（一）选地与整地

选择排水良好的地块，冬前深翻 30 cm，结合耕翻每亩施农家肥 2 000～3 000 kg，均匀翻入土中，翌年春可再次浅翻，打碎土块，耙细耙匀，整平，做成宽 1～1.2 m 的畦备用，畦间开沟约 30 cm。

（二）繁殖方法

目前生产上主要用种子繁殖和扦插，也有用根头繁殖和压条繁殖等。

1. 种子繁殖　春季清明前后，特种子在 40 ℃温水中浸泡 1～2 d，并常搅动，取出晾干水后，在整好的畦中部开穴播种，穴深 3 cm，株距 35～40 cm，每穴播种子 4～6 粒，播后平穴，浇水，10 d 左右出苗。

2. 扦插繁殖　秋季采挖葛根时，选留健壮藤茎，截去头尾，选中间部分剪成 25～30 cm 的插条，每个插条有节 3～4 个，放在阴凉处拌湿沙假植，注意保持通气防止腐烂。第二年清明前后，在畦上开穴扦插，插前可蘸生根剂以易于成活，穴深 30～40 cm，每穴扦插 3～4 根，保留 1 个节位露出畦面，插后踏实，浇水。生产上如采用根头繁殖，宜随采随栽植。有些地区也用压条繁殖。

（三）田间管理

1. 间苗、补苗　采用种子直播，待出齐苗后，要进行间苗、补苗。每穴留壮苗 1～2 株，其余的拔除。如果缺苗，则选择阴雨天，用幼苗带土补上。播种后第一年，因苗小，地内容易滋生杂草，应中耕除草，追施肥料 2～3 次，以促进幼苗生长。

2. 中耕除草　野葛生长较快，早春发芽前除次草，晚秋落叶后再除次草即可，生长期一般不需常除草。

3. 追肥　可结合中耕除草进行。返青后，施返青肥以腐熟人粪水为主，每亩施入 1 000 kg，可适当配施尿素，落叶后施越冬肥，以农家肥为主。每年生长盛期可结合浇水，施少量钾肥，有促根生长作用。

4. 摘苗、搭支架　葛根萌芽力较强，往往栽下葛头、压条、插穗后可长出数条茎蔓。

葛根的地上部分生长过旺，会影响地下块根生长。因此，当苗长至 15～20 cm 时，每穴选留生长健壮的 1～2 株苗，其余则摘除。

葛根是缠绕性草质藤本植物，藤长节多，而且其节接触土壤时易长出不定根。因此，苗长至 30 cm 时，要用竹条或木条搭支架。支架可以搭成篱笆状或三角交叉状，并把苗牵引上架，使其缠绕着支架生长，这样不但有利于管理，还有利于光合作用和通风透光。搭支架宜早不宜迟；过迟则藤蔓间相互缠绕，会造成管理不便。

5. 修剪 生长期应控制茎藤生长，摘去顶芽，以减少养分消耗，并要合理调整株型以利于充分利用阳光，还应及时剪除枯藤、病残枝。

二、病虫害防治

野葛病害不多，生长期主要有蟋蟀、金龟子等害虫危害茎叶。蟋蟀可用 80% 敌敌畏乳油 2 000 倍液喷杀，金龟子用 90% 晶体敌百虫 1 000 倍液于 5—6 月喷叶面，防治其他害虫可用乐果等防治。

三、采收加工

葛根一般在栽培后 2～3 年即可收获。采收期为秋末藤叶枯萎时开始，至翌年春季萌发前。将采挖的块根洗净泥土，用刀片刮除外皮，切成 1 cm 左右厚片，晒干或烘干。也可先用盐水、白矾水或淘米水浸泡后，再用硫黄熏一夜后晒干。所得产品色较白净。以块根肥大、质坚实、色白、粉性足、纤维少者为佳，质松、色黄、无粉性、纤维多者质次。

四、包装与贮藏

经晾干后的原药，应贮藏于阴凉通风干燥处，经常翻动，以免发霉。如用于提取葛粉，贮藏的块根要完整无损。贮藏场所要干爽，最好先用硫黄熏蒸消毒。采用堆沙贮藏时，先在地面铺沙厚 3 cm 左右，然后一层块根一层沙，最后用沙盖面，经常保持湿润。贮藏期间经常检查，若嗅到酒味或见到沙发霉，表示块根变质，就应立即挑出并重新贮藏。

五、商品质量标准

水分不得超过 14.0%，总灰分不得超过 7.0%，浸出物不得少于 24.0%。

【任务评价】

葛根栽培任务评价见表 3 - 17。

表 3 - 17　葛根栽培任务评价

任务评价内容	任务评价要点
栽培技术	1. 选地与整地 2. 繁殖方法：①种子繁殖；②扦插繁殖 3. 田间管理：①间苗补苗；②中耕除草；③追肥；④摘苗、搭支架；⑤修剪
病虫害防治	虫害防治：蟋蟀、金龟子

（续）

任务评价内容	任务评价要点
采收与加工	1. 采收：采收方法及注意事项 2. 加工：加工方法及注意事项
包装与贮藏	包装与贮藏：阴凉通风干燥处

【思考与练习】

1. 葛根在田间管理上有什么特殊注意事项？
2. 葛根加工成葛粉，贮藏上有哪些注意事项？

任务十八 何首乌的栽培

【任务目标】

通过本任务的学习，能熟练掌握何首乌栽培的主要技术流程，并能独立完成何首乌栽培的工作。

【知识准备】

一、概述

何首乌（*Polygonum multiflorum* Thunb.）为蓼科何首乌属植物。以干燥的块根入药，味苦、甘、涩，性微温。生首乌具有截疟、解毒消痈、润肠通便之功效，制首乌具有补肝肾、益精血、乌虚发、强筋骨之功效。生首乌用于甘补苦泄、攻补兼施。制首乌甘补涩固，不腻不燥，为补肝骨、益精血、抗病延年之良药。主产于河南、湖北、贵州、四川、江苏、广西等省区。

二、形态特征

何首乌为多年生缠绕草本，长可达 3 m 多。根细长，末端形成肥大的快报，质坚实，外表红褐色至暗褐色。茎上部分多分枝无毛，常呈红紫色。单叶互生，具长柄，叶片为狭卵形或心形，先端渐尖，基部心形或箭形，全缘；胚叶鞘膜质，抱茎。圆锥花序顶生或腋生，花小密集，白色；花被5深裂；裂片倒卵形，外面3片背部有翅。瘦果卵形至椭圆形，具3棱，黑色有光泽。花期10月，果期11月（图3-18）。

图 3-18 何首乌形态
1. 根 2. 花枝 3. 花 4. 花纵剖
5. 雄蕊 6. 成熟果实 7. 瘦果
（徐昭玺，2000. 中草药种植技术指南）

三、生物学特性

（一）生长发育习性

3月中旬播种的何首乌，在4—6月，其地上茎藤生长较迅速。此期间，地下根亦逐渐膨大成块根；而同期用茎藤扦插的何首乌，当年只在茎上长根。其中具1～5条较粗的根，到次年3—6月才能逐渐膨大形成块根。不论是春季播种还是扦插繁殖，均能在当年开花结实。据记载，何首乌地上部分长势的优劣与地下块根的多少或大小成正相关。

（二）生态环境条件

何首乌在全国广泛分布，通常分布在海拔1 000 m以下，何首乌适应性较强，喜温暖湿润气候，忌积水，有较强的耐寒性。野生状态多生于荒草坡地、路边、石缝及灌木丛中的向阳或路旁半荫蔽的土坎上，属于半阴生植物。对土壤要求不严，但最好选择排水良好、土层深厚、疏松肥沃的沙质壤土为佳。黏性大、贫瘠易干、低洼地不宜种植。

【任务实施】

一、何首乌的种植

（一）选地与整地

选排水好、疏松、肥沃的沙质壤土栽培为好。林地、山坡、土坎、农田及房前屋后均可种植。林地种植前应除去过密的杂木，拣去树兜，之后深耕30～35 cm，耕地时每亩施入厩肥或堆肥5 000 kg，耙细整平，作宽1.3 m的高畦，畦长依地势而定。

（二）繁殖方法

何首乌可用扦插、压藤和种子来进行繁殖。其中以扦插繁殖为最好，不仅成活率高，而且产量大品质好。种子繁殖时，直播生长良好、产量也高，但幼苗期管理费工费时；育苗移栽和压藤移栽费工费时，产量低，不宜采用。

1. 扦插 选生长旺盛，健壮无病植株的茎藤（以中部茎藤为佳），剪成长25 cm左右的插条。每根插条应有2个以上节，按照长短分成50条一小扎，然后把基部在黄泥浆上蘸一下，上浆后的插条置阴凉处待黄泥浆晾干。按行距30～35 cm，株距30 cm左右，穴深20 cm左右，每穴放2～3条，不能倒插，上面一节留有叶片露出地面，下面的节去叶埋入土中。扦插时期因气候不同而异，如四川在6—7月，广东在2—5月，北方在3—4月扦插。扦插之后，必须保持畦面湿润，如表土干燥，则要少量洒水，洒水量以插条无明显萎蔫为度，水分过多，容易造成插条腐烂。春季雨水太多，可用塑料薄膜遮盖防雨，并及时排水，防止涝渍。在生产上常用此法繁殖。因为该法具有生根快、成活率高、种植年限短，结块多等优点。

2. 种子繁殖

（1）采种。8—10月，果实成熟后采收，晒干贮藏在低温处。

（2）直播。3月上旬至4月上旬，按扦插开穴密度开穴，每穴播种8～10粒，每亩用种量为0.5～0.8 kg。下种后施土杂肥或堆肥，每穴1把。覆盖细土少许，轻轻镇压，上盖稻草保湿。大约20 d即可发芽出土，出苗后每穴留壮苗2～3株。

（3）育苗移栽。播种时间与直播相同，在畦上按沟距27 cm开浅横沟，把种子均匀播于沟中，播后撒盖土杂肥、堆肥等。然后覆土少许（约 1 cm 厚）。每亩需种 1.5～2 kg。出苗后除草、追肥。到次年早春未萌动前，即可按扦插密度进行移栽。

（三）田间管理

1. 肥水管理　何首乌生长期长，藤蔓生长旺盛，需肥较多。施肥方法以前期施有机肥，中期施钾肥，后期不施肥为原则。具体做法是：当植株长出新根后，每亩用腐熟人粪尿 1 000～1 500 kg 及花生饼 50 kg，过磷酸钙 15～25 kg，其他水肥 100～300 kg 兑水成 2 500 kg，视苗期生长情况，从淡到浓分期施。当藤长到 1 m 以上时，一般施氮肥，到植株开始结薯的时候，每亩可施氯化钾 40 kg。

何首乌移植之后一个月内需水较多，前 10 d 要早晚各浇 1 次，以后可结合施肥，浇淡水肥，一直到苗高 9 m 以上为止。如天气干旱，施肥的间隙还要适当浇水。苗高 3 m 以上后，除天旱之外，一般不再浇水，因为何首乌生长忌过分潮湿，如水分太多，须根过度萌发，影响块根膨大，造成低产。

2. 搭架修剪、摘花　何首乌的生长过程中，需要搭架让藤蔓攀缘。何首乌搭架比较简单，在植株旁边竖一根竹竿即可，将藤按顺时针方向缠绕竹上，松脱的地方可用绳子缚住。每株只留一藤，多余的分蘖苗要剪掉，以后的基部分枝藤条也要及时剪除，到 1 m 以上才保留分枝，这样有利于植株下层的通风透光。如果因为肥水过多，地上部分生长旺盛，可适当打顶。结合修剪打顶，还要进行除草，一方面除去杂草，另一方面锄松表土，将表层过多的须根锄掉，利于结薯。大田生产每年修剪 5～6 次，高产则达 7 次之多。不作留种用的植株，于 5—6 月进行摘花苗，以免养料分散，促进块根生长。

二、病虫害防治

（一）病害及其防治

1. 叶斑病　在高温多雨的夏季容易发生，影响光合作用，对植株生长不利。

（1）识别特征。叶上很多圆形黄锈色斑块。

（2）防治方法。①合理修剪，控制茎蔓枝叶生长过旺，对生长过于茂盛的可进行疏剪，过长的茎蔓要进行短截。同时，栽植的株行距不宜过小，应有一定的空间。一定要搭设架棚，让茎蔓攀缠，改善生长条件，减少发病。②注意除草、排水，保持通风透光，发现夏孢病菌应及时拔除，防止传播。③发病初期可喷 1∶1∶120 波尔多液或 3% 井冈霉素，每周喷 1 次，连续喷 2～3 次。

2. 根腐病　多发生在高温高湿的夏季。

（1）识别特征。染病植株根基部腐烂，地上藤蔓生长不良，严重时枯萎死亡。

（2）防治方法。①抓好田间管理，种植时一定要起 30 cm 高的畦；雨后保持土壤干爽，不能积水；及时剪除根部萌发的长枝，改善通风透光条件，不连作。②发病期间，可用 50% 多菌灵 800～1 000 倍液喷洒或淋根基部，每 7～10 d 喷 1 次，连续 2～3 次。

（二）主要虫害及其防治

何首乌虫害主要有蚜虫、金龟子、地老虎、毛虫幼虫、红蜘蛛、瓢虫等。

蚜虫以吸食茎叶汁液危害，主要危害植株的生长点及顶端第一、二片叶，被害株主芽停止生长，叶片皱缩，生长受阻，严重时造成茎叶枯黄。

防治方法：①适当早播，保护和利用食蚜蝇等天敌，冬季清园，将枯枝和落叶收集深埋或烧毁；②发生期应用鱼藤酮，或 40％乐果乳油 2 000 倍液，或 50％杀螟硫磷 1 000～2 000 倍液喷雾，可有效防治。

三、采收与初加工

种植 3～4 年即可收获，在秋季落叶后或早春萌发前采挖，一般秋季落叶后采收最好。方法是：先将藤叶割去，然后破土开挖至发现何首乌块根时，顺畦向逐蔸、逐行挖出块根，注意不能伤断块根，洗净泥土，去掉须根，晾干。

采收后一般采取先将何首乌大小分档，对不适宜烤干的要先切片再烘烤，并且尽量缩短烘烤时间。在烘烤时及时将水蒸气抽出，头两天烘烤温度要控制在 60～70 ℃，第三天可视情况逐步升温，但不能超过 90 ℃，并经常检查，已烘干的应及时取出。

四、包装与贮藏

包装好的何首乌如不马上出售或使用，应置阴凉、干燥、通风的室内贮藏，并定期检查水分，以免霉变，同时应防止老鼠等啮齿类动物的危害和仓库害虫的危害。

五、商品质量标准

水分不得超过 10.0％，总灰分不得超过 5.0％。

【任务评价】

何首乌栽培任务评价见表 3-18。

表 3-18　何首乌栽培任务评价

任务评价内容	任务评价要点
栽培技术	1. 选地与整地 2. 繁殖方法：①扦插；②种子繁殖 3. 田间管理：①肥水管理；②搭架修剪、摘花
病虫害防治	1. 病害防治：①叶斑病；②根腐病 2. 虫害防治：蚜虫
采收与加工	1. 采收：采收方法及注意事项 2. 加工：加工方法及注意事项
包装与贮藏	1. 包装：用麻袋或竹篓包装 2. 贮藏：置阴凉干燥通风处贮藏

【思考与练习】

1. 何首乌最好用什么方法繁殖？

2. 何首乌田间管理时有什么注意事项？

任务十九 黄连的栽培

【任务目标】

通过本任务的学习，能熟练掌握黄连栽培的主要技术流程，并能独立完成黄连栽培的工作。

【知识准备】

一、概述

黄连（*Coptis chinensis* Franch.）又名味连、川连，为毛茛科黄连属植物，以根茎供药用，具有泻火、解毒、清热等功能，用于治疗吐血、口疮、中耳炎、急性肠胃炎、急性结膜炎等症。黄连为多年生草本植物，喜气温低、空气湿度大的环境，是传统的道地中药材，常年栽培，亩产值4 000元以上，主产于湖北利川市及重庆石柱县等地，为两地的道地药材，素有"黄连之乡"之称，湖北、重庆、四川、陕西、甘肃、贵州、云南等地分布较多。商品畅销国内外。黄连根茎含多种生物碱，主要为小檗碱，含量为9%～13%，其次为甲基黄连碱、药根碱、酸性生物碱及一种非酸性生物碱。

二、形态特征

多年生草本。根状茎黄色，常分枝，密生多数须根。叶有长柄；叶片稍带革质，卵状三角形，宽达10 cm，三全裂，中央全裂片卵状菱形，长3～8 cm，宽2～4 cm，顶端急尖，具长0.8～1.8 cm的细柄，3或5对羽状深裂，在下面分裂最深，深裂片彼此相距2～6 mm，边缘生具细刺尖的锐锯齿，侧全裂片具长1.5～5 mm的柄，斜卵形，比中央全裂片短，不等二深裂，两面的叶脉隆起，除表面沿脉被短柔毛外，其余无毛；叶柄长5～12 cm，无毛。花葶1～2条，高12～25 cm；二歧或多歧聚伞花序，有3～8朵花；苞片披针形，3或5羽状深裂；萼片黄绿色，长椭圆状卵形，长9～12.5 mm，宽2～3 mm；花瓣线形或线状披针形，长5～6.5 mm，顶端渐尖，中央有蜜槽；雄蕊约20枚，花药长约1 mm，花丝长2～5 mm；心皮8～12个，花柱微外弯。蓇葖长6～8 mm，柄约与之等长；种子7～8粒，长椭圆形，长约2 mm，宽约0.8 mm，褐色。2—3月开花，4—6月结果（图3-19）。

图3-19 黄 连

（张改英，王敏强，李民，2007.
百种中草药栽培与加工新技术）

三、生物学特性

（一）生长发育习性

黄连适应高山的冷凉气候条件，不耐炎热，在霜雪下，叶片能保持常绿不枯。产区雨雪多，空气相对湿度高，冬季黄连叶上覆盖一层冰雪，对黄连可起到保护作用，故虽在 $-2\sim$ 8 ℃的气候条件下也可正常越冬。气温低于 5 ℃时，植株处于休眠状态。在 -6 ℃时，叶能保持常绿。2 月上旬至中旬，平均气温在 1 ℃左右，为花薹出土期，若遇 -10 ℃以下的低温，则花薹出现萎蔫。2 月中旬至 3 月上旬，气温 $2\sim8$ ℃时，为开花期，随着温度的升降，开花期可提前或缩短。未开花的植株在 5 ℃以上时，开始发新叶，10 ℃时，新叶生长加快，在 30 ℃以上时，新叶生长缓慢。

黄连生长期的日平均气温为 $5\sim22$ ℃；营养生长期（4—6 月及 9—10 月）的日平均气温为 $10\sim17$ ℃。

（二）生态环境条件

黄连野生多见于海拔 $1\,200\sim1\,800$ m 的高山区，栽培时宜选海拔 $1\,400\sim1\,700$ m 的地区。高海拔地区气候寒冷，生长季短，生长缓慢，但根茎坚实，质量较好。低海拔山区，气温高，黄连生长快，茎叶繁茂但根茎不充实，品质较次，易染病。黄连喜湿润，忌干旱，尤其喜欢较高的大气湿度。主产区年降水量平均在 $1\,300\sim1\,700$ mm，相对湿度 70%～90%，土壤含水量经常保持在 30%以上时，黄连生长较好。但如在排水不良、积水的土壤中栽培，土壤通气不良，根系发育不正常，也会引起黄连死亡。对土壤要求较严，种植地块以土层深厚、疏松肥沃、排水和透气性良好、富含腐殖质的中壤土和轻壤土为好，pH $5.5\sim7$。过酸或过碱、过沙或过黏的土壤不宜种植。黄连为阴生植物，忌强烈的阳光直射，喜弱光，因此栽培黄连必须遮阳。

【任务实施】

一、黄连的种植

（一）选地与整地

黄连喜冷凉湿润，忌高温干燥，故宜选择早晚有斜射光照的半阴半阳的早晚阳山种植，尤以早阳山为佳。黄连对土壤的要求比较严格，由于栽培年限长，密度大，须根发达，且分布于表层，故应选用土层深厚，肥沃疏松，排水良好，表层腐殖质含量丰富，下层保水、保肥力较强的土壤。植被以杂木、油竹混交林为好，不宜选土壤瘠薄的松、杉、栎树林。pH 在 $5.5\sim6.5$，呈微酸性。最好选缓坡地，以利排水，但坡度不宜超过 30°。坡度过大，冲刷严重，水土流失，黄连存苗率低，生长差，产量低。搭棚栽种黄连还需考虑附近有无可供采伐的木材，以免增加运输困难。

荒地栽种，应在 8—10 月砍去地面的灌木、竹丛、杂草，此时砍山，次年发生的杂草少，竹根与树根不易再发，树木含水分少，组织紧密，用作搭棚材料坚固耐腐。待冬季树叶完全脱落后，1—2 月进行搭棚，这样栽连可节省拾落叶的劳力，故有"青山不搭棚，六月不栽秧"之说。林间栽连砍净林中竹、茅草后留下所有乔灌木，在保证隐蔽度 70%以上的遮阳条件下，照顾到树林的稀密，对开厢影响砍去多余的树木，便可翻土整地。首先粗翻土地，深 $13\sim16$ cm，挖净草根竹根，捡净石块等杂物，应分层翻挖，防止将表层腐殖质土翻到下层，并注意不能伤根太狠，尤其是靠近上坡的树根一定要保留，否则树易倒伏。

（二）育苗与移栽

黄连以种子繁殖为主，通常先行播种育苗，再行移栽；也可捡取稍带根茎的连苗（俗称

"剪口秧子"），进行扦插。但繁殖系数低，不常用。

1. 育苗　黄连实生苗四年生开花结实所结的种子数量少且不饱满，发芽率最低，苗最弱，产区称为"抱孙子"。五年生所结种子青嫩，不充实饱满的也较多，发芽率较低，产区称为"试花种子"。六年生所结的种子，籽粒饱满，成熟度较一致，发芽率高，产区称为"红山种子"。七年生所结种子与六年生所结种子相近，但数量少，产区称为"老红山种子"。留种以六年生者为佳，种子千粒重为 1.1～1.4 g。由于黄连开花结实期较长，种子成熟不一致，成熟后的果实易开裂，种子落地，因此生产上应分批采种。自然成熟的黄连种子具有休眠特性，其休眠原因是种子具有胚形态后熟和生理后熟的特性。在产区自然成熟种子播种于田间，历时 9 个月之久，才能完成后熟而萌发出苗。据报道，经赤霉素处理后可缩短后熟期。

黄连一般在 10—11 月播种，每亩用种量为 2 kg。将种子与 20～30 倍的腐殖质土拌匀，撒在畦面，盖 1 cm 后的干细土和熏土一层即可，播种要均匀，盖种要厚薄一致。育苗棚荫蔽度应控制在 70% 以上。

黄连幼苗生长缓慢，要及时除掉杂草，并且施速效性氮肥（硫酸铵）每亩 5～10 kg，到第二年 5 月下旬黄连幼苗可长出 3 片真叶。薄厚第三年可出圃移栽，一般 1 kg 种子可育 10 万～20 万株黄连苗，育苗厢宽 120 cm，沟深 10 cm。

2. 移栽　黄连秧苗每年有 3 个时期可以移栽。第一个时期是在 2—3 月积雪融化后，黄连新叶还未长出前，移栽成活率高，长新根、发新叶快，生长良好，入伏后死苗少，是比较好的移栽时间。第二个时期是在 5—6 月，此时黄连新叶已经长成，秧苗较大，栽后成活率高，生长亦好，但不宜迟至 7 月，因 7 月温度高，移栽后死苗多，生长也差。第三个时期是在 9—10 月，但此时移栽后不久即入霜期，根尚未扎稳，就遇到冬季严寒，影响成活，因此只有在低海拔温暖地区，才可此时移栽。

选择有 4 片以上真叶，株高在 6 cm 以上的健壮幼苗进行移栽。移栽前，将须根剪短留 2～3 cm 长，放入水中洗去根上的泥土，便于栽苗，同时秧苗吸收了水分，栽后易成活。通常上午拔取秧苗，下午栽种；如未栽完，应摊放阴湿处，第二天栽前，应将叶浸湿后再栽。

选阴天或晴天栽植，不可在雨天进行，雨天栽种常常将畦土踩紧，秧苗糊上泥浆，妨碍成活。行株距 10 cm，正方形栽植，每亩可栽秧苗 5.5 万～6.5 万株，用小花铲（产区特制的黄连刀）栽植，深度视移栽季节、秧苗大小而定，春栽或秧苗小可浅栽，秋栽或秧苗大可稍栽深点，一般在 3～5 cm 深，地面留 3～4 片大叶即可。

（三）田间管理

1. 搭棚　根据需要搭棚，一般熏土后搭棚，也有的地方搭棚后熏土。棚高 150 cm 左右。搭棚时按 150 cm 间距顺山成行埋立柱，行内立柱间距离为 200 cm，立柱入土深 40 cm 左右，立柱埋牢后先放顺杆，顺杆上放横杆，绑牢为宜。一般透光度 40% 左右。在坡地上先从坡下放顺杆，在顺杆上端放一横杆，使横杆上面与邻近柱顶水平，依此顺序搭到坡上。棚四周应用编篱围起，既可防止兽畜危害，又可保持棚内湿度。如用水泥柱、铁丝及遮阳布为材料搭棚，则水泥桩 6 cm×8 cm×200 cm，内置直径 6.5 cm 钢筋 1 根，入土 40～50 cm，行距 3 m，桩距 2 m，每隔一畦在畦中心栽一排水泥桩，顶部用铁丝"井"形固定，根据需要，上盖不同密度的遮阳网，并用小铁丝固定。冬季积雪来临之前应及时收回遮阳网，以免积雪将棚架压垮，造成不必要的损失，开春后再盖。

2. 补苗　黄连栽植后常有不同程度的死苗，栽后前 3 年秧苗每年约有 10% 死亡，应及时进行补苗。一般补苗 2 次，第一次在定植当年秋季，用同龄壮秧进行补苗，带土移栽更易成活。第二次补苗在第二年雪化以后新叶未发前进行。

3. 除草 栽种当年和次年秧苗生长缓慢，而杂草生长比较迅速，每年除草 4～5 次，第三、四年每年 3～4 次，第五年 1 次。除草时要特别注意勿将连苗带起，影响连苗的正常生长。

4. 施肥 栽后 2～3 日内应施 1 次追肥，用稀薄猪粪水或菜饼水，也可每亩用细碎堆肥或厩肥 1 000 kg 左右撒施。这次肥料称为"加肥"，能使连苗成活后生长迅速。栽种当年 9—10 月，第 2—5 年春季 5 月采种后和第 2—4 年秋季 9—10 月，应各施追肥 1 次，共 8 次。春季追肥每亩用人畜粪水 1 000 kg 和过磷酸钙 20～30 kg，与细土或细堆肥拌匀撒施，施后以细竹枝把附在叶片上的肥料扫落。秋季追肥以农家厩肥为主，兼用火灰、油饼等肥料。肥料应充分腐熟弄细，撒施畦面，厚约 1 cm，每次每亩用量 1 500～2 000 kg，若肥料不足，可用腐殖质土或土杂肥代替一部分。施肥量应逐年增加。干肥在施用时应从低处向高处撒施，以免肥料滚落成堆或盖住叶子，在斜坡上部和畦边易受雨水冲刷处，肥力差，应多施一些。

黄连的根茎向上生长，每年形成茎节，为了提高产量，第 2～4 年秋季追肥后还应培土，在附近收集腐殖质土弄细后撒在畦上。第 2—3 年撒约 1 cm 厚，称为"上花泥"；第 4 年撒约 1.5 cm 厚，称为"上饱泥"。培土须均匀，且不能过厚，否则根茎桥梗长，降低品质。

5. 摘除花薹 开花结实要消耗大量营养物质，降低黄连根茎产量。除计划留种的以外，自第二年起应于花薹抽出后及时摘除。

6. 荫棚管理 黄连在不同生长期，需要的荫蔽度是不一样的。栽后当年需要 80%～85% 的荫蔽度，第二年开始荫蔽度宜逐年减少，第四年减少至 40%～50%，一般通过自然疏棚，基本适合黄连生长所需的荫蔽度。但在第五年种子采收后要撤去棚上覆盖物，称"亮棚"，加强光照，抑制地上部分生长，使养分向根茎提供。

二、病虫害防治

（一）病害

1. 白粉病 药农称为"冬瓜粉"。在黄连产区发生普遍而严重，常引起黄连死苗缺株，一般减产 50% 以上。干旱年份病重，相反则病轻。5 月下旬发病，7—8 月危害严重。发病初期在叶背面出现圆形或椭圆形黄褐色小斑点，逐渐扩大成病斑。叶表面病斑褐色，长出白粉，并由老叶向新叶蔓延，白粉逐渐布满全株叶片，使叶片慢慢枯死。下部茎和根也逐渐腐烂。次年轻者可生新叶，重者死亡缺株。防治方法：①调节荫蔽度，适当增加光照并注意排水；②发病初期，用 0.3～0.5 波美度的石硫合剂，每 7～10 d 喷 1 次，连喷 2～3 次；③选育抗病品种，增施磷、钾肥，提高植株抗病力；④实行轮作。

2. 炭疽病 发病初期，在叶脉上产生褐色、略下陷的小斑。病斑扩大后呈黑褐色，中部褐色，并有不规则的轮纹，上面生有黑色小点。叶柄基部常出现深褐色、水渍状病斑，后期略向内陷，造成柄枯、叶落。天气潮湿时，病部可产生粉红色黏状物，即病菌的分生孢子堆。病原菌以菌丝附着在病残组织和病菌上越冬。翌年 4—6 月，分生孢子借风雨传播，引起发病。在温度 25～30 ℃、相对湿度 80% 时易发生。

防治方法：①发病后即摘除病叶，消灭发病中心，将病叶集中烧毁；②用 1∶1∶100～150

波尔多液或 80%代森锰锌可湿性粉剂 600～800 倍液喷雾，每 7～10 d 喷 1 次，连喷数次。

3. 白绢病 常于夏、秋发生。发病初期地上部分无明显症状，后期，随着温度的增高，根茎内的菌丝穿过土层，向土表伸展，菌丝密布于根茎四周的土表。最后，在根茎和近土表上形成茶褐色油菜籽大小的菌核。由于菌丝破坏了黄连根茎的皮层及输导组织，被害植株顶梢凋萎、下垂，最后整株枯死。

防治方法：①发现病株立即拔除烧毁，并用石灰粉处理病穴，或用 50%多菌灵可湿性粉剂 800 倍液浇灌；②发病时用 50%胂·锌·福美双 500 倍液喷洒，7～10 d 喷 1 次，连续喷 2～3 次；③实行与玉米轮作 5 年以上。

4. 根腐病 发病时，须根变成黑褐色，干腐，再干枯脱落。初时，根茎、叶柄无病变。叶面初期从叶尖、叶缘变成紫红色，不规则病斑逐渐变成暗紫红色。病变从外叶渐渐发展到心叶，病情继续发展，枝叶呈萎蔫状。初期，早晚尚能恢复，后期则不能恢复，干枯致死。这种病株很易从土中拔起。

防治方法：①及时拔出病株，并在病穴中施石灰粉，并用 2%石灰水或 50%胂·锌·福美双 600 倍液浇灌病区；②发病初期用 50%胂·锌·福美双 1 000 倍液，或 40%克瘟散 1 000 倍液，每隔 15 d 喷 1 次，连续喷 3～4 次。

5. 紫纹羽病 近年来此病发生普遍而且严重。一般病地减产 20%左右，重病地可致绝收。一般苗期可发病，通常是在生长 3～4 年后，黄连植株地上部才表现出明显症状。发病地块黄连苑分布稀疏。染病植株地上部分长势弱，叶片稀少，近边缘的叶片早枯，植株极易拔起。染病初期，地下部分土壤深处还存留部分新发须根，暂时维持地上部分生长；严重时，须根全部脱落，导致整株死亡。主根受害，仅存黄色维管束组织，内部中空，质地变轻。主根和须根根系表面常有白色和紫色的绒状菌丝层；后期菌丝形成膜状菌丝或网状菌索。病菌以菌索或菌丝块在病根及土壤中越冬，可存活多年。林地或开垦后未熟化的旱地、坡地容易发病；山冈顶或土壤被严重冲刷的山坡砾质沙地也易发病。随着旱田和坡地进一步熟化，紫纹羽病逐渐减轻。

防治方法：①选择无病田种植，勿从病区调入种苗；②使用腐熟有机肥料，增加土壤肥料，改善土壤结构，提高保水率，减轻病虫害发生；③施石灰中和土壤酸性，改善土壤环境。每亩施入 100 kg 左右，对防治此病有良好效果；④轮作，发病田块可与禾本科作物（如玉米）实行 5 年以上轮作。

6. 列当病 寄生于黄连根部，以吸盘吸取汁液，使黄连生长停止，严重时全株枯死。

防治方法：①发现列当寄生，连根带土一起挖除，换填新土，喷施 0.2%的二硝基邻甲酚；②7 月上中旬，列当种子成熟之前，结合除草将列当铲除干净。

(二) 虫害

1. 蛴螬、蝼蛄 咬食叶柄基部。

防治方法：①有机肥要充分腐熟或进行高温堆肥杀死其中害虫后才施用；②用黑光灯诱杀成虫，灯下放置盛虫的容器，内装适量水，水中滴入少许煤油；③麦麸炒香，用 90%晶体敌百虫 30 倍液，将饵料拌湿或将鲜草切成 3～4 cm 长，用 50%辛硫磷乳油 0.5 kg 拌湿，于傍晚撒在畦四周诱杀。

2. 鼠害及兽害 麂子、锦鸡及鼠类等危害黄连嫩叶、花薹、种子甚至根茎。

防治方法：①设围栏防止野兽进入；②用鼠药撒于田间或鼠洞内。

三、采收与初加工

栽后第五年 10—11 月收获。挖起全株，敲落根部泥土，齐根基部剪去须根，齐芽剪去叶片，运回加工。

将鲜黄连烘干，当烘至黄连一折就断时，趁热放入槽笼内来回撞击，撞去附着的泥沙、须根及叶柄，即成干黄连。以条粗壮、质坚硬、断面色红黄者为佳。

四、包装与贮藏

包装材料符合《瓦楞纸箱国家标准》GB/T 6543—2008、《食品安全国家标准 食品接触材料及制品通用安全要求》GB 4806.1—2016 的要求。用麻袋或竹篓包装，置于干燥通风处贮存，注意防雨防潮。

五、商品质量标准

符合《中华人民共和国药典》（2015 年版）相关标准。

多集聚成簇，常弯曲，形如鸡爪，单支根茎长 3～6 cm，直径 0.3～0.8 cm。表面灰黄色或黄褐色，粗糙，有不规则的结节状隆起、须根及须根残基，有的节间表面平滑如茎秆，俗称"过桥"。上部多残留褐色鳞叶，顶端常留有残余的茎或叶柄。质硬，断面不整齐，皮部橙红色或暗棕色，木部鲜黄色或橙黄色，呈放射状排列，髓部有的中空。

【任务评价】

黄连栽培任务评价见表 3-19。

表 3-19 黄连栽培任务评价

组号			姓名				日期	
序号	评分项目	分值	组内自评	组间互评	教师评价	平均分	说明	
1	整地	15						
2	育苗	15						
3	栽植	20						
4	管理	10						
5	总结	20						
6	态度及环保意识	10						
7	团结合作	10						
总分								

【思考与练习】

1. 请描述黄连的形态特征。

2. 简述黄连的育苗技术。

3. 简述黄连的移栽技术。

4. 简述黄连的虫害防治技术。

任务二十　黄芪的栽培

【任务目标】

通过本任务的学习，能熟练掌握黄芪栽培的主要技术流程，并能独立完成黄芪栽培的工作。

【知识准备】

一、概述

黄芪 [*Astragalus membranaceus* (Fisch.) Bunge] 别名绵芪等，为豆科黄芪属多年生草本植物。中国药典收载了黄芪的两种原植物，即膜荚黄芪（又称东北黄芪）和蒙古黄芪。黄芪为常用中药，以根入药。花叶可作茶叶冲剂。有补气固表，利尿、脱毒、生肌的功能，治体虚自汗、久泻脱肛、子宫脱垂。

二、形态特征

黄（红）芪株高 50～80 cm，主根粗大，圆柱形，稍带木质化；红红芪根外皮粗糙，红褐色，内部红黄色，白红芪根外皮淡白色，内部淡黄色；黄芪根皮淡褐色，内部黄白色；茎直立，上部多分枝，叶片为奇数羽状复叶互生，圆形或长椭圆形，全绿，总状花序，腋生，花蝶形（图 3-20）。

三、生物学特性

（一）生长发育习性

黄芪为多年生深根系豆科黄芪属植物。自然状态下野生黄芪根多而深。荚果膜质先端有喙，被黑短柔毛，托叶披针形，叶轴被毛的或荚果无毛，有显著网纹。地上部分生长繁茂，多分枝，每年秋季地上部分枯死，第二年萌发新枝。果实成熟后荚果开裂，种子自然脱出。

种子的发芽率一般为 70%～80%，千粒重 6.04 g，种子在气温 10 ℃以上，土壤保持足够湿度时，10～15 d 可出苗。气温在 18～21 ℃时约 9 d 出苗。发芽适宜温度为 14～15 ℃，贮存 2 年的种子发芽率仍不减。土

图 3-20　黄　芪

（张改英，王敏强，李民，2007. 百种中草药栽培与加工新技术）

壤干旱种子不易萌发。黄芪一般二年生的易开花结果，但膜荚黄芪一年生的也有少数开花结果。幼苗细弱，怕强光，要求土壤湿润，略有荫蔽容易成活。成年植株和生长期喜干旱和充足的阳光。

（二）生态环境条件

性喜凉爽，耐寒耐旱，怕热怕涝，适宜在土层深厚、富含腐殖质、透水力强的沙壤土种

植。强盐碱地不宜种植。根垂直生长可达 1 m 以上，俗称"鞭竿芪"。土壤黏重、根生长缓慢带畸形；土层薄，根多横生，分枝多，呈"鸡爪形"，质量差。忌连作，不宜与马铃薯、胡麻轮作。种子硬实率可达 30%～60%，直播当年只生长茎叶而不开花，第二年才开花结实并能产籽。

【任务实施】

一、黄芪的种植

（一）选地与整地

黄芪适应性强，南北各地均有栽培。性喜凉爽，有较强的耐旱、耐寒性，怕涝、怕高温。平地、山坡地均可种植。但黄芪是深根性植物，选地时要注意选土层深厚、土质疏松、肥沃、排水良好、向阳或高燥的中性微碱性沙壤土，pH 7～8 为宜。黏重板结、含水量大的黏土以及瘠薄、地下水位高、低洼易涝易积水的地块均不宜种植。

地选好后，深翻 30～45 cm，整平耙细，施肥可在深翻前撒于地面或做垄时扣入垄底。要施足基肥。基肥以腐熟农家肥为主，每亩施 2 500～3 000 kg，过磷酸钙 25～30 kg 或磷酸二铵 15～20 kg。有草木灰的最好施一些。

膜荚黄芪可做 60 cm 左右宽的垄，蒙古黄芪可做 40～50 cm 宽的垄。畦作的可做高20 cm、宽 1～1.2 m 的高畦。

（二）育苗与移栽

1. 选种及种子处理 黄芪过去多为野生，栽培品种选育工作做得不够，遗传性很纯的栽培品种极少。各种间在许多方面都有很大不同。在栽培中注意选择优良类型培育是十分有意义的。

黄芪种子成熟期不一致，种子过于成熟易产生硬实而影响出苗，因此应适时采收。采收后的种子用风选或水选剔除瘪粒及虫蛀种子，选饱满、有光泽的优良种子备用。

为了提高出苗率，打破种皮不透性、打破休眠，必须用以下机械损伤或物理化学药剂处理的方法促进发芽。

（1）将种子放入开水中搅拌 1 min，立即加入冷水，调温至 40 ℃浸泡 2 h，将水倒出，种子加覆盖物闷 2 h。待种子膨胀或外皮破裂时，趁墒情好时播种。

（2）将种子用砖头等物搓至外皮由棕黑变为灰棕时即可播种。也可用体积相当于种子 2 倍的细沙，混合拌匀摩擦，当种子发亮时，就可带沙播种。

（3）老熟硬实的种子可用 70%～80%的硫酸溶液浸泡 3～5 min，迅速取出，在流水中冲洗 0.5 h 后播种。此法能破坏硬实种皮，发芽率达 90%以上，因硫酸腐蚀性强，应用此法时应慎重、小心。墒情好时，可先催出芽后再播种；如果墒情不好，不要催芽播种，可处理后干播。

2. 播种 多采用直播法，其质量好，产量高。春、夏、秋三季均可进行播种。

（1）春播。由于春旱，春风大，对种子发芽出苗不利，必须早播。以 3 月下旬为宜，最迟不能超过 4 月中旬。尽量提早为好。

（2）夏播。最好在 7 月上旬。这时土壤湿润，温度较高，有利于种子出土和保苗。苗生长得也健壮。但此期播种，杂草生长多而快，除草困难。

（3）秋播。在土壤结冻前，10月下旬至11月上旬。播后最好灌一次封冻水，避免春季过分干旱。

（4）条播。播种时，在垄上开沟，深3 cm，播幅9～12 cm。踩好底格，湿度大时轻踩，干旱时踩得实些。将拌沙的种子均匀地撒入沟内，覆土2～3 cm，稍加镇压即可，也有大垄播双行的。

（5）畦播。在耙细整平的畦面上，按行距25～30 cm，开沟深3 cm，播幅10 cm的浅沟进行条播，将拌沙的种子均匀地撒入沟内，覆土2～3 cm。稍加镇压。播种量每亩2～2.5 kg。集中育苗田亩播量5～7.5 kg。大面积种植可用机械播种。

苗长到9～15 cm高时，可按株距9 cm交叉两行苗定植，每亩留苗2.5万株左右。种植一年生黄芪要亩保苗4万株左右。若缺苗，要补苗移栽或催芽补种。

有的地方有先集中育苗再移栽的。前一年的夏秋播种出苗，翌年移栽。移栽在春季进行，也有春育苗秋移栽的。

（三）田间管理

1. 浇水 根据当地实际情况，雨水情况适时进行浇水保湿。

2. 施肥 黄芪第一、二年生长发育旺盛，根部生长也较快，每年可结合中耕除草施肥2～3次。第一次于5月上中旬，每亩施硫铵15 kg左右或尿素10 kg左右；第二次于5月下旬至6月上旬，每亩施尿素10 kg；第三次于6月下旬至7月上旬，每亩施磷酸二铵15 kg。视生长情况于8月底前可叶面喷施0.3％尿素3～4次，间隔7～10 d喷1次。8月后施钾肥、磷肥。

第一年秋大冻前最好每亩施腐熟农家肥1 000 kg盖头粪，防冻防旱。要多施农家肥，少施化肥。生长季节，特别是雨季注意排水，以防烂根死苗。

3. 除草 黄芪幼苗生长缓慢，出苗后往往草苗齐长。因此，在苗高4～6 cm时，应及时进行中耕除草，同时进行间苗。苗高10～12 cm，膜荚黄芪按株距9～10 cm，蒙古黄芪按株距6～7 cm定苗。要根据杂草生长情况及时除草及时铲蹚。

4. 打顶 为了控制黄芪株高，减少养分消耗，在7月底前要进行打顶（摘去顶芽）。这是黄芪获得丰产的重要措施。

二、病虫害防治

黄芪病害有白粉病、褐斑病、锈病、紫纹羽病等，幼苗期虫害主要有金龟子，生育盛期有蚜虫、豆荚螟等。

（一）病害

1. 白粉病 病原是真菌中两种子囊菌。苗期到成株期均可发生，主要危害叶片，也危害荚果。开始受害时叶两面有白色的粉状斑，严重时，整个叶片如覆白粉，后期在病斑上生长很多黑色小点，使叶片枯死，早期脱落或整株枯萎。该病多发生在6月。

防治方法：①加强田间管理，合理密植，注意通风透光，适当增施有机肥，使黄芪生长健壮。②适期防治，发病前、发病初期可喷0.3波美度石硫合剂或150倍等量波尔多液，关键是要适期喷药。③清除田间落叶、病残株及附近的野生寄主。④可用25％三唑酮、62.25％锰锌·腈菌唑600倍液或50％甲基硫菌灵800倍液，每隔10 d喷1次，连续交替喷药2～3次。

2. 紫纹羽病 紫纹羽病俗称"红根病"。发病后根部变成红褐色，是黄芪的一种重要病害。多在 6—8 月发生，在高温多湿季节，地下水位高，土质黏重的条件下容易发病。初期危害须根，之后蔓延到主根。病斑初期呈现褐色，最后呈现紫褐色，并逐渐由外向内腐烂。烂根的表面有白线状物缠绕其上，此为病菌菌索，后菌索变为紫褐色并相互交织的菌膜和菌核。根部自皮层向内腐烂，最后叶片自下而上发黄脱落，整株枯萎死亡。

防治方法：①黄芪收获时，应清除病根及病残组织，集中烧毁，减少越冬菌源；②与玉米、小麦等禾本科作物轮作，3～4 年种植 1 次；③雨季注意排水，降低田间湿度；④发病后用 50%肿·锌·福美双 600～800 倍液、50%硫菌灵 800～1 000 倍液进行浇灌防治，都有一定的防治效果。

（二）虫害

主要是豆荚螟（钻心虫）。

防治方法：深翻土地，实行轮作；成虫发生盛期（开花前在花上产卵，幼虫钻进荚内），于傍晚喷洒溴氰菊酯或氰戊菊酯防治；或幼虫蛀荚之前，初果期，荚角泡籽粒刚形成时（7 月中旬），喷洒 80%晶体敌百虫，1 500～2 000 倍液，每 7～10 d 喷 1 次，连续喷几次，直到种子成熟。

三、采收与初加工

当年秋后或翌年秋后，地上茎叶枯萎时刨收。抖去泥土，去掉芦茎。晒干，捆成小把出售。一般当年亩产干品 30 kg 左右，鲜重 900～1 100 kg。

四、包装与贮藏

包装材料符合《瓦楞纸箱国家标准》GB/T 6543—2008、《食品安全国家标准　食品接触材料及制品通用安全要求》GB 4806.1—2016 的要求。按等级不同打捆，木箱包装。打捆时，将黄芪条理顺，捆成小把，用绳子捆紧，再用木箱包装，每箱 50 kg。

五、商品质量标准

符合《中华人民共和国药典》（2015 年版）相关标准。

本品呈圆柱形，有的有分枝，上端较粗，长 30～90 cm，直径 0.6～3.5 cm。表面淡棕黄色或淡棕褐色，有不整齐的纵皱纹或纵沟。质硬而韧，不易折断，断面纤维性强，并显粉性，皮部黄白色，木部淡黄色，有放射状纹理及裂隙，老根中心偶呈枯朽状，黑褐色或呈空洞。气微，味微甜，嚼之微有豆腥味。

【任务评价】

黄芪栽培任务评价见表 3-20。

表 3-20　黄芪栽培任务评价

组号		姓名				日期	
序号	评分项目	分值	组内自评	组间互评	教师评价	平均分	说明
1	整地	15					
2	育苗	15					

（续）

组号		姓名				日期	
序号	评分项目	分值	组内自评	组间互评	教师评价	平均分	说明
3	栽植	20					
4	管理	10					
5	总结	20					
6	态度、环保意识	10					
7	团结合作	10					
总分							

【思考与练习】

1. 简述黄芪的适生环境。
2. 简述黄芪的育苗技术。
3. 简述黄芪的病害防治技术。
4. 简述黄芪品质质量标准。

任务二十一　桔梗的栽培

【任务目标】

通过本任务的学习，能熟练掌握桔梗栽培的主要技术流程，并能独立完成桔梗栽培的工作。

【知识准备】

一、概述

桔梗［*Platycodon grandiflorus*（Jacq.）A. DC.］别名道拉基等，为桔梗科桔梗属植物，其根为常用中药材，具有祛痰止咳、消肿排脓等功能。用于治疗咳嗽痰多、胸闷不畅、咽喉肿痛、肺痈吐脓痰、喑哑等疾病。除供药用外，还可作为蔬菜被人们广泛食用，加工制成桔梗咸菜（俗称狗宝咸菜），味道鲜美可口。

桔梗为桔梗科桔梗属多年生草本植物，以根入药。别名白药、和尚头、和尚帽子、爆竹花、包袱花、四叶菜、铃铛花、土人参、朝鲜族称"道拉基"等，是药、食、观赏兼用的经济植物。桔梗性味苦、辛、平，归肺经，有开宣肺气、祛痰排脓之功效。常用于治疗外感咳嗽、咽喉肿痛、肺痈吐痰、胸满胁痛、痢疾腹痛等症。主产于河南、安徽、湖北、浙江、山东、四川、内蒙古、黑龙江等地。

二、形态特征

桔梗的主根粗大，长纺锤形。茎直立，高 50～120 cm，通常不分枝或有时分枝。叶 3 枚轮生、对生或互生，叶片卵形至披针形，边缘有尖锯齿，下面被白粉。花一朵至数朵，单生茎顶或集成总状花序；花萼钟状，5 裂；花冠宽钟状，蓝紫色，5 浅裂，裂片三角形；雄蕊 5 枚，花丝基部变宽；子房下位，胚珠多数，花柱 5 裂。蒴果倒卵圆形，顶端 5 瓣裂。花期 7—9 月，果期 9—10 月（图 3-21）。

三、生物学特性

（一）生长发育习性

桔梗为较耐干旱的深根性植物，当年生苗主根可达 15 cm，粗约 1 cm，单株平均根重 6 g 以上。2 年生苗全部开花，8 月中旬为开花盛期。单株开花 5～15 朵，通常在早晨开花，属异花授粉植物，一般结实为 70%～80%。种子较小，千粒重 0.9～1.3 g，种子寿命为 1 年，适宜的发芽温度为 20～25 ℃，一般发芽率可在 80% 以上。温度在 20 ℃ 时种子可在播后 20 d 出苗，幼苗出土初期至株高 5 cm 前生长缓慢，5 月中旬后，生长加快，9 月中下旬当气温降至 10 ℃ 以下时，地上部开始枯萎，7—9 月为根的生长盛期。6—8 月为营养生长及开花盛期。

图 3-21 桔 梗

（张改英，王敏强，李民，2007.
百种中草药栽培与加工新技术）

（二）生态环境条件

桔梗对主要的生长环境要求不太严格，适应性较强，喜温暖湿润气候，喜光照，耐严寒，较耐干旱。对土壤要求不严，适宜在土层深厚的壤土或沙壤土地栽培。幼苗初期怕干旱，成苗怕水涝。

【任务实施】

一、桔梗的种植

（一）选地与整地

桔梗适宜在我国的大部分地区栽培，平地或土质较好的缓坡均可种植。具体栽培地应选择阳光充足、排水良好、土层较深的沙壤土或壤土，低洼积水地、盐碱地及重黏土地不适宜栽培。选地后深翻 30～40 cm，打碎土块，施足底肥，一般不施化肥。每亩施腐熟的农家肥 2 500 kg 以上，再施磷酸二铵 10～15 kg 或草木灰。做成宽 50～60 cm 的垄，或者做成宽 1～1.2 m、高 15～20 cm 的高畦，作业道宽 30～40 cm，将土耙细，整平畦面，以备播种。

（二）育苗与移栽

1. 种子处理 选新鲜成熟的种子。播种前用温水浸种 24 h，或用 0.3%～0.5% 的高锰酸钾溶液浸种 24 h 后，用清水冲去种子表面药液，稍晾干之后即进行播种。经过处理的种子可以提高出苗率。

2. 播种时间确定 直播是春播在 3 月下旬至 4 月中旬，秋播在 10 月上旬至结冻之前。春季播种宜早，土壤全部解冻后即可开犁播种。北方地区秋季播种效果较好，第二年春季出苗早，苗全，开花结实较早。

3. 播种 播种时先在垄上开 4～5 cm 深的播种沟，播幅尽量宽一些，为增宽播幅可先踩出底格，将种子拌适量干净的细沙均匀地撒在播种沟内，覆土 1～1.5 cm，稍加镇压，每亩地用种量 2～2.5 kg。大面积栽培时多采用直播法，生长 2 年后根条较直，侧根少，便于加工。畦作的桔梗以行距 20 cm 顺畦开播种沟，具体播种方法与垄作相同。北方地区春季多干旱，墒情不好，尤其干旱时间过长时影响出苗及幼苗的正常生长，如果种植面积不大可以采用育苗移栽法，即第一年选择土质较肥沃的平整地块（最好有灌溉条件），集中育苗，生长 1 年后再进行移栽。此种方法第一年管理方便，移栽后生长良好，但侧根较多，加工不便，大面积栽培时，移栽工作量较大，费工费时。大面积种植可机械播种，大平畦栽培。

4. 育苗移栽　播种时间与直播时间相同，播种方法可采用条播或撒播。

（1）条播。在畦面上按 8～10 cm 行距开沟，沟深 2～3 cm，播幅 10 cm 左右，将种子拌细沙均匀撒于沟内，覆土 1 cm。

（2）撒播。将畦上床土整平耙细，有条件时先将床面浇透水，将种子拌细沙均匀地撒在畦面上，然后覆一层细土，厚度 1 cm。条播和撒播覆土后均需适当镇压，使种子很好地与土壤结合，有利出苗。为保持床土湿润，播种后床面上要覆一层稻草保湿，出苗后再逐次除去稻草。

育苗的桔梗生长 1 年后进行移栽，时间在秋季地上部分枯萎后或第二年春季返青之前，移栽前先将育苗田的桔梗根全部挖出，除去病残根，按根大小及长短分类进行移栽，每亩保持基本苗 4 万株左右。

（三）田间管理

1. 浇水　幼苗出土后如遇天气干旱，应及时浇水。

2. 施肥　桔梗为喜肥植物，生长期间至少追肥 2 次，第一次追肥多在首次除草后进行，亩施腐熟农家肥 500～1 000 kg。第二次追肥在开花初期进行，亩施农家肥或 15 kg 磷酸二铵或复合肥，追肥后要向茎基部培土。桔梗在生长后期以增施磷钾肥为主。

3. 除草　除去杂草并适当松土。夏秋时节还应进行一次除草，防止杂草种子成熟落地。

二、病虫害防治

在全部栽培过程中桔梗的病虫害不是太多，对生产的影响不是十分严重，栽培时应根据当地的具体自然条件情况，及时发现与防治。

（一）病害

危害叶片的病害主要有轮纹病、斑枯病，多在 7—8 月高温多雨季节发病，主要症状是受害叶片呈现同心轮纹的近圆形病斑，直径 5～10 mm，病斑呈褐色；或叶片出现灰白色圆形或近圆形病斑，严重时叶片枯死。上述两种病害在发病期可用 500～1 000 倍液的代森锰锌、肼·锌·福美双、多菌灵等农药喷雾防治。

危害根部的主要病害有根腐病、紫纹羽病，多在 8—9 月高温多湿季节发生，主要症状是根部腐烂，全株枯萎死亡；或受害根部变成红褐色，根皮密布网状红褐色菌丝，根内形成紫色菌核，根部腐烂，发病主要原因是田间排水不好，土壤中水分过高引起。

（二）虫害

一般在 5—6 月干旱季节常见有蚜虫危害幼嫩茎叶，可以用氰戊菊酯液（配比按说明书）喷施。地下害虫有地老虎、蛴螬等危害根部，可用敌百虫农药作毒饵诱杀。

此外，有些地区发现有根结线虫病。主要症状是根结线虫寄生于根部，使细胞分裂加快，形成大小不一的瘤状物，植株生长衰弱，地上茎叶早枯，影响根的产量和质量。该病防治措施，主要是改善土壤条件，减少病原线虫，发病期用石灰氮进行土壤消毒。

三、采收与初加工

（一）药用部分采收与加工

栽培的桔梗一般在生长 2 年之后采收，采收季节以秋季为好。9 月中下旬至 10 月上旬当地上部分停止生长，茎叶开始枯萎时即可采收。采收时间过晚，根皮不易剥掉。采收时先除去地上茎叶。将根细心地挖出，去掉泥土，用刀片或竹刀刮去表皮。采收后应当及时剥去表皮，放置时间过久剥皮困难，剥去表皮的桔梗在阳光下晒干或在 60 ℃ 左右条件下烘干。生长正常的二年生桔梗，每亩可收鲜根 1 000～1 600 kg，多者可达 2 000 kg 以上，折干率 25% 左右。加工后的桔梗以根条肥大坚实，外表白色或黄白色，长度不低于 7 cm，无须根及杂质，味微甜而后苦者质量为佳。

（二）种子采收与加工

一年生桔梗结实很少，种子质量较差，多不采收种子。二年生以上的桔梗开花结实多，成熟饱满，可以采收留种。8 月下旬至 9 月下旬种子先后成熟，可分批把外表变成黄色、果瓣即将开裂的果实带果柄剪下，晒干后脱粒。除去果皮，将种子在低温、通风、干燥处贮存。桔梗的花期较长，种子成熟时间早晚不同，要随熟随采，防止果瓣自然开裂种子落地。

四、包装与贮藏

包装材料符合《瓦楞纸箱国家标准》GB/T 6543—2008、《食品安全国家标准　食品接触材料及制品通用安全要求》GB 4806.1—2016 的要求。包装后贮于干净、通风、干燥、阴凉的地方。

五、商品质量标准

符合《中华人民共和国药典》（2015 年版）相关标准。

本品呈圆柱形或略呈纺锤形，下部渐细，有的有分枝，略扭曲，长 7～20 cm，直径 0.7～2 cm。表面白色或淡黄白色，不去外皮者表面黄棕色至灰棕色，具纵扭皱沟，并有横长的皮孔样斑痕及支根痕，上部有横纹。有的顶端有较短的根茎或不明显，其上有数个半月形茎痕。质脆，断面不平坦，形成层环棕色，皮部类白色，有裂隙，木部淡黄白色。气微，味微甜后苦。

【任务评价】

桔梗栽培任务评价见表 3-21。

表 3-21　桔梗栽培任务评价

组号		姓名				日期	
序号	评分项目	分值	组内自评	组间互评	教师评价	平均分	说明
1	整地	15					
2	育苗	15					

（续）

组号		姓名				日期	
序号	评分项目	分值	组内自评	组间互评	教师评价	平均分	说明
3	栽植	20					
4	管理	10					
5	总结	20					
6	态度及环保意识	10					
7	团结合作	10					
总分							

【思考与练习】

1. 简述桔梗的适生环境。
2. 简述桔梗育苗技术。
3. 简述桔梗栽植技术。
4. 简述桔梗的采收与加工技术。

任务二十二 人参的栽培

【任务目标】

通过本任务的学习，能熟练掌握人参栽培的主要技术流程，并能独立完成人参栽培的工作。

【知识准备】

一、概述

人参（*Panax ginseng* C. A. Mey），为五加科人参属植物。野生者为"山参"，多于秋季采挖；山参经晒干，称"生晒山参"。栽培者为"园参"，园参经晒干或烘干，称"生晒参"，蒸制后干燥，称"红参"。以干燥的根入药，性平、味甘、微苦，归脾、肺、心经，具有大补元气、复脉固脱、补脾益肺、生津安神等功效。主要用于体虚欲脱、肢冷脉微、脾虚食少、肺虚喘咳、久病虚羸、津伤口渴、内热消渴、惊悸失眠、阳痿官冷及心力衰竭、心源性休克等。现代医学证明，人参及其制品能加强新陈代谢，调节生理机能，在恢复体质及保持身体健康上有明显作用，对治疗心血管疾病、胃和肝疾病、糖尿病、不同类型的神经衰弱症等均有较好疗效。人参及其制品还具有耐低温、耐高温、耐缺氧、抗衰老等作用，近年报道尚有抗辐射损伤、抑制肿瘤生长和提高机体免疫功能等作用。我国人参栽培历史悠久，主产于东北，以长白山区、小兴安岭为主。栽培品种主产吉林省和辽宁省。

二、形态特征

为多年生草本。高 30～60 cm，根茎短，直立，每年增生一节，统称芦头。主根粗壮，肉质，纺锤形或圆柱形，外皮淡黄色。上端有横向凹陷的细纹（俗称皱纹），下部有分枝（称支根或侧根，俗称参腿），支根上生须根，须根上生有许多小瘤子（俗称珍珠疙瘩）。主根与茎的交接处为报茎（俗称为芦头）。报茎上着生不定根（俗称芋）。茎枯死后芦头上便产生 1 个凹窝状的痕迹——茎痕（俗称芦碗）。芦头上端的侧面生有芽苞（越冬芽）和潜伏芽。茎直立，单一，不分枝，有纵纹。掌状复叶轮生茎顶，通常一年生者（指播种第二年）生 1 片三出复叶，二年生者生 1 片五出复叶，三年生者生 2 片五出复叶，以后每年递增 1 叶，最多可达 6 片复叶；总叶柄长 3～8 cm；小叶 3～5 片，幼株常为 3 片，具短柄，叶片薄膜质。伞形花序单一顶生，总花梗通常较叶柄长。花 30～50 朵，稀为数朵，小花梗细，花淡黄绿色，花瓣 5，卵状三角形；5 雄蕊，花丝短，花药长圆形；子房下位，2 室，花柱上部 2 裂，花盘环状。核果浆果状，扁球形，直径 5～9 cm，熟时鲜红色；2 种子 2 粒，肾形，乳白色。花期 6—7 月，果期 7—9 月（图 3 - 22）。

图 3 - 22　人　参
1. 花果枝　2. 花　3. 果　4. 根
（周成明，1997. 80 种常用中草药栽培）

三、生物学特性

（一）生长发育习性

人参为多年生植物，生长发育缓慢，生长期长。种子属于胚后熟型。新采收的成熟种子虽外形、体积及营养物质的积累均完成，但种胚只是受精卵发育成的胚原基，在适宜的条件下，需经 90～120 d 才能完成种胚形态后熟。在 0～5 ℃的低温条件下需经 50～60 d 才能完成生理后熟。胚只有经过形态后熟和生理后熟后方能正常发育。人参每年只形成 1 个越冬芽，其生长发育是在 7 月地上茎叶基本停止生长时开始。有 4～7 个月的休眠期。

人参从播种出苗到开花结实需 3 年时间，3 年后每年都开花。1～6 年形态变化较大。一年生为 1 枚三出复叶，；二年生为 1 枚五出掌状复叶；三年生为 2 枚五出掌状复叶；四年生为 3 枚五出掌状复叶，并开始抽薹开花；五年生为 4 枚五出掌状复叶；六年生为 5 枚五出掌状复叶；六年生以上的植株只生 5～7 枚五出掌状复叶。此规律受外界环境条件和自身生长发育状况影响。外界条件差，自身发育不良，形态变化趋势延后。人参年生育期为 120～180 d。分苗期、展叶期、开花期、结果期、果后参根生长期、枯萎休眠期 6 个阶段。一般 4 月下旬至 5 月中旬地上部分生长迅速，5 月末至 6 月上旬开花，半月后形成绿色果实，成熟时鲜红色，呈椭圆形，极易脱落。

人参根生长的基本情况：秋播或春播的后熟种子，4月中下旬胚根发出，伸入土中形成幼主根，随后幼主根上长出幼支根。幼主根和幼支根初期含水量大，后逐渐木栓化形成主根、支根。第二年以后，主、支根系伸长变粗，须根渐发达，构成基础根系。此后，随着生长年限的增长，根系逐渐发育、伸长、加粗、增重，形成主、支、须根发育完好的根系。4～6年生人参根的年增长量，一般随年限的增长而增加。

（二）生态环境条件

人参喜寒冷、湿润的气候，抗寒力强，忌强光和高温。对土壤要求较为严格，以排水好、土壤深厚（即富含有机物），且通透性良好的沙质壤土、腐殖质壤土为佳，忌连作。

【任务实施】

一、人参的种植

（一）选地与整地

选地多与人参栽培方式密切相关，不同栽参用地或栽参方式在选地上又有不同的具体要求。

1. 林地栽参　为我国的传统栽培人参的用地方式，也是山区、林区发展人参的主要用地途径。选用坡度5°～20°岗地、山地；植被以柞、椴、桦树为主；土壤多为森林棕壤，土层厚度10 cm以上。做到讲究生态效益，注意水土保持，实行林参间作，以参促林、养林，林参双丰收。栽参前一年要进行休闲整地，促进土壤有机质的矿质化和腐殖质化过程，提高土壤肥力，满足人参生育需要。

2. 农田栽参　利用种植农作物的土地栽参称为农田栽参，是解决参林矛盾，保持生态平衡，扩大栽参区域，发展人参生产的重要途径。农田土壤与伐林地土壤不同，含有机质少，理化性状差，通透性不好，肥力低，要合理选地。前茬豆科和禾本科作物均可栽参，以大豆、玉米及麦茬为好。在栽播人参前一年，通过休闲整地，施用有机肥，如腐熟落叶、绿肥、鹿粪等，改良土壤，提高土壤肥力。通过休闲耕翻，可熟化土壤，预防病虫害发生。选背风向阳地势偏高地块，有利排水，不致产生水害、冻害；低洼、盐碱易涝农田不宜使用。

栽参用地选定后，首先清除树根、杂草、石块等，然后多次翻耕、熟化土壤。并结合耕翻施入有机肥，或将树根、杂草晒干后烧掉，草木灰翻入土中作肥料。耕翻深度一般为15～20 cm。栽参前最好经过1年的休闲，使用隔年土。在栽参前1个月左右，造成土垄，打碎土块，清除杂物。一般在栽种前十几天作畦。畦床走向以南北为宜。通常畦宽1.0～1.5 m，畦间距0.5 m，畦高20～30 cm，长因地势而定，也可根据地形走势，灵活掌握。

（二）育苗与移栽

目前我国人参栽培多采用"三三"制，3年育苗，再移栽定植3年，6年收获。"三二三"制，育苗3年，第一次移栽2年，第二次移栽3年，8年收获。"三三三"制，育苗3年，每3年移栽1次，九年收获。"四三三"制，育苗4年，3年移栽1次，共移栽2次，10年收获。

1. 育苗　分春、夏、秋播。春播于4月下旬播催芽籽，当年可出苗，应抢墒早播，避免春旱。夏播于6月底至7月中旬播当年采收的水籽，翌春出苗，需加强田间管理。秋播在10月下旬播，完成形态后熟的裂口籽，翌春出苗，要做好越冬防寒工作。播种方法有点播、条播、撒播 3 种方法。

2. 移栽 分春栽、秋栽。春栽于 4 月下旬适时早栽。生产中多采用秋栽，一般于 10 月中旬开始，到结冻前结束。以栽后床土冷凉，日渐结冻为佳。在栽参前一天据栽植进度确定起苗量，现起现栽。起苗时刨到床底，勿损伤须根和芽苞。起苗后选择根、须、芦完整，芽苞肥大，浆足，无机械损伤和病虫害侵染的一、二等苗。选好苗后用 50% 多菌灵 500 倍液浸泡参苗 10 min，进行消毒灭菌，但芽苞勿接触药液，以免受药害。移栽时因地制宜、合理密植，通常 50～70 株/m²。常采用以下 3 种栽植方式。①平栽：参苗在畦内平放或根芽略高，平栽速度快，用工少，但不抗旱，参根主体小，芋大；②斜栽：参苗与畦面呈夹角 30°；③立栽：参苗与畦面夹角为 60°，斜栽与立栽抗旱保苗，主根粗大，须根多。

（三）田间管理

1. 搭遮阴棚 人参怕阳光直射，又怕雨淋，故需要搭设遮阴棚。参棚形式较多，有全遮阴棚、双透棚、单透棚、弓形棚、拱形棚等。遮阴棚不可过高，但要保证早晚的阳光能照射即可。

2. 出苗管理 入冬以后，许多地方参棚不下帘，冬季床面上无雪或雪少，要人工上雪，厚度 15 cm 以上为好。秋末封冻前或春季化冻时，床面上的雪融化后容易渗入床内，必须将此雪及时撤去，俗称"推雪"。初冬和早春气候变化激烈，特别是向阳坡和风口地方，白天化冻晚间结冻，易冻坏参根，因此，结合清理排水沟，往床面多加些土或盖一层帘子，防治发生缓阳冻害。化雪后至出苗前，要将床面、水沟和作业道上的杂草等杂物清除，保持田间卫生和雪水的畅通。

3. 排水与灌溉 水分适宜，人参生长健壮，病害轻，浆气足，质量好，产量高。土壤水分过大易烂根，早春晚秋土壤水分过大，易遭冻害；参棚漏雨而遭伏雨淋袭，植株易患病，大量死亡；反之，土壤缺水，会产生生理干旱，影响人参正常生育，使植株枯萎死亡，造成减产。因此，在人参的灌排管理上应做到干旱季节放雨巧浇水，多雨季节勤排涝，适当培土，防止雨水浸泡畦面。

4. 施肥 人参以基肥为主，多施有机肥可改良土壤。追肥宜早施，肥料必须腐熟，以免肥害。移栽后的参苗可于出土后在行间开浅沟，将农家肥（猪粪、牛粪、马厩肥）按照每平方米 5～10 kg 或饼肥、过磷酸钙或复合化肥每平方米 50 g 左右施入沟内，覆土。施肥后应及时浇水，否则土壤干旱容易发生肥害。

5. 中耕除草 人参栽培中，松土除草是一个重要环节。要求勤松土，勤除草，同时也应注意，不可破伤参根和芽苞。

二、病虫害防治

（一）病害及其防治

1. 立枯病 发病时期一般是 5—7 月，是人参苗期主要病害，发生普遍。

（1）识别特征。病菌使幼苗在地面 3～5 cm 干湿交界面的茎部缢缩、腐烂、切断输导组织，致使幼苗倒伏。

（2）防治方法。①选用疏松的土壤或沙壤，用充分熟化的土壤。②播种或移栽前，每平方米施入 15 g、50% 多菌灵或 5 g、70% 敌磺钠进行土壤消毒；按种子质量 0.2%～0.3% 用多菌灵拌种，进行种子消毒。③幼苗出土后，发现病株立即拔除，用50%多菌灵500～800倍液对病土周围消毒，每平方米用药液5～10 kg，浇灌时渗入土壤3～5 cm。如叶面沾有药液，要立即用清水冲洗。

2. 黑斑病　5、6月初发生，7月中下旬发病较重，是人参地上部分主要病害。

（1）识别特征。开始叶片出现黄色斑，逐渐扩大变成黑褐色，下雨或空气湿度大时出现黑色孢子，若不防治几周内全田蔓延落叶枯死。

（2）防治方法。①加强田间管理。注意田间卫生，及时收集病叶、残枝进行烧毁。②实行种子消毒；消灭土壤病原菌；撤除防寒物后，用1%硫酸铜液将参地、参棚全面消毒。③人参裂叶时用多抗霉素100～200单位每隔7 d喷1次；进入雨季后改喷120～180倍波尔多液、敌菌灵500倍液、多菌灵1 000倍液，每7～10 d喷1次，注意交替用药。

（二）主要虫害及其防治

人参地下虫害主要有金针虫、蝼蛄、蛴螬、地老虎、草地螟，以金针虫最为严重，是造成人参缺苗的一个原因。

防治方法：①清洁田园，将田边与地边杂草、枯枝落叶集中烧毁；②人工捕杀或黑光灯诱杀；③整地时施用20%美曲膦酯粉10～15 g/m²；④害虫发生时用800～1 000倍90%晶体美曲膦酯液浇灌。也可用烫熟的马铃薯块，上插牙签，埋于土里，2～3 d后拣出，可有效防除金针虫。

三、采收与初加工

我国产区大多6年采收，少数8～10年采收。收货时期通常为8月末至9月中旬。收获前半个月拆除参棚，棚料分类推放于作业道，再利用。起参地块先收茎叶，其他地块10月上旬收割，扎成小把，呈束状挂于参棚下阴干出售。起参时从参床一端开始挖或刨，深以不伤须根为度。边刨边拣，抖净泥土，整齐摆于筐或箱内，运到工厂。

按加工方法和产品药效，人参可分为三大类，即红参、生晒参和糖参。①生晒参类：生晒参是鲜参经洗刷干燥而成的产品，其商品品种分生晒参（干生晒）、全须生晒、白于参、白弯须、白混须、白尾参等；②红参类：将适合加工红参的鲜参经过洗刷、蒸制、干燥而成的产品，商品品种有红参、全须红参、红直须、红弯须、红混须等；③糖参类：将鲜参经过洗刷、排针、浸糖干燥而成的产品，商品品种有糖参、全须人参、掐皮参、糖直须、糖弯须、糖参芦等。

四、包装与贮藏

人参加工品种、规格繁多，对各类人参的包装要求也各不相同。大多贮藏与密封箱内，置于通风、干燥、阴凉处。

五、商品质量标准

水分不得超过12.0%，总灰分不得超过5.0%。

【任务评价】

人参栽培任务评价见表3-22。

表 3 - 22　人参栽培任务评价

任务评价内容	任务评价要点
栽培技术	1. 选地与整地：①林地；②农田 2. 育苗与移栽 3. 田间管理：①搭遮阴棚；②出苗管理；③排水与灌溉；④施肥；⑤中耕除草
病虫害防治	1. 病害防治：①立枯病；②黑斑病 2. 虫害防治：金针虫
采收与加工	1. 采收：采收方法及注意事项 2. 加工：红参、生晒参和糖参的加工方法及注意事项
包装与贮藏	1. 包装：大多贮藏于密封箱内 2. 贮藏：通风、干燥、阴凉处

【思考与练习】

1. 人参栽培收获年限有哪些种？
2. 人参的加工方法有哪些？有什么区别？

任务二十三　三七的栽培

【任务目标】

通过本任务的学习，能熟练掌握三七栽培的主要技术流程，并能独立完成三七栽培的工作。

【知识准备】

一、概述

三七 [*Panax notoginseng* (Burk) F. H. Chen] 又名山漆、金不换、参三七、田七、滇三七、盘龙七、土三七、血山草、六月淋、血参、人参三七、佛手山漆、山漆、蝎子草、铜皮铁骨，为伞形目五加科植物，主要分布于云南、广西、江西、四川等地。中药材三七是以其根部作为药用部分，具有散瘀止血，消肿定痛之功效。主治咯血、吐血、衄血、便血、崩漏、外伤出血、胸腹刺痛，跌扑肿痛。主产于云南文山、砚山、马关、西畴、广南、麻栗坡、富宁、邱北，广西田阳、靖西、田东、德保。

图 3 - 23　三　七

（张改英，王敏强，李民，2007.
百种中草药栽培与加工新技术）

二、形态特征

三七为五加科多年生草本植物。株高 60 cm 左右。茎直立，光滑无毛。叶片有长柄，轮生于茎顶，呈椭圆形或长圆状倒卵形。伞形花序，黄绿色，长 20～30 cm，花期在 6—8 月。果实近肾形，熟时红色，结果期在 8—10 月。主根肉质，短圆柱形，外皮棕黄色（图 3 - 23）。

三、生物学特性

（一）生长发育习性

肉质根横生，由主根、根茎（羊肠）、支根、须根4部分组成。须根入土浅，大部分分布在15～20 cm的土层中。根茎位于主根顶端，俗称"羊肠"，其上有地上部每年枯萎留下的痕迹，因此可以从根茎上的痕迹数出三七的年龄。茎直立，青色或紫色。1年的三七高10～12 cm，2年的三七高12～15 cm，3年的三七高20～30 cm。叶为掌状复叶，多为2片；3年以上的三七有3～7片，多为3～4片；每片复叶有椭圆形或倒卵形的小叶5～7片。花为伞形花序，顶生，具两性或单性花。2年的三七5月下旬花蕾萌动，6月抽薹，8月为盛花期，开花的顺序是由花序外围向中央开放。9月中旬为盛果期，果实膨大是由花序中央扩展到边缘。2年的三七果实少，一般5～10个；3年的三七结果较多，一般20～30个，也有高达1 000个的。浆果，内含球形种子1～3粒。

（二）生态环境条件

三七属喜阴植物。生长适宜温度为18～25 ℃。三七对土壤要求不严，适应范围广，但以土质疏松、排水良好的沙壤土为好。一般土壤含水量为22%～40%，pH为4.5～8.0，均可以种植三七。

【任务实施】

一、三七的种植

（一）选地与整地

三七种植宜选择中性偏酸性沙质壤土，排灌方便，具有一定坡度的地块，土壤pH为5.5～7.0，海拔高度要求1 000～1 800 m较好。三七整地要求三犁三耙，充分破碎土块，并经阳光暴晒，栽过三七的地块，需用石灰消毒处理。

（二）育苗与移栽

1. 建棚与作畦 按1.8 m×1.8 m打点栽桩，建棚材料可用三七专用遮阳网，也可就地取材，使用树枝、山草、作物秸秆，但需调节其透光率为8%～15%，以不超过20%为宜，绝对不能超过30%，否则三七不能正常生长。遮阴棚高度以1.8～2.0 m为宜，太低不利于农事操作，太高则易受风灾。

2. 播种和移栽 三七种子具有后熟性，需用湿沙保存到12月至翌年1月才能解除其休眠，此时即可播种。播种按4 cm×5 cm的规格自制模板，在畦面打出2～3 cm深的土穴进行点播。种苗移栽要求在12月至翌年1月现挖现移栽，其方法也可用10 cm×12.5 cm或10 cm×15 cm的模板打穴，使其休眠芽向下移栽。播种和移栽前须用64%恶霜·锰锌＋50%多菌灵500倍液作浸种处理，栽完后覆盖火土或细土拌农家肥，至看不见播种材料为止，其后撒一层粉碎过的山草或松毛。

（三）田间管理

1. 浇水 三七播种后要到3—4月才出苗，其间需进行人工浇水（土壤有夜潮性的也可不浇），其方法需用喷头淋浇至畦面流水为止，一般一个月浇2～3次透水，直至雨季来临。

2. 施肥 三七现蕾期（6月）及开花期（9月）为吸肥高峰，此时应对三七进行追肥。

三七的追肥以农家肥为主，辅以少量复合肥。

3. 调节透光 一、二年生三七透光率要求偏低，一般以 10％左右为宜，而三年生三七则要求较强的透光率，以 15％左右为宜，通过调节遮阴棚透光率，可以达到增加单株根重的目的。

4. 摘蕾、疏花和护果 在以生产块根为主要目标的冷凉地区，当三七花蕾长到 3～5 cm 时将其摘除，可大幅提高块根产量。在留种田于三七开花期将中心花蕾的花序疏掉 1/3 可使三七红籽（果实）获得满意的产量。

5. 三七园清洁 拔除三七园的各种杂草，清除病株残体，并远离三七园焚烧或深埋。三七园清洁是改善三七通光透光，防止病害蔓延的重要措施，必须给予高度重视。

二、病虫害防治

三七病害有黑斑病、根腐病等，虫害有小地老虎。

（一）病害

1. 黑斑病 于雨季流行蔓延，表现为叶片、茎发生浅褐色椭圆形病斑，继而凹陷产生黑色霉状物，严重时出现扭折。防治方法为将遮阴棚透光度调整为 10％左右；加强田间管理，及时清除病残体；用 50％异菌脲可湿性粉剂兑 64％恶霜·锰锌可湿性粉剂 300 倍液或 1.5％ 多抗毒素 150 倍液喷雾防治，连续 3～4 次。

2. 根腐病 三七根腐病为土传病害，主要发生于出苗期（3—4 月）及开花期（8—10 月），其症状为叶片垂萎发黄，块根或根茎腐烂。防治方法：采用针对多病原的复合农药 10％叶枯净＋70％敌磺钠＋50％多菌灵＋水（1∶1∶1∶500）。

（二）虫害

主要是小地老虎，常从地面咬断三七茎秆。晚上出土危害，4—5 月危害严重。防治方法是用溴氰菊酯 1 200 倍液或氰戊菊酯 1 500 倍液于傍晚喷雾。

三、采收与初加工

种植 3 年以上即可采收。采收分 2 期，在 7—8 月采收的三七质量较差，产量亦低。

挖取后摘去地上茎，洗净泥土。剪去芦头（羊肠头）、支根和摘去须根后，称"头子"。将头子反复日晒、揉搓，使其紧实，直到全干，即为"毛货"。再将毛货置麻袋中加粗糠或稻谷往返冲撞，使外表呈棕黑色光亮，即为成品。

四、包装与贮藏

包装材料符合《瓦楞纸箱国家标准》GB/T 6543—2008、《食品安全国家标准 食品接触材料及制品通用安全要求》GB 4806.1—2016 的要求。包装加工好的三七花和三七用新的聚乙烯塑胶袋包装好并密封，密封时注意排除袋内的空气。然后选择编织袋、纸箱等适宜的包装物作外包装。

五、商品质量标准

符合《中华人民共和国药典》（2015 年版）相关标准。

主根呈类圆锥形或圆柱形，长 1～6 cm，直径 1～4 cm。表面灰褐色或灰黄色，有断续的纵皱纹及主根痕。顶端有茎痕，周围有瘤状突起。体重，质坚实，断面呈灰绿色、黄绿色或灰白色，木质部微呈放射状排列。气微，味苦回甜。筋条呈圆柱形，长 1～6 cm，上端直径约 0.8 cm，下端直径约 0.3 cm。剪口呈不规则的皱缩块状及条状，表面有数个明显的茎痕及环纹，断面中心呈灰白色，边缘灰色。

【任务评价】

三七栽培任务评价见表 3-23。

表 3-23　三七栽培任务评价

组号		姓名				日期	
序号	评分项目	分值	组内自评	组间互评	教师评价	平均分	说明
1	整地	15					
2	育苗	15					
3	栽植	20					
4	管理	10					
5	总结	20					
6	态度、环保意识	10					
7	团结合作	10					
总分							

【思考与练习】

1. 描述三七的形态特征。
2. 简述三七栽植的整地技术。
3. 简述三七的移栽技术。
4. 如何搭建三七栽植棚？

任务二十四　山药的栽培

【任务目标】

通过本任务的学习，能熟练掌握山药栽培的主要技术流程，并能独立完成山药栽培的工作。

【知识准备】

一、概述

山药（*Dioscorea opposite* Thunb.）为薯蓣科薯蓣属多年生宿根性蔓生植物，喜温暖，不耐寒，块根 10 ℃以上开始发芽，茎叶生长以 25～28 ℃为最适，块茎膨大以 20～24 ℃最快。

作为药食两用的中药材，受区域气候特征、地质特点、生长习性等因素的影响，具有不同的产地特点。山药主产地为河南博爱、武陟、温县等地，山西、陕西、山东、河北、浙江、湖南、四川、云南、贵州、广西等地也有栽培。以广西、河北、河南等地为主的几大产地构成了国内主要山药栽培区。

图 3-24　山　药
1. 雄枝　2. 果枝　3. 根茎
（车艳芳，2014. 中草药栽培与加工技术）

二、形态特征

多年生缠绕草本，根状茎长而粗壮，可达 60 cm 长，外皮灰褐色，断面白色，具黏液。茎常带紫色，右旋，叶对生或三叶轮生，三角形或卵形，基部前形，变异大，叶腋内常生珠芽（零余子，也称为山药豆、山药蛋）。花极小，单性，雌雄异株，穗状花序，雄花直立，雌花下垂，聚生于叶腋。蒴果扁圆形，具翅，表面常被白粉，种子扁圆形。花期 6—9 月，果期 7—11 月（图 3-24）。

三、生物学特性

（一）生长发育习性

山药种子不易发芽，无性繁殖能力强，可用芦头和珠芽繁殖，生产周期 1～2 年。整个生长期为 230～240 d。块茎 10 ℃开始萌动，生长适温为 25～28 ℃，在 20 ℃以下生长缓慢，叶蔓遇霜则枯死，短日照能促进块茎和零余子的形成。

（二）生态环境条件

山药喜生长于土层深厚、疏松、排水良好的沙壤土上，对气候条件要求不甚严格，但以温暖湿润气候为佳。地上部分经霜就枯死，地下部分也不耐冰冻，生长适温 20～30 ℃。

【任务实施】

一、山药的种植

（一）选地与整地

地势高燥、排水良好、土层深厚、松软的沙壤土或壤土田块，要求上下土质一致，如下层有较薄的黏重土层，挖沟时挖去，也可种植。土壤以微酸到中性为宜。

长根品种按行距 1 m，在田间挖南北向深沟，沟宽 28～30 cm，深 140 cm。挖时将上下层土分别堆放在沟的两侧，沟底 20 cm 的沙土就地挖翻耧碎。经晾晒几天后，先将底层土耧平踩实，再分别填入下层土、上层土，每填 20 cm 耧平踩实 1 次，要拾净所有瓦砾杂物。为便于开沟，一般都是先隔行开挖，待填平半条沟后，再开挖剩下的半条沟。

（二）育苗与移栽

1. 种块处理　在种植前选符合所栽品种特征的无病块的根头作种，将其一端断面在消毒石灰粉中蘸一下，以杀菌和促进发芽。

2. 繁殖　主要是用芦头和珠芽繁殖。芦头是山药收获时根茎的上端部分，是山药大田生产上唯一的繁殖材料，芦头多年连续使用容易引起退化，一般 2～3 年更新 1 次。

（1）芦头繁殖。10 月挖出根，选茎短、芽头饱满，粗壮无病虫害的山药芦头，16～20 cm 长折下，于日光下略晒 2～3 d 使伤口愈合，放在室内或室外挖坑，坑的深度及盖上厚度以使芦头不受冻为度。温度 5 ℃左右为好。化冻后施足基肥，深翻 26～33 cm，耕细整平，做成平畦或高垄，行距 33～50 cm，株距 16～20 cm，沟深 16 cm，施腐熟的粪土和覆土，稍加镇压，栽后浇水。未出苗前用齿耙破除地表板结，保持畦面湿润，15～20 d 出苗。

（2）珠芽繁殖。10 月地上部黄了摘下珠芽（山药豆）放在室外用干沙贮藏，春天 3 月中下旬取出，稍晒即可进行播种。行距 20～26 cm，株距 10 cm，沟深 6 cm，栽 2～3 粒山药豆，覆土 6 cm。半月后出苗，秋天挖出作种栽。

（三）田间管理

1. 支架引蔓　山药一出苗就要及时搭支架引蔓向上生长，一般用细竹竿或树枝插搭人字架，架高以 2～2.5 m 为宜。如因材料所限，至少也要高达 1.5 m。支架要支插牢固，防止被台风吹倒。

2. 中耕填土　生长前期应勤中耕除草，一般每隔半月进行 1 次，直到茎蔓已上半架为止，以后拔除杂草。要将架外的行间土壤挖起一部分填到架内行间，使架内形成高畦，架外行间形成深 20 cm、宽 30 cm 的畦沟，以便雨季排水。

3. 浇水　山药为耐旱作物，但为求丰产，也要适当浇水。一般在第一次追肥前后，如遇久旱不雨，土壤充分发白，应轻浇 1～2 次，至土壤表层润湿即可。以后到夏秋之交，如遇干旱炎热天气持续 1 周以上，也要清晨浇凉水抗旱。山药更怕涝，多雨季节要及时清沟排水，达到田无积水。

4. 施肥　在茎蔓已上半架时追施 1 次，根据植株长势施尿素 10～15 kg。旺苗偏少，弱苗偏多，以求全田平衡发展。以后在茎蔓满架时，如有黄瘦脱力现象，可再追施 1 次。

二、病虫害防治

（一）炭疽病

雨季严重，危害茎叶子，在茎叶上产生褐色略下陷的小斑，有不规则轮纹，有小黑点。防治方法为收后打扫田间卫生，把残枝落叶烧毁，栽时用 1∶1∶150 波尔多液浸根 10 min，发生或喷 65％代森锌 500 倍或 50％肿·锌·福美双 800～100 倍液，每 7 d 喷 1 次，连打 2～3 次。

（二）褐斑病

雨季有积水时发生，主要危害叶子。使叶子上长有不规则的褐色小黑点，而后叶穿孔。防治方法为轮作、清洁田园。发病初期喷 65％代森锌 500 倍液或 50％二硝散 200 倍液，每 7 d 喷 1 次，连喷 2～3 次。

三、采收与初加工

芦头栽后当年采收，珠芽第二年收。11 月叶黄后，采珠芽，每公顷收珠芽 1 500 kg 左右。拆支架，去掉地上部，用一沟倒一沟的方法采挖，取下芦头作种栽，切勿把山药折断，影响质量。把下部的块根放入缸中浸泡 1～2 d，洗净，趁鲜用竹刀把外皮利净，装入篓中放到炕上用硫黄熏 24 h，每百千克鲜山药用硫黄 0.8～1 kg，至山药变软，表面上有许多水珠，取出日晒或烘至外皮干燥后，放入篓中闷，闷后再晒，直至晒干。另外简单的加工方法是洗净泥土，趁鲜用竹刀切去外面粗皮，切片晒干即可。用木箱或篓包装。要求包装箱密封，周围贴油纸或塑料薄膜，防潮、防霉、防虫蛀。

光山药的加工方法：光山药是出口要求的规格，仍按加工毛山药的方法，把加工过的干毛山药放水中浸泡1～2 d，捞出稍晾，用硫黄熏后在阳光下晒，至出现白霜为止，用木板把山药搓光、搓润，再晒2 h重放篓内，返潮1～2 d，使内外干湿一致取出再搓。然后根据长短粗细不同，切成长18～21 cm或12～15 cm的段，再用刀去掉不平的疙瘩，再搓圆搓光，放在席上晒干，把头拥齐，即为光山药（山药棍）。

四、包装与贮藏

包装材料符合《瓦楞纸箱国家标准》GB/T 6543—2008、《食品安全国家标准　食品接触材料及制品通用安全要求》GB 4806.1—2016的要求。准备贮藏的山药，应粗壮、完整、带头尾，表皮不带泥、不带须根、无铲伤、疤痕、虫害、未受热和未受冻。入贮前要经过摊晾、阴干，让外皮稍收干老结。山药对贮藏温度要求不高，适应性比较广，温度在10～25 ℃也能贮藏，在短期-4 ℃以下不受冻害，适宜的贮藏温度为0～2 ℃，对湿度的要求较高，空气相对湿度在80％～85％较为适宜。

五、商品质量标准

符合《中华人民共和国药典》（2015年版）相关标准。

本品呈圆柱形，弯曲而稍扁，长15～30 cm，直径1.5～6 cm。表面黄白色或淡黄色，有纵沟、纵皱纹及须根痕，偶有浅棕色外皮残留，体重，质坚实，不易折断，断面白色，粉性。气微，味淡、微酸，嚼之发黏。光山药呈圆柱形，两端平齐，长9～18 cm，直径1.5～3 cm。表面光滑，白色或黄白色。

【任务评价】

山药栽培任务评价见表3-24。

表3-24　山药栽培任务评价

组号			姓名				日期	
序号	评分项目	分值	组内自评	组间互评	教师评价	平均分	说明	
1	整地	15						
2	育苗	15						
3	栽植	20						
4	管理	10						
5	总结	20						
6	态度及环保意识	10						
7	团结合作	10						
总分								

【思考与练习】

1. 简述山药的适生环境。

2. 简述山药的栽植关键技术。

3. 简述山药的采收技术。

4. 简述山药品质标准。

任务二十五　天麻的栽培

【任务目标】

通过本任务的学习，能熟练掌握天麻栽培的主要技术流程，并能独立完成天麻栽培的工作。

【知识准备】

一、概述

天麻（*Gastrodia elata* Blume）又名赤箭、独摇芝、离母、合离草、神草、鬼督邮、木浦、明天麻、定风草、白龙皮等，是兰科天麻属多年生草本植物。根状茎肥厚，无绿叶，蒴果倒卵状椭圆形，常以块茎或种子繁殖。天麻味甘、性平；入肝经；平肝息风止痉。用于头痛眩晕，肢体麻木，小儿惊风，癫痫抽搐，破伤风，是名贵中药。

二、形态特征

天麻植株高 30～100 cm，有时可达 2 m；根状茎肥厚，块茎状椭圆形至近哑铃形，肉质，长 8～12 cm，直径 3～7 cm，有时更大，具较密的节，节上被许多三角状宽卵形的鞘。茎直立，橙黄色、黄色、灰棕色或蓝绿色，无绿叶，下部被数枚膜质鞘。花为总状花序长 5～30（50）cm，通常具 30～50 朵花；花苞片长圆状披针形，长 1～1.5 cm，膜质；花梗和子房长 7～12 mm，略短于花苞片；花扭转，橙黄、淡黄、蓝绿或黄白色，近直立；萼片和花瓣合生成的花被筒长约 1 cm，直径 5～7 mm，近斜卵状圆筒形，顶端具 5 枚裂片，但前方亦即 2 枚侧萼片合生处的裂口深达 5 mm，筒的基部向前方凸出；外轮裂片（萼片离生部分）卵状三角形，先端钝；内轮裂片（花瓣离生部分）近长圆形，较小；唇瓣长圆状卵圆形，长 6～7 mm，宽 3～4 mm，3 裂，基部贴生于蕊柱足末端与花被筒内壁上并有 1 对肉质胼胝体，上部离生，上面具乳突，边缘有不规则短流苏；蕊柱长 5～7 mm，有短的蕊柱足。蒴果倒卵状椭圆形，长 1.4～1.8 cm，宽 8～9 mm。花果期 5—7 月（图 3 - 25）。

图 3 - 25　天　麻

（张改英，王敏强，李民，2007.
百种中草药栽培与加工新技术）

三、生物学特性

（一）生长发育习性

天麻喜凉爽、湿润环境，怕冻、怕旱、怕高温，并怕积水。天麻无根，无绿色叶片，上种子到种子的 2 年整个生活周期中，除有性期约 70 d 在地表外，常年以块茎潜居于土中。营养方式特殊，专从侵入体内的蜜环菌菌丝取得营养，生长发育。天麻一般 4—11 月为生长期，12 月至翌年 3 月为休眠期。

（二）生态环境条件

天麻常野生在海拔 1 000～1 800 m 山区林间，尤以常年多雨雾、富含腐殖质、土壤疏松、肥沃的地方较多。选择夏季气候凉爽，气温 20～25 ℃，年平均大气相对湿度 80%～90%。宜选腐殖质丰富、疏松肥沃、pH 5.5～6.0、排水良好的沙质壤土栽培。

【任务实施】

一、天麻的种植

（一）选地与整地

天麻性喜凉，在海拔＞1 500 m 以上的高山地区，温度低、湿度大，宜选用无遮阳的向阳坡；海拔＜1 000 m，温度高，干燥，尤其是夏秋常有高温干旱，宜选阴或半阳坡林间；海拔在 1 100～1 600 m，宜选半阳半阴疏林坡。土壤要求以沙砾土、沙质壤土、土层深厚、富含腐殖质、疏松肥沃、排水良好的生荒地为宜。种植区域选定后，清除有碍开塘的杂物即可开塘。塘间距 50 cm，塘宽 70 cm，长 100 cm，深 25 cm，塘底应清理平整，但勿压实，以保持土壤原来透性。

（二）蜜环菌的培养

天麻既无根吸收养料，又无绿叶制造养料，主要靠溶解侵入其皮层组织的蜜环菌作营养，无菌丝侵入时，天麻即中止肥大生长。环菌是一种腐生真菌，菌丝乳白色，在暗处有荧光。菌索呈须根状，称为根状菌索，棕色，多生长在高山森林地的腐朽竹、木、一些蕨类及禾草的根上，特别在溪沟两边湿润的地方最多，凡生长天麻的地方均有此菌，容易采集。采集时，把生长有蜜环菌索较多的载体（呈半腐烂状态的木材、草根）收回砍碎，即可作为菌种。蜜环菌的培养分苗床培菌与移窖培菌。

1. 苗床培菌 先于塘底铺 7～8 cm 厚的粗沙土，再把繁生成片的日本金星蕨（天麻产区多有此种植物成片生长）连地下根层挖起来，割去全部地上茎叶，留其地下茎与须根的整个交织部分，抖掉粘结的部分泥土，切成 70 cm×100 cm 的块。其余部分斩碎铺于粗沙土层上，厚度 2～3 cm。然后将采集的新鲜蜜环菌种撒布于上，同时喷洒冷的煮马铃薯水，使蜜环菌索在此层间迅速繁生。盖上一薄层落叶后，将上述成块的日本金星蕨根覆上（须根向下），最后盖上落叶以保湿。此项工作需在播种前的 2 个月完成，以备播种。

2. 移窖培菌 塘底铺粗沙土 7～8 cm，其上分 3 层间置 5～7 cm 粗、70 cm 长、表皮完整的木材 13～15 根，并在每根木材上下面铺斩碎的日本金星蕨根 2～3 cm，同时撒蜜环菌菌种，其间空隙加腐殖土填实，盖一层落叶后再盖 3～4 cm 厚的松土保湿。此项工作应于移苗前的初夏进行完毕，以便通过全年的高温季节使所铺木材全部发菌，以备冬季移苗栽培。

（三）育苗与移栽

天麻繁殖方式有两种，一是有性繁殖即种子繁殖，二是无性繁殖，即块茎繁殖。

1. 有性繁殖 天麻种子极小，一个果实中有种子 2 万～4 万粒，1 株可结 30 个左右果实，用种子繁殖是解决天麻种源缺乏的重要途径。7—8 月种子成熟。随采随播。方法同栽块茎一样，先揭开菌床上层菌材，扒开下层菌材缝隙。将青冈树叶铺在下层菌材上一指厚。种子播在树叶上，再盖一指厚的树叶，把上层菌材盖好，覆土 10～15 cm，生长 16 个月，即可成熟收获。

2. 无性繁殖　块茎栽植种麻可选用白麻和麻米，其繁殖系数和产量均较高。春秋季均可栽植，春季一般在 3—4 月，秋季在 11 月。栽植时一定要注意防寒，避免块茎受冻。栽时将菌床上面一层菌材掀起来，把下层菌材间扒开一些空隙，将种麻栽在两根菌材之间，和菌材平行排放，然后填土 1～2 cm，再将第二层菌材码入，用同法栽上种麻，上盖土 10～15 cm。

块茎栽植后，蜜环菌菌丝体开始侵入开麻表皮细胞吸收营养，而侵入深层的菌丝才成为天麻的营养物质，新生天麻迅速膨大生长，此阶段表现为天麻对蜜环菌的寄生。新天麻长出之后，母天麻组织逐渐衰老，失去溶解吸收菌丝的能力，母天麻又成了蜜环菌的营养源，母天麻渐渐腐烂中空，新天麻即脱离母体，此时表现为蜜环菌对天麻的寄生。

（四）田间管理

人工栽培天麻不需要特殊管理，但要经常喷水使土壤保持湿润，但注意不能形成积水，以免造成危害。夏季气温高的时候，要注意降温，可采用的方法有搭棚、人工降温等。冬季防寒，可采用覆土保温，搭棚升温等方法。

二、病虫害防治

天麻的主要病害有乱根病，虫害有蛴螬、蝼蛄、介壳虫、蚜虫、白蚁等。

（一）病害

天麻的主要病害有乱根病，由于杂菌侵染天麻乱根，或者湿度过大、透气不良造成。病原有木霉、根霉、青霉、绿霉等。若是杂菌侵染天麻引起乱根病，其防治方法可选用新鲜木材培育菌材，尽可能缩短菌材培养时间；培养土（腐殖质土）要填实，保持适宜温度、湿度；加大蜜环菌用量，形成蜜环菌生长优势；单穴种植，如感染霉菌损失小。若是湿度过大、透气不良造成，其防治方法：选地势高、土壤疏松、透气性好的地；保持栽培穴内湿度稳定、适宜；选择完整、无破伤、色鲜的初生块茎作种麻；腐殖质土要干净、填实。

（二）虫害

1. 蛴螬和蝼蛄　用黑光灯诱杀；收获时捕杀幼虫；用 0.025 kg 氯丹乳油拌炒香的麦麸 5 kg 加适量水配成毒饵，于傍晚撒于田间或畦面诱杀。

2. 介壳虫　主要采取隔离消灭措施，因介壳虫群集在土壤中，难以用药剂防治，但其一般以穴为单位危害，传播有限，天麻采收时若发现块茎或菌材上有粉蚧，则应将该穴的天麻单独采收且不可用该穴的白麻、米麻作种用，严重时可将菌棒放在原穴中加油焚烧，杜绝蔓延。

3. 蚜虫　在天麻孕蕾及开花期间，亩 50％抗蚜威可湿性粉剂 10 g，兑水 40 kg，均匀喷雾，或亩用 40％氧化乐果乳油稀释 800 倍液喷雾，防治效果较好。

4. 白蚁　选择白蚁无外露迹象的地块，或至少应选择白蚁数量少、密度小的地块作栽培场地。栽培前用灭蚁灵或白蚁清制成诱杀毒饵，既可防白蚁又能杀白蚁。

三、采收与初加工

冬栽的天麻第二年冬或第三年春收获。春栽的天麻当年或第二年春收获。剑麻入药，白麻、麻米作种。加工时将天麻趁鲜洗净，按大小分 3～4 个等级，水开或在水中稍放点明矾，然后把天麻投入水中，大者煮 10～15 min，小者煮 3～5 min，以能煮透心为准。捞出后慢火烘干或晒干。

四、包装与贮藏

包装材料符合《瓦楞纸箱国家标准》GB/T 6543—2008、《食品安全国家标准　食品接触材料及制品通用安全要求》GB 4806.1—2016 的要求。新鲜的天麻最好选用竹筐和木箱包装；木箱板与板之间不要钉得太严，必要时箱底板和侧板钻些通气孔。干燥后的天麻塑料袋包装后贮于干净、通风、干燥、阴凉的地方。

五、商品质量标准

符合《中华人民共和国药典》（2015 年版）相关标准。

表面黄白色至淡黄色，有纵皱纹及潜伏芽排列成的横环纹多轮，有时可见棕褐色菌索。顶端有红棕色至深棕色鹦嘴状的芽或留茎基；另端有圆脐形疤痕。质坚硬，不易折断，断面较平坦，黄白色至淡棕色，角质样。气微、味甘。

【任务评价】

天麻栽培任务评价见表 3-25。

表 3-25　天麻栽培任务评价

组号		姓名				日期	
序号	评分项目	分值	组内自评	组间互评	教师评价	平均分	说明
1	整地	15					
2	育苗	15					
3	栽植	20					
4	管理	10					
5	总结	20					
6	态度及环保意识	10					
7	团结合作	10					
总分							

【思考与练习】

1. 简述天麻的适生环境。
2. 简述天麻的形态特征。
3. 简述天麻的采收技术。
4. 简述天麻的品质标准。

任务二十六　西洋参的栽培

【任务目标】

通过本任务的学习，能熟练掌握西洋参栽培的主要技术流程，并能独立完成西洋参栽培的工作。

【知识准备】

一、概述

西洋参（*Panax quinquefolius* Linn.）为五加科人参属植物。别名美国人参、花旗参。以干燥的根入药，性凉、味甘、微苦，归脾、肺、心经，具有提高体力和脑力的能力，降低疲劳度和调节中枢神经系统等作用。能滋阴降火、益气生津，对高血压、心肌营养不良、冠心病、心绞痛等心血管疾病有较好疗效，能改善由心脏病引起的烦躁、闷热、口温等症状。可减轻癌症患者放射治疗和化学治疗引起的不良反应，并能改变机体应激状态，减轻胸腺、淋巴腺组织萎缩等症。西洋参在我国入药已有 200 多年的历史，20 世纪后期引种栽培获得了成功。目前，我国西洋参已进入规范化、规模化和产业化生产新阶段。根据其生态条件和栽培特点，产区大致可划分为：东北栽培区、华北栽培区、华中栽培区。

二、形态特征

为多年生草本，高 15～30 cm，主根为肉质黄白色直根，具有支根、须根、不定根、根茎（芦头）。主根上有深浅粗细不同的横纹；须根上生有许多圆形突起（俗称"珍珠疙瘩"）。根茎上生有越冬芽（芽苞），在根茎的每一节都有未分化的潜伏芽。茎直立，圆柱形，不分枝。掌状复叶 3～6 片轮生茎顶，小叶倒卵形或卵形。伞形花序单个顶生，花小。果实为浆果状核果，肾形有光泽，成熟果实鲜红色，内含 1～4 粒种子。花期 7 月，果期8—9 月（图 3 - 26）。

图 3 - 26　西洋参

（刘铁成，1990. 药用植物栽培与加工）

三、生物学特性

（一）生长发育习性

西洋参为多年生植物，生长发育缓慢，生长期长。鲜种子千粒重 55～60 g，干种重35～38 g，具胚后熟和长期休眠的特点。新采收的成熟种子胚不完善，只有受精卵发育成的胚原基。胚发育的适宜温度为 15～20 ℃，低于 10 ℃或高于 25 ℃胚的发育都会受抑制。种胚形态后熟适宜条件下需 4.5～5 个月，自然条件下需 20～22 个月。分 4 个时期，即子叶、胚根、胚芽原基分化期，子叶、胚根、胚芽原基的形成期，三出复叶、上胚轴的分化期及三出复叶、上胚轴形成期。

西洋参出土后的幼苗生长缓慢。第一年只生出 3 片小叶，第二年生出 1 片具有 5 片小叶的复叶，第三年长出 2~3 片复叶，第四年长出 3~4 片复叶，第五年以后叶片数不再增加。每年春季茎和叶由西洋参主根顶部的芽苞萌动后抽出，大多数西洋参植株有一单生的茎，双茎和多茎的西洋参较少见。西洋参叶数的多少，除了与参龄有关外，还与营养及栽培技术等因素有关，在保护地栽培条件下会发生越龄发育现象，而在野生条件下，叶的生长极为缓慢。

西洋参根生长的基本情况：1~3 年生主根呈圆锥形或圆柱形，4 年生以上的呈纺锤形，有分枝。在年生育期中，地上部分生长迅速时，消耗养分多，根重减轻，开花期根的吸收和生长能力提高，进入结果时地下器官旺盛生长，根重恢复到原重，越冬芽开始分化。果红熟后根和越冬芽生长逐渐加快，采种后生长最快。枯萎期根重达到年内最高峰，吸收根脱落。

（二）生态环境条件

西洋参是一种阴生性植物，喜凉爽湿润、半阴半阳的环境，原产北美洲。我国引种已有 30 多年的历史，目前在东北、西北和华北等地都有较大面积的栽培。西洋参在生长期需要较高的空气湿度，在干旱、湿度小、昼夜温差大的地方则生长不良。

西洋参适宜生长在富含腐殖质、通气、保水、保肥性能好、pH 5.5~6.5 的微酸性土壤中，碱性土壤不宜栽种。注意不要选择过度干旱、沙化的土壤。农田栽参以选排水良好，土质肥沃的沙壤土为好，并施用腐熟厩肥和绿肥等。前茬以禾本科及豆科作物为宜，忌烟草、蔬菜及棉花等。适宜的土壤除具备良好的物理性状外，还需氮、磷、钾等营养元素含量高。

西洋参生长期适宜温度为 20~25 ℃，当气温降到 3 ℃以下时，生长受到抑制。西洋参能耐零下 20 ℃以下的低温。在晚秋和早春出苗前，土壤温度在 0 ℃上下反复变化时易出现"缓阳冻害"，引起表皮破裂或染病腐烂死亡。

西洋参在不同生育时期对土壤含水量要求不同。以东北产区壤土为例，生长期一般以 40%~45%的土壤含水量为宜。第四年收获的西洋参，从绿果期到收获，土壤含水量 55% 为最好，土壤水分过多，会使土壤通气不良，氧气供应不足，影响参根呼吸，土壤水分过少，会影响西洋参根系吸水，尤其是施用无机肥料时，土壤溶液浓度过高，会造成根系吸水困难。在生产实践中应特别重视调节早春生长期和越冬期的土壤水分含量。早春土壤干旱，易造成芽干。越冬期土壤含水量过大易发生冻害。生育期内温度高，光照强，土壤含水量低，易造成西洋参萎蔫死亡。

西洋参为长日照阴生植物，喜散射光和漫射光，不耐强光、直射光。一般透光率为 20%为宜。在强光的照射下，尤其是中午前后的直射光会伤害植株，引起日灼病。在栽培中需要搭设遮阴棚，以满足其喜斜射光、散射光，忌强光的特性。

【任务实施】

一、西洋参的种植

（一）选地与整地

选地多与西洋参栽培方式密切相关，不同栽参用地或栽参方式在选地上又有不同的具体要求。

1. 林地栽参　结合天然次生林更新，选择阔叶混交林或针阔混交林。地势状况因地而宜，林间的岗平地、坡地均可栽参，在寒冷地区，应选南坡，干旱地区利用山间谷地，坡度在 5°～25° 为宜。

2. 农田栽参　多选择高燥地块，土质疏松、富含有机质（3%～5%）和矿质、排水良好的沙质壤土或壤土，前茬多选豆科和禾本科作物，忌茄科、根类作物。

选好地后，清除灌木、树根、杂草、石块等，条件允许的可进行柴草烧地，既增加肥料又可消灭病虫。耕翻土地 4～5 次，深 30 cm 左右。整理耙细，做宽 1.2 m、高 20～25 cm、长 10～20 m 的高畦，畦间距 60 cm。农田栽参，选地后最好压绿肥休闲 1 年，栽种前每亩施充分腐熟的厩肥或堆肥 10 000 kg，深翻 30 cm 以上，并结合翻地，用 50% 多菌灵进行土壤消毒。

（二）育苗与移栽

西洋参以种子繁殖，一般采用直播栽培，也可以采用育苗移栽。直播栽培比育苗移栽省工，省地，节省棚架材料，产品质量又好，根病也少。但是，育苗移栽也有它的优点，可节省种子、充分利用土地。

1. 种子的采收与处理　于 7 月下旬至 8 月上旬果实呈鲜红色时，采集留种参地里 4～5 年生成熟的果实。放入筛子中，搓去果肉，再用水冲洗。将干净的种子放入容器内漂洗，除去上面漂浮的病粒及瘪粒，将沉水的饱满种子捞出，用 50% 多菌灵 500 倍液消毒 10～15 min，取出稍晾干。播种前需要进行种子层积处理，如果种子量少可用木箱进行层积处理。种子和干净河沙按 1:3 的比例充分混匀，调好湿度放入木箱，上、下底用细沙隔离，厚度一般在 10 cm 左右，避免种子直接接触空气。

沙藏期间注意管理事项有以下几项。一是裂口前，温度控制在 16～18 ℃，裂口后温度保持在 12～15 ℃。如果温度高于 20 ℃，种胚发育缓慢，达到 25 ℃，易导致烂种。所以，在催芽期间，要注意沙藏种层的温度调节。二是催芽期间，种层湿度非常关键，裂口前种层的湿度应控制在 15%，裂口后种层湿度可控制在 10%。如果湿度超过 18%，易导致烂种。低于 10% 则种子裂口率不高。三是在调整温、湿度的同时，结合倒种，在种子裂口前，每 15 d 倒种 1 次。方法是将种子取出，筛去细沙，除去霉烂种子。在种子裂口后，每 7～10 d 倒种 1 次，处理的沙子的湿度可稍低些。另外，利用生长调节剂可打破种子休眠。种子的发芽可提前 1 年（指当年籽），从而实现当年采籽，当年播种。具体方法为：8 月中旬，采收、洗净的种子晾干外表皮，指标是取 10 粒种子，放入水中 30 s，以有 3 粒种子立刻沉底，其余种子在 30 s 内完全沉底为度，这时用 50 mL/L 赤露素，浸种 24 h 后，捞出放在 500 倍液多菌灵中轻漂一下即捞出。按（2～3）:1 的沙种比例进行沙藏，这样的种子 11 月可有 85% 以上种子裂口，当年可进行秋季播种。

2. 播种　可秋播、春播或夏播，通常以秋播和春播为主。播种时间因地而异。播种采用的方法，有点播、条播和撒播。播种密度各地都不太一样。从多年总结的经验看，以行株距 10 cm×（5～8）cm 为宜，每平方米播种子 125～200 粒，每亩播种量为 3.5～5 kg。

3. 移栽　分春栽、秋栽。春栽一般在土壤解冻后立即进行，如果过晚，芽孢和根须易受损伤；秋季移栽实践从 10 月中旬到 11 月土壤结冻前，西洋参回苗后，如过早易造成失水，芽孢易腐烂，过晚则易受冻害。起苗时应顺着参体刨开床土，以免损伤参苗根。起出的参苗不能放得时间太久或在太阳下暴晒，也不能大量堆积在一起，以防造成失水或热伤，使移栽成活率降低。生产中，应尽可能地把起苗、选苗、种苗消毒、栽种紧密结合，随起随栽。参苗易带病原菌，须在栽种前对其进行消毒。通常用 50％多菌灵 300 倍液或 65％代森锌 600 倍液浸种 30～60 min，对防治根部病害有一定作用。

西洋参种苗的移栽可分为平栽、斜栽、直栽 3 种方法。大田栽培多采用斜栽和平栽两种方法。斜栽适宜于通透性好，易干旱的土壤，此种方法，有利于西洋参多根部深扎入土壤，吸收土壤深层水分。方法是参苗在床内与床面成 30°～45°角，芽孢向上。一般要求每平方米苗量在 50～60 株。覆土深度根据参苗的大小而定，一般覆土 3～5 cm。栽后应立即加盖麦草，保水、保温。

（三）田间管理

1. 搭遮阴棚 西洋参是棚下栽培的阴生植物，喜散射光、斜射光、漫射光。在生长过程中，忌强光直射。所以在其生长过程中，必须搭棚遮阳，调整光照度，促进其健康生长。我国栽培西洋参所用的遮阴棚，按透光、透雨情况分为单透棚（透光）、双透棚（透光、透雨）。按畦棚搭配状况分为单畦棚、双畦棚、多畦棚。按遮阴棚结构、样式分为平棚、一面坡棚、脊形棚、拱形棚。

2. 床面覆盖 夏季防止干燥和雨水冲刷畦面，应加覆盖物，用腐熟的落叶、稻草或锯木屑等，在育苗地覆盖厚度为 3～6 cm，移植地厚度为 5～7 cm。冬季需加厚，以防冻害，厚度以 10～15 cm 为宜。

3. 排水与灌溉 春秋两季如土壤干旱，必须及时灌溉，在生育期内，土壤含水量应保持在 40％～50％。在 7、8 月雨季来临时，应注意及时排水，防止内涝发生。此外早春大地解冻时也应注意迅速排出化冻水（桃花水），以免土壤过湿引起烂根病。

4. 施肥 追肥可分 3 次进行，时间为 6、7、8 月，用 2％过磷酸钙溶液或 0.3％磷酸二氢钾溶液或 0.3％尿素液肥，上午 10 时前或下午 3 时后进行根外追肥。以上 3 种液肥可以交替使用。在每年秋季，植物地上部分枯萎时，可施入厩肥，每平方米 2.5 kg、骨粉 0.5 kg、复合肥料 0.05 kg，3 种混合均匀，撒入沟内，再用细土覆盖。

5. 除草 除草一般每年进行 3～4 次，第一次是在撤掉覆盖物后，第二次是在 5 月中旬，第三次在 7 月中旬，此时注意不要过深，以免伤根，第四次于秋季上防寒土前，此时可稍深一些。

6. 摘蕾和疏果 二年生以上西洋参就可以开花、结果，为了保证有足够的营养，应进行摘蕾和疏果。除留种外，应一律摘去花蕾。留种田要进行疏果，在开花后疏去 1/3 至 2/3 的小果，以保证留下的果实能充分成熟。一般西洋参在第四年时可采种一次，第五年摘去花蕾，以保证根的收获。

二、病虫害防治

参考人参病虫害的防治。

三、采收与初加工

（一）采收

西洋参一般种 4 年即可收获，收获期以秋季最好，当地上植株枯萎时即可收获，不同产区由于气候条件及种植方法不同，采收时间也不一样，东北地区在 8 月下旬至 9 月中下旬，胶东地区在 9 月至 10 月中旬。在枯萎期采收，西洋参根中皂苷含量高，而且淀粉含量也高，加工出的原皮参浆性足，形状丰满，横纹多，质实而坚，极少有皱纹和抽沟现象。

（二）加工

1. 洗参　洗刷的方法有高压冲洗、刷参机洗刷和手工洗刷，洗刷前应先把西洋参在水中浸泡 10～15 min，然后把泥土刷掉。洗刷西洋参不能过重。

2. 烘干　将干净参根放室外晾干或放干燥室夹上烘干。烘干的起始温度为 25～26 ℃，持续 2～3 d，然后逐渐升至 35～36 ℃，在参主体变软后，再使温度升至 38～40 ℃，直到烘干为止，时间为 3 周左右。

3. 打潮下须　商品西洋参是无须、有芦或无芦的根体。干燥后的西洋参，需要经过打潮下须加工成符合商品规格的产品。打潮是用喷雾器将热水喷洒在烘干后的西洋参主体上，盖上薄膜，闷 3～4 h，待参软化后取出下须，把主体和主体下部粗大根上的须根贴近基部全部减掉。

4. 二次烘干　将打潮下须后的体、直须、弯须等放入干室内，40 ℃条件下烘干 24 h，取出后按大、中、小分等。

四、包装与贮藏

多用纸盒或塑料袋包装，也有用铁盒包装。贮存于阴凉干燥处。

五、商品质量标准

水分不得超过 13.0%，总灰分不得超过 5.0%，浸出物不得少于 30.0%。重金属及有害元素：铅不得超过百万分之五，镉不得过千万分之三，砷不得过百万分之二，汞不得过千万分之二，铜不得过百万分之二十。

【任务评价】

西洋参栽培任务评价见表 3 - 26。

表 3 - 26　西洋参栽培任务评价

任务评价内容	任务评价要点
栽培技术	1. 选地与整地：①林地；②农田 2. 育苗与移栽：①种子的采收与处理；②播种；③移栽 3. 田间管理：①搭遮阴棚；②床面覆盖；③排水与灌溉；④施肥；⑤除草；⑥摘蕾和疏果
病虫害防治	1. 病害防治 2. 虫害防治
采收与加工	1. 采收：采收方法及注意事项 2. 加工：加工方法及注意事项
包装与贮藏	1. 包装：用纸盒或塑料袋包装，也有用铁盒包装 2. 贮藏：通风、干燥、阴凉处

【思考与练习】

1. 西洋参与人参在生态学特性上有什么区别?
2. 西洋参种子在沙藏期间注意的管理事项有哪些?

任务二十七　延胡索的栽培

【任务目标】

通过本任务的学习,能熟练掌握延胡索栽培的主要技术流程,并能独立完成延胡索栽培的工作。

【知识准备】

一、概述

延胡索(*Corydalis yanhusuo* W. T. Wang)为罂粟科紫堇属植物,以干燥块茎入药,味辛、苦,性温。具有活血化瘀、行气止痛之效。用于胸胁脘腹疼痛、经闭痛经、产后瘀阻、跌打肿痛等症。主产于浙江、安徽、江苏、河南等省区,全国各地多有引种,以浙江产为道地,是著名的"浙八味"之一。

二、形态特征

延胡索为多年生草本无毛,高 10～20 cm。块茎球形。茎丛生,纤细圆形,折断有黄色汁液。叶互生,有长柄,1～2 回三出复叶,小叶长椭圆形,全缘。总状花序,顶生或与叶对生;花小,紫红色。蒴果条形。花期 4 月,果期 5 月(图 3 - 27)。

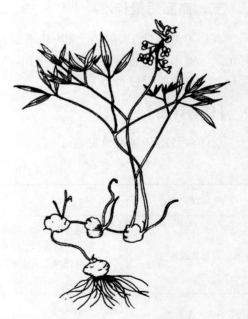

图 3 - 27　延胡索

(谢凤勋,1999. 中草药栽培实用技术)

三、生物学特性

(一)生长发育习性

延胡索为多年生多次开花植物,整个地上部生长期为 90～100 d。一般在 1 月下旬至 2 月上旬出苗。3 月下旬至 4 月上旬叶片生长最快,至 4 月中旬停止。花期 3 月上旬至 4 月上旬,3 月下旬为开花盛期。地上部 4 月下旬至 5 月上旬完全枯死。

延胡索整个块茎生长期为 70～80 d,可由种块茎内重新形成和地下茎茎节处膨大形成。种块茎内重新形成的块茎俗称"母元胡";地下茎茎节处膨大形成的块茎俗称"子元胡"。"母元胡"于 2 月底前已全部形成,然后"子元胡"才开始逐节形成,其全部形成约 50 d。3 月中旬至 4 月下旬为"子元胡"膨大时期,而

3月下旬至4月中旬为块茎质量增长最快时期。

（二）生态环境条件

延胡索性喜温暖气候，要求湿润、向阳的环境，忌干旱，稍能耐寒。大风对其生长不利，要求雨水均匀。4月三暗两雨的天气最适合其生长。对土壤要求富含腐殖质、疏松、排水良好、肥沃、酸碱度中性或微酸性的沙质壤土为好。凡黏重，低洼积水地均不适宜种植。忌连作。

【任务实施】

一、延胡索的种植

（一）选地与整地

延胡索栽培宜选阳光充足、地势高、干燥且排水好、表土层疏松而富含腐殖质的沙质壤土和冲积土为好。黏性重或沙质重的土地不宜栽培。忌连作，一般要隔3~4年后才能再种。前作收获后，及时翻耕整地。每亩将土杂肥2 000 kg与饼肥200 kg混拌均匀施入作基肥。深翻20~25 cm，做到三犁三耙，精耕细作，使表土充分疏松细碎，达到上松下紧，利于发根抽芽和采收。作畦，畦宽1.3 m，沟宽40 cm，畦面呈龟背形，四周开好深的排水沟。

（二）繁殖方法

目前生产上采用块茎繁殖。此外，种子也可繁殖，须培育3年后才能提供种用块茎。种用块茎以选直径1.2~1.6 cm为好。过大成本高，过小生长差。

1. 栽种时间　一般9月中旬至10月均可栽种，但以9月下旬至10月中旬为栽种适期。若推迟至11月中旬下种，将明显影响产量。合理安排前作，使延胡索适时栽种，是一项十分重要的工作。

2. 种植方法　目前均采用条插，便于操作和管理。条插即按行距18~22 cm，开成播种沟，深6~7 cm，在播种沟内每亩施入过磷酸钙40~50 kg，然后按粒距8~10 cm在播沟内交互排放2行，芽向上，做到边种边覆土。种完后，每亩盖焦泥灰或垃圾泥2 500~3 000 kg、菜饼肥50~100 kg或混合肥100 kg，再盖厩肥1 500~2 000 kg，最后提沟泥培于畦面，覆土深度为6~8 cm。

（三）田间管理

1. 中耕除草　延胡索根系分布浅，地下茎又沿表土生长，一般不宜中耕除草。在立冬前后地下茎生长初期，可在表土轻轻松土，不能过深，以免伤害地下茎。立春后出苗，不宜松土，要勤拔草，见草就拔，除去畦沟杂草，保持田间无杂草。可施用除草剂，省工、成本低、效果好。

2. 排水灌水　栽种后是发根季节，遇天气干旱，要及时灌水，促进早发根。清明前后正是地下块茎迅速膨大的时期，需要一定的水分，天气干旱对延胡索产量影响较大。因此，在干旱季节或雨水偏少时，要及时灌水。洒水在晚上地表温度下降后进行。灌水时，水不能没过畦面，灌水时间不宜过长，一般12 h左右，次日早晨放水。苗期南方雨水多时，要做好排水降温，做到沟平不留水，以减少发病。北方冬季冻前要灌一次防冻水。

3. 施肥　延胡索因生长周期短，如果已经施足肥，除追灰肥保温外，一般可以不再追肥，如基肥不足，可适量追肥。追肥以立冬前后的冬肥和立春前后苗肥为主。冬肥一般在

11 月下旬至 12 月上旬，每亩施用 2 500～3 000 kg 猪栏肥或 50 kg 饼肥，施后覆少量泥土。第二次追肥在次年幼苗出土展叶后苗高 3 m 左右。在早晨或傍晚，每亩追施腐熟人粪尿 1 000～1 500 kg。

二、病虫害防治

(一) 病害及其防治

1. 霜霉病 3 月初开始发生，直至 5 月初止。主要危害叶片。

(1) 识别特征。病叶初期呈黄绿色斑点，随后扩呈黄褐色病斑，在潮湿的条件下叶背呈霜样霉斑，并逐渐腐烂，最后干枯，植株死亡。

(2) 防治方法。①实行水旱轮作，轮作期 3～4 年，以与禾本科作物轮作为好。②延胡索收获后，清除病残组织，以减少越冬菌源；合理密植，改善田间通风透光条件；春寒多雨季节，必须疏沟排水，少施氮肥，增施磷、钾肥，勤拔杂草，以减轻危害。③发病初期喷洒 40％三乙膦酸铝 250～300 倍液，或 25％甲霜灵 600～800 倍液，每 10～15 d 喷 1 次，连续 2～3 次。

2. 菌核病 在 3 月中旬开始发生，4 月发病最严重。危害叶片。

(1) 识别特征。初期叶片和茎基部出现水渍状病斑或黄褐色棱形病斑，继而茎基腐烂，植株倒伏，茎基土表可见白色絮状菌丝和黑色鼠粪状菌核。

(2) 防治方法。①实行与水稻轮作，可显著减轻菌核病的发生。②发现病株，及时铲除病土，清除菌核和菌丝，在病区撒上石灰，控制蔓延。③幼苗出土前用 1：3 石灰、草木灰撒于畦面，出苗后用 5％氯硝胺粉剂每亩喷粉 2 kg，发病初期喷 65％代森锌 500 倍液，或 40％纹枯剂 1 000 倍液。

3. 锈病 3 月上中旬开始发生，4 月危害严重。

(1) 识别特征。叶面被害初期发生圆形或不规则的绿色病斑，略有凹陷。叶背病斑稍隆起，生有枯黄色凸起的胶黏状物（夏孢子堆），破裂后可散出大量锈黄色的粉末（夏孢子），再次进行侵染。病斑如出现在叶尖或叶绕，叶边发生局部卷缩。最后病斑变成褐色穿孔，导致全叶枯死。叶柄和茎同样被害。

(2) 防治方法。①加强田间管理，降低田间湿度，减轻发病。②发病初期用 0.2 波美度石硫合剂加 0.2％的洗衣粉作黏着剂，或用 25％三唑酮可湿性粉剂 1 000 倍液喷雾。

(二) 病虫害及其防治

主要有一些地下害虫，如小地老虎，主要咬食幼苗。可用 90％敌百虫 1 000～1 500 倍液灌穴。

三、采收加工

(一) 采收

延胡索在栽种后第二年 4 月下旬至 5 月上旬植株完全枯萎后，即进行收获。不宜过早或过迟，否则将直接影响产量和质量。采收时应选择晴天，在土壤较干燥时进行。采收时先浅翻，从畦的一端开始，一边翻一边拣拾块茎。拣拾完后再深翻一遍，拣净块茎。收完后及时运回室内摊放，不要堆积，以防发热遭受损失。一般每亩产干品 75～130 kg，最高可达 250 kg。折干率 30％。

（二）加工

洗净泥土，然后按大小分级，分别装入箩筐内，放在水中用脚踩或手搓净表皮，洗净沥干。然后放入锅内的沸水中煮，大的煮 4～5 min，小的煮 2～3 min，至块茎横切面呈黄色时即可取出。摊在竹席或干净的水泥地上暴晒，要经常翻动，晒 3～4 d 后，收进室内"发汗"，使内部水分外渗，然后再晒至全干即成商品。

四、包装与贮藏

干燥后的延胡索用麻袋包装。本品易虫蛀，易发霉变色，应置干燥通风处保存。当年起土的新货只要晒得燥，当年不会引虫蛀。防虫蛀可用硫黄、氯化苦或磷化铝熏。体松质次者，虫蛀较甚。

五、商品质量标准

水分不得超过 15.0%，总灰分不得超过 4.0%，浸出物不得少于 13.0%。

【任务评价】

延胡索栽培任务评价见表 3 - 27。

表 3 - 27　延胡索栽培任务评价

任务评价内容	任务评价要点
栽培技术	1. 选地与整地 2. 繁殖方法：块茎繁殖 3. 田间管理：①中耕除草；②排水灌溉；③追肥
病虫害防治	1. 病害防治：①霜霉病；②菌核病；③锈病 2. 虫害防治：小地老虎
采收与加工	1. 采收：采收方法及注意事项 2. 加工：加工方法及注意事项
包装与贮藏	1. 包装：用麻袋包装 2. 贮藏：置通风干燥处贮藏

【思考与练习】

1. 延胡索的繁殖方法有哪些？
2. 延胡索的主要病害有哪些？

任务二十八　远志的栽培

【任务目标】

通过本任务的学习，能熟练掌握远志栽培的主要技术流程，并能独立完成远志栽培的工作。

【知识准备】

一、概述

远志（*Polygala tenuifolia* Willd.）为远志科远志属植物，以干燥的根或根皮入药，味苦，性温。具益智、安神、散瘀化痰的功效。用于失眠、健忘、心肾不交、心悸及辟邪安梦、壮阳益精、疮疡肿痛等症。主产于山西、陕西、吉林、河南等地。

二、形态特征

远志为多年生草本，株高约 30 cm。根圆柱形，长而微弯。茎由基部丛生，纤细，无毛。叶互生、线形，叶柄短或近无柄。总状花序生于茎顶，花小，稀疏排列；萼片 5 片，其中 2 枚呈花瓣状，绿白色；花瓣 3 片，淡紫色，其中一瓣较大，呈龙骨状，先端有丝状附属物。蒴果倒卵形而扁，先端微凹，边缘开裂。种子卵形，扁平，黑色，密被白色茸毛。花期 5—8 月，果期 6—9 月（图 3-28）。

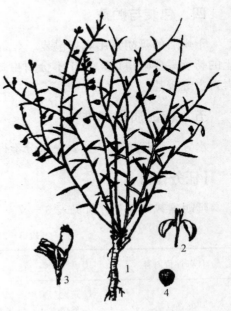

图 3-28 远志
1. 植株全形 2. 花萼 3. 花 4. 种子
（徐昭玺，2000. 中草药种植技术指南）

三、生物学特性

（一）生长发育习性

远志为多年生草本植物，秋季地上部枯萎，第二年 3 月底开始返青，幼芽紫红色，生长缓慢。4 月中旬，芽长 1～2 cm，幼叶在 4 月底才开始向外展开变为绿色；5—6 月生长开始加速，可见有 10～20 个枝条向各个方向生长，在第 7～9 片叶的叶腋出现侧枝；5 月初现蕾，5 月中旬开花，花期较长，至 8 月中旬仍有开花，但是后期的花、果实不能成熟；6 月中旬主枝上的果实成熟，种子落地，6 月下旬至 7 月初各分枝几乎都有果实成熟；7—8 月生长速度开始减慢，9 月底地上部停止生长进入冬季休眠期；11 月上旬受到冻害后枝叶枯萎死亡。

（二）生态环境条件

远志喜冷凉气候，忌高温，耐干旱。在土层深厚、肥沃、湿润、向阳、排水良好的富含腐殖质的沙质壤土里生长良好。忌连作。

【任务实施】

一、远志的种植

（一）选地与整地

选向阳、地势高燥，排水良好的沙质壤土，每亩撒施腐熟的厩肥 2 500～3 000 kg，深翻 25 cm，将肥料全部翻入底土中，并结合深翻施磷酸二氢铵 50 kg，耙细。做宽 1～1.2 m 的平畦，耙平。

（二）繁殖方法

以种子繁殖为主，也可用分根繁殖。种子繁殖采用直播或育苗移栽均可。

1. 直播　春播在 4 月中下旬；秋播在 10 月中下旬或 11 月上旬进行，因地制宜，不可过晚，以保证出苗后不因气温太低而死亡。一般先在整好的地上浇足水，水下渗后再进行播种。每亩用种 1～1.5 kg，播前用水或 0.3％磷酸二氢钾水溶液浸种一昼夜，捞出后与 3～5 倍细沙混合，在畦内按行距 20～30 cm 开 1～1.2 cm 的浅沟，将混匀的种子均匀撒入沟中，上面覆盖未完全燃尽的草木灰 1.5～2 cm，以不露种子为宜，稍加镇压，视墒情浇水。北方风大不易保墒，可用农膜覆盖。播后的半个月出苗。秋播用当年种子，于 8 月下旬播种，在第二年春出苗。

2. 育苗移栽　3 月上中旬进行，在苗床上条播，覆土约 1 cm，保持苗床湿润，温度控制在 15～20 ℃为佳，播后约 10 d 出苗，待苗高 5 cm 时进行定植。定植株距 3～6 cm、行距 15～20 cm，在阴雨天或午后进行。

（三）田间管理

1. 补苗、定苗　苗高 5～6 cm 时进行补苗，断垄 10 cm 处应挖取密度大处的苗来补栽，一般在午后或阴天进行补苗，定苗要在补苗后及时进行，株距 3～6 cm。

2. 中耕除草　远志植株矮小，苗期易受草害，因此在苗高约 6 cm 时应及时除草、松土，松土要浅，以后可逐渐加深。生长期要进行中耕除草 2～3 次。

3. 追肥　要在雨季到来前进行，肥料以磷、钾肥为主，并适当配施腐熟的饼肥，每亩用硫酸铵 7～8 kg、磷酸二铵 7～8 kg、饼肥 50 kg，开沟施入，覆土浇水。远志生长的第 2～3 年，在春季发芽之前，每亩沟施腐熟有机肥 1 000～2 000 kg，快速生长的 7—8 月可以浇施稀薄人粪尿促进生长，在此期间为了平衡地上地下部生长，每亩可用 20～25 g 多效唑兑水 25 kg，在下午 4 时后喷雾。

4. 排水灌溉　远志在苗期应注意保持畦面湿润，需经常喷水保湿。生长后期，因其性喜干燥，一般不用浇水。雨季要注意及时排水，淹水不利生长，易造成烂根。

5. 遮阳　远志在生长的第 2～3 年，在追肥浇水后，可以在行间顺行覆盖麦秸、稻草等抑制行间杂草生长，中间不需翻动，连续覆盖 2～3 年直至收获。远志苗期在南方酷热地区需要适当遮阳，远志较为耐阴，可以和玉米或其他作物套种。

二、病虫害防治

（一）病害及其防治

1. 根腐病　多雨季节及低洼地易发，危害根部。

防治方法：①尽早发现拔掉并烧毁，病穴用 10％的石灰水消毒；②发病初期也可用 50％的多菌灵 1 000 倍液喷灌，每隔 7～10 d 喷 1 次，连喷 2～3 次。

2. 叶枯病　高温季节易发，危害叶片。

防治方法：用代森锰 800～1 000 倍液或甲霜灵 800 倍液叶面喷施，每隔 7 d 喷 1 次，一般 2 次即可控制危害。

（二）虫害及其防治

主要害虫有蚜虫及豆芫青等。发现蚜虫可用 40％乐果乳油 2 000 倍液喷杀，连喷 2

次，每次间隔 7~8 d。豆芫青可用 2.5%溴氰菊酯乳油 5 000 倍液喷杀，每隔 7~8 d，连喷 2 次。

三、采收与加工

远志栽种 2 年以上可收获，以生长 3 年的产量最高。在春季出苗前或秋季回苗后采挖，刨出鲜根，抖去泥土，趁水分未干时，用木棒敲打至松软，抽掉木心，晒干即可，直径超过 0.3 cm 以上可加工成远志筒，一等直径 0.6 cm 以上，二等 0.5 cm 以上，三等 0.4 cm 以上。远志肉不分粗细，抽去木心而得。最细小的根不去心，直接晒干而成远志棍。远志鲜根的折干率在 3∶1 左右。一般以条粗、皮厚者为好。细叶远志地上部称小草，也可药用。

四、包装与贮藏

远志筒以木箱装，远志肉以布袋或纸箱装。置通风干燥处，防潮湿、防重压，以免霉变、破碎。

五、商品质量标准

水分不得超过 12.0%，总灰分不得超过 6.0%，浸出物不得少于 30.0%。

【任务评价】

远志栽培任务评价见表 3-28。

表 3-28 远志栽培任务评价

任务评价内容	任务评价要点
栽培技术	1. 选地与整地 2. 繁殖方法：种子繁殖 3. 田间管理：①苗期管理；②中耕除草；③追肥；④排水灌溉；⑤遮阳
病虫害防治	1. 病害防治：①根腐病；②叶枯病 2. 虫害防治：①蚜虫；②豆芫青
采收与加工	1. 采收：采收方法及注意事项 2. 加工：加工方法及注意事项
包装与贮藏	1. 包装：远志筒以木箱装，远志肉以布袋或纸箱装 2. 贮藏：置干燥通风处贮藏

【思考与练习】

1. 远志的生物学特性有哪些？
2. 远志的主要繁殖方法有哪些？
3. 远志在包装贮藏上有什么注意事项？

任务二十九　浙贝母的栽培

【任务目标】

通过本任务的学习，能熟练掌握浙贝母栽培的主要技术流程，并能独立完成浙贝母栽培的工作。

【知识准备】

一、概述

浙贝母（*Fritillaria thunbergii* Miq.）为百合科贝母属多年生草本植物。以干燥鳞茎入药，味苦、性寒，归肺、心经，具有清热化痰、降气止咳、散结消肿的功效，主治上呼吸道感染、咽喉肿痛、支气管炎、肺热咳嗽、感冒痰多、淋巴结核、溃疡病等。浙贝母花用于上感咳嗽、支气管炎等。主产于浙江，江苏、安徽、江西、湖南等省亦有栽培，尤以浙江象山出者为佳，是著名的"浙八味"之一。

浙贝母

二、形态特征

多年生草本。鳞茎半球形，直径 1.5～4 cm，由 2～3 枚鳞片叶组成，肉质，茎单一，直立。茎下部及上部的叶片对生或散生，中部叶轮生，条状披针形，先端卷曲。花俯垂，淡黄绿色，花被 6 片，两轮排列，内外轮花被片大小形状相似，内面具紫色方格斑纹；雄蕊 6 枚；子房 3 室。蒴果卵圆形，有 6 条较宽的纵翅。种子扁平，近半圆形，边缘有翅。花期 3—4 月。果期 4—5 月（图 3 - 29）。

三、生物学特性

（一）生长发育习性

浙贝母为宿根性植物，从种子播种到新种子形成需 5～6 年时间，生产上因此常采用鳞茎繁殖，1 年内就可收获鳞茎。鳞茎繁殖为秋种夏收。9 月下旬至 10 月上旬栽种，栽后半月鳞茎盘长出新根。由于秋冬气温日趋降低，当年不出苗，只是地下鳞茎略有膨大。翌年 2 月上旬，地温升到 6～10 ℃时才出苗，2 月下旬到 5 月中下旬为鳞茎膨大的主要时期。3 月中下旬地上部分生长最快，除有一个主秆外，还可抽出第二个茎秆（称"二秆"），并现蕾开花。4 月上旬花凋谢，4 月下旬至

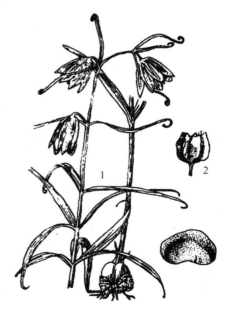

图 3 - 29　浙贝母
1. 植株　2. 果实
（武孔云，2000. 中药栽培学）

5 月上旬植株开始枯萎。5 月中下旬种子成熟，鳞茎停止膨大。全株枯萎。6 月鳞茎越夏休眠。

（二）生态环境条件

浙贝母喜温暖湿润、雨量充沛的海洋性气候，较耐寒、怕水浸。平均气温在 17 ℃ 左右时，地上部茎叶生长迅速，超过 20 ℃，生长缓促并随气温继续增加而枯萎，高于 30 ℃ 或低于 4 ℃ 则生长停止。地下鳞茎于 10～25 ℃ 时正常膨大，高于 25 ℃ 地下鳞茎进入休眠，低于 −6 ℃ 时鳞茎易受凉。生长期 3 个半月左右，故称短命植物。

种植地宜选阳光充足、土层深厚、疏松肥沃、排水良好的微酸性或中性沙质壤土栽培为宜。

【任务实施】

一、浙贝母的种植

（一）选地与整地

宜选土层深厚、疏松、有机质含量高的沙质壤土，并要求排水良好、阳光充足，鳞茎要在地里过夏的留种田，更要注意透水性好。海拔较高的山地，有机质含量高的沙土也可种植。以不重茬为好，若受条件限制，连作不能超过 2～3 年。前茬作物以芋头、黄豆、玉米、甘薯等为宜。

（二）繁殖方法

有鳞茎繁殖和种子繁殖两种。生产上多用鳞茎繁殖，种子繁殖在种鳞茎缺乏时采用。种子有胚后熟性，采收后宜当年秋播，播前选好种，条播或撒播。

产地栽培浙贝母多为种子地和商品地两种。栽种期为 9 月中旬至 10 月上旬。栽种前挖出留种用鳞茎，随挖随栽。先在畦上开沟，沟距 20 cm，种子地沟深 10～15 cm，商品地沟深 5～7 cm，栽种时株距按 15 cm 播入，鳞茎芽头朝上，畦边覆土要深些。每亩用种量，商品地 250～300 kg，种子地 400～500 kg。

（三）田间管理

1. 中耕除草　重点要放在浙贝母出苗前和植株生长的前期。一般栽种后至冬肥前要除草 3～4 次。第一次在栽植 2 周以后浅锄 1 次，去除草芽，以后约 2 周 1 次，直至施冬肥为止。翌年 2 月中下旬待苗出齐后结合松土进行除草，要注意避免损伤鳞茎。苗高 12～15 cm 并开始抽薹时每隔 15 d 左右除草 1 次。植株旁的草最好拔除，以免弄伤根部。

2. 追肥　浙贝母较耐肥，而且只生长 3 个月就枯黄，故除了整地时重施基肥外，还应抓好追肥，才能满足植株生长发育的需要。目前生产上一般追肥 3 次。第一次在 12 月下旬，这时尚未出苗，称为"冬肥"。施肥时先在畦上开 3 cm 深的浅沟，沟距 18～21 cm，在沟内每亩施入人粪尿 700～1 500 kg、饼肥 75～100 kg，覆土盖住肥料，再在畦面上铺撒一层厩肥或垃圾肥，每亩 1 500～2 500 kg；第二次追肥可结合苗齐后的中耕除草进行；第三次追肥可以在 3 月初进行，此外，商品田在摘花后可根据茎叶长势施肥。

3. 摘花　为使养分集中供贝母鳞茎生长，减少开花结实时消耗营养，需在开花初期（3 月中、下旬）进行摘花，但不宜过早或过迟。过早会影响抽梢，同时也会将花的下部叶片摘掉，减少光合作用的叶面积；过迟，则花蕾消耗养分多，不利于贝母鳞茎的发育。

4. 排水灌溉　浙贝母对水分要求既不能太多，又不能缺水，所以生育期间要勤浇水，防止出现干旱，浇水时又要严防田间积水。种子田在进入雨季前，要疏通畦沟，防止雨季田间积水。

二、病虫害防治

（一）病害及其防治

1. 灰霉病 发病时期一般是 4 月初开始，主要危害叶片。

（1）识别特征。叶片上出现淡褐色病斑，呈长椭圆形或不规则形，边缘有明显的水渍状环。基部病斑灰色。

（2）防治方法。①实行轮作。②从 3 月下旬开始喷 1∶1∶100 波尔多液，每隔 7～10 d喷 1 次，连续 3～4 次。

2. 黑斑病 一般展叶期多发，主要危害叶片。

（1）识别特征。被害鳞茎呈褐色蜂窝状，有些被害鳞茎基部青黑色。

（2）防治方法。①选择排水良好的沙质壤土作种子田，选无病虫伤疤的鳞茎作种用，注意防治地下害虫，减少伤口，以减轻病害的发生。②用 40％福尔马林稀释 30 倍，浸种 1 h或用 50％多菌灵 1 000 倍液浸种半小时，晾干后栽植。

3. 干腐病 多发于夏季，主要危害鳞茎。

（1）识别特征。叶尖部首先出现褐色水渍病斑，病部与健部有明显的界线，以后病斑渐渐加深。

（2）防治方法。①清除残株病叶。②发病初期，结合防治灰霉病，喷 1∶1∶100 波尔多液，每隔 7～10 d 喷 1 次，连续多次。

（二）主要虫害及其防治

主要有蛴螬、蝼蛄等害虫，可用 1 000 倍乐果喷雾或用 90％晶体敌百虫 0.75 kg 加水1 000 kg 喷雾。

三、采收与初加工

于栽种次年 5 月上中旬，地上部分枯萎时进行。选晴天挖收，过早鳞茎太嫩，过迟鳞茎皮厚，折干率下降。

将收获的鳞茎洗净泥沙，挑大的鳞茎挖去贝心芽，加工成元宝贝，小的鳞茎不挖贝心芽，加工成珠贝。将分好的鲜浙贝母，放入机动或人力撞船里，撞去表皮，至表皮渗出浆液时，每 50 kg 鲜浙贝母约放 2 kg 石灰，继续撞击，待浙贝母全部涂满石灰为止，取出摊开，利于阳光晒干，装入麻袋放室内让浙贝母内部水分渗出（发汗）再晒即干。如遇雨天或连续阴雨天气，必须放在通风地方摊薄阴干或用火烘干，但火力不可过猛，要随时翻动，否则会造成僵子，降低质量。

四、包装与贮藏

浙贝母一般用麻袋包装。贮藏于干燥阴凉处，温度 28 ℃以下，相对湿度 65％～70％。商品安全水分 12％～13％。注意防潮、霉变、虫蛀、鼠害。运输工具必须清洁、干燥、无异味、无污染，严禁与可能污染其品质的货物混装运输，不得与其他有毒、有害、易串味物质混装。

五、商品质量标准

水分不得超过 18.0％，总灰分不得超过 6.0％，浸出物不得少于 8.0％。

【任务评价】

浙贝母栽培任务评价见表 3-29。

表 3-29　浙贝母栽培任务评价

任务评价内容	任务评价要点
栽培技术	1. 选地与整地 2. 繁殖方法：①鳞茎繁殖；②种子繁殖 3. 田间管理：①中耕除草；②追肥；③摘花；④排水灌溉
病虫害防治	1. 病害防治：①灰霉病；②黑斑病；③干腐病 2. 虫害防治：①蛴螬；②蝼蛄
采收与加工	1. 采收：采收方法及注意事项 2. 加工：加工方法及注意事项
包装与贮藏	1. 包装：用麻袋包装 2. 贮藏：置阴凉干燥处贮藏

【思考与练习】

1. 浙贝母主要有哪些病害？
2. 浙贝母的商品质量标准有哪些？

任务三十　知母的栽培

【任务目标】

通过本任务的学习，能熟练掌握知母栽培的主要技术流程，并能独立完成知母栽培的工作。

【知识准备】

一、概述

知母（*Anemarrhena asphodeloides* Bunge）又名蒜瓣子草、样胡子根、地参，为百合科知母属多年生草本植物。以根状茎入药，性味苦、寒，可清热除烦，润肺滋肾。主治烦躁口渴、肺热燥咳、消渴、午后潮热等症。临床常用药，不仅清肺火，又能清胃火，特别是清虚热、胃阴热等虚热症。生于西北干旱、半干旱处。主产于河北、山西、内蒙古、陕西、甘肃等地，尤以河北易县知母质量最佳。

二、形态特征

多年生草本，株高 50~100 cm，全株无毛。根状茎肥大，横生，着生多数黄褐色纤维状旧叶残茎，下面有许多粗大的根。叶基生，丛生，线形，质硬，基部扩大呈鞘状，包于根状茎上。花茎直立，圆柱形其上生鳞片状小苞片，穗状花序稀疏而狭长；花黄白色或淡紫色，具短梗，多于夜间开放；花被 6 片；雄蕊 3 枚，着生在花被片中央；子房长卵形，3 室，蒴果长卵形，成熟时沿腹缝线开裂，各室有种子 1～2 粒。种子新月形或长椭圆形，表面黑色，具 3～4 条翅状棱，两端尖。多年生草本。株高 60～100 cm，根状茎肥大，横生。叶基出，丛生。花茎自叶丛中抽出，花 1～3 朵，生于茎顶。蒴果长圆形。种子黑色，三棱形。花期 5—7 月，果期 6—9 月（图 3 - 30）。

图 3 - 30　知　母
（张改英，王敏强，李民，2007.
百种中草药栽培与加工新技术）

三、生物学特性

（一）生长发育习性

知母为多年生宿根植物。每年春季日均气温在 10 ℃以上时萌发出土；4—6 月为生长旺盛期；8—9 月为地下根茎膨大充实期；11 月植株枯萎。生育期 230 d。知母适应性很强，生育期喜温暖，耐干旱，具有一定的耐寒性。对土壤要求不严。以肥沃疏松、土层深厚的沙质壤土最为适宜。

（二）生态环境条件

性喜温暖气候，能耐寒、耐旱。以土质疏松、肥沃、排水良好的沙质壤土为好，不宜在阴坡及低洼地种植。

【任务实施】

一、知母的种植

（一）选地与整地

宜选土壤疏松、排水良好、阳光充足的地块种植，土层深厚的山坡荒地也能种植。地选好后，可施圈肥、复合肥 15～20 kg，撒入地内，翻入土中作基肥。深翻 25 cm，整细整平后做成宽 1.3 m 的畦，搂平畦面。若土壤干旱，先在畦内灌水，待水渗后，表土稍干时播种。

（二）育苗与移栽

1. 种子繁殖

（1）选种采种。选择 3 年以上健壮植株作采种母株，8 月中旬至 9 月中旬果实成熟，晒干、脱粒备用。知母种子发芽率在 85%～95%。

（2）春播。在 4 月中旬进行。在整好的畦面上，按行距 20 cm 开浅沟，沟深 2 cm，将种子均匀撒入沟内，覆土盖平后稍加镇压。播后保持土壤湿润，10～15 d 即可出苗。每亩用种量 5～7 kg，育苗 1 亩，可移栽大田 5～6 亩。

2. 分株繁殖　植株枯萎时或次春解冻后返青前，刨出二年生根茎，分段切开，每段长 3～6 cm，每段带有 2 个芽，作为种栽。按行距 26 cm 开 6 cm 深的沟，按株距 10 cm 平放一段种栽，覆土后压紧。栽后浇水，土壤干湿适宜时松土 1 次，以利保墒。每公顷栽 1 500～

3 000 kg。为了节省繁殖材料，在收获时，把根状茎的芽头切下来作繁殖材料，方法同上。

3. 定植 于秋季或早春进行。以春季播种育苗，待秋后形成分蘖芽后定植为好。栽时按行距 18～20 cm，株距 5～7 cm，开沟深 4～5 cm 横向平栽，栽后覆土、压实、浇水。定植苗宜带较多的须根，有利成活。每亩用种栽量 100～200 kg。

（三）田间管理

1. 间苗、定苗 春季萌发后，当苗高 4～5 cm 时进行间苗，去弱留强。苗高 10 cm 左右时，按株距 4～5 cm 定苗。合理密植是知母增产的关键。

2. 松土除草 间苗后进行 1 次松土除草。宜浅松土，搂松土表即可，但杂草要除尽。定苗后再松土除草 1 次。保持畦面疏松无杂草。

3. 浇水 封冻前灌 1 次越冬水，以防冬季干旱；春季萌发出苗后，若土壤干旱，及时浇水，以促进根部生长。雨后要及时疏沟排水。

4. 施肥 合理施肥是知母增产的重要措施。除施足基肥外，苗期以追施氮肥为主，每亩施入稀薄人畜粪水 1 500～2 000 kg；生长的中后期以追施氮、钾肥为好，每亩施入腐熟厩肥和草木灰各 1 000 kg，或硝酸钾 50 kg。在每年的 7—8 月生长旺盛期，每亩喷施 0.3% 磷酸二氢钾溶液 100 kg，每隔半月喷施叶面 1 次，连续 2 次。时间以晴天的下午 4 时以后喷施效果最好。喷洒后若遇雨天，应重喷 1 次。

5. 打薹 知母播后于第二年夏季开始抽薹开花，需消耗大量养分。除留种外，一律于花前剪除花薹，可促进地下根茎粗壮、充实，有利增产。

6. 盖草 1～3 年生知母幼苗，于每年春季松土除草和追肥后，于畦面覆盖杂草，可有保温保湿、抑制杂草滋生的效果。

7. 打薹 除留种者外，将花薹剪去，以利根状茎生长。

二、病虫害防治

主要为蛴螬，幼虫咬食根部，造成根部空，断苗。防治方法：白天可在被害植株根处或附近土下 3～5 cm 处找到；用灯光诱杀成虫，90% 敌百虫 1 000 倍液浇灌根部，毒饵诱杀。肥料充分腐熟。

三、采收与初加工

（一）采收

种子繁殖的于第三年、分株繁殖的于第二年的春、秋季采挖。据试验，知母有效成分含量最高时期为花前的 4—5 月，其次是果后的 11 月。在此期间采收质量最佳。

（二）加工

（1）知母肉。于 4 月下旬抽薹前挖取根茎，趁鲜剥去外皮，不能沾水。然后，用硫黄熏3～4 h，切片、干燥即成商品，知母肉又称光知母。

（2）毛知母。于 11 月挖取根茎，去掉芦头，洗净泥土，晒干或烘干，再用细沙放入锅中，用文火炒热，不断翻动，炒至能用手擦去须毛时，再把根茎捞起置于竹匾内，趁热搓去须毛，但要保留黄绒毛，然后洗净、闷润，切片后即成毛知母。

四、包装与贮藏

包装材料符合《瓦楞纸箱国家标准》GB/T 6543—2008、《食品安全国家标准　食品接触材料及制品通用安全要求》GB 4806.1—2016 的要求。应先进行充分干燥，然后装入双层无毒食用型塑料袋内，放置在密封的缸、瓶、罐、坛内贮藏，也可将塑料袋密封后放置在冰柜内冷藏。

五、商品质量标准

符合《中华人民共和国药典》（2015 年版）相关标准。

知母肉以肥大、坚实、色黄白、嚼之发黏者为佳；毛知母以根条粗、肥大、质坚实、断面黄白色者为佳。知母片为不规则厚片，切面黄白色，周边黄棕色、棕色（毛知母）或黄白色（知母肉），嚼之显黏性。

【任务评价】

知母栽培任务评价见表 3 - 30。

表 3 - 30　知母栽培任务评价

组号		姓名				日期	
序号	评分项目	分值	组内自评	组间互评	教师评价	平均分	说明
1	整地	15					
2	育苗	15					
3	栽植	20					
4	管理	10					
5	总结	20					
6	态度及环保意识	10					
7	团结合作	10					
总分							

【思考与练习】

1. 简述知母的分株繁殖技术。
2. 简述知母的施肥技术。
3. 简述知母的采收技术。
4. 简述知母的品质标准。

任务三十一　泽泻的栽培

【任务目标】

通过本任务的学习，能熟练掌握泽泻栽培的主要技术流程，并能独立完成泽泻栽培的工作。

【知识准备】

一、概述

泽泻［*Alisma orientale*（Sam.）Juzepcz.］为泽泻科泽泻属植物，以干燥块茎入药，味甘、淡，性寒。有利水渗湿、泄热通淋和降血脂的功能。主治小便不利、热淋涩痛、水肿胀满、泄泻、痰饮眩晕、遗精等症。主产于福建、江西、四川、广西等地。

二、形态特征

泽泻为多年生沼生植物，高 50～100 cm。块茎球状，外皮棕褐色，密生很多须根。单叶，基出丛生，叶柄长 5～50 cm，基部扁化呈鞘状，叶片卵圆形或椭圆形，先端较尖，基部心形或近圆形，全缘。花茎从叶丛中抽出，高 70～100 cm，花序轴有节，每节伞状轮生，多数有梗小花，3～5 轮分枝集成大型圆锥花序。花两性，总苞片和小苞片 3～5 片，披针形至条形。外轮花被 3 片，萼片状，广卵形，绿色，内轮花被 3 片，花瓣状，白色，倒卵形。雄蕊 6 枚，雌蕊多枚，离生，子房倒卵形，花柱较子房短或长，弯曲。瘦果多数，倒卵形，扁平，花柱宿存。花期在 6—8 月，果期在 7—9 月（图 3-31）。

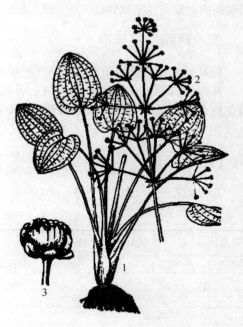

图 3-31 泽泻
1. 植株 2. 花序 3. 花放大
（徐昭玺，2000. 中草药种植技术指南）

三、生物学特性

（一）生长发育习性

泽泻生育期约 180 d，其中苗期 30～40 d，成株期 140～150 d。种子发芽率和幼苗生长状况均与种子成熟程度有关，以中等成熟的种子为好。播种后，发芽率高，幼苗生长发育好，质优丰产。种子质轻，不沉水，于 6—7 月播种后，在温度 28 ℃以上时，1～2 d 开始发芽。4～5 d 后第一、二片真叶相继出土，一般在苗床培育 30～40 d，苗高约 20 cm 时定植。泽泻在夏、秋两季地上部分和地下部分生长迅速；春、夏之交转入发育阶段。6 月中下旬开始抽薹开花，花果期持续到 11 月，12 月至次年 1 月地上部分枯萎。

（二）生态环境条件

泽泻有喜光、喜温、喜肥的特性，要求气候温暖、光照充足、潮湿的条件，稍耐寒。适宜生长温度为 20～26 ℃，在 0 ℃时茎叶易受冻害。幼苗期喜阴，成株期喜光。植株喜潮湿，适宜生长在湿地和浅水田中，在富含腐殖质且带黏性的壤土或水稻土中生长良好。

【任务实施】

一、泽泻的种植

（一）选地与整地

选阳光充足、土壤肥沃、排灌方便的水田。

1. 苗床整地 每亩施入腐熟堆肥或厩肥 2 000～2 500 kg，犁耙 2 次，3～5 d 后将水排除，耙平作畦。畦宽 120 cm，高 10～15 cm，畦沟宽 30 cm，使畦略呈梳背形。

2. 栽植田整地 早稻收获时，把田水排除，至部分现泥为止。每亩施饼肥、过磷酸钙各 30～50 kg，厩肥 2 500～3 000 kg，然后犁耙 2～3 次，达到泥细、田平、水浅为佳。待浮泥沉清，方可播苗。

（二）繁殖方法

泽泻用种子繁殖。育苗和移栽季节因各地气候条件不同而异。福建于小暑前后育苗，白露前后移栽。四川在夏至到小暑育苗，立秋到处暑移栽。广东白露后育苗，霜降后移栽。种植方法则大同小异。

1. 育苗 选已呈黄褐色的中等成熟度的种子为好。老熟的、陈年的（黑褐色、种仁变黑）和太嫩的（绿褐色）种子均不宜作种。播种前应将选好的种子用纱布袋装好，放在流动的清水中浸泡 24～48 h，取出种子与 10～20 倍的细沙或筛过的草木灰混合拌匀，把种子均匀地撒到事先做好的苗床上，并用扫帚等物轻轻地拍打苗床，使种子与泥土紧密结合，以种子入土为限，可防止播下的种子被大雨或灌水时冲走。在日光强烈的地方，可插树木枝条，以助遮阳挡雨等。播后 3 d 幼芽出土。出苗后，一般晚上灌浅水，早上排水晒田，苗高 10～13 cm，苗龄在 35～50 d 即可移栽定植。

2. 移栽 选有 5～8 片真叶的矮、壮秧苗拔起，去掉脚叶、黄叶及弱、残、病苗，捆成小把，若有蚜虫可用流水冲洗。无蚜虫，带泥移栽，返青比较迅速。移栽宜选阴天或下午，最好在整地完毕，田泥尚未下沉时即栽，这样田泥下沉后，秧苗较稳，不易倾倒。秧苗移栽要做到浅插、插直，以入土 2 cm 为宜。栽种过深，发叶缓慢，块茎不易长大，移栽的行株距，视各地的气候及土壤肥力而定。川泽泻一般为 30 cm×30 cm 或 26 cm×33 cm；福建泽泻植株较高大，一般为 30 cm×40 cm，每穴 1 苗，并可在田边地角密植几行预备苗，以作日后补苗用。

（三）田间管理

1. 扶苗补苗 移栽后第二天，将倒伏的苗扶正，缺株应在 3～7 d 内补齐。

2. 中耕除草 栽植成活后（10～15 d）进行第一次耘田，用手拔去杂草，踏入泥中；第二次在 9 月中旬；第三次在 10 月初。

3. 施肥 结合耘田除草，施追肥 3 次。第一次每亩施稀薄人粪尿约 1 000 kg，第二次每亩施尿素 5 kg，第三次每亩施人粪尿 1 500 kg 或尿素 10～15 kg。

4. 排水灌溉 在生育期中宜浅水灌溉。移栽后保持水深 2～3 cm，第二次耘田除草后经常保持水深 3～7 cm，11 月中旬以后，逐渐排干田水，以利采收。

5. 除侧芽、打薹 泽泻植株在第二次耘田施肥后，便在植株基部长出侧芽，必须及时抹除；生长到中期以后，常有部分植株抽薹，薹刚抽出时应及时剪除。这样可减少养分消耗于侧芽和抽薹开花，促进块茎生长。

二、病虫害防治

（一）病害及其防治

白斑病 7 月开始发生，8—9 月发病最严重。主要危害叶片。

1. 识别特征 发病初期，叶上出现很多细小的红褐色圆形病斑，病斑扩大后，中心呈灰白色，周缘暗褐色，病健部界限明显。病情发展后叶片逐渐变黄枯死，但原病斑仍很清楚。叶柄被害时，出现黑褐色梭形病斑，中心略下凹，以后病斑延展互相衔接，呈灰褐色，最后叶柄枯死。

2. 防治方法 ①播种前种子用 40％福尔马林 80 倍稀释液浸泡 5 min，晾干后播种。②发病初期，选用 1∶1∶100 波尔多液、50％甲基硫菌灵可湿性粉剂 500～600 倍稀释液或 65％代森锌可湿性粉剂 500～800 倍稀释液喷洒防治，每 7～10 d 喷 1 次，连续喷 2～3 次。

（二）主要虫害及其防治

1. 莲缢管蚜 7—8 月危害幼苗。

（1）危害症状。黑色无翅成虫群集于叶背和花茎上吸取汁液，导致叶片发黄，影响块茎发育和开花结实。越是干旱、闷热，成虫繁殖越快，对泽泻危害更大，严重时造成绝产，必须及时加以防治。

（2）防治方法。①育苗期喷 40％乐果乳油 2 000 倍液，每 7 d 喷 1 次，连续喷 3～4 次。②成株期喷 40％乐果乳油 1 500～2 000 倍液，或 50％马拉松乳油 1 000 倍液，每隔 5～7 d 喷 1 次，连喷 3～4 次。

2. 银纹夜蛾 8 月幼虫在苗期便开始危害，继而在大田危害。

（1）危害症状。幼虫危害叶片，咬食泽泻叶片成孔洞或缺刻，严重时叶片被食光，只留下叶脉。

（2）防治方法。①利用幼虫的假死性进行人工捕捉。先在簸箕内放入卵石，再振动泽泻叶片，把虫振落于簸箕内，然后滚动卵石碾死幼虫。②加强管理，清除田间周边杂草，减少和消灭虫口。③发生期用 90％晶体敌百虫 1 000～1 500 倍稀释液喷洒防治。

三、采收与加工

（一）采收

泽泻移栽后于当年 12 月下旬，地上茎叶枯黄时即可采收。若采收过早，块茎粉性不足，产量低；过迟，块茎顶芽已萌发，影响药材质量。采收时，挖起块茎，剥除残叶，留下块茎中心处长约 3 cm 芽，避免烘晒时块茎内部汁液流溢。

（二）加工

块茎运回后，除去须根，立即进行暴晒或烘焙干燥。然后放入撞笼内撞掉残留的须根和粗皮，使块茎光滑，呈淡黄白色即可。一般每亩可产干货 150～200 kg，高产时可达 250 kg。

四、包装与贮藏

泽泻一般用麻袋包装，每件 50 kg；饮片用木箱、铁桶盛放。贮存于通风干燥处，适宜温度在 30 ℃以下，相对湿度为 65％～75％，安全含水量为 11％～12％。

本品富含淀粉，受潮易生霉、虫蛀。商品吸潮后表面不坚硬，内心软润，生霉品表面可见霉斑。危害仓虫有咖啡豆象、烟草甲、药材甲、锯谷盗、玉米象、米扁虫等。虫蛀品表面显针孔状细洞，严重时内部被蛀空，打碎后常可发现活虫。

贮藏期间应定期进行环境消毒，减少害虫滋生和传播。发现吸潮和轻度生霉、虫蛀时，要及时晾晒，或置 45～50 ℃下烘烤灭虫，严重时用磷化铝或溴甲烷熏杀。有条件的可按垛或按件密封抽氧充氮，进行养护。

五、商品质量标准

水分不得超过 14.0％，总灰分不得超过 5.0％，浸出物不得少于 10.0％。

【任务评价】

泽泻栽培任务评价见表3-31。

表3-31　泽泻栽培任务评价

任务评价内容	任务评价要点
栽培技术	1. 选地与整地 2. 繁殖方法：①育苗；②移栽 3. 田间管理：①扶苗补苗；②中耕除草；③追肥；④排水灌溉；⑤除侧芽、打薹
病虫害防治	1. 病害防治：白斑病 2. 虫害防治：①莲缢管蚜；②银纹夜蛾
采收与加工	1. 采收：采收方法及注意事项 2. 加工：加工方法及注意事项
包装与贮藏	1. 包装：泽泻用麻袋包装；饮片用木箱、铁筒 2. 贮藏：置通风干燥处贮藏

【思考与练习】

1. 泽泻的白斑病怎么防治？
2. 泽泻采收加工的注意事项有什么？

种子果实类药材的栽培

任务一　车前的栽培

【任务目标】

通过本任务的学习，能够熟练掌握车前栽培的主要技术流程，并能独立完成车前的栽培及养护管理工作。

【知识准备】

一、概述

车前（*Plantago asiatica* Linn.）为车前科车前属植物，以种子和全草入药，为常用中药。车前栽培历史长达300余年，产自我国多地。全草可药用，具有利尿、清热、明目、祛痰的功效。

二、植物形态特征

多年生草本，连花茎高达50 cm，具须根。叶根生，具长柄，几乎与叶片等长或长于叶片，基部扩大；叶片卵形或椭圆形，长4～12 cm，宽2～7 cm，先端尖或钝，基部狭窄成长柄，全缘或呈不规则波状浅齿，通常有5～7条弧形脉。花茎数个，高为12～50 cm，具棱角，有疏毛；穗状花序为花茎的2/5～1/2；花淡绿色，每花有宿存苞片1枚，三角形；花萼4片，基部稍合生，椭圆形或卵圆形，宿存；花冠小，胶质，花冠管卵形，先端4裂，裂片三角形，向外反卷；雄蕊4枚，着生在花冠筒近基部处，与花冠裂片互生，花药长圆形，2室，先端有三角形突出物，花丝线形；雌蕊1枚，子房上位，卵圆形，2室（假4室），花柱1个，线形，有毛。蒴果卵状圆锥形，成熟后约在下方2/5处周裂，下方2/5宿存。种子4～8枚或9枚，近椭圆形，黑褐色。花期6—9月。果期7—10月。生长在山野、路旁、花圃、菜圃以及池塘、河边等地。可以分布在中国各地（图4-1）。

图4-1　车　前
（中国科学院植物研究所，1975.
中国高等植物图鉴第四册）

三、生长习性

车前适应性强，耐寒、耐旱，对土壤要求不严，在温暖、潮湿、向阳、沙质沃土上能生长良好，20～24 ℃范围内茎叶能正常生长，气温超过 32 ℃则会出现生长缓慢，逐渐枯萎直至整株死亡，土壤以微酸性的沙质冲积壤土较好。

【任务实施】

一、选地与整地

种植基地应选择大气、水质、土壤无污染的地区，并且阳光充足，排灌方便，土壤疏松肥沃，地势平坦，肥力较均匀，便于管理的土地，周围不得有污染源，距主要公路100 m 以上。环境生态质量应符合"大气环境"质量标准的二级标准、"农田灌溉水"质量二级标准及"土壤环境质量"二级标准。

车前以沙壤土种植为好，红壤坡地亦可种植。移栽前土地深翻 15～20 cm，根据土壤类型与肥力不同，每公顷施入 15 000～22 500 kg 的腐熟有机肥或适量的复合肥、磷肥作基肥，施肥后耙细整平，一般两犁两耙即可，然后做成高 15～20 cm、宽 100～120 cm 的畦，畦间修好宽 30 cm 的排水沟。

二、繁殖方法

车前从 9 月下旬至 12 月底均可育苗。在南昌地区，以 9 月下旬至 10 月上旬为车前播种适期，播种过迟明显影响产量。每亩用种量为 0.3～0.5 kg，播种前应用 70%甲基硫菌灵或 50%多菌灵粉剂对种子进行消毒。苗床要准备精细，表层土一定要碎。播种时用细土或草木灰拌种，均匀撒施于畦面，用洒水壶浇透水，再盖薄层碎土或草木灰，为防鸟禽啄食和雨后土壤表层板结，最好在畦面盖一层稻草。播种后每隔 3～5 d 浇水 1 次，经常保持苗床湿润，以促种子早发，一般 7～10 d 即可发芽。出苗后及时除去稻草并加强管理。当苗高 3 cm 左右时进行第一次间苗并配施稀薄氮肥，之后依苗的长势再间苗 2～3 次，以培育壮苗。一般苗床与生产大田面积之比为 1：10 左右。

根据播种期不同，移栽时间从 11 月下旬至次年 2 月或 3 月上旬均可。苗高 7～10 cm 便可移栽。秧龄一般 50 d 左右，秧龄过短返苗慢，长势弱，抗逆性差，不利于越冬；秧龄过长则幼苗老化，生育期短，不利于产量的形成。移栽时苗床先浇透水以利带土移栽，苗应随起随栽，栽后浇水定根。

三、栽培管理

（一）补苗

秧苗成活后及时查苗，发现缺株及时补栽，确保全苗。中耕除草：一般进行 3 次，幼苗返青后 15 d 左右进行第一次中耕除草，第二次中耕除草应在立春至雨水间，第三次应在旺长期封行前进行。选择晴天，畦面的杂草应人工拔除，或用小铲边松土边除草，垄沟内可用工具锄草，应做到田间无杂草。

（二）施肥

施肥以有机肥或农家肥为主，适量施用化肥，基肥施腐熟粪肥 15 000～22 500 kg/hm² 或磷肥 1 200～1 500 kg/hm²，追肥应氮、磷、钾配施，分 3 次施用，在车前生长的中前期进行效果明显。试验结果表明，追肥最佳方案为：氮肥 120 kg/hm²、磷肥 180 kg/hm²、钾肥 180 kg/hm²，其中磷肥 80％用作基肥，产量可达 3 250～3 645 kg/hm²，氮肥过多导致减产并易诱发病虫害。

（三）水分管理

着重在移栽后的苗期干旱适时浇水和次年的雨季及时排水。移栽后 1 周内不下雨应浇水 1 次，若连续干旱，每隔 10 d 左右浇水 1 次。试验表明，苗期适时浇水可大大缩短返苗期，加速前期生长，有利于产量的形成，而雨季及时排水能降低土壤湿度，减少病虫害的发生。

四、病虫害综合防治

车前病害均在 3 月下旬至 4 月中下旬发病最重，主要有白粉病、叶斑病、根癌病、霜霉病、穗枯病等，特别在雨水多、排水不良的土壤中易发生；虫害主要有车前圆尾蚜、刺蛾幼虫。防治应以预防为主，综合防治，春季防治从抽穗时开始喷药，用 50％多菌灵或 70％甲基硫菌灵 400～500 倍液或井冈霉素 150～200 倍液进行预防，并注重开沟排水，降低田间湿度，效果较好。

五、及时采收与加工

（一）采收

车前成熟期不一致，应分批采收，先熟先收。一般秋播者在 6—7 月，当穗呈紫褐色时，选晴天收割。将成熟果穗剪下，装入箩筐运回加工。

（二）加工

将采回的果穗在干燥通风室内堆放 2 d，然后放置晒场暴晒 2 d，脱粒后再晒，除去粗壳杂物，筛出种子，扬净种壳，晒至全干。

（三）贮藏

干燥后的种子装入干净麻袋，挂上标签（品名、批号、规格、产地、生产日期），置通风干燥无污染物的仓库贮藏。注意避光、防潮、防鼠虫危害。

六、商品质量标准

车前子形状呈椭圆形、不规则长圆形或三角状长圆形，表面黄棕色至黑褐色，有细皱纹，一面有灰白色凹点状种脐，粉末深黄棕色为佳。《中国药典》（2015 年版）规定：车前子水分不得超过 12.0％，总灰分不得超过 6.0％，酸不溶性灰分不得超过 2.0％，膨胀度应不低于 4.0；按干燥品计算，含京尼平苷酸（$C_{16}H_{22}O_{10}$）不得少于 0.5％，毛蕊花糖苷（$C_{29}H_{36}O_{15}$）不得少于 0.40％。

【任务评价】

车前栽培任务评价见表 4-1。

表 4 - 1　车前栽培任务评价

任务评价内容	任务评价要点
栽培技术	1. 选地与整地 2. 繁殖方法：种子繁殖 3. 田间管理：①浇水；②中耕除草；③追肥；④摘花；⑤整形修剪
病虫害防治	1. 病害防治：①白粉病；②叶斑病；③根癌病；④霜霉病；⑤穗枯病 2. 虫害防治：①车前圆尾蚜；②刺蛾幼虫
采收与加工	1. 采收：采收方法及注意事项 2. 加工：加工方法及注意事项
包装与贮藏	1. 包装：用干燥麻袋包装 2. 贮藏：置阴凉通风干燥处贮藏

【思考与练习】

1. 车前如何育苗？
2. 车前子如何采收与加工？

任务二　枸杞的栽培

【任务目标】

通过本任务的学习，能够熟练掌握枸杞栽培的主要技术流程，并能独立完成枸杞的栽培及养护管理工作。

【知识准备】

一、概述

枸杞（*Lycium chinense* Mill.）属茄科枸杞属落叶灌木，又名茨果子、明目子，以干燥成熟果实入药。主产于宁夏、青海、甘肃、新疆、内蒙古、陕西、河北地，尤以宁夏中宁和中卫两县的枸杞质优，素有"中宁枸杞甲天下"之说。

枸杞为我国传统名贵中药材，历代医药家都认为它是补益抗衰老的良药。《神农本草经》称枸杞子"久服坚筋骨，轻身不老耐寒暑"。《本草经疏》载枸杞子，润而滋补，兼能退热，而专与补肾，润肺，生津，益气，为肝肾真阴不足，劳乏内热补益之要药。中医认为，枸杞子味甘性平，归肝、肾、肺经。具有滋补肝、肾，益精明目，润肺滋阴等功效，主治精血不足引起的下肢无力，腰膝酸痛，头晕耳鸣，遗精、滑泄、记忆力衰退、头发早白，失眠多梦，潮热盗汗等。据测定，枸杞子含有甜菜碱、胡萝卜素、多种不饱和氨基酸和多种维生素等。甜菜碱可抑制脂肪在肝内沉积，防止肝硬化，保护正常肝细胞，降低血液中的胆固醇、甘油三酯水平，对脂肪肝和糖尿病患者也具有一定的疗效。枸杞子提取物可促进细胞免疫功能，增强淋巴细胞增殖及肿瘤坏死因子的生成，对白细胞介素也有双向调节的作用。

现代医学证明，枸杞子有类似人参的"适应原样"作用，且能抗动脉硬化，降低血糖，促进肝细胞新生等作用。服之有增强体质、延缓衰老之功效。果实枸杞子可用于做菜和泡茶；枸杞根一般当作药材用，枸杞根煎煮后饮用能降血压；枸杞茶对体质虚寒、性冷感、健胃、肝胃疾病、肺结核、失眠、低血压、贫血等各种疾病有一定作用。

枸杞的叶，药名"天静草"，叶味苦性凉，有补虚益精，清热止渴、祛风明目，清心、肺之热的功效，可制成保健饮料"枸杞茶"，有滋补肝肾、养精明目的作用。适用于目赤昏花、障翳夜盲等。但叶较之果效用弱。

图 4-2 枸杞
（中国科学院植物研究所，1974.
中国高等植物图鉴第三卷）

二、植物形态特征

枸杞为落叶小灌木，茎高 0.8～2 m，茎丛生，枝细长有短刺。叶互生或簇生于短枝上，卵状披针形，全缘。5—10 月开花，单生，淡紫红色，花冠漏斗状，常 2～3 朵簇生于叶腋。6—11 月结出肉质浆果，成熟时红色，广椭圆形。种子多数，呈扁平肾形（图 4-2）。

三、生长习性

枸杞是喜光树种，在全日照下发育健壮，适应性强，能耐干旱和 38.5 ℃高温，对土壤要求不严格，耐盐碱，在荒漠地带仍能生长，也能耐寒，在－25.6 ℃下成活，忌渍水。

【任务实施】

一、选地整地

枸杞适应性强，喜光、抗旱、耐高温、耐盐碱，对土壤要求不严格，宜疏松、排水良好的沙壤土种植，荒漠、干旱地区、盐碱地均可生长，低洼积水地不宜种植，否则容易烂根。秋季深耕 25～30 cm，整地时施基肥，每亩施厩肥或堆肥 3 000 kg 左右，浅翻入土中，再把细整平后作畦。

二、繁殖方法

多采用种子繁殖，也可用扦插和分株繁殖。

（一）种子繁殖

采种前选高产、优质健壮的植株留种，在果实成熟时，浆果呈红色或橘红色时及时采摘，采摘过后把干果泡软，洗出种子。晾干后放干燥阴凉处保存作种用。

播种期分春播（3 月下旬）和夏播（7 月）。播种前用 40 ℃温水浸种 24 h，可使出苗快而齐，提高发芽率。播种时，开浅沟条插，沟深 1～2 cm，沟距 30～40 cm，种子掺些沙混匀撒入沟内，每亩播种量 1 kg 左右，覆盖细土 1～2 cm，压实后浇水，保持土壤湿润，以利出苗。种子发芽适温 20～25 ℃，一般 5～7 d 出苗。用实生苗变异性大，难以保持原品种的优良性状。

（二）扦插繁殖

扦插繁殖宜在早春树液流动后萌芽放叶前进行。选一年生优良单株上的徒长枝、粗枝，或树芽饱满的枝条，截成 15 cm 左右的枝条，上端剪成平口，下端削成楔形。按行距 30～40 cm、株距 10～15 cm 斜插于整好的畦沟中 2/3，再覆细土压实，插条留 1～2 个节露出土面，经常保持土壤湿润。当新枝条长到 5 cm 左右，可留 1 个健壮的枝，抹除其余芽。生产上主要采用扦插繁殖，后代变异小，较能保存母株的优良性状。

（三）分株繁殖

1. 分株繁殖　于春季挖取枸杞根部周围萌芽的根苗，选粗壮、根系发达的小植株，先栽在整好的畦上培育，1 年后移栽定植。

2. 移栽定植　于春季解冻后枸杞萌芽放叶前或在 7—8 月雨季进行移栽定植。按行距 2～2.5 m，株距 1 m 左右，挖宽、深各 20～30 cm 的穴，每个穴施入少量腐熟厩肥或堆肥。移栽苗宜在早晚或阴雨天进行，移栽时将过长的根剪短，栽苗，使根部伸展填入表土，埋土至半穴时，将苗轻轻向上提一下，使根部伸展，上再覆盖一层松土略高于表土。分层踏实后，使土壤与根紧密接触后浇根水保湿，直至成活。

三、栽培管理

（一）中耕除草

种子出苗后需中耕松土 1 次，深度 7～10 cm，定植后 1 年需中耕 3～4 次，以增强土壤透气和保墒，促进根系发育。幼苗时周围杂草生长快，可将杂草拔去，在生长期视杂草滋生情况进行，一般 1 年除草 3～4 次。

（二）追肥

枸杞对肥水很敏感，为了加强幼苗生长，宜在 7 月以前分 2 次每亩施用尿素 5～7 kg，施肥后需立即浇灌水。秋后 10 月下旬至 11 月中旬结合中耕除草，在植株一侧开环形沟施 1 次腐熟人畜粪或饼肥，施后覆土、浇水，或中耕翻土时把腐熟厩肥或堆肥 2～3 kg 或饼料和过磷酸钙撒入树冠下，随同中耕翻入土中。以保翌年生长健壮。

（三）整形修剪

枸杞定植当年主干 50 cm，选择 3～5 个分布均匀的主枝，翌年在主枝上选 3～4 个生长旺枝，于 30 cm 处短截，第三年对 2 次骨干枝上的旺枝于 20 cm 处短截。经过几年树冠基本成形后，每年于秋季疏除枝叶过密的侧枝，剪去枯枝、细弱枝、重叠枝、下垂枝、病虫害枝。修剪有利于通风透光，促进新结果枝的生长。

四、采收与加工

枸杞果实在 6 月采收的称"夏果"，7 月采收的称"伏果"，在 9—10 月（如甘肃、山东等地）果实变红色或橙红色、果肉稍软、果蒂疏松时采收的称"秋果"，其中以夏果最佳。过早采收，色泽不鲜，果不饱满；过迟采收，果实易脱落，加工后质量差。采果应选晴天露水干后进行，每隔 1～2 d 采摘 1 次，采摘时连同果柄一同采收。采摘时，应轻采，先将鲜果及时轻轻摊放在草席上,厚度不超过 3 cm,果皮有皱时,再经晾晒至全部果实开始出现外皮收缩起皱,果皮不软不脆,而果实柔软即成药材干品。阴雨天可用微火烘烤至全干,每亩可收干果 100 kg 左右。枸杞子药材以粒大、色红、肉厚、质柔润、籽少、味甜者为佳品。

五、商品质量标准

枸杞外形呈类纺锤形或椭圆形,表面红色或暗红色,顶端有小突起状的花柱痕,基部有白色的果梗痕。果皮柔韧,皱缩;果肉肉质,柔润。表面浅黄色或棕黄色,以粒大、色红、肉厚、质柔润、籽少、味甜者为佳。《中国药典》(2015 年版)规定,水分不得超过 13.0%,总灰分不得超过 5.0%,浸出物不得少于 55.0%;按干燥品计算,含甜菜碱($C_5H_{11}NO_2$)不得少于 0.30%。

【任务评价】

枸杞栽培任务评价见表 4 - 2。

表 4 - 2 枸杞栽培任务评价

任务评价内容	任务评价要点
栽培技术	1. 选地与整地 2. 繁殖方法:①种子繁殖;②扦插繁殖;③分株繁殖 3. 田间管理:①中耕除草;②追肥;③整形修剪
采收与加工	1. 采收:采收方法及注意事项 2. 加工:加工方法及注意事项
包装与贮藏	1. 包装:用干燥麻袋包装 2. 贮藏:置阴凉通风干燥处贮藏

【思考与练习】

1. 枸杞有哪些繁殖方法?
2. 枸杞的药用价值有哪些?

任务三 胡椒的栽培

【任务目标】

通过本任务的学习,能够熟练掌握胡椒栽培的主要技术流程,并能独立完成胡椒的栽培及养护管理工作。

【知识准备】

一、概述

胡椒(*Piper nigrum* Linn.)为胡椒科胡椒属常绿攀缘藤本。别名白胡椒、黑胡椒。具有温中散寒、健胃止痛的功能。主治风寒感冒、脘腹冷痛、呕吐腹泻、食欲不振等症。主产于海南、广东、广西、福建、云南和台湾等地。

二、形态特征

茎长数十米，枝无毛，茎节显著膨大，常生不定根。叶互生，近革质；叶柄长，1.5～3.5 cm，无毛；叶鞘延长，叶片阔卵形，卵状长圆形或椭圆形，长6～16 cm，宽4～9 cm，先端短尖，基部稍偏斜，全缘，两面均无毛，叶脉5～7条，稀的有9条。花无花被，杂性，通常雌雄同株，排成与叶对生的穗状花序，花序短于叶或与叶等长，总花梗与叶柄近等大；苞片匙状长圆形，长3～3.5 cm，中部宽约0.8 mm，顶端阔而圆，呈浅杯状，腹面狭长处与花序轴合生，仅边缘分离；雄蕊2枚，花药肾形，花丝粗短；子房上位，近球形口室，胚珠1个，柱头3～4（5）裂。浆果球形，无柄，直径3～4 mm，未成熟时干后果皮皱缩，黑色（黑胡椒），成熟时红色，去掉中果皮则为白色（白胡椒）。花期4—10月，果期10月至翌年4月（图4-3）。

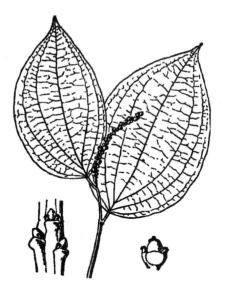

图4-3 胡 椒
（中国科学院植物研究所，2011.
中国高等植物图鉴补编第一卷）

三、生长习性

胡椒原产热带雨林，适于高温潮湿、静风环境生活。具有怕冷、怕旱、怕渍、怕风的特性。环境条件的好坏关系到胡椒栽培的成败。

胡椒生长于年平均气温24～27 ℃，月平均温差不超过7 ℃最适宜。胡椒不耐低温，平均气温低于18 ℃时，生长缓慢，低于15 ℃时，基本停止生长。气温高于35 ℃时，亦不利于植株生长。胡椒需雨量较多，要求年降水量1 000 mm以上，且分布均匀。但胡椒最忌积水，雨量过于集中，排水又不良，易引起胡椒瘟病的发生和流行，使植株大量死亡。胡椒对光照要求因品种和年龄而异。胡椒对土壤的要求并不严格，可在红壤、沙壤土、黏壤土和砖红壤等各种土壤栽培。

【任务实施】

一、选地、整地

椒园应选择气候温暖、无霜冻的地区，地势稍有坡度（坡度20°以下），排水性好、富含腐殖质的避风场地为理想。椒园宜为2 000～3 000 m² 面积分散种植，利于控制病害流行。坡地深翻30～40 cm深，拣净树根石块杂草，碎土平整，挖穴深60 cm、宽80 cm，入土充分暴晒，每穴施入掺过磷酸钙堆沤充分腐熟肥半坑，覆薄土，浇水后待用。

二、育苗

胡椒一般采用扦插法育苗。其方法是：选择定植1～3年，无病虫害的蔓龄4～6个月，粗 0.6 cm 以上，吸根发达，腋芽饱满的健壮主蔓，割蔓前半月修枝去顶（促进组织充实），取长 30～40 cm 的茎蔓，具有 5～7 个节，上部 2 节有分枝的为扦插用，将插条浸水 30 min 保湿，在苗床上成 40°～50°斜插，土面露 2 个小节，行株距 25 cm×12 cm，保持 80%～90% 荫蔽和湿润，7～10 d 生根，经 20～25 d 培育即可定植。

定植时选择凉爽湿润天气定植。行、株距（2.5～3）m×2 m，呈 45°～60°栽植，填土高出地面 10 cm，呈锅底形土堆，淋水，盖草遮阳。

三、田间管理

（一）施肥与排灌

定植后每天淋水 1 次，1 个月后新芽长出 10～17 cm，施 1∶20 的腐熟人粪尿。苗高 30 cm 时，在距株 15 cm 处挖沟，施入追肥，以后每隔 2～3 个月结合灌溉施入追肥，并中耕培土。入冬前每株施火烧土或草木灰，以提高抗寒力。植株采果后施攻肥肥；花芽萌发期施辅助攻花肥；果实生长期施攻果肥；果实发育期施养果肥。旱季灌溉防旱，雨季及时排除积水。

（二）立柱、绑蔓

胡椒为蔓生植物，需有支柱攀缘，便于通风及接受阳光，椒苗抽新蔓时，先插临时小支柱，进行第二次剪蔓时，立永久性大支柱（2～3 m），并适时用软绳将有吸盘的节轻轻缚在支柱上，一般 10～15 d 进行 1 次，用作种苗的蔓则节节绑，使节紧贴支柱。

（三）摘花、摘叶

为使养分集中，加速树形形成，摘除 1～3 龄封顶前植株所需放花期外其他季节开的花，并适当疏叶，摘除过密的老叶。

（四）整形、修剪

定植后 6～8 个月植株高约 1.2 m 时，在离地面 20～30 cm（3～7 个节）处第一次剪蔓，保留第一层或第二层枝序（如第一层枝序离地面高于 40 cm，可将下部新蔓空节埋入地中压蔓），并在剪后保留 2～3 条萌发的健壮新蔓。当剪后的新蔓高约 1 m 以上，再进行第二、三、四次剪蔓，每次剪蔓时都应选留新蔓 4～6 条。第五次开始在第二层枝序上如法修剪，当几条主蔓超过支柱 20～30 cm 并向中心靠拢时，可将其在交叉处绑好，离交叉点 2～3 个节处去顶，称"封顶"。植株继续生长，形成圆柱树形。

四、病虫害防治

（一）病害

1. 疫病 又名胡椒瘟，先在主蔓基部染病，随后蔓延至全株各个部位，木质部迅速腐烂，植株突然凋萎死亡，根部大部分尚好。由带菌的土壤、病株残体或野生寄主为侵染源。一般以预防为主。要保证椒园不积水和椒头通风透气；在流行期药剂消毒，减少人为传播，翻晒土壤，消灭表土病菌，及时烧毁病株；药剂喷洒保护健株，认真隔离病区。较为有效的药剂有波尔多液、1%敌菌灵等。

2. 细菌性叶斑病 主要危害叶片，也危害全株，致病性很强，病斑初显多角形水渍状，扩展后中间呈褐色，边缘变黄，遇露水溢出细菌浓液，致使病叶花果脱落，病枝脱节，病蔓干枯。预防方法：尽快将病部及其周围叶片摘除，或用 1%硫酸铜液喷病部叶，喷 1∶2∶100 波尔多液保护健叶，连续喷药几次。

3. 花叶病　花叶病由病毒引起，症状有两种类型，一是叶变小，卷曲，主蔓萎缩，节间变短，植株矮小畸形，结果很少；另一种是植株基本生长正常，仅叶部表现花叶。防治方法：加强管理，合理施肥、灌溉、排水，增强植株生长优势，提高抗病力，发现病株拔除烧毁补植。

（二）虫害

虫害主要有介壳虫和蚜虫等。介壳虫的防治一是要加强植株检疫，防止带虫苗木接近椒园；二是结合修剪，剪除虫枝，集中烧毁，或用竹片等工具刮除虫体。也可用化学方法防治。初龄若虫用吡虫啉或 50％马拉松乳剂 1 000～1 500 倍液防治，每隔 7～10 d 喷 1 次，连续喷 2～3 次。蚜虫可用吡虫啉 1 500 倍液喷雾防治。

五、采收与加工

（一）采收

种植后 2～3 年封顶开花，3～4 年收获。花后 4 个月果实成熟，秋花 5—7 月采收，夏花 4—5 月采收。当果穗基部的果实开始变红时，即可剪下果穗。采收一般分 5～6 次进行，每隔 7～10 d 采 1 次，末次包括不成熟果实全部采完。

（二）加工

收获后将果穗直接在晒场上晒 3～4 d，果皮皱缩时，用木棍打落果粒，除去果梗等杂物，充分晒干即为黑胡椒；采收后将胡椒装入麻袋，浸在流水中，经 10 d 后取出，轻轻揉去果皮，用水浮去皮渣，再充分晒干，即为白胡椒。注意胡椒在流水中浸泡，晒干后洁白；若在静水中浸泡则带黑色，商品质量降低。胡椒应置阴凉通风处贮藏。

六、商品质量标准

黑胡椒药材呈球形，表面黑褐色，具隆起网状皱纹，顶端有细小花柱残迹，基部有自果轴脱落的疤痕。质硬，外果皮可剥离，内果皮灰白色或淡黄色。断面黄白色，粉性，中有小空隙。气芳香，味辛辣者为佳。白胡椒药材表面灰白色或淡黄白色，平滑，顶端与基部间有多数浅色线状条纹。《中国药典》（2015 年版）规定，水分不得超过 14.0％；本品按干燥品计算，含胡椒碱（$C_{17}H_{19}NO_3$）不得少于 3.3％。

【任务评价】

枸杞栽培任务评价见表 4－3。

表 4－3　枸杞栽培任务评价

任务评价内容	任务评价要点
栽培技术	1. 选地与整地 2. 繁殖方法：扦插繁殖 3. 田间管理：①施肥与排灌；②立柱、绑蔓；③整形修剪
采收与加工	1. 采收：采收方法及注意事项 2. 加工：加工方法及注意事项
包装与贮藏	1. 包装：用干燥麻袋包装 2. 贮藏：置阴凉通风干燥处贮藏

【思考与练习】

1. 胡椒田间如何管理？
2. 黑胡椒与白胡椒有何区别？

任务四　决明子的栽培

【任务目标】

通过本任务的学习，能够熟练掌握决明栽培的主要技术流程，并能独立完成决明的栽培及养护管理工作。

【知识准备】

一、概述

决明（*Cassia tora* Linn.）为豆科决明属一年生半灌木状草本植物，又名草决明、钝叶决明、马蹄决明。以干燥种子入药，具有清肝、明目、润肠之功效。决明分布较广，主产贵州、广西、安徽、四川、浙江、广东等地，全国各地均有栽培。现代医学实验证明，决明子除了有清肝明目、通便作用外，还具有降血压、降血脂、抗菌等作用。

二、植物形态特征

决明子为一年生半灌木状草本植物，全体被短柔毛。高 1～1.5 m，茎基部木质化。双数羽状复叶互生，小叶 2～4 对，倒卵形或倒卵状长圆形，全缘。通常 2 朵生于叶腋，9—10 月结出细长微弯的荚果，种子多数，近菱形，灰绿色有光泽（图 4-4）。

图 4-4　决　明
（中国科学院植物研究所，1972.
中国高等植物图鉴第二卷）

三、生长习性

决明子喜温暖湿润热带和南亚热带地区环境，适宜在阳光充足、高温多雨的环境，不耐寒、怕冻。

【任务实施】

一、选地整地

决明子对土质要求不严，宜在土层深厚疏松肥沃排水良好的沙壤土种植。深耕整地前，每亩施肥 2 000～2 500 kg，均匀撒入地面，浅翻土地耙细整平，南方作 130～150 cm 宽的高畦；北方整平作 130 cm 宽的畦。

二、繁殖方法

决明一般采用种子繁殖。

（一）采种

催芽选择树龄 10～25 年，植株健壮，籽粒饱满，出脂稳定高产，没有病虫害的植株为采种的母株。每年 8—10 月果熟期果皮变干茎部开裂，果壳内有锈色茸毛，种子饱满坚实时及时采收种子，阴干或晒干。由于种子不耐贮藏，故随采随播为好。采后及时放到湿沙层积贮藏，保存于干燥通风处供翌年春播用。播种前用温水浸种，催芽，出苗较快。

（二）播种育苗

决明子播种宜在 4 月上中旬进行，过早地温低出苗不好，过迟生长期短，种子不能成熟，产量和质量随之降低。播种可采用条播和点播。北方天气干旱先浇水后播种。条播按行距 50～60 cm，开 5～6 cm 深的沟，将种子均匀撒入沟内，然后覆土 3 cm，稍加镇压。点播按行距 30 cm、株距 20 cm 左右开穴，深 5～6 cm，每穴播种子 6～8 粒，每亩播种量 1～1.5 kg。播后施淡人畜尿粪，并在穴上盖层土肥。播后 7～10 d 出苗，此时应加强田间管理，当苗高 5～6 cm 时间苗，即拔除弱苗或过密的苗。

三、栽培管理

（一）中耕除草

当苗高 10 cm 以上时，结合中耕除草，按株距 30 cm 左右定苗。如遇干旱需要浇水保湿，适时中耕除草，保持土壤疏松，无杂草以利幼苗生长。

（二）追肥

6—7 月开花结果前，待植株封垄前，每亩施硫酸铵 7.5 kg 和过磷酸钙 15 kg，混匀后撒于行间，结合中耕，把肥料埋入土中，可防倒伏，提高产量。

四、采收与加工

当年 9—10 月果实成熟，荚果变成黄褐色时采收，将全株割下晒干后轻轻打下种子，去除杂质即为中药材决明子。

五、商品质量标准

决明子略呈菱方形或短圆柱形，两端平行倾斜，表面绿棕色或暗棕色，平滑有光泽，一端较平坦，另端斜尖，背腹面各有 1 条突起的棱线，棱线两侧各有 1 条斜向对称而色较浅的线形凹纹。质坚硬，不易破碎。《中国药典》（2015 年版）规定，决明子药材水分不得超过 15.0%，总灰分不得超过 5.0%，每 1 000 g 含黄曲霉毒素 B_1 不得超过 5 μg，黄曲霉毒素 G_2、黄曲霉毒素 G_1、黄曲霉毒素 B_2 和黄曲霉毒素 B_1 总量不得超过 10 μg；按干燥品计算，含大黄酚（$C_{15}H_{10}O_4$）不得少于 0.20%，含橙黄决明素（$C_{17}H_{14}O_7$）不得少于 0.080%。

【任务评价】

决明子栽培任务评价见表 4-4。

表 4 - 4　决明子栽培任务评价

任务评价内容	任务评价要点
栽培技术	1. 选地与整地 2. 繁殖方法：种子繁殖 3. 田间管理：①中耕除草；②追肥
采收与加工	1. 采收：采收方法及注意事项 2. 加工：加工方法及注意事项
包装与贮藏	1. 包装：用干燥透气袋包装 2. 贮藏：置阴凉通风干燥处贮藏

【思考与练习】

1. 决明子的药用价值有哪些？
2. 决明子种子繁殖有哪些注意事项？

任务五　莲的栽培

【任务目标】

通过本任务的学习，能够熟练掌握莲栽培的主要技术流程，并能独立完成莲的栽培及养护管理工作。

【知识准备】

一、概述

莲（*Nelumbo nucifera* Gaertn.）别名莲菜、荷藕等，属于睡莲科莲属水生草本植物。莲全身各部分均可供药用或食用，是中国十大名花之一。莲藕起源于我国，种植历史 3 000 多年。莲藕营养丰富，莲子、莲须、莲子心、莲房、荷叶、藕节、藕汁皆可入药。

二、植物形态特征

多年生水生植物。莲藕主要由根、茎、叶、花、果实等几部分组成。根为不定根，须状，环生在地下茎四周，在不定根上密生侧根。根茎（藕）肥大多节，为横生地下茎，由藕和藕鞭组成。叶盾状圆形，表面深绿色，被蜡质白粉，背面灰绿色，全缘并呈波状。叶柄圆柱形，密生倒刚刺。6—9 月开花，花单生于圆柱形花梗顶端，高

图 4 - 5　莲
（中国科学院植物研究所，1972.
中国高等植物图鉴第一卷）

托水面之上，有单瓣、复瓣、重瓣及重台等花形；花色有白、粉、深红、淡紫色或间色等变化；雄蕊多数；雌蕊离生，埋藏于倒圆锥状海绵质花托内，花托表面具多数散生蜂窝状孔洞，受精后逐渐膨大称为莲蓬，每一孔洞内生一小坚果（莲子）。9—10 月果实成熟（图 4 - 5）。

三、生长习性

莲是多年生宿根水生植物，一年完成它的生长发育。喜温湿和阳光，宜生长在水源充足、水质好和水位稳定的静水水体。对水位的要求因品种及生育期的不同而异。如适宜家莲生长的水深为 20～80 cm，幼苗期和结藕期要求浅水，营养生长期和开花结实期要求稍深一些。莲对土质要求不严格，较耐肥，在底土平整、肥沃、土质深厚，保水保肥的塘泥土或黏质壤土 pH 6.5～7.5 生长较好。莲要经过萌芽、展叶、开花、结实、结藕、休眠等各个生长发育阶段。它与大多数先长叶后开花或者先开花后长叶的植物不同，在生长发育初期是先长叶后开花，到中期则是叶、花同出。开花结实也不像其他植物那样整齐一致，而是陆续开花，陆续结果，蕾、花、果、叶常可以同时并存于同一植株。终花以后，进入生长发育后期才开始结藕。因此，莲藕与其他植物的差别又表现在：并不是先营养生长后生殖生长，而是营养生长贯穿于它的整个生长发育过程中。

【任务实施】

一、选地整地

莲花宜静水栽植，要求湖塘的土层深厚，水流缓慢，水位稳定，水质无严重污染，水深在 150 cm 以内。荷花是强阳性花卉，所以栽植地必须保持每天有 10 h 以上的光照。此外，荷花易被草类、鱼类等吞食，因此在种植前，应先清除湖塘中的鱼类，并用围栏加以围护，以免鱼类侵入。惊蛰开始整田，要求三犁四耙、田平、泥烂和肥足，耕作层深度以 30 cm 左右为宜。基肥要以腐熟农家肥为主，生产上一般每亩施绿肥 25 000～35 000 kg 和生石灰 40～60 kg、厩肥 2 000～3 000 kg，施入耕作层内。

二、繁殖方法

（一）选种

莲子的寿命很长，几百年甚至上千年的种子也能发芽。莲子的萌发力很强，有时为了加快繁殖速度，在 7 月中旬，当莲子的种皮由青色转为黄褐色时，当即播种，也能发芽。如果是翌年以后播种，则应等到莲子充分成熟，种皮呈现黑色且变硬时，才能进行采收，将采收的种子晾干并放入室内干燥、通风处保存。所以在选种时应选用成熟和饱满的种子进行繁殖。

（二）播种

催芽莲子播种在日平均温度 20 ℃较为适宜，子莲为能达到当年采收莲子的数目，一般播种期为 4 月中上旬，花莲在 4 月上旬至 7 月中旬播种，当年一般都能开花。7 月下旬至 9 月上旬亦能播种，但因后期气温较低，只能形成植株，不能达到开花的目的。

莲子播种前要进行催芽处理。催芽的方法是将莲尾端凹平一端剪破硬壳，使种皮外露并注意不能弄伤胚芽。将破壳的莲子放催芽盆中，用清水浸种，水深一般保持在 10 cm 左右，每天换水 1 次，4～6 d 后胚芽即可显露。夏天高温时，播种应适当遮阳，每天换水增加至早、晚各 1 次。此时因气温高，莲子只需 2 d 就能显露胚芽。

(三) 育苗

育苗的方式主要有盆育和苗床两种。盆育即在盆中放稀塘泥，盆土占盆的 2/3。苗床育苗，一般选用长、宽 100 cm，高 25 cm 的苗床。再加入稀塘泥 15～20 cm 整平，最后将催好芽的种子以 15 cm 的间距排列，依次播入泥中，并保持 3～5 cm 深的水层。

(四) 移栽

定植当幼苗长至 3～4 片浮叶时，就可以进行移栽。每盆栽植幼苗 1 株，应随移随栽，并带土移植以提高成活率。田间植子莲一般每亩栽植 700 株幼苗，移栽后为促进幼苗的正常生长，前期应保持浅水，并根据幼苗的生长逐渐提高水位。

三、栽培管理

(一) 水分管理

莲的生长阶段对水深的要求各不同。一般遵循生长前期只需浅水，中期满水，后期少水的原则，种藕栽下时水深 3～10 cm 即可，以后随植株生长逐步灌水至开花结实，水位要平稳，水位一般保持 20～30 cm，灌水 1 次不宜超过 4 cm，以免淹坏刚出水的小花蕾。越冬时水深 5～10 cm，结冰期应适当加深水位。

(二) 中耕除草

杂草对莲花的生长不利，因此要及时清除。在荷花栽培园地应每月喷施 1 次除草剂，以控制杂草生长。对于缸盆中的杂草、水薹、藻类应及时人工清除。田塘栽种的藕莲和子莲，在栽种 20 d 后，即立叶生长至 3～5 片时开始耕耘，翻动土表拔除杂草，每隔 15 d 进行 1次，一般耕耘 3 次，待地下茎基本长满田塘就可停止。

(三) 追肥

缸盆栽植荷花，一般用豆饼、鸡毛等作基肥，制作基肥应将鸡毛等与土壤充分搅拌，土壤和有机肥的含量为 2：1，基肥用量为整个栽植土的 1/5，将基肥放入缸盆的最底层。在荷花的开花生长期，如发现叶色发黄，则要用尿素、三元复合肥等进行追肥，也可用 20～60 g/mL 铁锰液叶片喷施，或 2 g/mL 做灌施。子莲一般每亩施用 3 000 kg 有机肥和磷、钾肥作为基肥，追肥的原则是苗期轻施，花蕾形成期重施，开花结果期勤施，具体时间为 5 月上旬幼苗期每亩施用 30 kg 磷、钾肥，10 kg 尿素；6 月中旬至 8 月上旬为开花期，为促使荷花盛开，提高结实率，每隔 20 d 应施 1 次追肥。藕莲每亩施用 400 kg 有机肥、100 kg 豆饼作为基肥。藕莲第一次追肥是在 6 月上旬，施用以尿素、磷钾肥为主的立叶肥；第二次在 7月上旬，施用尿素 30 kg、磷钾肥 50 kg 的坐藕肥以确保藕莲多结藕、结好藕以提高经济效益。

四、采收与加工

7—9 月采莲，莲子、荷叶的采收目的不同，其采收方法也不同。

(一) 莲子采收

子莲开花期较藕莲早，长江流域一般在夏季前后开花，大暑（7—8 月）开始采收莲子（称霉子、报讯子），产量较小；小暑到大暑陆续开花，立秋至白露采收（称伏子），产量高、粒大饱满且质量好。由于伏天温度高，莲子成熟快，每隔 2～3 d 采收 1 次。入秋以后开花，秋分到寒露采收（称秋子）的莲子产量高于霉子，但其质量不及霉子，粒小且质量较差。莲蓬呈青褐色时，孔格部分带黑色，莲子呈灰黄色时即可采收。方法是取出果实晒干或除去果壳后晒干。经霜老熟而带有黑色果壳的称"石莲子"，除去果壳的种子，称"莲肉"。每亩可产干莲子 40～50 kg。

（二）荷花、荷叶采收

荷花宜在 6—7 月间采收含苞待放的大花蕾或刚开的花，采后挂放或摊放在通风干燥处阴干。采荷叶宜在 8—9 月进行，采叶后，除去叶柄，可以鲜用也可晒 7～8 成干，对折成半圆形，再晒至全干。

五、商品质量标准

莲子呈椭圆形或类球形，表面红棕色，有细纵纹和较宽的脉纹。一端中心呈乳头状突起，棕褐色，多有裂口，其周边略下陷。质硬，种皮薄，不易剥离。《中国药典》规定，水分不得超过 14.0%；总灰分不得超过 5.0%；每 1 000 g 含黄曲霉毒素 B_1 不得超过 5 μg，黄曲霉毒素 G_2、黄曲霉毒素 G_1、黄曲霉毒素 B_2 和黄曲霉毒素 B_1 总量不得超过 10 μg。

荷叶呈半圆形或折扇形，展开后呈类圆形，全缘或稍呈波状；上表面深绿色或黄绿色，较粗糙；下表面淡灰棕色，较光滑。质脆，易破碎，粉末灰绿色。《中国药典》（2015 年版）规定水分不得超过 15.0%，总灰分不得超过 12.0%，浸出物不得少于 10.0%，本品按干燥品计算，含荷叶碱（$C_{19}H_{21}NO_2$）不得少于 0.10%。

【任务评价】

莲栽培任务评价见表 4 - 5。

表 4 - 5　莲栽培任务评价

任务评价内容	任务评价要点
栽培技术	1. 选地与整地 2. 繁殖方法：种子繁殖 3. 田间管理：①水分管理；②中耕除草；③追肥
采收与加工	1. 采收：采收方法及注意事项 2. 加工：加工方法及注意事项
包装与贮藏	1. 包装：用干燥透气包装袋包装 2. 贮藏：置阴凉通风干燥处贮藏

【思考与练习】

1. 莲子、荷叶分别如何采收？
2. 莲的栽培管理如何进行？

任务六　连翘的栽培

【任务目标】

通过本任务的学习，能够熟练掌握连翘栽培的主要技术流程，并能独立完成连翘的栽培及养护管理工作。

【知识准备】

一、概述

连翘〔*Forsythia suspensa*（Thunb.）Vahl〕属木犀科连翘属，别名青翘、老翘、落翘、连壳等。连翘以果实或果壳供药用，具有清热解毒，利尿排石，散结消肿的功效，有翘和黄翘（俗称老翘）两种。主产于河北、山西、河南、湖北等地。现各地广为栽培。

二、植物形态特征

连翘为落叶灌木，生长于山野荒坡灌木丛中或树林下，植株高 2～3 m。枝条细长，开展或下垂，稍带蔓性，常着地生根，小枝梢呈四棱形，节间中空，仅在节部具有实髓。单叶对生卵形或长椭圆形，一部分形成羽状三出复叶，春季 4 月左右先花后叶，花鲜黄色，通常单生叶腋，花冠裂片 4 枚倒卵状椭圆形。7—8 月结出蒴果，狭卵形略扁，长约 1.5 cm，先端有短喙，成熟时 2 瓣裂。种子多数，棕色，狭椭圆形，扁平，一侧有薄翅（图 4-6）。

三、生长习性

连翘原产于我国北方或中部，野生于海拔 1 000 m 左右山地半阴山坡或向阳山坡疏灌木丛中，连翘喜欢温暖、干燥和光照充足的环境，耐寒、耐旱，忌水涝。连翘萌发力强，对土壤要求不严，在肥沃、瘠薄的土地及悬崖、陡壁、石缝处均能正常生长。但在排水良好、富含腐殖质的沙壤土上生长更好。在阴湿处生长较差，结果少，产量低。

图 4-6 连 翘
（中国科学院植物研究所，1974.
中国高等植物图鉴第三卷）

【任务实施】

一、选地整地

育苗地应选择背风向阳的山地或者缓坡地、土层深厚、疏松、肥沃、排水良好的夹沙土地；扦插育苗地，最好采用沙土地（通透性能良好，容易发根），而且要靠近有水源的地方，以便于灌溉；亦可利用土层较厚、肥沃疏松、排水良好、荒地、路旁、田边、地角、房前屋后、庭院空隙地、零星地均可种植。地选好后于播前或定植前整地，深翻土地，施足基肥，以厩肥为主，每亩施基肥 3 000 kg，均匀地撒到地面上。深翻 30 cm 左右，整平耙细作畦，畦宽 1.2 m、高 15 cm，畦沟宽 30 cm，畦面呈瓦背形。若为丘陵地成片造林，可沿等高线做梯田栽植；山地采用梯田、鱼鳞坑等方式栽培。栽植穴要提前挖好。施足基肥后栽植。

二、繁殖方法

连翘通常采用种子繁殖、扦插繁殖、压条繁殖和分株繁殖。一般大面积生产主要采用播种育苗，其次是扦插育苗，零星栽培也用压条或分株育苗繁殖。

（一）种子繁殖

选种采种选择生长健壮、枝条节间短而粗壮、花果着生密而饱满、无病虫害的优良单株作采种母株。于9—10月采集成熟的果实，薄摊于通风阴凉处后熟几天，阴干后脱粒，选取籽粒饱满的种子，沙藏备作种用。

播种育苗春播在清明前后进行，冬播在封冻前进行（冬播种子不用处理，翌年出苗）。条播在畦面上按行距30 cm开浅沟，沟深3～4 cm，并浇施清淡人畜粪水润土，再将已用凉水浸泡1～2 d后稍晾干的种子均匀撒于沟内，每沟播种150粒左右，覆1～2 cm厚细土，略加镇压，再盖草保持土壤湿润。播后适当浇水，保持土壤湿润，经20 d左右出苗，齐苗后揭去盖草。在苗高7～10 cm时间苗，拔出一部分过细的弱苗，株距保持5～7 cm，并及时除草和追施硫酸铵和稀薄人粪尿，促苗旺盛生长，当年秋季或翌年早春当苗高33 cm以上即可定植于大田。

（二）扦插繁殖

扦插繁殖育苗季节一般适宜在春季5月中下旬至6月上旬。在优良母株上，剪取1～2年以上生嫩枝，截成30 cm长的插条，每段有3个节，扦插时要将下端近节处削成马耳形斜面，每30～50根1捆，用500 mg/L ABT生根粉或500～1 000 mg/L吲哚丁酸溶液，将插条基部（1～2 cm处）浸泡10 s，取出晾干药液后扦插。扦插时，在整好的畦面上按行株距10 cm×5 cm画线打点，随后用小木棒打引孔，将插条半截以上插入孔内，随即压实土壤，浇1次透水。春季气温低时，可搭设拱形塑膜棚增温保湿，1个月左右即可生根发芽，随后可将塑膜揭去，进行除草和追肥，促进幼苗健壮生长。当年冬季，幼苗长至50 cm左右时即可移栽定植，或培育2年后进行定植。

（三）压条繁殖

连翘为落叶灌木，下垂枝多，利用连翘母株下垂的枝条，在春季3—4月将植株下垂弯曲枝条在入土处用刀刻伤后压入土中，覆上细肥土，踏实，地上部分可用竹竿或木杈固定，在刻伤处能生根长成为新株。当年冬季至翌年早春，可将幼苗与母株截断，连根挖取幼苗，移栽定植于大田。

（四）分株繁殖

连翘萌发力极强，在冬季落叶后或春季萌芽前，可选择连翘树旁萌发的根蘖苗，带根挖出后另行定植。

（五）移栽定植

移栽定植连翘株苗宜在冬季落叶后到春季未发芽前进行，选在阴天时按行株距2 m×1.5 m挖穴（一般每亩地栽植222株），穴径和深度各40 cm，先将表土填入坑内达半穴时，再施入适量厩肥或堆肥，与底土混拌均匀。然后，每穴栽苗1株，使其根系分散展开后再盖松土，分层填土高出地面10 cm左右，以利于保墒。栽后浇水，以利成活。

连翘属于同株自花不孕植物，自花授粉结实率极低，只有4%，如果单独栽植长花柱或者短花柱连翘，均不结实。因此，定植时要将长、短花柱的植株相间种植，才能开花结果，这是增产的关键措施。

三、栽培管理

(一)中耕除草

苗期要根据田间杂草情况和土壤板结情况及时中耕除草，定植后于每年冬季在连翘树旁中耕除草 1 次，植株周围的杂草可铲除或用手拔除。

(二)追肥

每株每年都要追肥。苗期勤施薄肥，可在行间开沟。每亩施硫酸铵 10～15 kg，以促进茎、叶的生长。定植后，每年冬季结合中耕除草施入腐熟厩肥、腐熟饼肥或土杂肥，用量为幼树每株 50 g，结果树每株 100 g，在连翘株旁挖穴或开沟施入，施后覆土，壅根培土，以促进幼树健壮生长，多开花结果。有条件的地方，春季开花前可增加施肥 1 次。在连翘树修剪后，每株施入火土灰 2 kg、过磷酸钙 200 g、饼肥 250 g、尿素 100 g。于树冠下开环状沟施入，施后盖土、培土保墒。早期连翘株行距间可间作矮秆作物。

(三)灌排

连翘耐旱，但生长期应保持土壤湿润，旱期及时沟灌或浇水，雨季要开沟排水，以免积水烂根引起植株死亡。

(四)整形修剪

连翘苗定植后，在连翘幼树高达 1 m 左右时，于冬季落叶后，在主干离地面 70～80 cm 处剪去顶梢。夏季通过摘心，控制植株高度，多发分枝。从不同的方向选择 3～4 个发育充实的侧枝，培育成为主枝。然后在主枝上再选留 3～4 个壮枝，培育成为副主枝，在副主枝上放出侧枝。通过几年的整形修剪，使其形成低干矮冠，内空外圆，通风透光，小枝疏朗，提早结果的自然开心形树形。同时，于每年冬季，将枯枝、包叉枝、重叠枝、交叉枝、纤弱枝以及徒长枝和病虫枝剪除。生长期还要适当进行疏删短截。对已经开花结果多年、开始衰老的结果枝群，也要进行短截或重剪（即剪去枝条的 2/3），可促使剪口以下抽生壮枝，恢复树势，提高结果率。

四、采收与加工

连翘移栽植后 3～4 年开花结果。一般于霜降前后，果实由青变为土黄色即将开裂前采收。采收的果实晒干后除去杂质即成药材。青翘于 8 月下旬至 9 月上旬采摘尚未完全成熟的青色果实，晒干，用沸水煮片刻或用蒸笼蒸 30 min，蒸熟后晒干或烘干除去杂质，筛去种子，即可加工成"青翘"，药材以身干、色较绿、不开裂者为佳品。黄翘于 10 月上旬采收熟透但尚未开裂的黄色成熟果实，直接晒干或烘干除去杂质，筛去种子，即可加工成"黄翘"（俗称"老翘"）。连翘药材以色较黄、瓣大、壳厚者为佳品。将果实内种子筛出晒干即为连翘芯。选择生长健壮，果实饱满，无病虫害的优良母株上成熟的黄色果实，加工后选留作种。

五、商品质量标准

连翘果实呈长卵形至卵形，表面有不规则的纵皱纹和多数突起的小斑点，两面各有 1 条明显的纵沟。顶端锐尖，基部有小果梗或已脱落。青翘多不开裂，表面绿褐色，突起的灰白色小斑点较少，质硬，种子多数，黄绿色，细长，一侧有翅。老翘自顶端开裂或裂成2瓣，表面黄棕色或红棕色，内表面多为浅黄棕色，平滑，具一纵隔，质脆。种子棕色，多已脱落。《中国药典》（2015年版）规定，杂质含量青翘不得超过3%，老翘不得超过9%，水分不得超过10.0%，总灰分不得超过4.0%，浸出物青翘不得少于30.0%，老翘不得少于16.0%；按干燥品计算，含连翘苷（$C_{27}H_{34}O_{11}$）不得少于0.15%。

【任务评价】

连翘栽培任务评价见表4-6。

表4-6　连翘栽培任务评价

任务评价内容	任务评价要点
栽培技术	1. 选地与整地 2. 繁殖方法：①种子繁殖；②扦插繁殖；③压条繁殖；④分株繁殖 3. 田间管理：①中耕除草；②追肥；③灌排；④整形修剪
采收与加工	1. 采收：采收方法及注意事项 2. 加工：加工方法及注意事项
包装与贮藏	1. 包装：用干燥透气包装袋包装 2. 贮藏：置阴凉通风干燥处贮藏

【思考与练习】

简述连翘的播种繁殖技术要点。

任务七　罗汉果的栽培

【任务目标】

通过本任务的学习，能够熟练掌握罗汉果栽培的主要技术流程，并能独立完成罗汉果的栽培及养护管理工作。

【知识准备】

一、概述

罗汉果［*Siraitia grosvenorii*（Swingle）C. Jeffrey ex Lu et Z. Y. Zhang］为葫芦科罗汉果属植物多年生草质藤本。以果实入药。具有清热润肺、止咳、消炎、清暑解渴、润肠通便的功能。主治伤风感冒、暑热、胃热、咳嗽多痰、便秘、慢性咽喉炎、慢性支气管炎、口干舌燥等症。主产于广西的永福、临桂，为广西特产。目前主要是人工栽培的罗汉果，近年来广东、福建、湖南、贵州、江西等地都有栽培。

二、形态特征

藤长达5 m。地下块根肥大。茎暗紫色，具数条纵枝，嫩茎有白色柔毛和红色腺毛。单叶互生，卵形、长卵形或卵状三角形。卷须生于腋侧呈螺旋状。花单性，雌雄异株。花淡黄色。果实圆形、卵形或矩圆形，有淡黄色或黑色茸毛，有纵线。种子淡黄色，扁长圆形。花期 6—8 月，果期 8—11 月（图 4-7）。

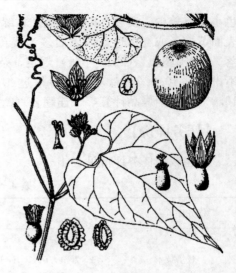

三、生长习性

罗汉果性喜凉爽多雾的气候环境。土壤以土层深厚、有机质丰富、疏松肥沃、排水良好的壤土为好。干燥瘠薄的地方生长不良，此外在排水不良的土地栽培，叶片发黄，长势差，产量低。

图 4-7　罗汉果
（中国科学院植物研究所，1975.
中国高等植物图鉴第四卷）

【任务实施】

一、整地、施肥

罗汉果已从高山引种到低山或丘陵地区栽培成功。似在海拔较低，气温较高的地区种植时，选北坡为宜。在定植前一年冬季，进行全垦整地，耕深 25 cm 左右，按 150 cm 宽做高畦，后按株行距 150 cm×150 cm 开穴，穴深、宽各 30 cm，每穴施腐熟厩肥和磷肥等混合肥 10～13 kg，土肥拌匀后，再把四周的土做成直径 60 cm、高 10～12 cm 的土堆。

二、繁殖方法

（一）种子繁殖

种子繁殖要选择半阴半阳的环境播种育苗。苗床做 120 cm 宽的高畦，施腐熟厩肥或土杂肥作基肥。3～4 月播种，条播，行距 18～20 cm，播深 3～4 cm。半个月至 1 个月发芽，种子发芽率 40% 左右。第二年春定植时，种茎平均粗 3 cm、长 4.5 cm 左右。

（二）压条繁殖

压条繁殖是生产上常用的方法。适宜选择 8—9 月阴雨天进行压条。选 1～2 年植株生长粗壮、节间长、叶较少和未结果的藤蔓作压条。在藤蔓附近挖深、宽各 12～15 cm 的穴，按 3 cm 左右的株距将藤蔓顶梢弯压在穴中，每穴压 3～5 条，入土的藤蔓长 5～10 cm，覆土平穴面，而顶芽则以埋在土表下为宜（顶芽前期受到抑制后，养分集中于压条的节间，便膨大成块）。压后 10 d 左右生根，1 个月膨大成小块茎，待立冬后藤蔓枯死时，可将块茎挖出置土坑贮藏过冬。没有冰冻出现的地区，可厚地越冬。土坑贮藏方法：选择排水良好的地方，挖深 30～45 cm、宽 90～100 cm，长度视地形而定的土坑，坑底先放一层 15 cm 厚的种茎，于上盖土一层，再放一层同样厚的种茎，最后覆土 20～25 cm，堆成馒头形。如土壤干燥，需适当浇水，使土壤保持湿润。贮藏期间要经常检查，如有发热，另行选地贮藏。

以上两种繁殖方法均在第二年 4 月定植。在挖取种茎时，注意把雌雄株分别放置，定植时每 100 株雌株配 4～6 株雄株，以便人工授粉。每穴下种 1～2 个，株距约 30 cm，种茎芽头向上，同时露出表土，最后覆土 6～8 cm，如土壤过于干燥，应适当浇水。

三、田间管理

（一）搭棚

下种后开始搭棚，一般用竹、木作支架，棚高 130～150 cm，上铺小竹子或树枝像瓜棚一样，然后在株旁插一根小竹子，以便于藤蔓向上攀缘。

（二）扶藤、摘侧芽

清明前后块茎萌芽，苗高 30 cm 以上，用稻草或麻绳将苗绑在小竹子上，以帮助攀缘上棚。棚前长出的侧芽要全部摘掉，以利主芽迅速生长，上了棚的藤蔓如有掉下来，需继续扶蔓上棚。

（三）除草、追肥

除施足基肥外，每年需追肥 4～5 次，追肥结合中耕、除草进行。第一次追肥在 4—5 月苗高 30～50 cm 时，追施稀人畜粪尿及硫酸铵；第二次于 5—6 月开花时，追施腐熟厩肥和饼肥；第三、四、五次于 7—8 月盛花结果期，每隔半个月施 1 次厩肥、麸饼和磷肥，以促进果实长大。施肥方法：在山坡的上方离块茎 24 cm 的地方开半环状沟，施肥后覆土，切勿将肥料施在块茎上。

（四）点花

点花即人工授粉，一般在 6—9 月进行。每天早晨把已开放的雄花摘下来，用竹签刮取花粉，轻轻点在雌花的柱头上，每朵雄花可点 10～20 朵雌花，点花工作争取在上午进行，午后效果较差。当天收集的花粉，说好当天使用，如果保存至第二天，必须干燥贮藏。

（五）防冻、开蔸

立冬前于蔸上培土 10～15 cm，上面再覆盖茅草，以防霜冻，第二年清明前后将覆盖物和土挖开，使块茎露出，让阳光晒 3～4 d，并将枯藤剪去，以利发芽。

四、病虫害防治

危害罗汉果的病虫害主要有叶斑病和根结线虫等。

（一）叶斑病

叶斑病危害叶片，先侵染下部叶片，使叶片上产生枯死斑点，以后逐渐向上部叶片蔓延，发病后期，病部长出灰绿色霉状物，上有小黑点，叶片多枯死。

防治方法：①注意排水，降低田间湿度；②发现病叶要及时摘除、销毁；③发病初期可喷洒 50％多菌灵 800～1 000 倍液或 50％硫菌灵 1 000～1 500 倍液，每 7～10 d 喷 1 次，连喷 3～4 次。

（二）根结线虫

根结线虫危害根部和莲块，植株受害后，须根上形成大大小小的根瘤，呈念珠状，块茎上形成瘤状疙瘩，严重时部分或全部腐烂，此病在沙壤土发生严重。防治方法：选无病的块茎留种和实行轮作；发病后在开蔸时将瘤状物削除，涂上桐油防治。

五、采收与加工

（一）采收

当果毛变硬，果皮由嫩绿变成老青色，触摸果实感到坚实顶手，即可采收。由于果熟期不一致，故须进行分批收获。收获时用剪刀剪断果柄和柱头。

（二）加工

收回后摆在竹席或地板上，经 10～15 d 后熟，待果皮 50% 变黄色，即可烘干。

烘干的方法：在地上挖一个坑，形似蒸饭的灶。用木板制成烘箱，将罗汉果按照大小装入烘箱，每灶可烘 4～5 箱，最上一箱盖麻袋，便于保温透气。在坑内生火，箱内温度以手伸进去不感到烫手为宜。每天早晚换箱 1 次，上下两箱互相调换，并将边缘与中间的果实互换位置。如有果爆声，应立即降温。当发现果色转黄时，需将果上下翻动。经 7～9 d，用食指轻轻弹敲果皮闻有响声者即可。

六、商品质量标准

罗汉果药材呈卵形、椭圆形或球形，表面褐色、黄褐色或绿褐色，有深色斑块和黄色柔毛，有的具 6～11 条纵纹。顶端有花柱残痕，基部有果梗痕。体轻，质脆，果皮薄，易破。果瓤海绵状，浅棕色。种子扁圆形，浅红色至棕红色，两面中间微凹陷，四周有放射状沟纹，边缘有槽。《中国药典》（2015 年版）规定，水分不得超过 15.0%，总灰分不得超过 5.0%，浸出物不得少于 30.0%；按干燥品计算，含罗汉果皂苷 V（$C_{60}H_{102}O_{29}$）不得少于 0.50%。

【任务评价】

罗汉果栽培任务评价见表 4-7。

表 4-7 罗汉果栽培任务评价

任务评价内容	任务评价要点
栽培技术	1. 选地与整地 2. 繁殖方法：①种子繁殖；②压条繁殖 3. 田间管理：①搭棚；②扶藤、摘侧芽；③除草、追肥；④点花
采收与加工	1. 采收：采收方法及注意事项 2. 加工：加工方法及注意事项
包装与贮藏	1. 包装：用干燥麻袋包装 2. 贮藏：置阴凉通风干燥处贮藏

【思考与练习】

1. 罗汉果的繁殖方法主要有哪些？
2. 罗汉果田间管理要注意哪些问题？

任务八　芡实的栽培

【任务目标】

通过本任务的学习，能够熟练掌握芡实栽培的主要技术流程，并能独立完成枸杞的栽培及养护管理工作。

【知识准备】

一、概述

芡实（*Euryale ferox* Salisb.）又名芡，俗称鸡头米，分类属于睡莲科，芡属多年生水生草本植物。以种仁入药，有强壮滋养功效。芡实原产于东亚，主要生长在池塘、湖泊和沼泽中，我国南北各地均有栽培。芡实为药食两用之品，是常用的强壮滋养药物，具有益肾、固精、健脾、止泻之功效，主治脾虚、腹泄、尿频、遗精及带下等症。

二、植物形态特征

芡实为一年生水生草本植物，全株有刺，地下茎粗壮而短，具多数白色须根。叶初生水中，后处于水中，沉水叶箭形或椭圆盾形，长 4～7 cm，两面及叶柄无刺；浮水叶椭圆肾形或圆形，革质，全缘，淡绿色至深绿色，叶背面暗紫色。叶面多皱，有短毛，两面在叶脉分支处有锐刺，叶柄及花梗粗壮，长约 25 cm，有硬刺。7—8月开花，呈红紫色，花单生，于多刺的长花梗顶，花苞，微露水面。8—9月结出浆果，海绵质，球状，鸡头形，暗紫红色，顶端有宿存的萼片，外面密生硬刺；种子球形，黑色。种壳坚硬，外有浆汁假种皮（图 4-8）。

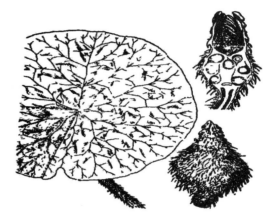

图 4-8　芡　实
（中国科学院植物研究所，1972. 中国高等植物图鉴第一卷）

芡实主要栽培品种以产地分油卿北芡。南芡又称苏芡或南汤鸡头。植株个体较大，全身除叶背有刺外，其他部分均光滑无刺。芡米圆而整齐，不光滑，白玉色，糯性，煮食不易碎裂，品质极佳，且产量高。南芡外种皮较厚，抗逆性较弱，主要产于江苏省苏州市郊一带。北芡又称刺芡或野芡。植株个体较小，成龄叶直径一般为 0.7～0.8 m，最大可达 2 m 左右。地上部全身密生刚刺，种仁近圆形，较小，且不整齐，色白光滑，糯性，品质中等。外种皮较薄，适应性强。

芡实依果实可分为有刺和无刺两类。有刺芡实果实近于野生，一般皮厚，室数少而种子也少；无刺芡实果实个大，皮薄，室数少而种子多。此外，芡实依花的颜色可分为白色和紫色两类。以白花种的芡米品质最佳，紫花种的品质稍差。

三、生长习性

芡实原产于东南亚，生长在温带和亚热带，必须在无霜期内生长，植株生长适温 20～30 ℃。芡实要求水源充足，水质好的河水为稳定的水体。适宜生长在肥壮的池沼、湖湾等静水环境中。水深以 10～20 cm 为宜。芡实根系发达，需富含有机质的深层土壤。4 月开始生根发芽，在幼苗期间根茎细嫩，叶面薄，6—7 月种子成熟（需要 27～35 d）。果实老落后，内、中层假果皮酥烂以后，外果皮破裂，使包假种皮的成熟种子落水中传播到各处。

【任务实施】

一、选地与整地

种植芡实的水面选择水流平缓，水位稳定的湖滩或池塘，要求底泥比较松软，较多腐殖质；水深以 0.3～1 m 为宜。

二、繁殖方法

芡实以种子繁殖，栽培方法有直播法和育苗移栽法两种。

（一）播种方法

1. 直播法　清明前后平均水温达 16 ℃以上时即可播种。播种前将贮藏的种子，用水漂洗后，置阳光下暴晒，放在清洁盘中催芽，盘中放水，以浸没种子为宜，要不断换水，白天保持 20～25 ℃，夜间为 15 ℃，15 d 后，种子开始萌发，播入苗池。每亩播种 1.5～2 kg。播种方法有穴播、泥团点播和条播 3 种。穴播适宜水位 0.5 m 以下的浅水湖，每隔 3～4 m² 挖 1 个浅穴。每穴播 3～4 粒，覆盖泥土 0.5 cm 左右，以保证苗齐。泥团点播适宜在水位较深，过 0.5 m，且水生动物较多的湖塘。播种时用潮湿的泥土将 3～4 粒种子包成 1 个泥团，然后再按同穴播种方法直接投入水底或通过插至水底的塑料管点播。

2. 条播法　在水面上按 2.6～3.3 m 行距，每隔 0.7～1 m 株距进行直播，每穴 1 粒种子。要求播粒均匀并掌握合理密植，肥塘稀播，瘦塘密播。直播法在水面出现芡苗初生浮水叶后，必须移密补稀。

（二）育苗移栽

育苗时可将芡种播于苗池，苗池宽 2～2.5 m、深 0.25 m，四周筑埂除草整平，灌水深度为 1～1.2 cm，待泥土澄清后即可。清明前后播种，播下出芽的种子，早熟种 4 月初大棚育苗可提前到 3 月中旬，催芽播种，晚熟种可推迟 10 d 左右，将种子漂洗干净后，水浸种，水深以浸没种子为宜，需要经常换水。播种时将种子洗净，放浅盆中，并将盆放置于暖地或阳光下，保持日温 20～25 ℃，而夜间用塑料薄膜覆盖，保持水温 15 ℃以上。经 10～15 d，大多数种子出芽 0.5 cm 时（俗称露白或破口）即可播种育苗池，每平方米播 250～400 粒，播苗 30 d 后，当幼苗出现 2～3 片叶子，要分池移苗。分苗时，带种子起苗，将根上附泥用水冲洗。移栽前，苗池先灌水 0.2～0.25 m，移栽时，灌水起苗，排放盆中，并遮光防晒，然后按株行距 60 cm×60 cm 移栽于苗池中，要求种子不要陷入泥中。须根全部栽植土中，但不宜栽植过深，以免泥埋心叶而发苗困难。幼苗返青后，苗池中不能断水，苗成活后，逐渐加深水位至 9～15 cm。

（三）定植

6 月中下旬（夏至前后）当幼苗圆盾状后生叶，芡苗叶直径为 25～30 cm，并有 4～5 片绿叶时即可定植。定植前先挖宽 1.2～1.5 m、深 12～15 cm 的定植坑，要上方下圆，并在坑边筑成土埂，以保护坑内水分；同时注意要在挖坑前，将杂草清除干净。夏至前后，芡苗叶直径为 30 cm 时，即可起苗移栽，株行距 2 m×2.5 m，移栽时应注意不要损坏根系和茎叶，洗去根上附泥。移栽时不要过深，以免影响植株生长。

三、栽培管理

（一）水位管理

谷雨到立夏，水位以 30 cm 为宜，夏至到大暑，水位为 30～60 cm，大暑到立秋，水位为 30～90 cm 为宜。

（二）除草垫根

芡苗移栽后 7～10 d 开始除草，将除下的草塞入泥中作绿肥，一般除草 3～5 次。除草时将硬泥土堆覆在芡苗根系上，逐步垫根，保证芡苗心叶及新根逐步上升，能吸收泥中肥料。

（三）定植追肥

在第一次除草后普施化肥 1 次，以后每次除草则看苗追肥，从大暑到立秋，一般要追肥 2～3 次。

四、采收与加工

（一）采收

8 月下旬至 9 月初是芡实成熟期。当芡实果实呈红褐色时，是早期果实成熟的标志，便可以开始采收。根据不同品种可采取多次采收法和一次采收法。采收时，用手在水中摸成熟果实，果核变软，手捏果实，可听到"沙沙"响声，此时即可采收。用刀子将果实取出或用木棒击破带刺的外果皮，取出种子，用清水洗净、晒干或阴干。或将果实堆放地上用草覆盖，经 10 d 左右至果壳沤烂，置流水处淘洗出种子，晒干、搓除假种皮，放锅内用微火炒，至老黑色，摊冷；按大小分开、用粉碎机打去果壳，簸净果壳杂质即采收种子。每亩产种子 100～150 kg。芡实以粒大、饱满、色鲜、无碎粒和无碎壳杂质者为佳品。

（二）留种和贮藏

芡实结合采收进行株选。第一、二次采收的果实个体小，子房室数和成熟种子数都较少。第三至第五次采收的果实个体大，成熟种子数少，籽粒大而饱满，最宜留种。留种应选用果实符合所栽品种特征、果实边缘充实、大小适中、柿子形，结果较多和过大的植株上选取，留种的果实采下后要及时剖开果皮，取出种子，去掉假种皮，然后精选。选择充分成熟饱满、颜色较深的种子，去掉假种皮用清水洗干净后放入蒲包或编织袋中保存，每包种子 5 kg。为了防止种子发干、受冻和鼠害，必须放在深 1～2 m 且略有流水的河沟水底保存或埋于水田、淤泥下 90 cm 深处保存。白露前留的种子，应选择温度不超过 20 ℃的地方贮藏，埋于土中防止种子发芽。

五、商品质量标准

芡实呈类球形，多为破粒，表面有棕红色或红褐色内种皮，一端黄白色，有凹点状的种脐痕，除去内种皮显白色。质硬，断面白色者为佳。《中国药典》（2015 年版）规定，水分不得超过 14.0%，总灰分不得超过 1.0%。

【任务评价】

芡实栽培任务评价见表 4-8。

表 4 - 8　芡实栽培任务评价

任务评价内容	任务评价要点
栽培技术	1. 选地与整地 2. 繁殖方法：种子繁殖 3. 田间管理：①水位管理；②除草垫根；③追肥
采收与加工	1. 采收：采收方法及注意事项 2. 加工：加工方法及注意事项
包装与贮藏	1. 包装：用瓦楞纸箱或麻袋包装 2. 贮藏：置阴凉通风干燥处贮藏

【思考与练习】

1. 简述芡实种子繁殖的技术要点。
2. 芡实如何采收？

任务九　砂仁的栽培

【任务目标】

通过本任务的学习，能够熟练掌握砂仁栽培的主要技术流程，并能独立完成砂仁的栽培及养护管理工作。

【知识准备】

一、概述

砂仁（*Amomum villosum* Lour.）为姜科豆蔻属植物阳春砂，又名阳春砂仁、春砂仁等。多年生常绿草本。砂仁入药味辛、性温。具有健胃消食、行气、温中保胎之功能。主治胃腹胀痛、寒泻冷痢、食欲不振、恶心呕吐、妊娠胎动等症。砂仁可配制砂仁糖、砂仁蜜饯、香砂酒等保健食品和饮料。又是配制香砂养胃丸等多种中成药的主要原料。主产于广东阳春、信宜、高州、广宁等县，广西的德保、靖西、那坡、武鸣等地。近几年福建、云南、海南已引种栽培。

二、形态特征

砂仁株高 1.2～3 m，茎圆柱形，匍匐茎沿地面伸展，芽鲜红色，锥状，直立茎散生。叶 2 列，叶片狭长椭圆形或线状披针形，全缘，无柄，叶鞘抱茎，从根状茎抽出松散的穗状花序，花萼管状，白色，花冠基部联合成管状，白色，花瓣 3 片，大唇瓣卵圆形，中央有淡黄绿色带红斑点的带状条纹，发育雄蕊 1 枚，雌蕊 1 枚，蒴果椭圆形或球形，成熟时棕红色，果皮具柔刺，种子多数，呈多角形，熟时黑褐色。花期 3—6 月，果期 6—9 月（图 4 - 9）。

三、生长习性

砂仁属亚热带植物，喜高温，似不耐强光，喜漫射光，需适当荫蔽。生育期不同，要求的光照度也不一样。1～2 年生的幼苗和新种植的植株要求隐蔽度 70%～80%，三年生以后到开花结果年限时，以 50%～60%为宜。

图 4-9　砂　仁
（中国科学院植物研究所，1975.
中国高等植物图鉴第五卷）

【任务实施】

一、选地与整地

选择土壤肥沃、有水源的阔叶常绿林地或排灌方便的小山坡、山谷和平地种植。种植前进行垦荒整地，除净杂草和砍除多余的隐蔽树种。在整地的同时施有机肥改土，开设环山排水沟，以防旱排涝。山地种植可根据坡度的大小，开成梯田或梯带，以防雨水冲刷。平原地区则应开沟起畦，并规划人行道，缺乏自然林作隐蔽时，可在种植前造林。

二、繁殖方法

砂仁主要采取种子繁殖和分株繁殖等方法。

（一）种子繁殖

8—9 月种子成熟后，选个大且饱满的果实留种。将采下的果实立即剥皮取出种子或用竹篓盛装果实置于室内沤果 3～4 d（温度 30～35 ℃），然后洗种搓皮晾干。

选择阴坡、避风、排灌方便、土壤疏松肥沃的地方育苗。深耕细耙后作畦，畦宽 3.3 m。施足腐熟有机肥。在整地的同时搭好棚架，以便出苗后盖草遮阳。

播期分春秋两季，春播在 3 月中下旬，秋播于 8 月下旬到 9 月上旬进行。秋播者发芽且整齐，播后 20 d 发芽率达 60%～70%。播种方法多采用开行点播，行距 12～15 cm，株距 5～6 cm，播种深度 0.3～0.4 cm，每亩播种量 2～3 kg 或鲜果 4～5 kg。

播种后畦面立即盖草，浇水，保持土壤湿润。幼苗出土后揭草，并立即在搭好的棚架上加草遮阳，隐蔽度以 80%～90%为宜，待幼苗具 7～8 片叶时，调节为 70%左右。幼苗怕低温和霜冻，应在冬前施腐熟牛粪和草木灰，以利保暖和提高幼苗抗寒力。寒潮来前，在畦的北面设防风障，田间熏烟或用塑料薄膜防寒保暖。

幼苗具 2 片真叶时，开始进行施肥，当具有 5 片、10 片叶时，分别进行第二、三次追肥，7～10 叶以后，每隔 1 个月追 1 次。肥料以氮肥为主，如尿素或人粪尿等。幼苗长高 33 cm 以上，于春秋选阴天或雨后进行定植。定植规格同分株法。

（二）分株繁殖

在苗圃地或大田里，选生长健壮的植株，剪取具 1～2 条匍匐茎、带 5～10 片小叶的植株作种苗，于春分或秋分前后雨水充足时定植，行株距为 1 m×1 m。种植时将老的匍匐茎埋入土中 4～10 cm，覆土压实，嫩的匍匐茎用松土覆盖即可。如种植时遇干旱天气，栽植后浇足定植水，以保证成活。

三、田间管理

（一）除草割苗

定植后第一、二年，植株分布较疏，杂草生长迅速，除草工作要经常进行。进入开花结果年龄后，每年除草 2 次，分别在 2 月和 8—9 月收果后进行。在除草和枯枝落叶的同时，割去枯、弱、病残苗，并适当割去部分过密的幼笋。每亩留苗 2 万～3 万株。

（二）施肥、培土

定植后头 2 年，每年施肥 2～3 次，分别于 2—3 月和 10 月进行。除施磷、钾肥外，适当增施氮肥。一般施厩肥、绿肥、土杂肥和化肥等。植株进入开花结果年龄后，每年施肥 2 次，以有机肥为主，化肥为辅。2 月主要施磷、钾肥，适施氮肥。一般每亩施尿素 2～3 kg、过磷酸钙 30～40 kg、土杂肥 2 000～3 000 kg，为次年开花结果打下基础。10—11 月施牛马粪 1 500～2 000 kg，以利防寒保暖。有条件时，在开花前施稀薄尿水（尿 1 份加水 3 份）或用 1％～1.5％ 的尿素水溶液作根外追肥，这对提高结果率起良好作用。

由于砂仁匍匐延长和分株，连生成片，不定根布满表土层，不方便中耕和培土，仅对那些由于雨水冲刷、严重裸露和不接触土壤的根茎或不定根，在收果后结合秋季施肥用客土进行培土。培土以盖过根茎 2/3 为度，这可促进分株和根系生长，保证高产、稳产。

1. 调整隐蔽度　根据春砂仁生育期要求的光强调整隐蔽度。如隐蔽度过大时，应砍除过多的隐蔽树或树枝；如隐蔽过小，则应在春季植隐蔽树。

2. 排、灌水　如花期遇干旱天气，必须及时灌水，以免造成干花，影响产量；如雨水多，土壤积水，湿度过大，必须及时排水，以免造成烂果。

3. 人工授粉　砂仁的花是典型的虫媒花，本身不能花授粉，必须依赖昆虫传粉才能结果。因此，在昆虫传粉少的地方，人工授粉可以大幅度提高砂仁的结果率和产域。人工授粉一般采用推拉法。用右手或左手的中指和拇指捏住大花瓣和雄蕊，并用拇指将雄蕊先往下轻推，然后再往上拉，一推一拉可将大量花粉塞进柱头孔。每天上午 7 时花药散粉后到下午 16 时均可进行。

（三）病虫害防治

1. 立枯病　多发生在 3—4 月和 10—11 月，幼苗叶基部扁缩干枯而死亡。可喷 1∶1∶120 的波尔多液或用五氯硝基苯 200～400 倍液灌浇防治。

2. 叶斑病　苗期发生，发病初期叶片呈水渍状，病斑无明显边缘，后全株死亡。可通过清洁苗床烧毁病株，注意苗床通风透光，降低湿度或者喷洒 1∶1∶120 的波尔多液来预防；发病期用 80％ 福·福锌可湿性粉剂 800 倍液喷雾防治。

3. 钻心虫　危害幼苗，被害的幼苗先端干枯，后致死亡。可在成虫产卵期用 90％ 敌百虫原粉 800 倍液喷洒防治。

四、采收与加工

（一）采收

砂仁种植后 2～3 年开花结果。果实由鲜红转为紫红色，种子呈黑褐色，破碎后有浓烈辛辣味即为成熟期。采收期根据不同地区而异，平原地区开花结果早，一般于 7 月底至 8 月初收获；山区在 8 月底至 9 月初进行。采果时用剪刀剪断果序，切勿用手拔取，以免损伤匍匐茎。

（二）加工

采回的果实，可直接在太阳光下晒干，也可用火焙法焙干。前法因受天气的影响，如遇连阴雨，果实容易发霉变质。火焙法是用砖砌成长 1.2 m、宽 1 m 的炉灶，三面密封，前面留火口，灶内 70 cm 高处横架竹木条，上面放竹筛，每筛放鲜果 75～100 kg，上盖草席封闭，用木炭和谷壳加温，每小时翻动 1 次，5～7 d 后取出果实，放在木桶或麻袋内压实，使果皮和种子紧贴，12 d 后，再摊于筛内用文火烘烤 6～8 h 至全干即可。果实烘干率为 20%～25%。烘干后的果实装入麻袋内，置干燥处贮藏。

五、商品质量标准

阳春砂、绿壳砂呈椭圆形或卵圆形，有不明显的三棱，表面棕褐色，密生刺状突起，顶端有花被残基，基部常有果梗。种子为不规则多面体，表面棕红色或暗褐色，有细皱纹，外被淡棕色膜质假种皮；质硬，胚乳灰白色。海南砂呈长椭圆形或卵圆形，有明显的三棱，表面被片状、分枝的软刺，基部具果梗痕。果皮厚而硬。《中国药典》（2015 年版）规定，水分不得超过 15.0%，阳春砂、绿壳砂种子团含挥发油不得少于 3.0%（mL/g），海南砂种子团含挥发油不得少于 1.0%（mL/g）；按干燥品计算，含乙酸龙脑酯（$C_{12}H_{20}O_2$）不得少于 0.90%。

【任务评价】

砂仁栽培任务评价见表 4-9。

表 4-9　砂仁栽培任务评价

任务评价内容	任务评价要点
栽培技术	1. 选地与整地 2. 繁殖方法：①种子繁殖；②分株繁殖 3. 田间管理：①除草割苗；②施肥、培土；③病虫防治
采收与加工	1. 采收：采收方法及注意事项 2. 加工：加工方法及注意事项
包装与贮藏	1. 包装：用干燥透气袋包装 2. 贮藏：置阴凉通风干燥处贮藏

【思考与练习】

1. 砂仁如何采收加工？
2. 危害砂仁的蛀牙病虫害有哪些？如何防治？

任务十　山楂的栽培

【任务目标】

通过本任务的学习，能够熟练掌握山楂栽培的主要技术流程，并能独立完成山楂的栽培及养护管理工作。

【知识准备】

一、概述

山楂（*Crataegus pinnatifida* Bunge）名山里红果、棠棣子。分类属于蔷薇科山楂属落叶乔木。果味酸甜，可食用又可入药。产于安徽、江苏、浙江、江西、河南、湖北等地。人工种植山楂产量较大的有辽宁、黑龙江、北京、内蒙古、河北、山西、河南、山东等地。山楂既可药用又可食用。山楂的药用价值极高，具有消食化积、化滞、散瘀之功效；山楂核、山楂木和山楂叶、山楂根也可入药，其功能与山楂相似。

二、植物形态特征

山楂为蔷薇科山楂属落叶小乔木，高 6~8 m，树皮暗棕色，多分枝，互生单叶、广卵形或三角状卵形，羽状 5~9 裂。下面叶脉上有短柔毛。5—6 月开花，伞状花序，花白色，或带淡红色。8—10 月结果。果实近球形或卵圆形，直径约 1.5 cm，深红色，有黄白色斑点。华北各地栽培有变种山里红，果较大，直径约 2.5 cm（图 4-10）。

图 4-10　山　楂

（中国科学院植物研究所，1972.
中国高等植物图鉴第二卷）

三、生长习性

山楂喜冷凉、湿润气候，喜光、耐阴、耐寒、耐旱。树势强健，适应性强，对土壤要求不严，适宜在土壤深厚、疏松、肥沃的中性或微酸性沙壤土中生长，但在土壤贫瘠和易受旱涝、土质黏重或盐碱地生长较差。

【任务实施】

一、选地整地

山楂在平地和山地均可栽培。选择土层深厚、疏松。肥沃、排水良好的中性或微酸性沙壤土，深耕后每亩施入腐熟土杂肥 4 000~5 000 kg，浅翻入土内作基肥，并整细作畦，挖好四周排水沟。

二、繁殖方法

山楂通常采用种子繁殖、嫁接繁殖和分株繁殖。

（一）种子繁殖

采种于秋末（9—10 月）前后，当种子基本成熟时，从植株生长旺盛、结果较多、果大、无病虫害的植株上采集熟透的果实，堆积起来上盖草苫，每 2～3 d 翻 1 次，促其发酵使果实腐软，待果实大部分沤烂后，搓掉果肉，淘净取出种子。成熟的山楂种子晾干或直接将采集的成熟果实切开，取出种子晾干水分后将种子用湿润油沙层积贮藏，第二年立春前后取出播种后才能萌动出苗，也可在秋季把未经处理的种子直接播种在整好的畦内。第三年山楂苗出齐。

播种育苗秋末或早春后将种子条播或撒播于整好的 1.3 m 宽的畦上，条播按行距 30 cm、3 cm 左右深的横沟内，每沟均匀撒入种子 50 粒左右，每亩播种 15～20 kg，覆盖细土 2～3 cm，压实使种子与土壤紧密结合。撒播将种子直接均匀撒播在畦面，每亩播种 20～25 kg。播种后，稍压覆盖细土约厚 2 cm，当幼苗长出 5～7 cm，应加强田间管理，按株距 7～10 cm 进行间苗，拔除弱苗，使株距 6～7 cm 保持均匀，利于幼苗生长。旱时及时浇水保持畦土湿润，雨季及时排涝。6 月每平方米追施尿素 5～10 kg，当苗高 60～70 cm 即可定植。

（二）嫁接繁殖

山楂采用嫁接法繁殖可以培育良种。山楂苗木嫁接多采集用劈接和芽接方法。劈接一般在春季发芽前进行，芽接在夏季。砧木一般选择萌生力强的野山楂根蘖苗或山楂种子种植育苗。选用能适应当地环境条件、粗壮、无病虫害的苗木作砧木，选取母株生长健壮、品质优良、生长充实、丰产、无病虫害、子芽饱满当年生的营养枝作接穗。接穗剪下后立即摘除叶片，只留短叶柄，以免水分蒸发。嫁接宜在阴天的下午进行，成活率高。嫁接成活后立即解除绑绳促进嫁接芽生长并加强管理。

（三）分株繁殖

山楂老根分蘖幼株较多，可于早秋或秋季刨开，将母株周围 20 cm 长的嫩枝从母株相连部分分出，小苗连根挖起，单独栽植。浇定根水，促进成活。成活后浇 1 次淡粪水，促衍生长。苗高 30 cm 以上即可定植。

上述繁殖方法繁殖的苗，于秋、冬季落叶后或翌年早春化冻后未萌芽前进行移栽定植。移栽挖苗时要带上原土，不要伤根，根挖出后及时移植，一般按行距 2.5 m 左右，株距 2 m 左右，挖穴移植，每穴栽苗 1 株，苗正，根自然伸展，每亩用苗 120 株左右。移植后填细土踏紧，覆土略高于地畦，最后浇定根水，保持地畦湿润。

三、栽培管理

（一）中耕除草

山楂移栽定植后，每年春季（3—4 月）和冬季落叶后各进行 1 次中耕除草，促苗生长。

（二）追肥

春季（3—4 月）发芽期与展叶期结合中耕松土追肥，挖松地畦，每株沟施淡人畜粪水

25～30 kg，施后盖细土，开花前与开花后结果各追肥 1 次，可施尿素与磷酸二氢钾配成 0.3%～0.5%溶液根外施。此外，冬季落叶后，每株沟施腐熟堆肥 25～30 kg，加过磷酸钙 1 kg 与土杂肥混匀堆沤后施用，施后盖土。

（三）排灌

在春季萌芽前、开花前和结果前期需水分较多，应及时浇水，保持畦面湿润，尤其在结果期干旱会引起落果。雨季久雨或暴雨山洪，尤其在平地和低坡种植的山楂容易水涝，应及时疏沟排水，畦内积水会发生烂根，引起植株死亡。

（四）整形修剪

山楂整形修枝宜在秋季结合采收进行，山楂幼树生长较旺盛，树冠形成快，易造成郁闭，使树冠内通风不良，枝条生长纤细，影响花芽的形成，因此需要整冠修枝以减少养分损失。山楂树形以自然圆头形为好，在树冠内留有 2～3 层主枝，每层有 3～4 个结果枝，再选留 2～3 个侧枝。对于分枝生长过密的果树，层次太近，不整形修剪、疏枝树势会衰弱，因此应去除细枝、病虫害枝，使树冠通风透光，结果多、品质好。

四、病虫害防治

危害山楂叶、嫩枝和果实的病害主要有白粉病和花腐病，前者北方发病较重，受害叶片、嫩枝覆满白粉；后者在展叶开花结果期发生叶腐、果腐和掉果。防治方法：4 月花蕾期喷 25%～50%多菌灵可湿性粉剂 250～600 倍液 2～3 次。危害山楂主要的虫害是天牛的幼虫，蛀入树干，咬食木质部；食心虫蛀食果实；星毛虫、卷叶虫咬食叶片及树梢。防治方法：用 50%辛硫磷乳油 1 000～1 500 倍液喷杀。

五、采收与加工

山楂栽植 3～4 年开花结果，秋后（10—11 月）果实成熟，果皮变为红色或黄色即可采收；过早采收果实减产，过晚则大量落果。采收时用剪刀断果柄或用手摘下，也可在树下铺上草帘，用竹竿轻轻打下果实。山楂果实采收后，需堆放几天，散热后晒干或阴雨天烘干。药用来不及加工的好果实，可放入通风干燥处。采收的果实打落受伤应及时加工，不能久贮。山楂品质以果大、身干、皮红、肉厚、核少、无杂质、无虫蛀和无霉菌变者为佳品。

山楂加工可将成熟果实用刀横切两半（称楂肉）或切成 3～4 mm 厚的片（称楂片）晒干入药。

六、商品质量标准

本品为圆形片，皱缩不平，外皮红色，具皱纹，有灰白色小斑点。果肉深黄色至浅棕色。有的片上可见短而细的果梗或花等残迹。气微清香，味酸、微甜。《中国药典》（2015年版）中要求水分不得超过 12.0%，总灰分不得超过 3.0%，浸出物不得少于 21.0%；本品按干燥品计算，以枸橼酸（$C_6H_8O_7$）计，不得少于 5.0%。

【任务评价】

山楂栽培任务评价见表 4-10。

表 4 - 10　山楂栽培任务评价

任务评价内容	任务评价要点
栽培技术	1. 选地与整地 2. 繁殖方法：①种子繁殖；②嫁接繁殖；③分株繁殖 3. 田间管理：①中耕除草；②追肥；③灌排；④整形修剪；⑤病虫防治
采收与加工	1. 采收：采收方法及注意事项 2. 加工：加工方法及注意事项
包装与贮藏	1. 包装：用干燥透气包装袋包装 2. 贮藏：置阴凉通风干燥处贮藏

【思考与练习】

1. 山楂的繁殖方式有哪些？
2. 山楂的整形修枝如何进行？

任务十一　山茱萸的栽培

【任务目标】

通过本任务的学习，能够熟练掌握山茱萸栽培的主要技术流程，并能独立完成山茱萸的栽培及养护管理工作。

【知识准备】

一、概述

山茱萸（*Cornus officinalis* Sieb. et Zucc）为山茱萸科山茱萸属植物，以成熟干燥的果肉入药，药材名山茱萸，别名枣皮、萸肉、药枣、蜀枣等，是我国常用中药之一。山茱萸性微温，味酸、涩，具有补益肝肾、收敛固涩之功效。用于肝肾亏虚、头晕目眩、腰膝酸软、阳痿等症。主要化学成分为山茱萸苷、皂苷、鞣质、熊果酸、没食子酸、苹果酸、没食子酸甲酯、白桦脂酸等。主产于河南、陕西、浙江、安徽、四川等地。

二、植株形态特性

山茱萸为落叶灌木或乔木，高 4～10 m。树皮淡褐色，条状剥落；小枝圆柱形或带四棱。叶对生，卵形至长椭圆形，长 5～12 cm，宽 2～7 cm，顶端渐尖，基部宽楔形或近圆形，全缘，幼时疏生平贴毛，后脱落，背面被白色丁字形毛，侧脉 5～7 对，弧曲，脉腋被褐色簇生毛。花 20～30 朵簇生于小枝顶端，呈伞形花序状，先叶开放；总苞片 4 枚，黄绿色；花萼 4 裂，裂片宽三角形；花瓣 4 片，黄色，卵状披针形；雄蕊 4 枚；花盘环状，肉质；子房下位。核果长椭圆形，长 1.2～2.0 cm，熟时深红色，中果皮骨质，核内种子 1 枚（偶有 2 枚）。花期 3—4 月，果期 4—11 月（图 4 - 11）。

三、生长习性

山茱萸适宜于温暖、湿润的地区生长，畏严寒。正常生长发育、开花结实要求 10 ℃以上的有效积温4 500～5 000 ℃，全年无霜期 190～280 d。花芽萌发需气温在 5 ℃以上，最适宜温度为 10 ℃左右，如果温度低于 4 ℃则受危害。花期遇冻害是山茱萸减产的主要原因。山茱萸喜阳光，透光好的植株坐果率高。山茱萸由于根系比较发达，耐旱能力较强。山茱萸对土壤要求不严，能耐瘠薄，但在土壤肥沃、湿润、深厚、疏松、排水良好的沙质壤土中生长良好。冬季严寒、土质黏重、低洼积水以及盐碱性强的地方不宜种植。

图 4-11　山茱萸
1. 花枝　2. 果枝　3. 花
（中国科学院植物研究所，1972.
中国高等植物图鉴第二卷）

【任务实施】

一、选地与整地

山茱萸栽培大多在山区，因此在选择育苗地宜选择背风向阳、光照良好的缓坡地或平地。土层深厚、疏松、肥沃、湿润、排水良好的沙质壤土，中性或微酸性，有水源、灌溉方便的地块为好。为减少病虫害的发生，提高出苗率和苗木品质，育苗地不宜重茬。地选好后，在入冬前进行一次深耕，深 30～40 cm，耕后整细耙平。结合整地每亩可施充分腐熟的厩肥 2 500～3 000 kg 作基肥。播种前，再进行一次整地作畦。北方地区多作平畦，南方多作高畦，但是不管是高畦或是低畦都应有排水沟。畦的长度根据育苗地具体情况而定，一般畦面宽 1.5 m。

栽植地山茱萸对土壤要求不严，以中性和偏酸性、具团粒结构、透气性佳、排水良好、富含腐殖质、较肥沃的土壤为最佳。选择海拔 200～1 200 m，坡度 20°～30°背风向阳的山坡、二荒地、村旁、水沟旁、房前屋后等空隙地。高山、阴坡、光照不足、土壤黏重、排水不良等处不宜栽培。由于山茱萸种植多为山区，在坡度小的地块按常规进行全面耕翻；在坡度为 25°以上的地段按坡面一定宽度沿等高线开垦即带垦。在坡度大、地形破碎的山地或石山区采用穴垦，其主要形式是鱼鳞坑整地。全面垦覆后挖穴定植，穴径 50 cm 左右，深30～50 cm。挖松底土，每穴施土杂肥 5～7 kg，与底土混匀。土壤肥沃，水肥好，阳光充足条件下种植的山茱萸结果早，寿命长，单产高。

二、繁殖方法

山茱萸主要以种子繁殖为主，少数地区采用压条繁殖和嫁接繁殖。

（一）种子繁殖

1. 采种　选择树势健壮、冠形丰满、生长旺盛、抗逆性强的中龄树作为采种树，在成熟季节，采集果大、核饱满、无病虫害的果实，晒 3～4 d，待果皮柔软去皮肉后作种，进行种子处理。

2. 种子处理　山茱萸种皮坚硬，内含透明的黏液树脂，影响种子萌发，且存在后熟现象。因此，在育苗前必须进行处理，否则需经 2～3 年才能萌发。种子有如下处理方法。

（1）浸沤法。用温水（50 ℃左右）浸泡种子 2 d 后，挖坑闷沤，沤坑选向阳潮湿处，挖好后将沙、粪（牛、马粪）混合均匀铺坑底约 5 cm 厚，再放 3 cm 厚的种子，如此层层铺之，一般 5～6 层即可，最后盖土粪约 7 cm 厚，呈馒头状。4 个月后开始检查，如发现粪有白毛、发热、种子破头应立即晾坑或提前育苗，防止芽大无法播种。若没有破头，则继续沤制。

（2）腐蚀法。每千克种子用漂白粉 15 g，放入清水内拌匀，溶化后放入种子。根据种子多少加水，水高出种子 12 cm 左右，每日用棍搅拌 4～5 次，让其腐蚀掉外壳的油质，使外壳腐烂，浸泡至第三天，捞出种子拌入草木灰，即可育苗或直播。

（3）沙贮催芽覆膜法。经脱肉加工的种子用清水浸泡后，再用洗衣粉或碱液反复搓揉种子，并在清水的冲洗下反复清洗，至种子表皮发白，晾干。种子与沙分层交替贮藏催芽，第二年春播后覆盖薄膜育苗。采用薄膜覆盖，可提高膜内的温度和湿度，达到山茱萸种子早生快发的目的。

此外，还有的产区把种子倒入猪圈的窖内进行沤制，第一年倒入，第二或第三年早春扒出。据调查，这种方法发芽率达 70％以上，但不规范。

3. 播种育苗

（1）播种。在春分前后，将已处理好的种子播入整好的育苗地。按 25～30 cm 的行距开沟，沟深为 3～5 cm，把种子均匀撒播，覆土楼平，稍镇压，浇水覆膜或覆草。10 d 左右即可出苗，亩用种量 30～40 kg。

（2）苗期管理。播种育苗出苗后除膜或除去盖草，进行松土除草、追肥、灌溉、间苗、定苗等常规的苗期管理。间苗保留株距 7 cm。6—7 月追肥 2 次，结合中耕每亩施尿素 4 kg 或棉籽饼 100 kg，翻入土中浇水。苗高 10～20 cm 时如遇干旱、强光天气要注意防旱遮阳。入冬前浇一次封冻水，在根部培施土杂肥，保幼苗安全越冬。幼苗培育 2 年，当苗高 80 cm 时，在"春分"前后移栽定植。

（3）移栽定植。3—4 月，在备好的栽植地上，按行株距 3 m×2 m、每亩 111 株或行株距 2 m×2 m、每亩 145 株，挖穴定植，穴径 50 cm 左右，深 30～50 cm。挖松底土，每穴施土杂肥 5～7 kg，与底土混匀。阴天起苗，苗根带土，栽植前进行根系修剪并蘸泥浆，保护苗木不受损伤，根系不能暴晒和风吹，栽穴稍大，以利展根，埋土至苗株根际原有土痕时轻提苗木一下，使根系舒展，扶正填土踏实，浇定根水。

（二）压条繁殖

秋季采果后或春天萌芽前，选择生长健壮、病虫害少、结果又大又多、树龄 10 年左右的优良植株进行压条，在植株旁挖坑，坑深 15 cm 左右，将近地面处 2～3 年生枝条压入坑中，用木桩固定，在枝条入坑处用刀切割至木质部，然后盖土肥，压紧，枝条先端伸出地面，保持土壤湿润，压条成活后 2 年即可与母株分离定植。

（三）嫁接繁殖

1. 芽接法　通常用 T 形盾芽嵌接法。在 7—9 月进行，砧木采用优良品种的实生苗。接穗采用已经开花结果，且生长健壮，果大肉厚，无病虫害，壮龄母树上的枝条。方法是：在接穗芽的上方约 0.5 cm 处横切一刀，深入木质部，然后在芽的下方约 1 cm 处向上削芽（稍带木质部），接在砧木的嫁接部位。砧木嫁接部位选择光面，最好在北面，横切一刀，然后在切口往下纵切一刀，使成 T 形，深至木质部，轻剥开树皮，将芽皮插入 T 形切口内，最后用薄膜自下而上包扎，露出芽眼，打活结，到第二年萌芽时解扎。

2. 切接法 每年 9 月下旬至 10 月上旬，在砧木 5～10 cm 高处剪去上端，选光滑挺直一面向下纵切长 3～5 cm，再把接穗削成 3 cm 左右的斜面，另一面削成 45°的斜面，随即插入砧木切缝中，使接穗与砧木一侧的形成层对齐，用弹性好的塑料薄膜缚紧。

三、田间管理

（一）树盘覆草

山茱萸根系较浅，最怕荒芜，通过垦覆可使山茱萸生长健壮、达到高产的目的。每年秋季果实采收后或早春解冻后至萌芽前进行冬挖、深翻，夏季 6—8 月浅锄山茱萸园地。垦覆深度一般为 18～25 cm，掌握"冬季宜深，夏季宜浅；平地宜深，陡坡宜浅"的原则，适当调节。树盘覆盖可以减少地表蒸发，保持土壤水分，提高地温，有利于根系活动，从而促进山茱萸的新梢生长和花芽分化。树盘覆盖的材料可用地膜、稻草、麦秸、马粪及其他禾谷类秸秆等，覆盖的面积以超过树冠投影面积为宜。具体做法是将麦秸铡成长 20 cm 的小段，每树覆盖 20 kg，厚度 10～15 cm。根据山茱萸根系分布特点，覆盖范围从干周直到枝展外缘。覆草后为防风刮，将草被适当拍压，并在其上星点式压土。山茱萸树盘覆草可延迟开花期，减轻冻害影响，提高坐果率和产量，减少降水引起的树盘土壤冲刷，并能抑制杂草的萌发和生长。

（二）追肥

山茱萸追肥分土壤追肥和根外追肥（叶面喷肥）两种。土壤追肥在树盘土壤中施入，前期追施以氮素为主的速效性肥料，后期追肥则应以氮、磷、钾，或氮、钾为主的复合肥为宜。幼树施肥一般在 4—6 月，结果树每年秋季采果前后于 9 月下旬至 11 月中旬，注意有机肥与化肥配合施用。施肥方法采用环状施肥和放射状施肥。根外追肥在 4—7 月，每月对树体弱、结果量大的树进行 1～2 次叶面喷肥，用 0.5%～1% 的尿素和 0.3%～0.5% 的磷酸二氢钾混合液进行叶片喷洒，以叶片的正反面都被溶液小滴沾湿为宜。

（三）整形与修剪

根据山茱萸短果枝及短果枝群结果为主，萌发力强、成枝力弱的特性和其自然生长习性，栽植后选择自然开心形、主干分层形及丛状形等丰产树形。

1. 主干分层形 主干高 60～80 cm，有中心主枝，主枝分 3～4 层，着生在中心主枝上。主枝总数 5～7 个，第一层主枝一般为 3 个；第二层为 2 个；第三层以上各层为 1 个。第一层与第二层之间距离为 80 cm 左右，以上各层之间距离略小，并在各主枝上培养数个副主枝。

2. 自然开心形 自然开心形树干较矮，不保留中心主枝。整形后，树冠较矮，喷药、采果等管理方便，树冠开张，通风透光性好，符合其耐阴喜光特性。特点是：主干高 40～60 cm，主枝 3 个，间距近等，与主干呈 50°左右向外延伸，每个主枝上选留 2～4 个侧枝。

3. 丛状形 丛状形没有树干，从地表以上培养出长势一致，角度适宜的 3～6 个主枝，每主枝上再留 2～4 个侧枝，侧枝上有结果枝组。要注意剪除过多的根蘖条、下垂落地的背生枝及内膛过旺的徒长枝，使树冠均衡圆满，通风透光。此树形管理方便，结果早。

通过整形修剪，可调整树体形态，提高光能利用率，调节山茱萸生长与结果、衰老与更新及树体各部分之间的平衡，达到早结果、多结果、稳产优质、延长经济收益的目的。

（1）幼树整形修剪。山茱萸定植后第二年早春，当幼树株高达到 80~100 cm 时，就应开始修剪。这个时期应以整形为主，修剪为辅。根据整形的要求，应尽快地培养好树冠的主枝、副主枝，加速分支，提高分支级数，缓和树势，为提早结果打下基础。根据山茱萸生长枝对修剪的反应，幼树应以疏剪（从基部剪除）为主，短截（剪去枝条的一部分）为辅。疏剪的枝条包括生长旺、影响树形的徒长枝，骨干枝上直立生长的壮枝，过密枝以及纤细枝。

（2）成年树的整形修剪。山茱萸进入结果期，先期仍以整形为主。进入盛果期后，则以修剪为主。由于抽生生长枝数量显著减少。所以此时的生长枝要尽量保留，特别是树冠内膛抽生的生长枝更为宝贵。同时对这些生长枝进行轻短截，以促进分支，培养新的结果枝群，更新衰老的结果枝群。总之，生长枝的修剪，应以"轻短截为主，疏剪为辅"。山茱萸生长枝经数年连续长放不剪，其后部能形成多数结果枝群。但由于顶枝的不断向外延伸以及后部结果枝群的大量结果，整个侧枝逐渐衰老，其表现是顶芽抽生的枝条变短，后面的结果枝群开始死亡。这时侧枝应及时恢复更新复壮，以免侧枝大量枯死，一般回缩到较强的分枝处。回缩的程度视侧枝本身的强弱而定：强者轻回缩，弱者重回缩。回缩之后，剪口附近的短枝长势转旺，整个侧枝又开始向外延伸。同时，侧枝的中、下部也常抽生较强的生长枝，可用来更新后面衰老的结果枝群。

（3）老树的更新修剪。山茱萸进入衰老期后，抗逆性差，容易被病虫害侵袭危害，导致山茱萸衰老死亡，因此必须更新修剪。其方法是：疏除生命力弱的枝条和枯枝，迫使树体形成新的树芽。充分利用树冠内的徒长枝，将其轻剪长放培养成为树体内的骨干枝，促使徒长枝多抽中、短枝群，以补充内膛枝，形成立体结果。对于地上部分不能再生新枝的主枝或主干死亡而根际处新生蘖条，可锯除主枝主干，让新条成株更新。更新植株比同龄栽株要提早2~4 年结果。

（四）疏花与灌溉

1. 疏花 根据树冠大小、树势的强弱、花量多少确定疏除量，一般逐枝疏除 30% 的花序，即在果树上按 7~10 cm 距离留 1~2 个花序，可达到连年丰产结果的目的，在小年则采取保果措施，即在 3 月盛花期喷 0.4% 硼砂和 0.4% 的尿素。

2. 灌溉 山茱萸在定植后和成树开花、幼果期，或夏、秋两季遇天气干旱，要及时浇水保持土壤湿润，保证幼苗成活和防止落花落果造成减产。

（五）病虫害防治

1. 炭疽病 又名黑斑病、黑痘痢。主要危害果实和叶片。果实病斑初为棕红色小点，逐渐扩大成圆形或椭圆形黑色凹陷病斑，病斑边缘红褐色，外围有红色晕圈。叶片病斑初为红褐色小点，以后扩展成褐色圆形病斑，果炭疽病发病盛期为 6—8 月，叶炭疽病发病盛期为 5—6 月。多雨年份发病重，少雨年份发病轻。防治方法：病期少施氮肥，多施磷、钾肥，促株健壮，提高抗病力，减轻危害；选育优良品种；清除落叶、病僵果；发病初期用 1:2:200 波尔多液或 50% 多菌灵可湿性粉剂 800 倍液喷施。防治叶炭疽病第一次施药应在 4 月下旬，防治果炭疽病第二次施药应在 5 月中旬，10 d 左右喷 1 次，共施 3~4 次。

2. 角斑病 危害叶片和果实。初期叶正面出现暗紫红色小斑，中期叶正面扩展成棕红色角斑，后期病部组织枯死，呈褐色角斑。果实发病，为锈褐色圆形小点，直径在 1 mm 左右，病斑数量多时，连接成片，使果顶部分呈锈褐色。果实发病，仅侵害果皮，病斑不深入果肉。多在 5 月初田间出现病斑。7 月为发病高峰期。湿度较大时易发生。防治方法：增施磷、钾和农家肥，提高抗病力；5 月树冠喷洒 1：2：200 波尔多液保护剂，每隔 10～15 d 喷 1 次，连续 3 次，或者喷 50％多菌灵可湿性粉剂 800～1 000 倍液；初病喷 75％百菌清可湿性粉剂 500～800 倍液 2～3 次，每 7～10 d 喷 1 次。

3. 灰色膏药病 此病一般发生在 20 年以上老树的树干或枝条上，病斑贴在枝干上形成不规则厚膜，像膏药一样，故称膏药病。此病通常以介壳虫为传播媒介。当土壤贫瘠，排水不良，土壤湿度大，通风透光差，植株长势较弱时发病严重。防治方法：调节光照条件，提高抗病力；冬季在树干上涂石灰乳；发病初期喷 1：1：100 的波尔多液，每隔 10～14 d 喷 1 次，连续多次。

此外，还发现白粉病、叶枯病等，但在产区没有造成危害。

4. 蛀果蛾 又名食率虫、英肉虫、药寒虫，浙江称之为"米虫"，河南称之为"麦蛾虫"。1 年发生 1 代，8 月下旬至 9 月初危害果实，一般 1 果 1 虫，少数 1 果 2 虫。以老熟幼虫入土结茧越冬，成虫具趋化性。防治方法：及时清除早期落果，果实成熟时，适时采收，可减少越冬虫口基数；在山茱萸蛀果蛾化蛹、羽化集中发生的 8 月中旬，喷洒 40％乐果乳剂 1 000 倍液，每隔 7 d 喷 1 次，连续喷 2～3 次或 25％溴氰菊酯、20％氰戊菊酯 2 500～5 000 倍液。

5. 大蓑蛾 又名大袋蛾、皮虫、避债蛾、袋袋虫、布袋虫。幼虫以取食叶片为主，也可食害嫩枝和幼果。据调查，在山茱萸产区，该虫多发生在 10～20 年生山茱萸树上，尤以长江以南地区发生危害重。1 年发生 1 代，老熟幼虫悬吊在寄主枝条上的囊中越冬。防治方法：在冬季人工摘除虫囊；可选用 Bt 乳剂（含活孢子量超过 100 亿个/g）500 倍液喷雾或 25％溴氰菊酯 5 000 倍液或 20％氰戊菊酯 2 000～4 000 倍液，连续 2～3 次，间隔 10 d 左右。

6. 尺蠖 又名量尺虫、造桥虫、吊丝虫等。幼虫以叶为食。1 年发生 1 代，以蛹在土内或土表层、石块缝内越冬，6—8 月为羽化期，7 月中下旬为盛期，成虫喜在晚间活动，幼虫危害期长（7 月上旬至 10 月上旬），达 3 个月左右。防治方法：秋末冬初清除树干及枝干上的落皮层，并在树干 80 cm 以下涂抹石硫合剂。在树干周围 1 m 范围内挖土灭蛹。

四、采收与加工

(一) 采收

当山茱萸果皮呈鲜红色，便可采收。因各地自然条件和品种类型不同，采收时期也有所不同，一般成熟时间为 10—11 月。果实采摘的早迟对产量和品质都有很大影响，因此要适时采收。果实成熟时，枝条上已着生许多花芽，因此采收时，应动作轻巧，按束顺势往下采摘，以免影响来年产量。

(二) 产地加工

将采摘的果实除去其中的枝梗、果柄、虫蛀果等杂质。常见的方法有水煮法：将果实倒入沸水中，上下翻动 10 min 左右至果实膨胀，用手挤压果核能很快滑出为好，捞出去核；水蒸法，将果实放入蒸笼上，上汽后蒸 5 min 左右，以用手挤压果核能很快滑出为好，取下去核；火供法，果实放入竹笼，用文火烘至果膨胀变柔软时，以用手挤压果核能很快滑出为好，取出摊晾，去核。将软化好的山茱萸趁热挤去果核，一般采用人工挤去果核或用山萸肉脱皮机去核。去核后采用自然晒干或烘干。

五、包装、贮藏与运输

（一）包装

山茱萸在包装前应检查是否充分干燥，并清除劣质品及异物。所使用的包装材料为瓦楞纸箱或麻袋，具体要求可按出口或购货商要求而定。在每件包装上，应注明品名、规格、产地、批号、包装日期、生产单位，并附有质量合格的标志。

（二）贮藏

干燥后的山茱萸如不马上出售或使用，包装后宜置阴凉干燥的室内贮藏，同时应防止老鼠等啮齿类动物的危害。在贮藏中，要定期检查，既要防止受潮，但也不宜过分干燥，以免走油。一般贮藏温度 26 ℃ 以下，相对湿度 70%～75%，商品安全水分含量 13%～16%。

（三）运输

运输工具或容器应具有较好的通气性，以保持干燥，应有防潮措施，并尽可能地缩短运输时间。同时不应与其他有毒、有害、易串味物品混装。

六、药材品质标准

加工好的山茱萸药材，即干燥的山茱萸果皮，以色红或紫红、肉肥厚、质柔润不易碎、果皮较完整、无残留果核者为佳。《中国药典》（2015 年版）规定，水分不得超过 16.0%，总灰分不得超过 6.0%，浸出物不得少于 50.0%；按干燥品计算，含莫诺苷（$C_{17}H_{26}O_{11}$）和马钱苷（$C_{17}H_{26}O_{10}$）的总量不得少于 1.2%。

【任务评价】

山茱萸栽培任务评价见表 4-11。

表 4-11　山茱萸栽培任务评价

任务评价内容	任务评价要点
栽培技术	1. 选地与整地 2. 繁殖方法：①种子繁殖；②压条繁殖；③嫁接繁殖 3. 田间管理：①树盘覆草；②追肥；③疏花与灌溉；④病虫防治
采收与加工	1. 采收：采收方法及注意事项 2. 加工：加工方法及注意事项
包装与贮藏	1. 包装：用瓦楞纸箱或麻袋包装 2. 贮藏：置阴凉通风干燥处贮藏

【思考与练习】

1. 山茱萸的主要繁殖方式有哪些？

2. 山茱萸种子如何采收？

任务十二 酸枣仁的栽培

【任务目标】

通过本任务的学习，能够熟练掌握酸枣栽培的主要技术流程，并能独立完成枸杞的栽培及养护管理工作。

【知识准备】

一、概述

酸枣 [*Ziziphus jujuba* var. spinosa（Bunge）Hu] 为鼠李科枣属植物，是枣的变种，又名棘、棘子、野枣、山枣、葛针等，原产中国华北，中南各省亦有分布。多野生，常为灌木，也有的为小乔木。以枣仁入药，有宁心安神、养肝、敛汗的功效。

二、植物形态特征

落叶灌木或小乔木，高 1～4 m；小枝称之字形弯曲，紫褐色。酸枣树上的托叶刺有 2 种，一种直伸，长达 3 cm，另一种常弯曲。叶互生，叶片椭圆形至卵状披针形，长 1.5～3.5 cm，宽 0.6～1.2 cm，边缘有细锯齿，基部三出脉。花黄绿色，2～3 朵簇生于叶腋。核果小，近球形或短矩圆形，熟时红褐色，近球形或长圆形，长 0.7～1.2 cm，味酸，核两端钝。花期 6—7 月，果期 8—9 月（图 4-12）。

三、生长习性

酸枣生长于海拔 1 700 m 以下的山区、丘陵或平原、野生山坡、旷野或路旁。已广为栽培。喜温暖干燥气候，耐旱，耐寒，耐碱。适于向阳干燥的山坡、丘陵、山谷、平原及路旁的沙石土壤栽培，不宜在低洼水涝地种植。

图 4-12 酸枣
（中国科学院植物研究所，1972.
中国高等植物图鉴第二卷）

【任务实施】

一、选地与整地

酸枣种植地应选择坐北向南，地势平坦，空旷，通风良好，光照充足，邻近干净水源和造林方便的地方。土壤以土层深厚肥沃的沙壤土为宜，红壤及砖红壤均可，忌选黏重土壤和积水地，整理需细致，冬季需深翻。

二、繁殖方法

（一）种子处理

用专用机械把酸枣核打破而基本不伤及种仁，好仁率为 90% 以上。另外，把酸枣核于第一年 12 月进行层积处理，与酸枣仁育苗比较。

（二）整地作畦

第一年 12 月前将圃地深翻 30 cm，耙平，然后按长 20 cm，宽 1.3 m，南北向作畦，畦两边各筑宽 30 cm，高 20 cm 的畦埂，每亩地施腐熟的农家肥 5 000 kg，过磷酸钙 40 kg。

（三）浸种催芽

播前用 30 ℃温水浸泡酸枣仁 12～24 h，然后捞出控水，再与 3 倍的湿沙混合，置于背风向阳的地方盖膜催芽，种沙厚度 10 cm，保持温度在 25～30 ℃，每天翻动 2～3 次，喷水保湿，3～5 d 后约 1/3 的种子吐嘴露白，下畦。对层积的酸枣核也进行盖膜催芽。

（四）播种

每亩播量 2～2.5 kg。播期为 4 月上中旬，播前整好地，施足肥，造好墒。再用 1 500 倍乙草胺喷洒后，宽窄行播种，宽行行距 60 cm，窄行行距 30 cm，株距 10～15 cm，播种深度 3～4 cm，每穴下种 3～5 粒。最好用精量播种机，在条件不允许的情况下，也可用棉花播种机。用棉花播种机播种时，须用炒熟的小麦、稻子等与酸枣种仁按 1：3 比例混合拌匀后播种，播后膜孔覆土。

三、栽培管理

（一）移栽定苗

在出土后，破地膜，引出苗木。当小苗长到 3～4 片真叶时间苗，7～8 片真叶时，按 20 cm 株距进行定苗，苗高 20 cm 前不要浇水，除草。拱棚苗，幼苗出土后注意通风降温，控制棚内温度在 25～30 ℃，不能超过 35 ℃，定苗后浇 1 次水。进入 4 月下旬，白天揭棚，晚上盖棚，一周后按相同的株行距移栽，栽后立即灌水，晾墒后及时划锄。直播苗，在出苗前不要浇蒙头水，出苗后注意除草，及时间苗定苗。

（二）追肥与浇水

进入 5 月苗高 20 cm 时，揭去地膜，每亩追尿素 10 kg，每月追施 1 次，连追 2～3 次，8 月追氮、磷、钾复合肥，每亩 10 kg，结合追肥进行浇水。

（三）病虫害防治

枣苗的主要病虫害有黏虫、枣步曲、黑绒金龟子、象鼻虫、红蜘蛛、早期落叶病等，视发生情况及时喷药防治。

四、采收与加工

（一）采收

秋季当果实外皮呈红色时，即及时采收，采下成熟果实。不宜过早采收，否则种仁未成熟，出仁率低，质量差。

（二）加工方法

采回的果实趁鲜时除去皮肉，用水洗净枣仁晒干，再用专门加工机械压碎硬壳，簸取枣仁晒干，可供药用。通常 6 kg 枣核可加工 1 kg 枣仁。

五、商品质量标准

本品呈扁圆形或扁椭圆形，长 5～9 mm，宽 5～7 mm，厚约 3 mm。表面紫红色或紫褐色，平滑有光泽，有的有裂纹。有的两面均呈圆隆状突起；有的一面较平坦，中间有 1 条隆起的纵线纹，另一面稍突起。一端凹陷，可见线形种脐；另端有细小突起的合点。以粉末棕红色者为佳。《中国药典》（2015 年版）规定，杂质不得超过 5%，水分不得超过 9.0%，总灰分不得超过 7.0%，每 1 000 g 含黄曲霉毒素 B_1 不得过 5 μg，含黄曲霉毒素 G_2、黄曲霉毒素 G_1、黄曲霉毒素 B_2 和黄曲霉毒素 B_1 的总量不得过 10 μg；按干燥品计算，含酸枣仁皂苷 A（$C_{58}H_{94}O_{26}$）不得少于 0.030%。

【任务评价】

酸枣栽培任务评价见表 4-12。

表 4-12 酸枣栽培任务评价

任务评价内容	任务评价要点
栽培技术	1. 选地与整地 2. 繁殖方法：种子繁殖 3. 田间管理：①移栽定苗；②追肥预浇水；③病虫防治
采收与加工	1. 采收：采收方法及注意事项 2. 加工：加工方法及注意事项
包装与贮藏	1. 包装：用干燥透气袋包装 2. 贮藏：置阴凉通风干燥处贮藏

【思考与练习】

1. 简述酸枣主要繁殖方式。
2. 酸枣仁的药用价值有哪些？

任务十三　王不留行的栽培

【任务目标】

通过本任务的学习，能够熟练掌握王不留行栽培的主要技术流程，并能独立完成王不留行的栽培及养护管理工作。

【知识准备】

一、概述

王不留行 ［*Vaccaria segetalis*（Neck.） Garcke］ 简称王不留，又名麦蓝菜、留行子、

奶米，分类属于石竹科、麦蓝菜属一年生或越年生草本植物。以种子入药，主要产于我国黑龙江、辽宁、湖北、山西、山东等省。中医认为，其种子性平，味甘苦，具有活血通经、下乳、消肿止痛之功效，主治血瘀经闭、乳汁不下、痈肿等症。主要产于我国北方和中部，多野生，已有栽培。

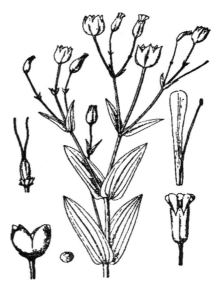

二、植物形态特征

王不留行为一年生或越年生草本植物。株高30～70 cm，全株平滑无毛，被白粉，茎直立，节部稍膨大，上端呈二叉状分枝。叶对生，无柄，呈卵状披针形或线状披针形，花梗细长，基部圆形或近于心形，叶尖端渐尖，全缘。3—4月开花，花小，淡红色，圆锥状聚伞花序，疏生枝顶，初夏（4—5月）结出蒴果包于宿存萼内，卵形，先端四齿裂。种子球形，黑色（图4-13）。

图4-13 王不留行
（中国科学院植物研究所，1972.
中国高等植物图鉴第一卷）

三、生长习性

王不留行喜温暖气候，耐旱，忌积水。王不留行适应性较强，且对土壤要求不严，可在较高的山区生长。

【任务实施】

一、选地与整地

王不留行宜选土壤疏松、肥沃，排水良好的夹沙壤土种植。耕翻后耙细整平，做宽1.3 m的高畦。不宜在低洼积水地种植，否则容易烂根。在过干的旱地种植，植株矮小，产量低。

二、繁殖方法

王不留行主要采用种子繁殖。

（一）采种

王不留行初夏（4—5月）蒴果成熟，少数种子变黑时，采收，晒干。选择籽粒大，饱满的种子作播种用。

（二）播种

播种宜在9月中旬至10月上旬进行。播种一般采取条播或点播。条播在整好的畦上按行距25 cm左右，开沟3～5 cm深，施足基肥，将种子均匀撒于沟内，每亩播种量1.5 kg，播种后盖薄层细土压实。点播在畦上按穴距25 cm左右，穴深7 cm左右，穴内施淡人、畜粪肥，点播种子量每亩为200～300 g。后覆盖薄层细土，天旱需浇水保持畦土湿润，播种后的15 d左右幼苗出土。在苗高7～10 cm时及时拔除田间杂草，进行间苗和补苗，每穴留壮苗4～5株；条播的，按株距10 cm间苗。

三、栽培管理

（一）中耕除草

在苗高 7～10 cm 进行第一次中耕除草，在翌年 2—3 月进行第二次中耕除草，封垄前完成中耕除草。

（二）追肥

追肥可在每次中耕除草后进行，第一次每亩追施淡人畜粪肥 1 500 kg 或尿素 5～6 kg，第二次追施较浓一些的人畜粪肥，每亩施 1 500～2 000 kg。

（三）排灌

王不留行生长期耐旱，但如遇久旱不雨天气，植株会生长不良，需要浇水保持畦土湿润。王不留行生长期忌积水，雨季畦内积水，应及时排水，否则容易烂根引起植株死亡。

四、采收与加工

王不留行在播种后翌年 6 月种子成熟，大多数变黄褐色，少数已变黑时采收。可将植株地上部分割下，放阴凉通风处后熟 7 d 左右，待种子全部变黑时，在晒场上晒干用连枷脱粒，筛簸去杂质，种子晒至全干为药材，每亩可采收种子药材 100 kg 左右，王不留行种子药材以籽粒大、充实、饱满、色黑、无杂质的为佳品。

五、商品质量标准

王不留行药材呈球形，表面黑色，少数红棕色，略有光泽，有细密颗粒状突起，一侧有 1 凹陷的纵沟，质硬，粉末淡灰褐色。《中国药典》（2015 年版）规定，水分不得超过 12.0%，总灰分不得超过 4.0%，浸出物不得少于 6.0%；本品按干燥品计算，含王不留行黄酮苷（$C_{32}H_{38}O_{19}$）不得少于 0.40%。

【任务评价】

王不留行栽培任务评价见表 4-13。

表 4-13 王不留行栽培任务评价

任务评价内容	任务评价要点
栽培技术	1. 选地与整地 2. 繁殖方法：种子繁殖 3. 田间管理：①中耕除草；②追肥；③排灌
采收与加工	1. 采收：采收方法及注意事项 2. 加工：加工方法及注意事项
包装与贮藏	1. 包装：用瓦楞纸箱或麻袋包装 2. 贮藏：置阴凉通风干燥处贮藏

【思考与练习】

1. 简述王不留行播种繁殖的技术要点。

2. 王不留行田间管理主要注意哪些方面？

任务十四　五味子的栽培

【任务目标】

通过本任务的学习，能够熟练掌握五味子栽培的主要技术流程，并能独立完成五味子的栽培及养护管理工作。

【知识准备】

一、概述

五味子 [*Schisandra chinensis*（Tuecz.）Baill.] 为木兰科五味子属多年生落叶木质藤本，以其干燥成熟果实入药，药材名五味子，习称"北五味子"，别名辽五味子。五味子性温，味酸，有敛肺滋肾、止泻、生津、止汗涩精的功能。主治喘咳、自汗、遗精、失眠、久泻及津亏口渴等症。主要成分含柠檬醛、α-依兰烯、维生素 C 等，种子含五味子素、五味子醇甲等。主产于东北、河北、山西、陕西、宁夏、山东及内蒙古等地。以东北三省产者品质最佳。黑龙江省主产于五常、尚志、方正、伊春、牡丹江、宁安及密山等市、县。多为野生，栽培面积较小。

北五味子是常用名贵中药材，年需求量可达 2 000 t 以上。近年来，由于林业资源的开发，清林防火及对野生药用资源缺乏保护措施，人们无计划过量地掠夺式采摘，使得近山区野生五味子资源遭到严重破坏，而远山区资源又很难采运。其产量和品质逐年下降，药价逐年上涨，亟待野生资源保护区的建立和人工栽培，以满足市场需求。目前产区均进行规范化生产，采用水泥柱立架式滴灌栽培，3 年即可开花结果，黑龙江省建立了多个五味子生产基地。其中，伊春双峰五味子园达 1 500 亩，人工栽培五味子已成为其商品主要来源。由于人工栽培的历史较短，目前科研人员应用系统选育法培育出"红珍珠""大粒红""长白 1 号"等类型，但性状、产量、品质稳定的优良品种尚未人工培育成功。今后应按 GAP 要求大面积标准化生产，同时加强育种工作，对五味子病害进行安全有效的防治，提高五味子的产量与品质。

二、植株形态特征

多年生木质藤本。茎长 4～8 m，不易折断，幼枝红棕色，老枝灰褐色，皮孔明显，全株近无毛。叶多生在幼枝上，单叶互生，叶柄细长，幼时红色，叶片长椭圆形或倒卵形，先端急尖或渐尖，基部楔形，边缘疏生有腺体的小齿。花单性，雌雄同株或异株，花黄白或粉红色；雄花被 6～9 片，具雄蕊 5 枚，无花丝，着生在细长雄蕊柱上；雌花花被 6～9 片，卵状长圆形，心皮多数，离生，幼时聚成圆锥状，花后花托延生成穗状，1～4 朵集生于叶腋。浆果球形，熟时深红色，内含种子 1～2 粒。种子肾形，种皮光滑，深褐色或红褐色，坚硬，千粒重 25 g 左右。花期 5—6月，果期 8—9 月（图 4-14）。

图 4-14　五味子
（中国科学院植物研究所，1972.
中国高等植物图鉴第一卷）

三、生长习性

野生五味子多见于针阔混交林中，山沟、溪流两岸的小乔木及灌木丛中，缠绕于其他树木上，或生长在林缘及林中空地。喜湿润环境，但不耐低洼水浸，怕干旱。耐寒性强，可耐受 −30 ℃ 的低温，适宜生长的温度为 20～25 ℃，高于 30 ℃ 生长缓慢。五味子耐阴性较强，幼苗喜阴，怕烈日暴晒，需遮阳 50%，成株开花结果时喜光，完全可以露地栽培，不需遮阳。五味子的根和根状茎多生长在林地疏松肥沃的表土层，所以喜肥怕瘠薄，人工栽培时应选择疏松肥沃，富含腐殖质，排水良好的沙质壤土，忌瘠薄和低洼黏重土壤，pH 以 5～6.8 为好。

【任务实施】

一、选地与整地

选疏松肥沃、排水良好的沙质壤土或林缘熟地，每亩施厩肥 2 000～3 000 kg，深翻20～25 cm，整平耙细，育苗地作宽高畦规格是 1.2 m，高 15 cm，长 10～20 m。移植地穴栽。

二、繁殖方法

野生五味子除了种子繁殖外，主要靠地下横走茎繁殖。在人工栽培中主要用种子繁殖。也可以用压条和扦插繁殖，但生根困难，成活率低。

（一）种子繁殖

1. 种子的选择 五味子的种子最好在秋季收获期间进行穗选，选留果粒大、均匀一致的果穗作种。单独晒干保管，放通风干燥处贮藏。

（1）种子处理。为提高种子萌发率，同时亦使种子萌发整齐一致，应进行种子处理。种子处理可用室外处理和室内沙藏处理两种方法，沙藏前用 0.25% 赤霉素溶液中浸泡 24 h 可提高发芽率。

（2）室外处理。秋季将选作种用的果实，用清水浸泡至果肉涨起时搓去果肉，同时可将浮在水面的瘪粒除掉。搓去果肉的种子再用清水浸泡 5～7 d，使种子充分吸水，每 2 d 换 1 次水，浸泡后，捞出种子控干与 2～3 倍于种子的湿沙混匀，放入已准备好的深 0.5 m 坑中，上面盖上 10～15 cm 的细沙，再盖上柴草或草帘子，进行低温处理。翌年 4—5 月即可裂口播种。处理场地要选择高燥地方，以免水浸烂种。

（3）室内处理。2—3 月将湿沙低温处理的种子移入室内，装入木箱中进行沙藏处理，其温度保持在 10～15 ℃，经 2 个月后，再置 0～5 ℃ 处理 1～2 个月，当种子裂口即可播种。

2. 育苗 一般在 5 月上旬至 6 月中旬选取经过处理已裂口的种子进行条播或撒播。条播行距 10 cm，覆土 1～2 cm。播种量 30 g/m² 左右。也可于 8 月上旬至 9 月上旬播种当年鲜籽。即选择当年成熟度一致，粒大而饱满的果粒，搓去果肉，用清水漂洗一下，控干即可播种。

3. 苗田管理 播种后搭 0.6～0.8 m 高的棚架，上面用草帘或苇帘等遮阳，透光度 40%，土壤干旱时浇水，使土壤湿度保持在 30%～40%，待小苗长出 2～3 片真叶时可逐渐撤掉遮阳帘。并要经常除草松土，保持畦面无杂草。翌年春或秋季可移栽定植。

4. 移栽 在选好的地上，于4月下旬或5月上旬移栽；也可在秋季叶发黄时移栽。按行株距120 cm×50 cm穴栽，亦可在立架两边双苗栽种。为使行株距均匀，可拉绳定穴。在穴的位置上作一标志，然后挖成深30～35 cm、直径30 cm的穴，每穴栽1株，栽时要使根系舒展，防止窝根或倒根，覆土至原根系入土深稍高一点即可。栽后踏实，灌足水，待水渗完后用土封穴。15 d后进行查苗，未成活者补苗。秋栽者于第二年春季苗返青时查苗补苗。

（二）压条繁殖

早春植株萌动前，将植株枝条外皮割伤部分埋入土中，经常浇水，保持土壤湿润，待枝条生出新根和新芽后，于晚秋或次春剪断枝条与母枝分离，进行定植。

（三）扦插繁殖

于早春萌动前，剪取坚实健壮的枝条，截成12～15 cm长一段，截口要平，生物学下端用100 mg/L NAA处理30 min，稍晾干，斜插于苗床，行距12 cm，株距6～10 cm，搭棚遮阳，并经常浇水，促使生根成活，次春定植。

（四）根茎繁殖

于早春萌动前，刨出母株周围横走根茎，截成6～10 cm一段，每段上要有1～2个芽，按行距12～15 cm、株距10～12 cm栽于苗床上，成活后，翌春萌动前定植于大田。株行距同移栽。

三、田间管理

（一）松土除草

移栽后应经常松土除草，否则杂草易与五味子争夺养分，结合除草可进行培土，并做好树盘，便于灌水。

（二）灌排水

五味子喜湿润，要经常灌水，开花结果前需水量大，应保证水分的供给。雨季积水应及时排除。越冬前灌一次水有利越冬。

（三）追肥

五味子喜肥，结合松土除草，可追肥2～3次，第一次在展叶期进行，第二次在开花后进行。每次施厩肥每株5～10 kg，加过磷酸钙50 g。在距根部30 cm处开深15～20 cm环形沟，施入追肥后覆土。

（四）搭架

移植后第二年应搭架，可用木杆，最好用10 cm×10 cm×250 cm水泥柱或角钢作立柱，每隔2～3 m立1根。用8号铁线在立柱上部拉4条横线，间距30 cm，将藤蔓用绑绳固定在横线上。然后按左旋引蔓上架，开始可用绳绑，之后可自然缠绕上架。

（五）修剪

五味子的枝条春、夏、秋三季均可剪修。

1. 春剪 一般在枝条萌发前进行。剪掉过密果枝和枯枝，剪后枝条疏密适度，互不干扰。超过立架的可去顶，使之矮化，促进侧枝生长。

2. 夏剪 6月中旬至7月中旬进行。主要剪掉茎生枝、膛枝、重叠枝、基部蘖生枝、病虫细软枝等。对过密的新生枝也应进行疏剪或剪短。

3. 秋剪 在落叶后进行。主要剪掉夏剪后的基生枝和病虫枝。短枝开雄花，也应剪掉。

（六）病虫害及其防治

1. 根腐病 病原是真菌中一种半知菌。7—8 月发病，开始叶片萎蔫，根部与地面交接处变黑腐烂，根皮脱落，几天后整株死亡。防治方法：选排水良好的土壤种植，雨季及时排除田间积水；发病期用 50% 的多菌灵 500～1 000 倍液根际浇灌。

2. 叶枯病 病原是真菌中一种半知菌。6—7 月发生，先由叶尖和边缘干枯，逐渐扩大到整个叶面，干枯而脱落，随之果实萎缩，造成早期落果。防治方法：用 1∶1∶120 倍波尔多液或 70% 代森锰锌 500 倍液于发病前喷洒，发病初期用 50% 甲基硫菌灵 1 000 倍液或 3% 井冈霉素 50 mg/L 液交替喷雾防治。

3. 卷叶虫 卷叶虫属鳞翅目卷叶蛾科，以幼虫危害，造成卷叶。防治方法：用 50% 辛硫磷乳油 1 500 倍液喷雾。

四、采收与加工

五味子栽后 4～5 年内大量结果，9 月中旬有效成分含量较高，于秋季 9 月中旬果实呈紫红色时摘下。

对果实进行烘干或阴干，若遇阴雨天要用微火烘干，温度不能过高，一般在 50 ℃ 左右为宜，温度高易变成焦粒。产量为亩产干货 200 kg 左右。折干率（3～4）∶1。

五、包装、贮藏与运输

（一）包装

在包装前检查五味子是否充分干燥，并清除劣质品及异物等。统货常使用的包装为编织袋或麻袋，每袋装 40 kg。出口药材应按出口要求包装。常用小编织袋或布袋装好后放长50 cm、宽 40 cm、高 30 cm 的瓦楞纸盒箱中，每箱 10 kg，每件包装上注明品名、规格、产地、批号、包装日期、生产单位，并附有质量合格验收单。

（二）贮藏

包装后应置于通风良好、干燥、阴凉的库房中贮藏，定期检查。因五味子果实内含较多的树脂状物质，极易吸湿反潮，发热、发霉变质，如发现问题应及时置室外晾晒防潮。严防潮湿、霉变、鼠害等。

（三）运输

运输的车厢、工具和容器等应保持清洁、干燥、通风良好，有良好的防潮措施，不应与有毒、有害、有挥发性气味物品混装，以防污染，轻拿轻放以防破损。

六、药材质量标准

加工好的药材，即干燥的五味子果实，以果皮紫红、粒大、肉厚、柔润、有光泽者为佳。《中国药典》（2015 年版）规定，杂质不得超过 1%，水分不得超过 16.0%，总灰分不得超过 7.0%；按药材干燥品计，五味子醇甲（$C_{24}H_{32}O_7$）含量不低于 0.4%。

【任务评价】

五味子栽培任务评价见表 4 - 14。

表 4 - 14　五味子栽培任务评价

任务评价内容	任务评价要点
栽培技术	1. 选地与整地 2. 繁殖方法：①种子繁殖；②压条繁殖；③扦插繁殖 3. 田间管理：①松土除草；②追肥；③搭架；④修剪；⑤病虫防治
采收与加工	1. 采收：采收方法及注意事项 2. 加工：加工方法及注意事项
包装与贮藏	1. 包装：用瓦楞纸箱或麻袋包装 2. 贮藏：置阴凉通风干燥处贮藏

【思考与练习】

1. 五味子主要有哪些繁殖方式？
2. 收获的五味子如何包装贮存？

任务十五　薏苡的栽培

【任务目标】

通过本任务的学习，能够熟练掌握薏苡栽培的主要技术流程，并能独立完成薏苡的栽培及养护管理工作。

【知识准备】

一、概述

薏苡（*Coix lacryma - jobi* Linn.）属禾本科薏苡属植物，一年或多年生草本。具有健脾渗湿、除痹止泻、清热排脓功能。主治脾虚泄泻、水肿、脚气等症。主产于江苏、辽宁、福建、河北等地。

二、形态特征

株高 1～1.5 m，叶互生，呈纵列排列，叶片长，叶鞘抱茎。总状花序成束腋生，花单性，雄小穗覆瓦状排列于穗轴上；雌小穗位于雄小穗下方。颖果外包坚硬总苞。花期 7—8 月，果期 9—10 月（图 4 - 15）。

图 4 - 15　薏　苡

（中国科学院植物研究所，1972.
中国高等植物图鉴第一卷）

三、生长习性

性喜温暖湿润的气候。喜阳光充足，种子发芽适温为 25～30 ℃。耐涝，忌干旱。对土壤要求不严，除过黏重土壤外，一般土壤均可栽培。前作以豆科、棉花、薯类等为宜。

【任务实施】

一、选地、整地

选向阳、土层深厚、肥沃潮湿、灌溉方便、富含腐殖质的沙壤土为好。每亩施腐熟厩肥或堆肥 2 500～3 000 kg，深耕 20～25 cm，耙细整平，宽 120～130 cm 的平畦或高畦。

二、繁殖方法

薏苡一般用种子繁殖。选择生长健壮、分枝多、结籽密、果壳呈黑褐色的丰产单株作母株，于果实成熟时采种，选留籽粒大、饱满而富有光泽的种子播种。播前用 60 ℃的温水浸种 30 min，捞出晾干，或先用冷水浸种 12 h，捞出再转入沸水中烫 6～8 min，立即取出摊开，晾干后播种。播种以 3 月下旬至 4 月中旬为宜，一般采用条播，按行距 40～60 cm 开沟，沟深 3～5 cm，将种子均匀撒入沟内，覆土后稍镇压，10～15 d 可出苗。每亩用种量 20～30 kg。

三、田间管理

（一）间苗
幼苗长出 3～4 片真叶时间苗；苗高 5～10 cm 时，按株距 20～25 cm 定苗。

（二）中耕、除草
一般进行 3 次。第一次结合间苗进行，第二次在苗高 20～30 cm 时松土、除草，第三次在植株封行前进行，并培土防倒伏。

（三）追肥
第一次除草后，每亩施稀薄人畜粪水 1 000 kg，或硫酸铵 10 kg；第二次在孕穗期，每亩施人畜粪水 1 500 kg，或硫酸铵 15 kg 加过磷酸钙 20 kg；第三次在开花前，每亩施人畜粪水 2 000 kg，或尿素 10 kg，或根外喷施 2％过磷酸钙溶液。

（四）灌溉
幼苗期天气干旱，要及时浇水，在抽穗、开花、灌浆期要经常浇水，以提高结实率。

（五）摘脚叶
拔节结束后，要摘除第一分枝以下的叶片和无益的分蘖，以利通风透光，促进茎秆粗壮，防止倒伏。

（六）人工授粉
薏苡是雌雄同株，以风媒传粉。一般在花期每隔 3～4 d，于上午露水稍干后，相隔数行横拉绳子，顺沟同向走动，使茎秆振动，花粉飞扬，帮助授粉，提高结实率。

四、病虫害防治

(一)病害

病害主要为黑穗病和叶枯病。黑穗病危害穗部，受害种子常肿大成球形的褐色瘤，破裂后散发出大量黑粉孢子，严重时可造成颗粒无收；叶枯病危害叶子，发病初期先在叶尖上出现淡黄色小斑，后扩展病斑连成片，叶片呈焦枯状死亡。

防治方法：播前种子用20%三唑酮拌种，预防发病；发病初期可选用多菌灵、甲基硫菌灵、代森锰锌等进行防治。

(二)虫害

虫害主要有玉米螟、黏虫、蛴螬等。玉米螟以幼虫钻入心叶危害，被害心叶展开后，可见到一排整齐的小洞，幼虫还可钻入茎秆内危害，蛀成枯心或白穗，并易折断下垂致死；黏虫以幼虫危害叶片，咬食成不规则的缺刻，也可危害嫩茎和茎穗，大量发生时，能很快将叶片食光，造成严重减产；蛴螬危害根部。

防治方法：悬挂黑光灯诱杀玉米螟和黏虫的成蛾；心叶展开时，用50%的杀螟硫磷200倍液灌心；在幼虫幼龄期喷洒辛硫磷等防治。

五、采收与加工

(一)采收

9—10月当基部叶片枯黄、顶部带绿，有80%果实呈黄色或黄褐色时收割。

(二)加工

将割下的植株集中立放，晒3～4 d后用打谷机脱粒，置干净晒场暴晒，晒干后称壳苡米。壳苡米经风选，用脱壳机碾去外壳和种皮并筛净，即为薏苡仁，装入麻袋存放。一般每亩产壳苡米200～500 kg，薏苡仁得率50%左右。

六、商品质量标准

薏苡仁呈宽卵形或长椭圆形，表面乳白色，光滑，偶有残存的黄褐色种皮；一端钝圆，另一端较宽而微凹，有1个淡棕色点状种脐；背面圆凸，腹面有1条较宽而深的纵沟。质坚实，断面白色，粉末淡类白色。《中国药典》(2015年版)规定，杂质含量不得超过2%，水分不得超过15.0%，总灰分不得超过3.0%，黄曲霉毒素每1 000 g含黄曲霉毒素 B_1 不得过5 μg，含黄曲霉毒素 G_2、黄曲霉毒素 G_1、黄曲霉毒素 B_2 和黄曲霉毒素 B_1 的总量不得过10 μg。

【任务评价】

薏苡栽培任务评价见表4-15。

表4-15 薏苡栽培任务评价

任务评价内容	任务评价要点
栽培技术	1. 选地与整地 2. 繁殖方法：播种 3. 田间管理：①间苗；②中耕除草；③追肥；④灌溉；⑤摘脚叶；⑥人工授粉

（续）

任务评价内容	任务评价要点
采收与加工	1. 采收：采收方法及注意事项 2. 加工：加工方法及注意事项
包装与贮藏	1. 包装：用干燥透气袋包装 2. 贮藏：置阴凉通风干燥处贮藏

【思考与练习】

1. 薏苡田间追肥如何进行？
2. 薏苡采收、加工如何进行？

任务十六　银杏的栽培

【任务目标】

通过本任务的学习，能够熟练掌握银杏栽培的主要技术流程，并能独立完成银杏的栽培及养护管理工作。

【知识准备】

一、概述

银杏

银杏树（*Ginkgo biloba* Linn.）又名白果树、公孙树，分类属于银杏科、银杏属高大落叶乔木。银杏树的果实称为白果，品味甘美，医食俱佳。银杏的根、叶、皮也含多种药物成分，临床应用价值较高。以种子入药，具有敛肺定喘等功效；银杏叶提取物具有活血、化瘀、通络的功效。我国南北各地均有栽培。

二、植物形态特征

落叶大乔木，高达 40 m，胸径可达 4 m，幼树树皮近平滑，浅灰色，大树之皮灰褐色，不规则纵裂，有长枝与生长缓慢的距状短枝。叶互生，在长枝上辐射状散生，在短枝上 3～5 枚成簇生状，有细长的叶柄，折扇形，两面淡绿色，在宽阔的顶缘多少具缺刻或 2 裂，宽 5～8 cm，具多数叉状并有叶细脉。雌雄异株，稀同株，一般 4 月上中旬球花开花，单生于短枝的叶腋；雄球花成柔荑花序状；雌球花有长梗，梗端常分两叉（稀 3～5叉），叉端具有盘状珠托的胚珠，常 1 个胚珠发育成种子。用种子繁殖的实生苗的雌株一般 10 年左右开始结实。9 月下旬至 10 月上旬种子成熟，种子核果状，具长梗，下垂，椭圆形或长圆状倒卵形、卵圆形或近球形，长 2.5～3.5 cm，直径 1.5～2 cm；假种皮肉质，被白粉，成熟时淡黄色或橙黄色；种皮骨质，白色，常具 2（稀 3）纵棱；内种皮膜质，淡红褐色。银杏树寿命长，我国有许多树龄 3 000 年以上的古树，500 年生的大树仍能正常结果

（图 4 - 16）。此外，银杏树木材浅黄色，细致、轻软，可供建筑、家具、雕刻及其他工艺品用材，又为绿化庭院和行道树。

三、生长习性

野生状态的银杏分布于亚热带季风区，水、热条件比较优越。年平均温度 15 ℃，极端最低温可达 −10.6 ℃，年降水量 1 500～1 800 mm，土壤为黄壤或黄棕壤，适宜生长在水热条件比较优越的亚热带季风区。在 pH 5～6 的壤土上生长快，成林早。

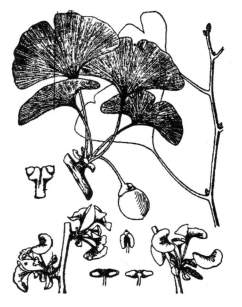

图 4 - 16　银　杏

（中国科学院植物研究所，1972.
中国高等植物图鉴第一卷）

【任务实施】

一、选地整地

选择地势高、背风向阳，日照时间长，土层深厚、土质疏松肥沃，有水源又排水良好的沙壤土作育苗地。对育苗地进行全垦深翻，施足基肥，并每亩施掺和过磷酸钙的圈肥或土杂肥 1 000～1 500 kg，翻入土中，整平耙细，开畦，做成龟背形畦面，宽 1.2 m、高 25 cm 的高畦。

二、繁殖方法

可采用播种、嫁接、扦插、分蘖等繁殖方法。

（一）播种繁殖

秋季银杏种子采收后，去掉银杏外种皮，将带中果皮的种子晒干，当年即可冬播或翌年春播（若春播，必须先进行混沙层积催芽）。开沟播种时，先浇底水，再将白果侧放于沟内，如已出芽，将芽尖向下放置，然后覆土厚约 3 cm 并压实。播种数量，视白果大小而定，一般每亩播种 25 kg，如果条件允许，覆土后应再盖一层塑料薄膜，以保持其湿度和温度。当胚芽出土后适当通风，逐渐揭开薄膜。6 月以后，应进行遮阳。

第一年银杏苗木嫩弱，不宜施过量的化肥，要掌握薄肥淡施。如遇大雨要及时排水并要适时松土。当年银杏幼苗可长至 15～25 cm 高，秋季银杏苗落叶后即可移植。

（二）嫁接繁殖

嫁接繁殖是银杏栽培中主要的繁殖方法，可提早结果，使植株矮化、丰满、丰产。一般于春季 3 月中旬至 4 月上旬采用皮下枝接、剥皮接或切接等方法进行嫁接。接穗多选自良种母树 8 年以上，生长、结果旺盛的植株。一般选用 3～4 年生枝上具有 4 个左右的短枝作接穗，每株一般接 3～5 枝。银杏树嫁接后 5～8 年开始结果。

（三）扦插繁殖

扦插繁殖分为嫩枝扦插和老枝扦插两种。银杏嫩枝扦插是在 7 月上旬进行，取下当年生半木质化枝条，剪成 2 芽 1 节的插穗或 3 芽 1 节的插穗，用 100 mg/L ABT 生根粉溶液浸泡后，插入透气沙质土壤苗床，注意遮阳，保持空气湿度，待发根后再带土移栽至普通苗床。

银杏老枝扦插一般于春季 3—4 月剪取银杏树母株上 1～2 年生健壮、充实的枝条，剪成每段 10～15 cm 长的插条，扦插于细黄沙或疏松的土壤中，插后浇足水，保持土壤湿润，约 40 d 即可生根。成活后，进行正常栽培管理。翌年春季即可移植。此法适用于大面积银杏绿化育苗。

(四) 分蘖繁殖

分蘖繁殖可采用两种方法：一种是利用原有银杏树根蘖切离繁殖，这是最简便的一种方法。每年 7—8 月，在银杏树根蘖茎部先进行环形剥皮后培土，1 个多月后环剥处就能发出新根，翌年春天就可切离银杏树母体直接定植。另一种方法是利用银杏树的根际萌蘖进行分蘖繁殖，是一种常用的方法。银杏树由于大砧高接，大树根部易产生大量的萌蘖，任其自然生长多年，则可形成"怀中抱子"的银杏园林风景。如果切除根蘖繁育苗木，不但节省种子，而且生长快，开花结果早。切断侧根，再填入混有肥料的土壤，生长 1 年即可切离形成新苗。利用分蘖繁殖的银杏小苗，可以直接定植，不需在苗圃里再进行培育，因此名为分蘖育苗，实为分蘖定株。

(五) 移栽定植

移栽定植宜于冬季或早春（1 月下旬至 2 月上旬）进行，按行株距 5 m×6 m 挖穴移植，穴直径和深度均 40～50 cm，每穴施入有机杂肥 20 kg，挖取银杏苗种移植穴中，要求根系伸展，覆土稍高于原土平面，踏实后浇 1 次定根水。由于银杏为雌雄异株，定植移栽雌株应搭配少量雄株，一般配置总株数 1/20 的雄株，以利开花授粉结果。

三、栽培管理

(一) 支撑树干

刚栽下的大树特别容易弯倒，要设立支架，把树牢固地支撑起来，确保树不会弯斜。具体措施：采用"十"字扁担桩与三角支撑相结合，浪风绳用 6.5 mm 钢丝绳，花兰螺丝拧紧，固定在角铁桩上，角铁桩打入地下 1.2 m 处，三角支撑点在树干 1/3 处，扁担桩可用来防止苗木下沉移位，三角支撑可有效防止树身过度晃动，以免根须拉断。

(二) 中耕除草

出苗后及时除草，定植后每年结合间作中耕除草 2～3 次。

(三) 追肥

银杏生长期至少每年施肥 1～2 次。移植后结合中耕除草，第一年秋天进行第一次追肥。翌年早春施催芽肥。第三次于夏初，施壮枝肥，肥料以腐熟人畜粪为主，搭配 0.5% 尿素和 0.3% 磷酸二氢钾肥，施入距树干 60～100 cm 处开挖 20～30 cm 宽的环状沟，施后覆土、压肥、浇水。

(四) 排灌

养护期要注意浇水。夏天要多对地面和树冠喷洒清水，增加环境的湿度，降低蒸腾作用。在浇灌水中加 0.02% 的生长素，促使根系生长。雨季畦内积水株苗受涝发生烂根引起植株死亡，要及时排水。

(五) 整枝修剪

为了使郁闭树冠的枝叶通风透光，促使养分多集中在分枝上，促进植株生长发育，每年冬季需剪除枯枝、细弱枝、重叠枝、伤残枝和病虫害枝。夏季摘心，同时抹除赘芽，剪除根部萌蘖。

（六）包裹

盛夏为了降低蒸腾量，在树冠周围搭遮阴棚或挂草帘。裹干时可用浸湿的草绳从树基往上密密地缠绕树干，一直裹到主干顶部，接着，再将调制的黏土泥浆厚厚地糊满草绳子裹着的树干，并经常用喷雾器为树干喷水保湿。

四、采收与加工

（一）采收银杏

银杏果于 9—10 月采收，当外种皮呈橙黄色时，或自然成熟脱落后采集果实，采后堆放在阴湿处，还可以浸泡在缸里，使果的肉质外种皮腐烂后取出，于清水中搓去肉质外种皮，冲洗干净，晒干后，贮存备用；同时，打碎外壳，剥出种仁，称为生白果仁。以蒸、炒、煨等方法加工，打碎外壳，取去种仁，即为熟白果仁。

（二）采收银杏叶

银杏叶应于 10—11 月收集，经秋霜打后的叶片，晾干，去净杂质后可供药用。8 月当叶片发黄之前采集提炼，其银杏叶总黄酮及银杏叶内酯含量高。生产上多采集发黄之前的青色叶片作为提炼的原料。

五、商品质量标准

银杏叶多皱折或破碎，完整者呈扇形，黄绿色或浅棕黄色，上缘呈不规则的波状弯曲，具二叉状平行叶脉，细而密，光滑无毛，易纵向撕裂。叶基楔形。《中国药典》（2015 年版）规定，杂质不得超过 2％，水分不得超过 12.0％，总灰分不得超过 10.0％，酸不溶性灰分不得超过 2.0％，浸出物不得少于 25.0％；按干燥品计算，含萜类内酯以银杏内酯 A（$C_{20}H_{24}O_9$），银杏内酯 B（$C_{20}H_{24}O_{10}$），银杏内酯（$C_{20}H_{24}O_{11}$）和白果内酯（$C_{15}H_{18}O_8$）的总量计，不得少于 0.25％。

【任务评价】

银杏栽培任务评价见表 4 - 16。

表 4 - 16　银杏栽培任务评价

任务评价内容	任务评价要点
栽培技术	1. 选地与整地 2. 繁殖方法：①播种；②嫁接；③扦插；④分蘖 3. 田间管理：①支撑树干；②中耕除草；③追肥；④排灌；⑤整枝修剪；⑥包裹
采收与加工	1. 采收：采收方法及注意事项 2. 加工：加工方法及注意事项
包装与贮藏	1. 包装：用干燥透气袋包装 2. 贮藏：置阴凉通风干燥处贮藏

【思考与练习】

1. 银杏的繁殖方法主要有哪些？

2. 银杏如何采收？

任务十七　栀子的栽培

【任务目标】

通过本任务的学习，能够熟练掌握栀子栽培的主要技术流程，并能独立完成栀子的栽培及养护管理工作。

【知识准备】

一、概述

栀子（*Gardenia jasminoides* Ellis）别名黄栀子、山栀、白蟾，是茜草科栀子属植物栀子的果实。栀子的果实是传统中药，属中华人民共和国卫生部颁布的第一批药食两用资源，具有护肝、利胆、降压、镇静、止血、消肿等作用。在中医临床常用于治疗黄疸型肝炎、扭挫伤、高血压、糖尿病等症。含番红花色素苷基，可作黄色染料。

二、形态特征

栀子为灌木，高 0.3～3 m；嫩枝常被短毛，枝圆柱形，灰色。叶对生，或为 3 枚轮生，革质，稀为纸质，叶形多样，通常为长圆状披针形、倒卵状长圆形、倒卵形或椭圆形，长 3～25 cm，宽 1.5～8 cm，顶端渐尖、骤然长渐尖或短尖而钝，基部楔形或短尖，两面常无毛，上面亮绿，下面色较暗；侧脉 8～15 对，在下面凸起，在上面平；叶柄长 0.2～1 cm；托叶膜质。

花芳香，通常单朵生于枝顶，花梗长 3～5 mm；萼管倒圆锥形或卵形，长 8～25 mm，有纵棱，萼檐管形，膨大，顶部 5～8 裂，通常 6 裂，裂片披针形或线状披针形，长 10～30 mm，宽 1～4 mm，结果时增长，宿存；花冠白色或乳黄色，高脚碟状，喉部有疏柔毛，冠管狭圆筒形，长 3～5 cm，宽 4～6 mm，顶部 5～8 裂，通常 6 裂，裂片广展，倒卵形或倒卵状长圆形，长 1.5～4 cm，宽 0.6～2.8 cm；花丝极短，花药线形，长 1.5～2.2 cm，伸出；花柱粗厚，长约 4.5 cm，柱头纺锤形，伸出，长 1～1.5 cm，宽 3～7 mm，子房直径约 3 mm，黄色，平滑。果卵形、近球形、椭圆形或长圆形，黄色或橙红色，长 1.5～7 cm，直径 1.2～2 cm，有翅状纵棱 5～9 条，顶部的宿存萼片长达 4 cm，宽达 6 mm；种子多数较扁，近圆形而稍有棱角，长约 3.5 mm，宽约 3 mm。花期 3—7 月，果期 5 月至翌年 2 月（图 4－17）。

图 4－17　栀　子
（中国科学院植物研究所，1975.
中国高等植物图鉴第四卷）

三、生长习性

性喜温暖湿润气候，好阳光但又不能经受强烈阳光照射，适宜生长在疏松、肥沃、排水良好、轻黏性酸性土壤中，抗有害气体能力强，萌芽力强，耐修剪，是典型的酸性花卉。

【任务实施】

一、选地与整地

栀子植株的生长对土壤具有较明显的选择性，以冲积壤土生长最好，其次是紫色土，重黏土和山地红壤土。pH 6.1～8.3。栀子园地应选择在缓坡山的中、下部（海拔高度以 600 m 以下为宜）及山冲地势向阳、土层深厚、疏松、肥沃、排水良好的山地。然后整理成水平梯田、修筑林道、以便耕作处理。到翌年春季或秋末冬初，挖深与宽各为 1 cm 的栽植穴，每亩施农家肥 1 000～1 500 kg，磷肥 20～30 kg。移栽的时期以"春植"较为理想，即 2 月中旬至 3 月下旬是最佳移植时节。种植密度视地形、土地肥力以及耕作管理水平等而定，一般每亩 300 株比较适宜。

二、繁殖方法

（一）选种

栽培栀子应选用优良母树。栀子良种的标准：①树势健壮，树皮黑褐色、树冠较矮，呈伞状形，主枝开阔，叶片中等大小，椭圆或长椭圆形，分布均匀，叶色淡绿；②枝条节间较短，结果枝多呈簇状；③果实饱满，椭圆或长椭圆形，单果鲜重 4 g 左右，色泽鲜艳（金黄色、黄色或黄红色）。留种用的果实，必须进行株选，提前将种株上的小果、虫伤病果摘除，待"霜降"后一次采摘完毕。果实采回后应摊开让其风干 2～3 d，然后用湿润河沙分层堆积 25～30 d（沙堆高度不宜超过 50 cm）。经过后熟处理后，除去河沙将果实取出置清水中揉散，洗去果皮与果胶物，晾干，切忌烘或暴晒，再用布袋装好挂在阴凉、干燥处。

（二）育苗

播种前将种子浸湿 12 h。苗圃地要求地势平坦，水源方便，土壤疏松肥沃，深耕细整，施足底肥。3 月下旬播种，力争早出苗、早间苗、早定株。翌年"雨水"至"春分"即可移植。

采用栀子植株的老茎移栽，由于其根系不发达，树势不强健，吸水、吸肥能力较差，发棵多、寿命较短、结果实少，一般不宜采用。

三、栽培管理

栀子营养生长期应以施氮肥为主，促使树冠良好发育。进入结果期以后，每年需要施 4 次肥，即春肥、夏肥（壮果肥）、秋肥（花芽分化肥）和冬培肥。春肥一般在 3 月底或 4 月春梢萌动时施用，每亩施尿素 3～4 kg，促使树势恢复，有利于开花结果。夏肥应在花朵受精完毕后的 6 月下旬进行，每亩施复合肥 4～6 kg，以提高坐果率和加速果实生长。秋肥一般在立秋前后每亩施用尿素 5～6 kg，并配施人粪水 1 000 kg，以促进栀子植株的花芽分化，为翌年丰产奠定基础。冬培肥是在采摘果实后，结合清园工作进行，每亩施农家肥料 2 000 kg，并加拌 20～30 kg 磷肥，补充植株所消耗的大量养分和提高地温，增强植株的越冬能力。

四、病虫害防治

(一) 病害

主要是栀子褐纹斑病，病原菌有性世代为茶球腔菌、无性世代为茶灰星尾袍霉侵染叶和果，发病严重的栀子植株，叶片失绿，变黄或褐色，易导致叶片脱落，引起早期落果，严重影响产量。

主要防治方法：5 月下旬和 8 月上旬发病前，可分别喷施 50％硫菌灵 1 000 倍液或 1∶1∶100 的波尔多液，每隔 15 d 喷 1 次，连续 2～3 次。

(二) 常见的害虫

有龟蜡蚰壳虫、大透翅天蛾、卷叶螟、蓟马、蓑蛾、红缘灯娥、棉铃虫等 17 种。对栀子生产具有毁灭性的害虫主要是前 3 种。龟蜡蚊壳虫防治可于冬季喷施 1∶15 倍机油乳剂或 10 倍松脂合剂。7 月上旬喷施 40％乐果乳油混合 50％马拉硫磷 1∶1∶1 000 倍液或 40％乐果乳油混合 50％敌敌畏乳剂 1∶1∶1 000 倍液。大透翅天蛾的防治可于 5 月下旬和 7 月上旬分别喷施 90％敌百虫原粉 1∶1 000 倍液或 50％敌敌畏乳油 1∶1 500 倍液。卷叶螟多于 5—8 月的每个月下旬出现幼虫，可采用 90％敌百虫原粉剂 1 000 倍液，50％马拉硫磷乳油 1∶1 000倍液，50％敌敌畏乳剂 1∶1 500 倍液或 40％乐果乳油 1∶1 000 倍液喷施叶面。

五、采收与加工

(一) 采收

栀子宜在霜降后、立冬前果实外表呈金黄色或红黄色时采摘。采收时期既不宜过早，亦不能太迟。采收过早，所加工的商品质地轻泡，呈黑色，加工的干品率要比适时采摘低 20％左右，色素的提取率也比较低；过迟采摘，果实逐渐变软，自行脱落以及鸟类啄食，影响收获率。应选择晴天采摘，采摘时，不论大小果实，应一次摘尽，否则将影响翌年树冠枝条抽发。

(二) 加工与贮藏

栀子采收后，须堆放数日，使青黄色或青色的果实变红黄色，如果仍有绿色未成熟的果实，必须选出另行堆放，待后熟变黄以后方能加工。将挑选后的果实放入蒸笼内蒸至上大气为度；或用 100 kg 沸水兑明矾 0.8 kg，烫煮 2 min 后捞出沥干水分，然后置于晒垫上或炕灶上炕至八成干，将其堆放在干燥通风处 3～5 d 再用文火炕至全干。用麻袋包装好入库保管，并注意通风干燥、防潮、防虫、防霉。

【任务评价】

栀子栽培任务评价见表 4 - 17。

表 4 - 17　栀子栽培任务评价

任务评价内容	任务评价要点
栽培技术	1. 选地与整地 2. 繁殖方法：种子繁殖 3. 田间管理：①中耕除草；②追肥
采收与加工	1. 采收：采收方法及注意事项 2. 加工：加工方法及注意事项
包装与贮藏	1. 包装：用干燥透气袋包装 2. 贮藏：置阴凉通风干燥处贮藏

【思考与练习】

1. 栀子常见病虫害有哪些？如何防治？

2. 栀子如何采收？

全草类药材的栽培

任务一　薄荷的栽培

【任务目标】

通过本任务的学习，能熟练掌握薄荷栽培的主要技术流程，并能独立完成薄荷栽培的工作。

【知识准备】

一、概述

薄荷（*Mentha haplocalyx* Briq.）是唇形科、薄荷属植物。以干燥地上部分入药。中药名薄荷。别名苏薄荷、南薄荷等。主产于江苏、江西、安徽、河北、四川等地，全国各地均有栽培。全草含挥发油（精油、薄荷油），油中主要成分为薄荷脑、薄荷酮、薄荷醇、乙酸薄荷酯等。薄荷性凉，味辛，具有宣散风热、清头目、透疹的功能，主治风热感冒、风温初起、头痛目赤、风疹麻疹等症。

二、形态特征

薄荷为唇形科多年生草本，高 30～100 cm，具水平匍匐根状茎，茎下部数节具纤细的根。茎直立，锐四棱形，具四沟槽，多分枝，有时单一，上部被倒向的微柔毛，下部仅沿棱上具微柔毛。叶对生，长圆状披针形至长圆形，长 3～5 cm，宽 2～3 cm，先端急尖或锐尖，基部楔形至近圆形，边缘在基部以上疏生粗大的牙齿状锯齿，两面常沿脉密生微柔毛，其余部分近无毛；叶柄长 0.2～1.2 cm，被微柔毛。轮伞花序腋生，远离，茎对高出鞘伞花序，苞叶与茎叶同形；花萼筒状钟形，长约 0.25 cm，直伸，外被微柔毛及腺点，萼齿 5 片，三角状钻形，明显长渐尖；花冠淡紫色，外被微柔毛，内面在喉部以下被微柔毛，冠檐 4 裂，上裂片顶端 2 裂，较大，其余 3 裂近等大；雄蕊 4 枚，前对稍长，通常稍伸出花冠筒外；花柱通常稍伸出花冠筒外，柱头近相等 2 裂。小坚果卵球形，黄褐色（图 5-1）。

图 5-1　薄　荷

（谢凤勋，2002. 中药原色图谱及栽培技术）

三、生物学特性

（一）生长发育习性

薄荷对环境的适应性较强，喜欢温暖、湿润的环境。根茎在 5～6 ℃时即可发芽出苗，植株生长的适宜温度为 20～30 ℃，气温在 -2 ℃时，茎叶枯萎，但根具有较强的耐寒能力，只要土壤保持一定的湿度，冬季在 -30 ℃左右的温度也可以安全过冬。生长初期和中期需要雨量充沛，现蕾期、花期需要阳光充足，干旱的天气，日照时间长对薄荷油、薄荷脑的形成积累含量高。光照不充足、连阴雨天，薄荷油和薄荷脑含量低。

（二）生态环境条件

薄荷对土壤要求不严，但以疏松肥沃、排水良好的沙质土壤为好，土壤的 pH 在 5.5～6.5 时较好。薄荷的根茎发生于茎的基部，在适宜的温度和湿度下，这些根茎的节上又会长出新苗。薄荷苗生长到一定阶段又会长出新的根茎。根茎在环境条件适宜时，一年四季均可发芽，可以作为生产上的繁殖材料。薄荷的叶片上生长有油腺，以下表皮居多，是贮存挥发油的场所。叶片上的油腺多少关系到含油量的高低和薄荷质量的好坏。

不同的光照时间与夜晚温度对薄荷中单萜类化合物含量的影响甚为明显，在其现蕾期、始花期及盛花期特别突出。光照不足、夜间高温则极不利于其单萜类化合物的形成与积累。

【任务实施】

一、薄荷的种植

（一）选地与整地

育苗地和种植地均宜选择疏松肥沃、排水良好的沙壤土，忌选择黏土和低洼地种植。薄荷忌连作，作为播种用地，应是近两三年未种过薄荷的且便于灌溉的地方。在种植前结合翻地，每亩施腐熟厩肥 30 000～45 000 kg、过磷酸钙 225 kg 作为基肥，耕深为 20～25 cm，耙细整平作宽 120 cm 的高畦，畦沟宽 40 cm，畦面呈瓦背形，四周开好排水沟。

（二）育苗与移栽

1. 繁殖方法　薄荷的繁殖方法有根茎繁殖、茎秆繁殖、匍匐茎繁殖、种子繁殖、地上枝条繁殖、分株繁殖和扦插繁殖等。种芽不足时可用扦插繁殖和种子繁殖，生产上以根茎繁殖为主。

（1）根茎繁殖。一般于 10 月上旬到下旬进行栽种。利用根茎要随挖随栽，挖出地下根茎后要选择节间短而粗壮、色白、无病虫害的根茎作为繁殖材料。利用根茎切成 6～10 cm 长的小段栽种，每段有节 2～3 个，然后在整好的畦面上按密度以根茎首尾相接为好。覆土 6～8 cm，稍加镇压。每亩需用根茎 1 125～1 500 kg。

（2）茎秆繁殖。头刀收割时，取植株下部不带叶子的茎秆作为繁殖材料。切成段，每段有节 2～3 个，取材后必须立即进行播种以免使材料失水干燥，影响出苗，若取材后不能马上播种，则应把取下来的材料马上放在阴凉处，并且适当洒水，绝不能堆放于风吹日晒处，以防止发热和干萎。每亩需茎秆 1 500～2 250 kg，以条播为宜，在整好的畦面上开横沟。沟深 6～10 cm，行距 25 cm，把茎秆小段均匀播于沟内，随即覆土压实。由于此时正处于炎热、气温高、空气干燥的时期，因此，为了确保出苗，播种应在下午 4 时以后，坚持随取材、随播种、随覆盖，播种后浇透水 1 次，并在畦面上覆盖稻草，经 10～14 d 即可出苗。

(3) 匍匐茎繁殖。头刀收割后，可利用锄下来的匍匐茎，切成 10 cm 左右长的根茎进行播种，其方法和管理措施与茎秆繁殖基本相同。节上潜伏芽在适宜的土壤温度、湿度条件下，能萌发成苗，从节上长出不定根，形成新的植株。

(4) 种子繁殖。目前生产上栽培的品种主要是从野生薄荷中通过长期的人工选择出来的，并利用无性繁殖将其优良的性状逐步固定下来，但就其遗传性来看，它是一种高度的异质结合体，因而通过有性繁殖所得到的种子其后代分离比较大，大部分表现出原来野生性状，形态特征变化也比较大，精油的品质也参差不齐，有时尽管大部分植株生长旺盛，但含油量却很低，原油中含薄荷脑量也极少，香味较次，且幼苗生长缓慢，故生产上不采用，仅仅作为选种、育种上单株选择的材料。

2. 育苗 为获得较高的产量，当苗高 6～10 cm 时，幼苗分布不均匀的地方进行调整，密处疏苗，稀处补苗。在苗不足的情况下，应用老的薄荷地中长出的苗进行补苗。留苗密度应根据土壤肥力、施肥水平而定，土壤肥力较高、施肥量较多的应稀，反之则密，一般每隔 6～10 cm 有苗 1 株。补苗时要将根茎一同挖出，以保证补苗成活率。

3. 移栽 以清明前后进行为宜。早栽早发棵，生长健壮，产量高，质量好。一般以幼苗长高 10～15 cm 时即可移栽。栽时选阴天，随起苗随移植。先在整好的畦面上，按栽种时的株行距及深度挖穴，挖松底土，施入适量土杂肥，每穴栽苗 1～2 株，然后覆土压紧，浇洒清淡的人畜粪水，以利成活。

(三) 田间管理

1. 灌溉 薄荷的地下根茎和须根入土较浅，因此耐干旱性和抗涝性均较弱，在茎、叶生长期需要充足的水分，尤其是生长期，根系尚未形成，需水更为迫切，如遇干旱，土壤干燥，应及时进行灌溉。灌溉时不能让水在地里停留时间太长，否则会影响根的呼吸作用，导致烂根。植株封畦后，开花前遇到干旱缺水会引起植株脱叶，应酌情灌水，灌水量视土壤的干旱情况而定。排水工作和灌水工作一样重要，尤其是梅雨季节，阴雨连绵，田间积水，不但影响生长，增加落叶率，且容易发生病害。因此必须事先开排水沟，做到雨停沟内无积水。

2. 施肥 薄荷生长迅速，不同地区每年采收的次数也不同。为了加速薄荷生长和提高薄荷产量，必须施足肥料。基肥一般以厩肥、饼肥、骨粉为主。除施基肥以外，仍需按时进行追肥。每次中耕前都应该追肥 1 次，结合中耕将肥料埋入行间。肥料以氮肥为主，每亩施尿素 150～225 kg，每次可结合施入充分腐熟的厩肥 30 000 kg，秋收后还应施入厩肥和磷肥，以利于下一年的生长、发育。

3. 除草 当苗高约 10 cm 时，开始第一次中耕除草，要浅锄，以后在植株封垄前进行第二次中耕除草，仍需浅锄，8 月收割后进行第三次中耕除草，可略深一些，并除去部分根状茎，使其不至过密，以后再视其杂草情况除草 1～2 次，中耕时每隔 6～10 cm 留苗一株。薄荷栽种 2～6 年后需换地栽种，以减少病虫害发生。

4. 轮作 薄荷是一种需肥量较多的作物，对土壤肥力消耗较大，若连作时间长，不但消耗肥力大，病虫害多，所需的某种微量元素重度缺乏，影响植株正常生长，且地下根茎纵横交错，土壤结构不良，长出的苗株细弱无力，影响植株的正常生长和产量、质量。因此，宜每年调换 1 次茬口。连作时间最多不得超过 6 年。

5. 摘心　薄荷产量的高低，取决于单位面积上植株的叶片数和叶片的含油量。在一定密度的情况下，于一定时间摘掉主茎顶芽，削弱顶端生长优势，可促进腋芽生长、发育成为分枝，增加分枝和叶片数。在田间密度较小的条件下，摘掉顶芽主茎对单位面积的产油量有一定的效果。摘顶芽时以摘掉顶部 2 片幼叶为度，在 5 月中旬的晴天中午进行，以利于伤口愈合。去掉顶芽后应追 1 次速效肥，以加速萌发新芽，注意在植株茂密的情况下不宜摘心。

二、病虫害防治

（一）病害

主要有锈病、斑枯病、缩叶病、白粉病等。

1. 锈病　在连阴雨或者过分干燥和缺肥情况下最易发生。常于 5—10 月发生，危害叶、茎。初发病时，在植株中、下部叶片背后有黄褐色斑点凸出。叶片正面出现黄褐色斑点。严重时，叶片背部的斑点密集，叶片黄萎翻卷，以至于全株枯死。防治方法：及时排水，降低湿度；发病前用 1∶1∶120 波尔多液喷雾；发病初期用 25％三唑酮 1 000 倍喷雾防治。

2. 斑枯病　叶片生有暗绿色的病斑，后逐渐扩大，呈近圆形或不规则形，直径 2～4 mm，褐色，中部褪色，病斑上生有黑色小点，即病原菌的分生孢子器。危害严重时，病斑周围的叶组织变黄，早期落叶。防治方法：秋收后收集残茎枯叶并烧毁，减少越冬病原；加强田间管理，雨后及时清沟排水，降低田间湿度，减轻发病；发病初期用 1∶1∶160 波尔多液或 70％甲基硫菌灵可湿性粉剂 1 500～2 000 倍液喷雾，每隔 7～10 d 喷 1 次，连续喷 2～3 次。

3. 缩叶病　发病植株细弱矮小，叶片小而脆。严重时，病叶下垂、枯萎、脱落，甚至全株死亡。其发病原因与蚜虫危害有关。防治方法：及时、彻底防治蚜虫和拔出病株，防止蔓延。

4. 白粉病　发病后叶表面，甚至叶柄，茎秆上如覆白粉。受害植株生长受阻，严重时叶片变黄枯萎，脱落。以至于全株枯死。防治方法：种植薄荷用地应远离瓜果用地，因为瓜果用地这种病较为普遍，发病初期用 0.1～0.3 波美度石硫合剂喷雾防治。

（二）虫害

主要有地老虎、薄荷根蚜、蚜虫等。

1. 地老虎　危害严重，是薄荷苗期的大敌，夜间出来咬断近地面的根茎，造成缺苗，每年 4 月下旬至 5 月上旬危害严重。防治方法：发现地里植株被害，可在地周围开 3～5 cm 深的沟撒入毒饵诱杀，毒饵的配方是将麦麸炒香用 90％晶体敌百虫 30 倍液，将饵料拌潮于傍晚撒在畦里诱杀。

2. 薄荷根蚜　为近年发现的一种危害薄荷的害虫，受害后地上部出现黄苗，严重时连成片，根蚜附在须根上刺吸汁液，并分泌白色绵状物包裹须根，阻碍根对水分、养分的吸收。防治方法：喷施敌敌畏 2 000 倍液。

3. 蚜虫　一般是在干燥季节发生，多群聚于薄荷叶片背面，吸取叶液，使叶片皱缩、反卷、枯黄。防治方法：在发生期可用 1 500～2 000 倍敌敌畏液喷杀。

三、采收与初加工

(一) 采收

采收薄荷在条件适宜的地区，可栽植 1 次连续 2~3 年采收。一般在主茎高 20 cm 左右时，即可开始采收嫩茎叶供食。南方地区一年四季都可采摘，而以气候适宜的 4—8 月产量最高，品质最佳，采收间隔 15~20 d；北方地区冬季采用保护设施栽培，亦可达到周年供应的目的。

(二) 初加工

将收割的薄荷薄层摊开，晒 1~2 d，注意翻动，稍后将其扎成小把，扎时茎要对齐，再晒干或者阴干用药。一般每亩产薄荷茎叶干品 1 500 kg。薄荷茎叶晒到半干，即可放到蒸馏锅里蒸馏，得到挥发油即为薄荷油。

四、包装与贮藏

将薄荷干茎叶打成 50 kg 一捆（包），置于阴凉、通风、干燥处保存。薄荷油提取出来以后，盛装于密闭的容器内，室温或低温保存。

五、商品质量标准

(一) 薄荷全草

以身干、满叶、叶色深绿、茎紫棕色或淡绿色、香气浓郁者为佳。

(二) 薄荷油

以无色或淡黄色、澄明的油状液体，在温度稍低时有大量无色结晶析出，并有强烈的薄荷香气，初辛后凉者为佳。

【任务评价】

薄荷栽培任务评价见表 5-1。

表 5-1 薄荷栽培任务评价

任务评价内容	任务评价要点
栽培技术	1. 选地与整地 2. 繁殖方法：①根茎繁殖；②茎秆繁殖 3. 田间管理：①灌溉；②施肥；③除草；④轮作；⑤摘心
病虫害防治	1. 病害防治：①锈病；②斑枯病；③缩叶病；④白粉病 2. 虫害防治：①地老虎；②薄荷根蚜；③蚜虫
采收与加工	1. 采收：采收方法及注意事项 2. 加工：加工方法及注意事项
包装与贮藏	1. 包装：将薄荷干茎叶打成捆，薄荷油提取后盛至密闭容器 2. 贮藏：置通风、阴凉、干燥、室温或低温处贮藏

【思考与练习】

1. 简述薄荷的科属、药用部位、种子发芽年限。

2. 薄荷倒伏、落叶的原因是什么？

任务二 穿心莲的栽培

【任务目标】

通过对本任务的学习，了解穿心莲的生物学特性，掌握穿心莲栽培的途径及方法，学会运用理论进行实践操作。

【知识准备】

一、概述

穿心莲 [*Andrographis paniculata* (Burm. f.) Nees] 为爵床科穿心莲属植物。别名一见喜、榄核莲、印度草、苦草、斩蛇剑等。穿心莲以全草入药，含多种内酯、黄酮类化合物、烷类、甾醇、苷类、有机酸和酚类物质等。穿心莲及其提取物具有明显的抗菌、清热解毒、消炎消肿止痛、抑菌止泻及促进白细胞吞噬细菌等功能。能提高人体的免疫力，减轻心肌缺血及再灌注损伤等作用；穿心莲醇提取物有毒蕈碱样作用。穿心莲味苦，性寒；归心、肺经。用于治疗扁桃体炎、胃肠炎、泌尿系统感染等疾病，临床上用穿心莲治疗恶性葡萄胎和绒癌有一定疗效。单用或与其他药物配伍用来治疗风热感冒、流感高热以及各种炎症的消炎，鲜品捣烂外敷治毒蛇咬伤、皮肤化脓感染及烫火伤。

穿心莲原产于印度、斯里兰卡等亚热带地区，南亚和东南亚均有分布。我国以海南、广东、广西、福建等地种植较多，其他如长江流域的华中地区以及华北、西北等地也有引种。

二、形态特征

穿心莲在原产地为多年生草本植物，在我国粤、闽北部和其以北地区不能露地越冬，变成了一年生草本植物。植株高 50～100 cm，茎直立，呈四棱形，多分枝，节呈膝状膨大。单叶对生，纸质，近无柄，长圆状卵形或披针形，长 2～8 cm，宽 1～2 cm，全缘或有浅齿。圆锥花序顶生或腋生，花小，淡紫白色，二唇形，上唇内有紫红色花斑。雄蕊 2 枚；子房上位，2 室，花柱细长，蒴果线状长椭圆形，表面中间有一条纵沟，长约 10 mm，疏生腺毛，成熟时紫褐色，开裂，种子射出。种子多数细小，短圆形，茶褐色。花期 7—10 月，果期 8—11 月（图 5 - 2）。

三、生物学特性

（一）生长发育习性

穿心莲在高温条件下生长很快，提高夜间温

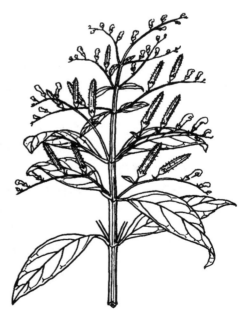

图 5 - 2 穿心莲
（谢凤勋，2002. 中药原色图谱及栽培技术）

度并对幼苗短日照处理可加速穿心莲的生长。穿心莲开花物候期，随育苗早晚而有显著差异。在我国北方，如北京地区，3 月中旬出苗的与 4 月上旬出苗的果实成熟时间几乎相差 2 个月。因此，在气温偏低的地区栽培宜早育苗，最好温室育苗，尽早移往大田。在温度较高的河谷地区，雨水日照充足，穿心莲在冬季也能正常生长。

种子发芽率与成熟程度密切相关，完全成熟的棕褐色种子发芽率几乎为 100%，而中等成熟的黄褐色种子发芽率仅为 50% 左右。穿心莲为热带植物，最适发芽温度在 25～30 ℃。穿心莲种子细小，种皮坚硬，种子表面的蜡质成分有抑制种子发芽作用，将蜡质成分摩擦掉，可加速并缩短种子发芽时间，成熟种子寿命为 1～2 年。

(二) 生态环境条件

穿心莲不耐寒，整个生长过程均需高温、高湿条件。开花结实要求温度在 20 ℃ 以上，低于 20 ℃ 只开花不结实。种子发芽到幼苗生长的最适宜温度为 25～30 ℃；气温下降到 15～20 ℃，生长缓慢。7 ℃ 以下，叶变紫红，生长停滞；遇霜冻，地上部分枯萎，34～35 ℃ 高温，种子不易萌发，植株生长减慢。且喜湿怕旱，喜欢生长在湿润的环境，对水分敏感，尤其是幼苗期要保持苗床湿润，不能积水，否则病害发生严重。喜欢生长在阳光充足的环境，如光照不足，叶片变薄，茎秆细弱。宜选择肥沃疏松，透气、透水好，保水性能也好的壤土或沙质壤土，pH 以 5.6～7.4 的微酸性或中性为好。穿心莲为喜肥植物，对氮肥尤其敏感，在生长旺盛季节多施氮肥，能显著增产。

【任务实施】

一、穿心莲的种植

(一) 选地与整地

宜选择地势平坦、背风向阳、肥沃疏松、排灌方便的坡地或平地，干旱地和盐碱地不宜种植。

苗床地宜冬前翻耕，把土块打碎，表面整平，注意预防地下害虫。肥料、农药均与土壤拌匀使用。如有条件，苗床北面可设风障。由于种子细小，顶土能力差，应该精细整地。

定植地，每亩施厩肥 2 000 kg，钙镁磷肥 20 kg 作基肥，施肥后深翻地，耙平整细，作畦，畦宽 1.2～1.3 m，高 20 cm，四周做好排水沟。

(二) 育苗与移栽

用种子繁殖，生产上多用育苗移栽，直播出苗不齐，不利管理，少用。忌与茄科作物轮作，可以和幼龄果树或遮光不多的木本药材间套作。

1. 育苗时间　广东、广西、福建等亚热带地区，春播在 2 月下旬，秋播在 7 月。长江中下游地区温床育苗于 3 月中下旬，冷床育苗于 4 月播种。华北、西北用阳畦或育甘薯秧的火炕育苗，4 月播种，塑料大棚育苗在 4 月中旬进行，留种苗尽量早播。

2. 种子处理　由于种子表面的蜡质成分能抑制种子萌发，应设法擦掉。可在播前用细沙或砂纸摩擦，直至种皮失去光泽即可。

3. 育苗方法　宜晴天进行，先将苗床灌 1 次透水，水渗透后畦面扬一薄层过筛细土。然后将经过处理的种子撒播于畦面上，播后覆细土，厚度以刚盖没种子为度，面上再盖一层粉碎的树叶或稻草，以保持土壤水分，防止板结，最后盖塑料薄膜，傍晚再盖草帘防寒。

4. 幼苗期管理　一般播后 7～10 d 出苗。幼苗期要严格控制苗床好保持 30～45 ℃，相对湿度在 85% 以上，晴天中午超过 50 ℃ 也无影响。出苗后具 2～3 片真叶时，可揭掉薄膜通气，这时薄膜内的气温应控制在 28～35 ℃，切忌超过 40 ℃，如水分不足，应及时浇水，防止高温缺水，在无风的晴天可早、晚盖膜，中午揭膜透风炼苗，5 月下旬畦面温度达 17～20 ℃ 时，可撤掉薄膜，并适当控制水分，促使根系发达。期间注意除草、防病，并可适当追肥提苗。

5. 移栽定植　苗高 6 cm，有 3～4 对真叶时即可移栽，以阴天或傍晚移栽为好。移栽前一天，把苗床浇透水，利于起苗，带土移栽成活率高。定植行株距 20 cm×20 cm 或 33 cm×16 cm，每亩栽 0.8 万～1.2 万株，每穴栽 1～2 株。肥水条件差的地方可适当密植，而采种田则要适当稀植。合理密植可充分利用土地，提高产量，移栽时将根系垂直舒展，填土压实，浇足定根水。

（三）田间管理

1. 灌溉与排水　南方天气炎热，如移栽后 3～5 d 内，无雨日晒，应适当遮阳。同时每天早、晚浇水，促使幼苗成活。北方地区一般栽后连浇 2 次水，接着浅松土，如缓苗不好要接着浇第三次水。缓苗后，保持土面湿润，每隔 3～7 d 浇 1 次水。每次追肥后应及时浇水，充分保持土壤湿润。但忌积水，故多雨时，应注意排水，防止烂根。

2. 施肥　苗期浇施稀粪水 1～2 次。定植后，隔 15～20 d 浇 1 次人畜粪水或化肥水。穿心莲整个生长期需要大量氮肥，特别是夏、秋之交的生长旺季，要多施氮肥，适当增施磷、钾肥。植株封垄后，可在灌水时随水施肥。

3. 打顶、中耕除草与培土　穿心莲全草入药，苗高 30 cm 时摘去顶端，促使侧枝生长、有利增加产量。勤松土除草，适时保根培土，促使不定根生长，以防风灾。留种的植株不打顶，促使早开花、早结籽。

二、病虫害防治

（一）幼苗猝倒病

在幼苗长出 1～2 对真叶时发生。近表土的茎呈黄褐色腐烂、缢缩，造成地上部分成片倒伏，病害迅速发展。防治方法：少量发现时要及时清除已死亡的植株，防止传染周围的植株。大量发病时，用 70% 五氯硝基苯粉剂处理土壤，每亩 1～1.5 kg，播种前均匀拌入土中，或用 500 倍液浸种 10 min，病区用 200 倍液灌浇，或用 50% 硫菌灵可湿性粉剂 1 000 倍液喷雾，控制土壤湿度，注意通风。

（二）黑茎病

又名青枯病，病原危害成苗，在 7—8 月高温、高湿雨季易发生。靠近地面的茎基部出现长条状黑斑，向上、下扩展，使茎秆抽缩细瘦，叶色黄绿，叶片下垂，边缘内卷，解剖后，观察可见茎秆内部发黑，重则全株黄萎枯死。防治方法：加强田间管理，忌连作，降低土壤湿度，及时排除积水；发病期用 50% 多菌灵 1 000 倍液喷雾或浇灌病穴。

（三）地下害虫

如蝼蛄、小地老虎，能咬断幼苗，伤害根部。苗期危害较重。防治方法：施用的粪肥要腐熟，灯光诱捕成虫。种子用 75% 辛硫磷按 0.1% 拌种；发生期用 90% 敌百虫 1 000 倍液浇灌或毒饵诱杀等。

（四）大灰象甲

咬食叶片。可用蔬菜拌敌百虫成诱饵毒杀。

（五）棉铃虫

主要食种子和叶片，可用冬季深耕土地的农业防治方法，结合黑光灯诱杀成虫和对初孵幼虫进行化学防治，可用敌百虫或甲萘威喷雾处理。

三、采收与初加工

（一）采收

在生长旺盛期，现蕾后开花前割下地上部分晒干即可药用。较热的地区可以年收割2次，第一次在生长3个月左右，现蕾时割下地上部分，加强肥水管理，到11月收割第二次。长江以北地区，多为1年收1次，于现蕾后开花前收割，在闽南一带还可留茬越冬，作为2～3年生植物栽培。每亩产量200～400kg，高产可达750kg。

（二）加工

割回的植株，于场院内摊晒，及时翻动，晒至茎秆干、脆即可入库。

四、包装与贮藏

置干燥凉爽处贮藏，防虫蛀、霉变。

五、商品质量标准

穿心莲全草以身干、色绿、叶多、无杂质、无霉变者为优。

【任务评价】

穿心莲栽培任务评价见表5-2。

表5-2 穿心莲栽培任务评价

任务评价内容	任务评价要点
栽培技术	1. 选地与整地 2. 育苗移栽：①育苗时间；②种子处理；③育苗方法；④幼苗期管理；⑤移栽定植 3. 田间管理：①灌溉与排水；②施肥；③打顶、中耕除草与培土
病虫害防治	1. 病害防治：①幼苗猝倒病；②黑茎病 2. 虫害防治：①地下害虫；②大灰象甲；③棉铃虫
采收与加工	1. 采收：采收方法及注意事项 2. 加工：加工方法及注意事项
包装与贮藏	1. 包装：用木箱或竹篓包装 2. 贮藏：置干燥凉爽处贮藏

【思考与练习】

穿心莲的苗期管理中的注意事项有哪些？

任务三　藿香的栽培

【任务目标】

通过对本任务的学习，了解认识藿香的产品规范，掌握藿香栽培养护的注意事项及改善方法。

【知识准备】

一、概述

藿香［*Agastache rugosus*（Fisch. et Meyer）kuntze.］为唇形科藿香属植物，以全草供药用，具有解热、清暑、行气、化湿、健胃、止呕等功能。主治风寒感冒、呕吐泄泻、胸闷、头痛等症。藿香油是制造多种中成药的原料。我国南北各地均有分布，且栽培历史悠久。

二、形态特征

多年生草本。株高 60～150 cm。有芳香气味。茎直立，四棱形，上部被极短的细毛。单叶对生，具长柄，叶卵形或三角状卵形，边缘有钝锯齿。轮伞花序呈穗状，顶生或腋生，花小，花冠唇形，淡紫红色。小坚果卵状矩圆形，具三棱，褐色。花期 6—7 月，果期 7—8 月（图 5-3）。

三、生物学特性

（一）生长发育习性

可以秋种也可以春种。无论哪个季节栽种，在旱季生长均缓慢。在阳光充足、雨水充沛的 5—9 月，是藿香生长的旺盛季节，同时也是其有效成分积累最快的时期。因此，采收季节一定要选择在枝叶繁茂的季节。

（二）生态环境条件

喜温暖而湿润的气候和阳光充足、雨量充沛的环境。对土壤要求不严，但人工栽培以土质疏松、肥沃、排水良好的沙质壤土为好。凡土壤黏重板结，排水不良以及荫蔽之处不宜种植。

图 5-3　藿　香
1. 花枝　2. 花　3. 花冠剖开
4. 花萼剖开　5. 雌蕊　6. 小坚果
（崔大方，2012. 植物分类学）

【任务实施】

一、藿香的种植

（一）选地与整地

宜选土壤肥沃、疏松、排水良好的沙质壤土。平地或缓坡地均可栽植。地选后先翻耕 1

遍，打碎土块，清除杂物，整平耙细，然后作宽 1.3 m 的高畦，四周开较深的排水沟，以利排水。若为坡地，应顺坡作畦或不作畦。

（二）育苗与移栽

春、秋两季均可播种，春播在 3 月下旬至 4 月初，秋播于 9—10 月进行。

1. 直播　在整平耙细的畦面上进行穴播，按行株距 30 cm×25 cm 挖穴，深 5～7 cm，挖松底土，施入适量的腐熟人畜粪水湿润作基肥。然后，将种子拌火土灰，散开播入穴内，覆盖细碎的土杂肥。每亩用种量 250 g 左右。

2. 育苗　苗床通过精细整地后进行撒播，于播前每亩浇施腐熟人畜粪水 1 500～2 000 kg 湿润畦面并作基肥。然后，将种子拌火土灰均匀地撒入畦面，用大号竹扫帚轻轻拍打畦面，使种子与畦土密接，最后畦面盖草、保温保湿。种子发芽后、揭去盖草，加强苗期管理，勤松土除草和追肥。当苗高 15 cm 左右时移栽。

3. 移栽秋季 9—10 月播种育苗的，应于第二年初夏适时移栽。按行株距 30 cm×25 cm 挖穴，深 5～7 cm，每穴栽壮苗 2～3 株。栽后，覆土压紧，立即浇 1 次极稀薄的人畜粪水，以利成活。

（三）田间管理

1. 排灌水　雨季要及时疏沟排水，防止田间积水引起藿香烂根。遇干旱季节要注意灌水抗旱保苗。

2. 中耕除草和追肥　每年进行 3～4 次。第一次于苗高 3～5 cm 时进行浅松土，并用手拔除杂草。松土后，每亩施入稀薄人畜粪水 1 000～1 500 kg；第二次于苗高 7～10 cm，于第一次间苗后，结合中耕除草，每亩追施人畜粪水 1 500 kg；第三次在苗高 15 cm 左右时，中耕除草后每亩追施人畜粪水 1 500～2 000 kg，或尿素 4～5 kg 兑水稀释后浇施；第四次在苗高 25 cm 左右时，中耕除草后每亩追施人畜粪水 2 000 kg，或尿素 6～8 kg 兑水浇施。封行后不再进行。此外，每次收割后都应中耕除草和追肥 1 次。第二次收割后进行培土，保护老蔸越冬。

二、病虫害防治

（一）斑枯病

6—9 月发生。初期叶片两面病斑呈多角形，暗褐色，严重时病斑汇合扩大，致使叶片发黄枯死。

防治方法：①藿香收获后，清除病残株，集中烧毁，消灭越冬病原菌；②结合喷药给叶面喷施磷酸二氢钾，可提高植株抗病力；③发病初期喷 50% 多菌灵 800～1 000 倍液或 50% 硫菌灵 1 000～1 500 倍液。每 7 d 喷 1 次。连喷 2～3 次。

（二）枯姜病

6 月中旬至 7 月上旬发生，病株叶片及叶梢部下垂，青枯状，最后根部腐烂，全株枯死。

防治方法：同斑枯病。

（三）害虫

红蜘蛛，用 40% 乐果 2 000 倍液喷杀；银纹夜蛾，5—10 月以幼虫咬食叶片，用 90% 敌百虫 1 000 倍液喷杀。

三、采收与初加工

采用当年春季播种的一年生藿香作采种母株。选留生长健壮、无病虫害的植株，于 9 月底至 10 月中旬，当果穗上大部分果萼变为棕褐色时，即可采集。

一般于 6—7 月藿香盛花期时采割。收割时，选晴天齐地面割取，晒干或烘干即成。南方 1 年可收割 2 次。

四、包装与贮藏

果实采回后，置室内通风干燥处后熟数日，晒干，脱粒，除去杂质，贮藏备用。

五、商品质量标准

产量上讲，一般亩产 300～500 kg。质量上讲，藿香以茎枝色绿、身干、叶多、香气浓郁者为佳。

【任务评价】

藿香栽培任务评价见表 5-3。

表 5-3　藿香栽培任务评价

任务评价内容	任务评价要点
栽培技术	1. 选地与整地 2. 繁殖方法：①直播；②育苗；③移栽 3. 田间管理：①排灌水；②中耕除草和追肥
病虫害防治	1. 病害防治：①斑枯病；②枯姜病 2. 虫害防治：红蜘蛛
采收与加工	1. 采收：采收方法及注意事项 2. 加工：加工方法及注意事项
包装与贮藏	1. 包装：将果实晒干、脱粒 2. 贮藏：置于干燥、通风处贮藏

【思考与练习】

如何栽培养护才能更好地达到藿香产品的药效利用？

任务四　绞股蓝的栽培

【任务目标】

通过对本任务的学习，了解绞股蓝的药用价值、治疗功效，明白绞股蓝种植的目的，掌握绞股蓝的栽培养护方法与技术。

【知识准备】

一、概述

绞股蓝［*Gynostemma pentaphyllum*（Thunb.）Makino］为葫芦科绞股蓝属多年生草

质藤本植物。别名七叶胆、小苦药、甘茶藤。绞股蓝以全草入药，含80多种皂苷，还含有多种氨基酸、黄酮、糖类、维生素C等成分。具有降血脂，降血糖，降压，保肝、护肝，抗应激，抗肿瘤，抗衰老，抗心肌缺血、缺氧，抗血小板聚集，抗溃疡，增强免疫，增进记忆，镇静，镇痛等作用；对治疗和预防肿瘤复发转移，增强患者的免疫功能，对放、化疗中引起的白细胞减少症、慢性肝炎、慢性胆囊炎、慢性萎缩性胃炎、溃疡病、冠心病、糖尿病、支气管炎等多种疾病有疗效。绞股蓝味苦，性寒，无毒；具有清热解毒、止咳化痰功能。

绞股蓝分布于中国、日本、朝鲜、印度及东南亚地区。我国秦岭及长江以南地区的江苏、浙江、安徽、江西、福建、台湾、湖北、湖南、广东、广西、四川、贵州、云南、西藏、陕西、河南等地有分布，多为野生。现贵州、广西、四川、云南等地也有栽培。

图5-4 绞股蓝
（谢凤勋，2002. 中药原色图谱及栽培技术）

二、形态特征

多年生攀缘草本，须根。根状茎和匍匐地面的茎节，粗4～10 mm，节上生根，有冬眠芽和潜伏芽。茎柔弱，卷须分2叉或稀不分叉。叶互生，鸟足状，具3～9小叶，稀单叶，小叶片卵状披针形，边缘有锯齿。圆锥花序顶生或腋生，雌雄异株，花冠淡绿色或白色，花期3—11月。浆果球形，不开裂，或蒴果，成熟时黑色，顶端3裂，果期4—12月，种子2粒。野生分布的绞股蓝雌雄株比例相差很大，雌株少雄株多，比例一般为1：21（图5-4）。

三、生物学特性

（一）生长发育习性

野生于海拔300～3 200 m的山地林缘、疏林下、山谷溪旁、道路两侧、灌丛、陡崖石缝内等背风、水湿条件好的地方，种子千粒重3.4～4.5 g，发芽率80%以上。

绞股蓝返青出苗随各地气温不同有早有晚，如广东、广西在2月，山东、陕西在3—4月。5—9月是地上茎叶生长旺盛期，7—9月为花期，9—10月果实成熟期，秋末地上部生长渐缓，地下根茎迅速生长、增粗。霜冻后地上部枯萎，地下茎可在田间越冬，北京以北地区需保护越冬或作一年生栽培。

（二）生态环境条件

1. 温、湿度 喜温凉、湿润气候，忌干旱、涝渍、大风、严寒。杭州自然分布区，年均温度16.1 ℃，最高月均温度28.8 ℃，最低月均温度3.6 ℃，极端最高温度39.7 ℃，极端最低温度−9.6 ℃，生长期空气相对湿度75%，土壤含水量25%～40%。

2. 日照 绞股蓝为阴生植物，忌烈日直射和暴晒，光照度65%～75%时，发育生长最好、干物质积累最多、结果最多、种子量最大、发芽率最高、总皂苷含量也高，以上层具覆盖、中层有攀物、能通风透光的环境条件为最适。

3. 土壤 喜微酸性土壤，pH以6.5～7.0为宜，栽培以富含腐殖质，氮、磷丰富，疏松肥沃，通气，蓄水性能良好的油沙土或山地壤土、沙壤土最为适宜。

【任务实施】

一、绞股蓝的种植

（一）选地与整地

1. 育苗地　应选择肥沃、疏松、排水良好、灌溉方便、地势平坦的林缘、疏林下或有一定荫蔽条件的地段，清除石块杂物，于冬前深耕细耙，每亩施农家肥 5 000 kg、过磷酸钙 25 kg、硫酸铵 25 kg，耙细、整平后作畦，畦宽 1.3 m，高 10～15 cm。

2. 大田种植地　选择有一定荫蔽条件、水源好的近山低丘、溪流两侧地段。以富含腐殖质，疏松湿润，含氮、磷丰富，土层深厚，蓄水、保水性能好的细沙土、山地壤土或沙壤土为好。有果园的地方，可选用果园地，在果树下种植。除去石块杂物，深翻土壤，每亩施 1 500～2 000 kg 厩肥或堆肥，磷酸二铵 10 kg，均匀撒于地表后翻耕、耙细、整平，做成 1.2～1.5 m 宽的平畦或高畦。坡地可不必作畦，根据地形、坡向开数条排水沟即可。

（二）育苗与移栽

绞股蓝可采用种子繁殖、压条繁殖、扦插繁殖和分株繁殖。

1. 育苗移植

（1）种子育苗。播种前用 35 ℃左右的温水浸泡种子 4～8 h，使其吸足水分。捞出种子浸泡于 500 倍的硫酸钠或高锰酸钾、福尔马林药剂溶液中 2～4 h 灭菌，捞出，晾干种皮上的水分，在整好的苗床上播种。条播，按 30 cm 行距在畦上开播种沟，沟宽 6～10 cm，深 3～5 cm，将种子均匀地播入沟内；穴播，按穴距 15 cm 开穴，每穴播入种子 4～6 粒。播后均匀地覆盖细土约 1 cm 厚，以不见种子为度，然后在畦面盖草或地膜，以保持土壤湿度。

播种后视天气和土壤情况，适时浇水。当出苗 70%左右时，于傍晚或明天轻轻揭去覆盖物，并同时搭好遮阴棚，当幼苗长出 4～5 片真叶时，便可出圃移栽。

（2）压条育苗。绞股蓝整个旺盛生长季节均可进行，以藤蔓长到 40 cm 以上时压条较为合适。方法是先中耕除草，然后将藤蔓一根一根地轻轻牵动，使其以蔸为中心呈辐射状分布，除去过密的藤蔓，用湿润细土每隔 1～2 个茎节压土 1～2 节即可。1 周左右，地下茎节开始长出不定根，地面茎节、腋芽迅速生长，形成新枝，待新枝长出 3～5 片叶时，便可切段移栽。

（3）扦插育苗。水是最好的扦插基质，其次为沙和细土。清明前后至立秋均可，选生长健壮、稍老化、节间密植株，距茎基部 50～60 cm 处剪下，每 3～4 节剪成一段，去掉下部两节叶片，插入扦插基质中。成活前应适当遮阳，土插应保持土壤湿度，如采用 300～500 mg/kg IAA 溶液，快速浸蘸下端剪口，然后扦插，可加速发根，出苗率高。也可带根扦插，方法是选择大田中匍匐地面生有不定根的健壮茎蔓，每 3～4 节剪成一段（至少基部一节应带根），斜插于基质中，保温并适当遮阳即可，最好在阴雨天进行，以提高成活率。

（4）大田移栽。育成的幼苗和繁殖材料一般于 10 月至第二年 5 月出圃定植，以 3—4 月为佳。选择雨后或阴天进行，行株距 40 cm×30 cm，每亩栽 3 000 株左右为宜。

2. 分株栽植　每年春季萌发前，挖取越冬的部分地下茎，分成小丛，适当进行修剪，按行株距 40 cm×30 cm，选择雨后或阴天进行直接栽植。

（三）田间管理

1. 浇水 施肥后浇水，浇水次数依天气情况和土壤墒情而定。雨季应注意排涝，以免地面积水引起烂根。

2. 施肥 生长期一般追肥2～3次。第一次于5月上中旬，每亩施尿素5～8 kg；第二次于7月上中旬，每亩施尿素15 kg，氮、磷、钾复合肥15 kg；第三次于9月上中旬，每亩施尿素15 kg，硫酸钾10 kg。

3. 除草 要经常注意中耕除草，尤其是在苗期，植株生长缓慢，极易受杂草危害。在封垄前应进行2～3次中耕除草，中耕时应注意勿伤根茎，因茎蔓匍匐地面生长，极易受损伤。当封垄后，绞股蓝草层郁闭度很大，可控制杂草滋生，一般不再中耕除草。

4. 补苗 移栽后，发现缺窝或死苗，应及时带土补苗，以保证单位面积基本苗数。

5. 搭棚 遮阴棚高150～200 cm，上盖秸秆等物，覆盖要均匀，不宜太稀与太密，以棚下可见"花花太阳"，透光度65％～75％即可，周围可种玉米等高秆作物，防太阳斜射。

6. 搭架引蔓 茎蔓长至30～50 cm时，可用竹竿等搭成人形或三角形支架，并引蔓上架，让其缠绕生长，有一定的生长发展空间，同时又通风透光，有利于植株的生长，提高产量。但它费工、费时，大大增加了田间管理和收获的困难。生产试验证明，利用绞股蓝匍匐生根和适宜阴湿环境的特性，采取适当密植，让其在地面自由蔓生，形成深厚草层的方法，同样可获高产。

二、病虫害防治

（一）白绢病

危害茎基部，使之变褐腐烂，表面覆盖一层白色绢丝状菌丝。6—7月高温多雨季节发病严重。防治方法：合理轮作，不与易发生白绢病的作物轮作；及时拔除病株，并集中烧毁，病穴周围用石灰消毒；发病初期用50％多菌灵可湿性粉剂防治。

（二）地老虎、蝼蛄等地下害虫

危害地下根茎，造成缺苗、缺窝。防治方法：人工捕杀；90％晶体敌百虫做成毒饵诱杀。

三、采收与初加工

（一）采收

绞股蓝种植后，可连续采收数年，当莲蔓生长到1.2 m左右时，便可采收。一般每年北方可收割1～2次，南方较热地区可收3～4次。其收割方法是离地面4～5节（15～20 cm），用刀将整套割下即可。通常每亩产鲜品500～800 kg，最后一次可齐地面收割。第二年春地下根状茎可继续萌发生长，北方因冬季寒冷，根状茎不能在田间自然越冬。

（二）产地加工

采回的茎叶，去掉杂物，用清水快速冲洗净（浸泡会使易溶性皂苷损失过多），然后扎成小捆，悬于屋檐下晾晒。待充分干燥后，切成2～3 cm长的小段，再摊晾一次，除去烂叶和杂质。也可晾至八成干时，理顺，再晒干或晾干，或直接粉碎打成粉，装入袋中。每亩可产鲜茎叶600～800 kg，高产可达1 000 kg以上。也可制成茶饮，也可作保健食品和保健饮料等。

四、包装与贮藏

用麻袋或塑料袋装好，置通风干燥处。在贮存期间，要勤检查、勤翻晒，切实做好防霉、防蛀、防潮、防鼠害工作。

五、商品质量标准

绞股蓝以身干、叶多、色绿者为佳。

【任务评价】

绞股蓝栽培任务评价见表5－4。

表5－4　绞股蓝栽培任务评价

任务评价内容	任务评价要点
栽培技术	1. 选地与整地 2. 繁殖方法：①育苗移栽；②分株移栽 3. 田间管理：①浇水；②施肥；③除草；④补苗；⑤搭棚遮阳
病虫害防治	1. 病害防治：白绢病 2. 虫害防治：地老虎、蝼蛄
采收与加工	1. 采收：采收方法及注意事项 2. 加工：加工方法及注意事项
包装与贮藏	1. 包装：用麻袋或塑料袋装好 2. 贮藏：置于干燥、通风处贮藏，贮藏期间注意防霉防蛀

【思考与练习】

1. 绞股蓝的田间管理包括哪几个方面？如何进行？
2. 简述绞股蓝常见的病虫害及防治方法。

任务五　金钱草的栽培

【任务目标】

通过对本任务的学习，了解金钱草的药用部位及功效，明白金钱草种植的目的，掌握金钱草种植方法、田间管理及病虫害防治，清楚金钱草的采收加工技术。

【知识准备】

一、概述

金钱草（*Lysimachia christinae* Hance）为报春花科珍珠菜属植物。别名神仙对坐草、大金钱草、假花生、落地金钱、铜钱草、过路黄、巴东过路黄、聚花过路黄、点腺过路黄、积雪草、活血丹、蜈蚣草、地蜈蚣等。金钱草以全草入药，其主要有效成分为甾醇、黄酮、氨基酸等。金钱草味甘、咸，性微寒，归肝、胆、肾、膀胱经，具有清利湿热、通淋、消肿功能。用于热淋、沙淋、尿涩作痛、黄疸尿赤、痈肿疔疮、毒蛇咬伤、肝胆结石、尿路结石等症。临床上主要用于治疗结石症和急性乳腺炎等，此外还可以治疝气、疔疮、跌打损伤、骨折、毒蛇咬伤。广泛分布于长江流域，西北至陕西，西南至贵州、云南等地，主产于四川省。

二、形态特征

金钱草为多年生草本，茎较柔弱，平卧于地面，匍匐生长，长 25～60 cm，淡绿带红色，自节上生根，枝圆柱形，密被黄色短茸毛。叶、花蕾、花冠均具点状及黑色条纹，单叶对生，心脏形或卵形，先端钝尖或钝形；基部心形或圆形，全缘，上面绿色，下面浅绿色。花黄色，2 朵对生，雄蕊 5 枚，与花瓣对生，子房上位。蒴果球形，有黑紫色短条纹，种子小，多数，光滑。花期 4—6 月，果期 5—8 月（图 5-5）。

图 5-5　金钱草
（谢凤勋，2002. 中药原色图谱及栽培技术）

三、生物学特性

（一）生长发育习性

金钱草常野生于丘陵或低谷地区的溪谷边较阴湿处，不耐寒。在房前屋后、荒坡、草地、丘陵灌丛中、溪沟边、田埂路旁阴湿均可栽植，喜温暖、湿润气候。

（二）生态环境条件

1. 温、湿度　金钱草喜温暖、潮湿，最适生长温度为 23～25 ℃，不耐寒。

2. 光照　金钱草略喜光，但忌强光，应适当遮阳。

3. 土壤　金钱草对土壤要求不严，较干旱贫瘠的土壤也能生长，但以肥沃、疏松、富含腐殖质、排水良好的湿润山地夹沙土生长较好。

【任务实施】

一、金钱草的种植

（一）选地与整地

选择地势平坦、土质疏松、肥沃、排水良好的沙质壤土或壤土，也可利用宅旁地角、塘坝沟边等闲余阴湿地零星栽培。秋、冬翻耕土地，清除杂草、树根后，每亩施厩肥 2 500～3 500 kg。土壤精细整体平后，作 1.2～1.4 m 宽、20 cm 高的种植畦。

（二）育苗与移栽

金钱草可用种子繁殖或扦插繁殖，生产上多用扦插繁殖。

1. 扦插栽植　因金钱草种子很小，不易采集，且幼苗生长缓慢，故多采用扦插繁殖。每年的 1—4 月，将匍匐茎剪下，每 3～4 节剪成一段作插条。在整好的地上开 1.3 m 宽的畦，按行窝距各 15～20 cm 开浅窝，每穴插 2 根，入土 2～3 节，栽后盖土压实，浇定根水。

2. 育苗移栽　3 月下旬到 4 月中旬播种。播种时，将种子与 4 倍量的干细沙拌匀，于研钵内轻轻研磨 3～5 min，使种皮粗糙失去光泽，用 40 ℃ 温水浸种 24 h，捞出晾干。在畦面按行距 20 cm 开横沟，沟深 4～6 cm，将种子拌入 3 倍于种子量的细土，均匀撒入沟内，覆土盖草，浇水，保持湿润，10 d 左右可出苗。出苗后揭除盖草，加强管理。第二年 4—5 月，当苗高 10～15 cm 时，按行距 30 cm×20 cm 开穴移栽定植，每穴 1～2 株，覆土压实，淋足定根水。

（三）田间管理

1. 浇水　扦插后，遇干旱要经常淋水保苗，使其尽快生根成活。此外，天气干旱时要注意及时浇水；雨季应及时开沟排水。

2. 施肥　在插条发出新叶时，要施清粪水，在蔓茎长到 12～15 cm 时，再行追肥 1 次。在秋季收获后，也要追肥 1 次，以后每年 5—6 月或每次收获后，均要施粪水。

3. 除草　第二次追肥前，要结合中耕除草 1 次。

二、病虫害防治

（一）根腐病

主要危害幼苗。防治方法：选育抗病品种；拔除病株，集中烧毁，在发病处用 0.3% 的石灰水浇灌，防止蔓延。

（二）霉病

主要危害生长期的茎叶，被害时为水渍状的斑，扩大后腐烂。防治方法：病部应及时除去和烧毁；改善通风条件；发病初期，用 50% 的甲基硫菌灵 1 000～1 500 倍液喷洒。每 10～15 d 喷 1 次，连续喷 3～4 次。

（三）黏虫

主要危害叶片。防止方法：幼虫入土化蛹期，挖土灭蛹；幼虫低龄期，用 90% 敌百虫 1 000 倍液喷杀；利用幼虫有假死习性，可在清晨人工捕杀；在成虫始盛期，用糖醋毒液诱杀。

（四）毛虫

幼虫取食叶片。防治方法：冬季在被害植株周围翻土杀蛹；在幼虫孵化期，用 90% 敌百虫 2 000 倍液喷杀幼虫，效果更好；在成虫期用黑光灯诱杀成蛾。

此外，生长期间主要受蛞蝓及蜗牛咬食茎叶危害，可于早晨撒鲜石灰粉或用 90% 晶体敌百虫 1 000 倍液浇灌防治。

三、采收与初加工

（一）采收

金钱草于种植当年 9—10 月就可收获。以后每年可采收 2 次，第一次在 6 月，第二次在 9 月。采收时用镰刀靠地面 6～10 cm 割地上部分植株，留下根以利于继续萌发。

（二）产地加工

割下的全株经择除杂草，用水洗净，晒干或烘干即可成品，然后用竹篾或铁丝捆成每捆100 kg 重的药材。

四、包装与贮藏

将打好捆的金钱草堆放在干燥通风处，不要与地面和墙直接接触，注意保持一定的距离，防止潮湿霉变。

五、商品质量标准

金钱草以无杂质、泥沙，无霉变为合格，以叶大、须根少为优。

【任务评价】

金钱草栽培任务评价见表 5-5。

表 5-5　金钱草栽培任务评价

任务评价内容	任务评价要点
栽培技术	1. 选地与整地 2. 繁殖方法：①扦插栽植；②育苗移栽 3. 田间管理：①浇水；②施肥；③除草
病虫害防治	1. 病害防治：①根腐病；②霉病 2. 虫害防治：①黏虫；②毛虫
采收与加工	1. 采收：采收方法及注意事项 2. 加工：加工方法及注意事项
包装与贮藏	1. 包装：将全草打捆 2. 贮藏：置于干燥、通风处贮藏，注意防潮防霉

【思考与练习】

1. 简述金钱草的植物特征、药用部位、功效。
2. 简述金钱草根腐病的防治方法。

任务六　荆芥的栽培

【任务目标】

通过对本任务的学习，熟练掌握金钱草的栽培养护方法，掌握金钱草的采收及加工技术。

【知识准备】

一、概述

荆芥（*Nepeta cataria* Linn.）为双子叶唇形科荆芥属植物。别名假苏、鼠实、姜芥、稳齿菜、四棱秆篙等。荆芥以全草入药，药用部分为其干燥地上部分，其花序称荆芥穗。荆芥全草含多种挥发油类物质，具解热、抑菌作用；荆芥味辛，性微温；入肺、肝经；生用能祛风解表散风，透疹；荆芥穗效用相同，唯发散之力较强，用于感冒发热、头痛、麻疹不透、荨麻疹初期、疮疖、中风口噤、瘰疬等症。炒荆芥炭具理血止血功效，用于便血、吐血、衄血、产后血晕、崩漏等症。

全国各地均有分布，主产于浙江、四川、江苏、河南、河北、湖南、湖北、江西、安徽等地。

二、形态特征

荆芥为一年生草本，高 60～100 cm，野生于山坡、沟塘边与草丛中。有强烈香气。茎直立，四棱形，上部多分枝，全株被短柔毛，叶对生，基部叶有柄或近无柄；叶片 3～5 羽状深裂，裂片条形或披针形，全缘，背面有凹陷腺点。轮伞花序，密集于枝端，形成长穗状；花小，花萼钟形；花冠二唇形，淡紫红色。小坚果 4 枚，卵形或椭圆形，棕色，有光泽。花期 6—9 月，果期 8—10 月。种子千粒重 0.358～0.378 g（图 5-6）。

三、生物学特性

（一）生长发育习性

生产上春、秋播均可，不宜连作。种子容易萌发，发芽对温度要求不严格，在 19～25 ℃时，6～7 d就能出苗，在 16～18 ℃时，需 10～15 d 出苗。幼苗能耐 0 ℃左右低温，−2 ℃以下会出现冻害。出苗期要求土壤湿润，怕干旱和缺水。成苗期喜较干燥的环境，雨水多则生长不良，短期积水也会造成死亡。

图 5-6 荆 芥
（来自网页：园林植物网
http://plant.cila.cn/tujian/duohuajingjie.html)

（二）生态环境条件

1. 温、湿度 荆芥喜温和湿润的环境。四川产区（中江县）年均气温 16.7 ℃，极端最高气温 38.2 ℃，极端最低−5 ℃，年降水量 900～1 000 mm，平均相对湿度 79%，无霜期 288 d。

2. 光照 荆芥在日照充足的条件下长势良好，光照不足则植株矮小，易发生病虫害。

3. 土壤 对土壤要求不严，种植地宜选向阳、湿润，排灌方便、土壤肥沃、疏松的沙质壤土地块，前作以大麦、小麦、花生、棉花等作物为好，低洼积水地、黏重的土壤或易干旱的粗沙地不宜种植。

【任务实施】

一、荆芥的种植

（一）选地与整地

育苗地宜选地势平坦、水源方便、土层深厚、肥沃疏松的沙质壤土或壤土。由于荆芥种子细小，整地时应精耕细作，有利于出苗。每亩施厩肥或堆肥 1 200～1 500 kg，然后耕翻深 25 cm 左右，粉碎土块，反复细耙，整平，做成宽约 1.3 m、高 10 cm 的畦。栽植地可选用休闲地，于冬季耕翻土壤，使土壤经冬风化，种植前再施肥、整地作畦。

（二）育苗与移栽

用种子繁殖，可直播，也可育苗移栽。为了出苗齐、出苗快，在播种前亦可进行催芽，即将种子放在 35～37 ℃温水中，浸泡 24 h，取出后再用火灰拌种。

3—4 月播种育苗。在备好的畦床上，先浇稀薄人畜粪水湿润畦面，待粪水渗入畦床稍干后，将拌有火灰的种子均匀地撒播于湿润畦床上，然后用木板或其他物镇压，使种子与土壤充分接触，最后盖草，保温、保湿，以利出苗。每亩用种 1 kg。

5—6 月大田移栽。种子出苗后及时揭去盖草，苗高 5～7 cm 时进行间苗，间去过密苗、弱苗，并按 5 cm 株距定苗，施 1 次人畜粪水提苗，加强田间管理。苗高 15～17 cm 时，出圃移栽。移栽行株距 20 cm×(15～20) cm，穴栽。每穴栽入大苗 2～3 株，小苗 3～4 株。

（三）田间管理

1. 排灌 荆芥苗期喜水，故应及时浇水，防止干旱；成株后抗旱能力增强，怕涝，除天旱外，应节制用水，雨后应及时排水防涝。

2. 施肥 结合中耕除草进行。以人畜粪为主，荆芥需氮肥较多，但为了秆壮、穗多，应适当追施磷、钾肥。一般苗高 10 cm 左右时第一次追肥，每亩施人畜粪水 1 000～1 500 kg；苗高 20 cm 左右时第二次追肥，每亩施人畜粪 1 500～2 000 kg；苗高 30 cm 左右时第三次追肥，每亩施人畜粪与火土灰 1 500 kg、饼肥 50 kg，混合堆沤，于株间开沟施入，施后覆土盖肥，撒播的撒入株间。

3. 除草 应适时中耕除草，以使地面疏松，无杂草，为荆芥创造良好的生长条件。中耕除草要结合间苗进行，中耕要浅，以免压倒幼苗。通常直播苗每年中耕除草 3 次，结合 2 次间苗，进行浅松表土，拔除杂草；定苗后，苗高 30 cm 左右时再进行 1 次，封行后便不需中耕除草。移栽地于幼苗返青成活后，结合补苗进行中耕除草。

二、病虫害防治

（一）立枯病

为一种真菌性病害，5—6 月发病。发病初期茎部变褐，后病部收缩、腐烂，在病部及表土上可见白色蛛丝状菌丝，最后倒苗死亡。防治方法：选地势高燥、排水良好的地块种植；发病初期用 70%敌磺钠可湿性粉剂 500 倍液或 50%多菌灵可湿性粉剂 1 000 倍液淋灌。

（二）茎枯病

危害茎、叶和花穗，以茎秆受害严重。受害茎秆产生水渍状病斑，随后出现褐色枯茎，使植株变褐干枯而死。苗期易感病，苗高 6～9 cm 时，感病植株成片倒伏，似开水烫过一样，呈青褐色腐烂，并产生污白色棉絮状菌丝。防治方法：实行与禾本科等植物轮作，轮作期为 3～5 年；选干燥地种植，雨季注意排水，增施磷、钾肥，加强田间管理；发病初期用 5%～10%硫酸铜溶液浇灌发病中心；5 月下旬用 1：1：200 波尔多液喷洒；50%多菌灵可湿性粉剂 800～1 000 倍液防治。

（三）菟丝子

菟丝子寄生于植株上，多在夏、秋季阴雨连绵时候发生，发展很快，妨碍植株生长。

（四）跳甲、地老虎、蝼蛄、银蚊夜蛾跳甲

咬食叶片成孔洞；地老虎咬断幼苗，造成缺苗；蝼蛄危害幼苗根部；银蚊夜蛾幼虫咬食叶子。防治方法：90%晶体敌百虫1 000倍液喷杀或用毒饵诱杀。

三、采收与初加工

春播的荆芥于当年8—9月，夏播者，当年10月，秋播的于翌年5—6月采收。当花开到顶，花序下部有2/3已结籽，果实变黄褐色时，选晴天从地面割取或连根拔取全株，于晒场上晒干，但因荆芥含挥发油，不宜在烈日下暴晒，更不宜火烤，可用低温（40 ℃以下）烘干。如遇阴天可用40 ℃以下文火烘干。通常连根拔起晒干者俗称全荆芥；将花穗剪下晾干的称芥穗；去穗的秸秆称荆芥。

四、包装与贮藏

干品荆芥打捆包装，每捆25 kg或50 kg。一般亩产200～300 kg。置阴凉通风干燥处，注意防潮、霉变、虫蛀。

五、商品质量标准

荆芥以气芳香、带花穗、无根兜、无光秆、无虫、无霉变为合格；以身干、包淡黄绿、穗长而密者为佳。

【任务评价】

荆芥栽培任务评价见表5-6。

表5-6　荆芥栽培任务评价

任务评价内容	任务评价要点
栽培技术	1. 选地与整地 2. 繁殖方法：①播种育苗；②育苗移栽 3. 田间管理：①排灌；②施肥；③除草
病虫害防治	1. 病害防治：①立枯病；②茎枯病；③菟丝子 2. 虫害防治：①跳甲；②地老虎；③蝼蛄；④银纹夜蛾
采收与加工	1. 采收：采收方法及注意事项 2. 加工：加工方法及注意事项
包装与贮藏	1. 包装：将全草打捆包装 2. 贮藏：置于干燥、通风处贮藏，注意防潮、防霉、防蛀

【思考与练习】

1. 简述荆芥的种植方法。

2. 荆芥的田间管理包括哪几方面？如何进行？

任务七　麻黄的栽培

【任务目标】

通过对本任务的学习，了解麻黄的药用价值，掌握麻黄种植的方法、田间管理及病虫害防治；熟练麻黄的采收加工技术。

【知识准备】

一、概述

麻黄（*Ephedra sinica* Stapf）为麻黄科麻黄属植物草麻黄、中麻黄或木贼麻黄。别名龙沙、卑相、卑盐、狗骨等。主要以草质茎入药，全草可供药用。全草含多种生物碱、L-α松油醇以及盐基苄基甲胺等。麻黄能兴奋中枢神经，对大脑、中脑及延脑呼吸与循环中枢均有兴奋作用。麻黄碱Ⅳ对硬膜外阻滞所致心率减慢及搏出量、心输出量下降均能对抗，还有类似肾上腺素作用，有升压、解痉、抗过敏、抗流感病毒（亚洲甲型、AR_8）等作用。麻黄定碱有降压作用，伪麻黄碱有显著利尿作用。麻黄地上茎味微苦，性辛，归肺、膀胱经，麻黄根味甘，性平，归心、肺经，具有止汗功能。具有发汗散寒、宣肺平喘、利水消肿功能。临床主要用于治疗风寒感冒、发热无汗、胸闷喘咳、风水浮肿、支气管哮喘、水肿等症，对肺气肿具有独特的疗效。

麻黄主要分布在北纬 35°～49°范围内，我国主要分布于内蒙古、新疆、甘肃、吉林、辽宁、青海、山西、陕西等地。

二、形态特征

（一）草麻黄

为多年生草本状小灌木，高 30～70 cm。木质茎匍匐于土中，草质茎直立，黄绿色，节间长 2～5 cm，直径 1～2 mm。鳞叶膜质，鞘状，长 3～4 mm，下部 1/3～2/3 合生，围绕茎节，上部 2 裂，裂片锐三角形，中央有 2 脉。一般雌雄异株，少见同株；鳞球花序，雄花序阔卵形，通常 3～5 个成复穗状，顶生及侧枝顶生，稀为单生。苞片有 3～5 对，革质，边缘膜质，每苞片内各有一雄花。雄花具无色膜质倒卵形筒状假花被，雄蕊 6～8 枚，伸出假花被，花药长方形或倒卵形，聚成一团，花丝合生成 1 束。雌花序多单生枝端，卵圆形，苞片 4～5 对，绿色，革质，边缘膜质，最上 1 对合生部分占 1/2 以上，苞片内各有 1 雌花。雌花序成熟时苞片增大，肉质，红色，成浆果状，种子 2 枚，卵形，花期 5 月，果熟期 7 月（图 5-7）。

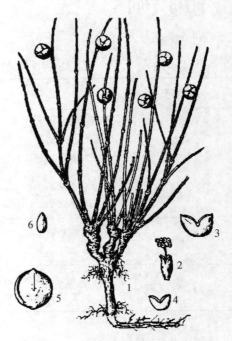

图 5-7　草麻草

（潘凯元，2005. 药用植物学）

（二）中麻黄

中麻黄为灌木，高达 1 m 以上。茎枝较草麻黄、木贼麻黄粗壮，草质茎对生或轮生，常被白粉，节间长为 3～6 cm，直径为 2～3 mm。鳞叶膜质鞘状，下部 2/3 合生，上部 3 裂（稀 2 裂），裂片钝三角形或三角形。雄花序数个，簇生于节上，卵形，苞片 3 片 1 轮，有 5～7 轮，或 2 片对生，共有 5～7 对，假花被倒卵形或近圆形。雄蕊 5～8 枚，花丝完全合生，或分为 2 束。雌花序 3 个轮生或 2 个对生于节上，长椭圆形，苞片 3～5 轮或 3～5 对，最后一轮或最上一对苞片有雌花 2～3，珠被管长 1.5～2.5 mm，常螺旋状弯曲，雌花序成熟时红色肉质，常被白粉，种子 2～3 枚。

三、生物学特性

（一）生长发育习性

麻黄野生于草原、荒漠和草原化荒漠的丘陵坡地、平原或固定沙丘地带的向阳、多石的山坡或干燥沙地上。麻黄根系发达，根状茎分枝和延伸能力较强，分枝旺盛。温度对种子发芽有一定的影响，温度不同，发芽速度不同。温度为 15～25 ℃变温及 20 ℃恒温时发芽率最高，20 ℃时发芽率和发芽指数均高于其他温度，所以此温度为种子发芽的最适温度。

（二）生态环境条件

1. 温、湿度　比较耐寒，生育适温为 20～25 ℃，温度在 10 ℃以上即可萌发成枝，因此，适宜的播种时期是 4 月中旬。麻黄种子发芽最适土壤含水量为 10%，耐干旱，在土壤绝对含水量在 2%～20% 均能发芽，能在干旱条件下生长，可作为先锋植物栽培。

2. 光照　为喜光植物，在阳光充足的环境下生长良好，麻黄种子在光照和黑暗条件下的发芽率和发芽指数均变化不大，因此光照对种子发芽的影响不大。

3. 土壤　适应性较强，耐盐碱。对土壤要求不严，喜生于干燥的沙土，在沙质壤土、壤土均可正常生长，在阳光充足的草原或半荒地区，是石质和沙质草原的伴生植物，局部地段可形成群落，但黏土、酸性土和低洼地不宜栽培。

【任务实施】

一、麻黄的种植

（一）选地与整地

宜选择土层深厚、排水良好、富含养分的中性沙壤土栽培麻黄，不宜在低洼和排水不良的黏土种植。播前深翻整地，达到深、细、平、实、匀，然后作畦。畦宽约 1.4 m，畦长依地势而定，畦的四周做成小土埂，利于引水灌溉。畦的方向以南北向为好。每亩施厩肥或堆肥 1 000～2 000 kg 作基肥，将肥料与畦土充分混匀后待植。

（二）育苗与移栽

1. 选用良种　我国药用麻黄有 11 种，河西走廊主要的品种有中麻黄、木贼麻黄、草麻黄和膜果麻黄。其中中麻黄分布面积大、品位高、质量好，为麻黄加工厂主要的收购对象，也是栽培的主要品种。

2. 种子处理　为保证出苗整齐和播种后全苗，在播种前可用水选法来选择有生命力的种子。方法是将种子置于容器中，加水并充分搅拌，再静置 2 h 左右，根据饱满种子与不饱满种子及混杂物在水中沉浮情况的不同而选出饱满种子。这种方法选出的种子生命力较强，发芽率高。将选出的饱满种子用 30 ℃的温水加多菌灵、百菌清等药剂浸种，浸种 4 h 后进行催芽。每亩需种子量约 300 g。

3. 播种 可采用条播或穴播。条播行距 30 cm 左右，开浅沟，将种子均匀地撒在沟内；穴播穴距 30 cm 左右，每穴播种 20~30 粒，覆细土 0.4~0.6 cm，播后浇水。10~15 d 出苗，出苗后不需间苗，但应经常松土除草，当年秋季或第二年春季移栽。如果采用地膜覆盖或育苗移栽，效果更好。

4. 移栽 春季或秋季移栽，起苗时注意避免伤根，在运送过程中注意保湿。栽植行距 20~40 cm，栽植时按 20~25 cm 的株距摆好苗，覆土深浅以根茎部埋入土中 2~3 cm 为宜，保持根系舒展，然后浇定根水。一般每亩定植 1 万~1.2 万株苗，刚移栽的苗根系受伤，需要缓苗，及时补充水分是至关重要的，特别是在干燥地区，应该 3~5 d 浇 1 次水。

（三）田间管理

1. 浇水 在缓苗期要及时浇水，若采用种子繁殖，种子萌发期应保持土壤湿润。苗期应适当浇水，促其成活，苗高 6~7 cm 以后，不宜过多浇水，以免烂根。

2. 施肥 一般在每年春季返青前多施厩肥或堆肥 1 500~2 000 kg，生长旺盛期可追施氮、磷、钾复合肥 2~4 次，每次每亩 40~50 kg。

3. 中耕除草 麻黄是多年生强阳性植物，常伴生有许多杂草，与麻黄争水、争肥，对麻黄的产量和含碱量影响极大，栽培时要防止杂草遮盖而影响麻黄的生长。一般每年松土 3~5 次，结合松土清除杂草，有计划地进行采收和补播、补栽，使自然群丛生长旺盛，增加资源和蕴藏量，提高单位面积产量。

二、病虫害防治

病虫害防治在早春及高温、高湿季节严格监控病虫害情况，交叉使用各种农药，重点防治立枯病及蚜虫的发生。

（一）立枯病

在幼苗长出 1~2 对真叶时发生。近表土的茎呈黄褐色腐烂、缢缩，造成地上部分成片倒伏，病害迅速发展。防治方法：选地势高燥、排水良好的地块种植；发病初期用 70%敌磺钠可湿性粉剂 500 倍液或 50%多菌灵可湿性粉剂 1 000 倍液淋灌。

（二）蚜虫

一般在春、秋季发生，每亩用 20%氰戊菊酯乳剂 10~15 mL 加水 40~60 kg 喷雾，也可用 40%乐果乳油 1 500~2 000 倍液防治，效果良好，收获前 20 d 左右停止喷药。

三、采收与初加工

（一）采收

用种子直播的麻黄，在播种后的第 3 年 10 月底或 11 月初采收为宜。收获后长出的再生株每 2 年还可采 1 次。采收时应保留 3 cm 的芦头，以利于再生。秋季 9—11 月地冻前，割取地上部分；采收根部的，将植株连根拔起，除去杂草、泥土。

（二）产地加工

将割取的地上部分和根分别切成小段，摊在太阳下晒或晾至全干。应避免长时间日晒或雨淋，否则颜色变黄，影响质量。

四、包装与贮藏

将晒干打好捆的麻黄及麻黄根贮存于干燥、通风处。

五、商品质量标准

麻黄以干燥、茎粗、淡绿色、内心充实、味苦涩者为佳。

【任务评价】

麻黄栽培任务评价见表 5-7。

表 5-7　麻黄栽培任务评价

任务评价内容	任务评价要点
栽培技术	1. 选地与整地 2. 繁殖方法：①选育良种；②种子处理；③播种；④移栽 3. 田间管理：①浇水；②施肥；③中耕除草
病虫害防治	1. 病害防治：立枯病 2. 虫害防治：蚜虫
采收与加工	1. 采收：采收方法及注意事项 2. 加工：加工方法及注意事项
包装与贮藏	1. 包装：将干茎叶打成捆 2. 贮藏：置于干燥、通风处贮藏

【思考与练习】

1. 麻黄具有什么药理作用？
2. 简述麻黄的病虫害及防治方法。

任务八　石斛的栽培

【任务目标】

通过对本任务的学习，了解石斛的药用价值，清楚石斛栽培的目的，掌握并熟练运用石斛栽培及养护技术。

【知识准备】

一、概述

石斛（*Dendrobium nobile* Lindl.）属兰科石斛属，是我国传统的常用名贵中药材。石斛之名，最早见于《山海经》，药用始载于《神农本草经》，列为上品，称其"主伤中，除痹，下气，补五脏，虚劳羸瘦，强阴，久服厚肠胃，轻身，延年"。

以新鲜或干燥茎入药，根、叶也供药用。有滋阴清热、生津止渴的作用，分布于我国四川、云南、台湾、浙江、广西、贵州等地。喜阴凉湿润的环境，但水分不宜太多。宜选背阴避光、通风处为好，栽培应选择树皮厚、水分多、树皮多纵裂沟纹的树种贴植，必须经常供给充足的养料以供其生长。

二、形态特征

石斛为多年生附生草本植物，高 20～30 cm，具白色气生根。茎直立，丛生，黄绿色，稍扁，具槽，有明显的节。单叶互生，在茎的上端无柄，革质，狭长椭圆形或近披针形，全缘，叶鞘抱茎。5—6 月开花，总状花序腋生，具小花 2～3 朵，花白色，先端略具淡紫色，先端紫红色；7—8 月结出蒴果，椭圆形，具棱 4～6 条；种子多数，细小（图 5-8）。

三、生物学特性

（一）生长发育习性

石斛喜温暖湿润和半阴半阳、气温高于 8 ℃的亚热带环境。多为野生于热带或亚热带的阴凉湿润树林中的树干上或阴湿的岩石上。多栽植于潮湿背光、通风、腐殖质丰富的树干、石上和地上。不耐霜冻、强光和暴雨。

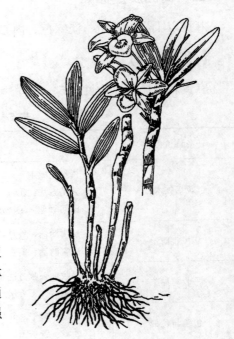

图 5-8 石 斛
（潘凯元，2005. 药用植物学）

（二）生态环境条件

1. 温、湿度 石斛属亚热带植物，常附生于密林树干或岩石上，常与苔藓植物伴生。喜温暖、湿润及阴凉环境，怕严寒，故以无霜期长的地区栽培为好。

2. 光照 石斛喜稍荫蔽的环境，光照过强对其生长不利，不仅发育缓慢，且易灼伤。

3. 土壤 人工栽培宜选树皮厚、水分多、叶草质或蜡质、树冠茂密、树皮有纵沟纹的树种，如黄杨、香樟、黄桷树、梨树、楠木、枫杨树等，其中以黄桷树为最好。以树木生长在较阴湿的地方、树干上伴有苔薄植物为最佳，岩石栽培以质地粗糙、松泡、易吸潮、表面附着腐殖土和苔藓植物的为佳。除附主外，人工栽培时，还必须供给肥效较高的有机肥料和一定量的富含腐殖质的土壤。

【任务实施】

一、石斛的种植

（一）选附主

根据其生长习性，石斛栽培地宜选半阴半阳的环境，空气湿度在 80% 以上，冬季气温在 0 ℃以上地区。树栽选择树皮厚、水分多、树冠浓密、叶草质或蜡质的树种，应选黄桷树、梨树、樟树等具有树皮厚、有纵沟、含水多、枝叶茂、树干粗大的活树。石栽宜择质地粗糙、松泡、易吸潮、表面附着腐殖土或苔藓的石块；遮阴棚栽培、选择在较阴湿的树林下，用砖或石砌成高 15 cm 的高厢，将腐殖土、细沙和碎石拌匀填入厢内，平整，厢面上搭 100～120 cm 高的遮阴棚。

（二）育苗与移栽

1. 繁殖方法　石斛可采用分株繁殖、扦插繁殖和高芽繁殖，以分株繁殖方法为主。

（1）分株繁殖。选择健壮、无病虫害的石斛，剪去 3 年以上的老茎作药用，留下二年生新茎作繁殖用。选择一年生或二年生、色泽嫩绿、健壮、萌芽多、根系发达、无病虫害的植株作种株，剪去枯枝、断枝、老枝，剪去过长的须根，留 2～3 cm，将株丛切开，分成小丛，每丛有带叶的茎秆 5～7 株，然后栽植。

（2）扦插繁殖。将石斛植株剪成带 2～3 节的短节，插于蛭石或沙石的插床上，间距 5 cm，插入深度为插条的 2/3 为宜。不久茎节上萌发新芽和白色气生根，待新植株高 4～5 cm 时即可移栽。

（3）高芽繁殖。石斛植株茎上常长出侧枝（龙抱柱），将侧枝连同老枝 3～5 cm 剪下，进行栽种。

2. 栽种　以上繁殖材料可于春分至清明栽种，夏、秋不宜进行。在春季种植，因春季湿度大、雨量渐多，种植易成活。有多种栽培方法，常用的有贴树栽培、岩石栽培和遮阴棚栽培，此外尚可岩壁栽、石墙栽和盆栽。

（1）贴树栽培。为最常用的栽种方法。先砍去过于茂密的中、上部树枝，以免过于荫蔽和空气不流畅，然后将树皮用力砍成鱼鳞口或利用树皮自然裂缝，把石斛繁殖材料根部同树皮紧贴，并用竹篾将植株根际捆上或用竹钉将种株根部钉于树上，一般为 20～30 cm 株距为好。栽后用牛粪泥浆涂抹根部及周围树皮裂纹，贴树栽种顺序，应从上到下，从树冠边缘到树冠内部，枯朽树木处不宜栽种。

（2）岩石栽培。在长有苔藓的岩石上，将选好的石斛种株按行株距 30 cm×40 cm 栽种。栽时用苔藓植物覆盖根部，再压一块石头使之固定。如果岩石倾斜，可用牛粪泥浆或稀泥将石斛种根黏糊于岩石上，以免脱落。干石头上不能栽种。

（3）遮阴棚栽培。在搭好遮阴棚、备好厢土的厢面上，将石斛繁殖材料按行株距 20 cm×30 cm栽于厢内，盖 3～5 cm 细土和碎石，然后盖苔藓和浇水即可。

（三）田间管理

1. 浇水　石斛栽种后应注意保湿、防涝，相对湿度不低于 80%～85%，基质含水量因材料不同而不同，但总体不应超过 60%。

2. 施肥　栽种后待根系生长发育并形成较牢固的附生状况后开始施肥，一般要在栽后第二年，结合除草进行追肥，每年可追肥 2～3 次。第一次通常于清明前后，以促使嫩芽发育良好；第二次宜在立冬前后，以使石斛贮蓄养分，安全越冬。肥料的种类通常用牛粪、饼肥粉、钙肥和少许氮肥，将肥料混匀并加适量水，使之充分发酵后稀释 50 倍以上追施于石斛根际周围。5—7 月可再增施 1 次肥料，施肥时如遇高温季节，不要施牛粪，以免烧根。除根部施肥外，还可用 1% 尿素或硫酸钾及 2% 过磷酸钙溶液进行根外喷施，每季度 1 次。

3. 除草　每年应除草 2 次，通常于每年春分至清明和立冬前后进行，除去杂草和枯枝落叶。

4. 调节荫蔽度 贴树栽培的，随着附主植物的生长，荫蔽度不断增加。每年冬、春应适当修剪去过密的枝条，以控制荫蔽度为 60% 左右，过于荫蔽不宜石斛的生长，遮阴棚栽培的，冬季应揭开遮阴棚，使其透光。

5. 修枝 每年春季发芽前或采收石斛时，应剪去部分老枝和枯枝，以及生长过密的整枝，以促进新芽生长。

6. 翻蔸 石斛栽种 5 年以后，植株萌发很多，老根死亡，基质腐烂，病菌侵染，使植株生长不良，故应根据生长情况进行翻蔸，除去枯老根，进行分株，另行栽培，以促进植株的生长。

二、病虫害防治

目前石斛类植物容易发生的病害主要有黑斑病、煤污病、炭疽病、软腐病、叶锈病、疫病等。

（一）黑斑病

该病在 3—5 月发生。症状为嫩叶上出现褐色小斑点，斑点周围黄色，逐步扩散成大圆形斑点，严重时在整个叶片上互相连接成片，直至全叶枯黄脱落。防治方法：一般发病前期或者雨季之前用 50% 多菌灵 1 000 倍液预防和控制，或用代森锰锌 500 倍液防治；若有植株发病应及时清除病残，集中深埋或者烧毁；发病时使用 20% 戊唑醇（或者其他三唑类农药）2 000 倍液防治效果好。

（二）煤污病

病症及流行时间：该病常在 3—5 月或多雨天气发生。症状主要是整个植株表面覆盖一层煤烟灰状的黑色粉末状物，严重影响光合作用，导致植株发育不良。防治方法：可用 50% 多菌灵 1 000 倍液，喷雾 1~2 次进行防治，效果较好。

（三）炭疽病

病症及流行时间：该病常在 1—5 月发生。症状主要是叶片上出现深褐色或黑色病斑，周围有由内到外成圈状的黑色斑纹，严重时可使茎干、新株受感染。防治方法：发病初期可用 50% 多菌灵或甲基硫菌灵 1 000 倍液喷雾防治，或者用 20% 戊唑醇 2 000 倍液喷雾，防治效果好。

（四）软腐病

病症及流行时间：该病通常在 5—6 月发生。症状主要是植株茎干水渍状由上往下软腐而腐烂，造成死苗，尤其幼苗生长期更为突出。防治方法：雨季禁止植株基质积水或者植株带水过夜，减少氮肥使用量，用高磷、钾肥或者追施 0.05% 硫酸钾等肥料增强抵抗力，发现病株立即连其周围基质一起清除，严重时用硫酸链霉素 600 倍液和异菌脲 1 000 倍液混合喷洒。

（五）叶锈病

病症及流行时间：该病通常在 7—8 月多雨季节发生。首先受害茎叶上出现淡黄色的斑点，后变成向外凸出的粉黄色疙瘩，最后孢子囊破裂而散发出许多粉末状孢子，危害严重时，使茎叶枯萎死亡。防治方法：种植地块不能过湿，雨后及时排水，根据情况减少覆盖物，促进根系通风透气；严重时用三唑酮 800 倍液喷洒叶面，每隔 5~7 d 喷洒 1 次，连喷 3 次。

虫害防治：危害石斛的害虫主要有石斛菲盾蚧、蚜虫、蜗牛、地老虎等，主要危害幼芽或叶片表面，吸食汁液，咀食叶片，影响幼茎生长，传播病害。蚜虫主要危害新芽和叶片。5—6月为蚜虫猖獗危害期，当嫩株茎尖上出现蚜虫时，可选用克蚜敏600倍液或者70％吡虫啉2 500倍喷洒，每隔5 d喷洒1次，连喷3次。

（六）蜗牛

蜗牛在云南地区南部1年可多次发生，以雨季危害较重。虫体爬行于石斛植株表面，舔食石斛茎尖、嫩叶，舔磨成孔洞、缺口或将茎苗弄断。防治方法：选择晴天的傍晚，将蜗克星或梅塔颗粒撒于种植床上下，1～2 d内不宜浇水，药剂用量应根据虫害发生情况合理使用。亦可采用人工捕捉的方法进行防治。

（七）石斛菲盾蚧

该虫寄生于石斛叶片边缘或叶背面，吸取汁液，引起植株叶片枯萎，严重时造成整株枯黄死亡。同时还可引发煤污病。5月下旬是其孵化盛期，可用溴氰菊酯1 000倍液喷洒或1：3的石硫合剂进行喷杀，效果较好。已形成盾壳的虫体，可采取除老枝集中烧毁或人工捕杀的方法防治。

（八）地老虎

该虫在云南南部可常年发生，以春秋季节危害最重。其在傍晚和清晨食铁皮石斛的茎基部，造成石斛死亡。可在早春或者初秋使用辛硫磷2 000倍液灌施预防，或者清晨露水未干时采用人工捕捉的方法防治。

三、采收与初加工

（一）采收

通常栽培3年后便可陆续采收。一年四季均可采收，但以立冬至清明前收获为佳。此时，石斛已停止生长，枝茎坚实饱满，含水量少，干燥率高，加工质量好。采收时，不应全株连根拔起，应剪老留嫩，割大留小，以便连续收获，每丛可收鲜石斛250～750 g，大丛的可收1 500～2 500 g。

（二）产地加工

一般认为石斛以鲜用为好，因经加工后的石斛商品，其中的化学成分往往大都遭受损失或被破坏，采回的鲜石斛不去叶及须根，直接供药用。

干石斛（黄草）加工方法：将鲜石斛除去叶片及须根，在水中浸泡数日，使叶鞘质膜腐烂后，用刷子刷去茎秆上的叶鞘质膜或用糠壳搓去质膜，稍晾干后烘烤，烘至九成干时，收起喷沸水，顺序堆放，用草覆盖，使其成金黄色，再烘至全干即可，一般5～7 kg鲜石斛加工1 kg干品。

四、包装与贮藏

鲜石斛用竹篓包装，黄草打捆后用篾席包装。鲜石斛置潮湿阴凉处，干石斛置阴凉通风干燥处，并防潮、防霉变。

五、商品质量标准

鲜石斛以有茎有叶，茎色绿或黄绿，叶草质，气清香，折断有黏质，无枯枝败叶，无沤坏、泥沙、杂质为合格。干石斛以色金黄、有光泽、质柔韧、无泡秆、无枯朽糊黑和无膜皮、根蔸者为佳。

【任务评价】

石斛栽培任务评价见表5-8。

表5-8 石斛栽培任务评价

任务评价内容	任务评价要点
栽培技术	1. 选地与整地 2. 繁殖方法：①选附主；②分株繁殖、扦插繁殖、高芽繁殖；③贴树栽培、岩石栽培、遮阴棚栽培 3. 田间管理：①排灌；②施肥；③除草；④调节荫蔽度；⑤修枝；⑥翻蔸
病虫害防治	1. 病害防治：①黑斑病；②煤污病；③炭疽病；④软腐病；⑤叶锈病 2. 虫害防治：①蜗牛；②石斛菲盾蚧；③地老虎
采收与加工	1. 采收：采收方法及注意事项 2. 加工：加工方法及注意事项
包装与贮藏	1. 包装：鲜草用竹篓包装，黄草打捆后用篾席包装 2. 贮藏：鲜石斛置于潮湿阴凉处；干石斛置于干燥、通风处贮藏

【思考与练习】

1. 简述石斛的植物特征、药用部位以及特殊药用功能。
2. 石斛的病虫害有哪些？怎样进行防治？

任务九　细辛的栽培

【任务目标】

通过对本任务的学习，清楚细辛栽培的目的，掌握并熟练运用细辛的栽培养护技术，理解细辛的采收加工与贮藏方法。

【知识准备】

一、概述

细辛（*Asarum sieboldii* Miq.）为马兜铃科细辛属多年生草本植物。别名烟袋锅花、金盆草、山人参、小辛、独叶草、细参、少辛等。细辛按产地可分为北细辛、汉城细辛和华细辛。前两种细辛又称为"辽细辛"。细辛以全草入药，其主要成分包括北细辛为甲基丁香酚、黄樟醚、优香芹酮、α-蒎烯、β-蒎烯、榄香素、细辛醚、莰烯、二甲氧基黄樟醚及桉油素等；华细辛为α-侧柏烯、月桂烯、γ-松油醇、α-松油醇、甲基丁香酚、沉香醇、细辛醚、黄樟醚、柠檬烯等；汉城细辛为优香芹酮、桉油素、β-蒎烯、细辛醚、卡枯醇、α-十五烷、榄香醇等。细辛叶辛，性温；归心、肺、肾经；具有祛风散寒、通窍止痛、温肺化痰等功能；用于缓解风寒感冒、头痛、牙痛、鼻塞鼻炎、风湿痹痛、痰饮咳喘等症。临床上至今仍是治疗感冒、鼻炎、风湿等常见病的主药，并在心脑血管疾病的防治方面很有开发潜力，值得深入研究，开拓新药，以获得更佳的社会经济效益。

北细辛主产于辽宁、吉林、黑龙江；汉城细辛主产于辽宁、吉林东部地带；华细辛主产于陕西、河南、四川、湖北、湖南、安徽、云南、贵州、江西、浙江、山东等地。

二、形态特征

北细辛为多年生草本植物，高 12～24 cm。根茎分节，生有大量细长黄白色须根，顶端分枝，每枝上具有 1 枚膜质鳞片，从鳞片中抽出 1～2 枚具有长柄的叶。叶片心形，全缘，顶端急尖或钝；叶表面叶脉上有短毛，背面密生有短毛，叶柄长 7～18 cm，无毛。花单一，腋生，具柄；花被筒壶形，污红紫色；花被片顶端 3 裂，裂片三角状卵形。由基部反卷，在花被筒的表面微呈棱条纹，花梗从 2 叶片中间抽出。果实为蒴果，浆果状，半球形，熟后不规则破裂，果肉呈白色湿粉面状。种子卵状圆锥形，灰褐色，有肉质附属物。花期 5 月，果期 6 月（图 5-9）。

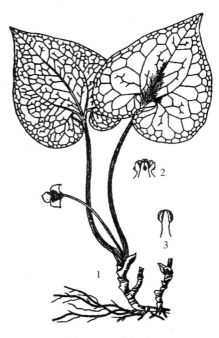

图 5-9　华细辛
1. 植株全形　2. 花柱与柱头　3. 雄蕊
（潘凯元，2005. 药用植物学）

汉城细辛与北细辛极相似，主要区别：尖端渐尖，叶背面密生较长的毛，叶柄有毛。花浅绿色，微带紫色，花被片由基部展开，不反卷，花被筒的表面有明显棱条纹。

华细辛与北细辛亦极相似，主要区别：根茎较长，节间距离均匀，尖端逐渐变尖，叶表面散生短毛，叶背面通常无毛，仅在叶脉上散生较长的毛，叶柄无毛。花暗紫色，花被裂片由基部沿水平方向展开，不反卷。

三、生物学特性

（一）生长发育习性

细辛喜凉爽、湿润的环境，忌强光和干旱，多生于针叶林、阔叶林、混交林下或灌丛、林缘、山间湿地，山坡疏林中也有生长。一般 7 月初播种，8 月初种子裂口，8 月中旬露出胚根，9 月初可达 4 cm，10 月可达 6 cm 以上。当年不出苗，经 4 ℃以下的温度打破休眠后到第二年春天，当地温回升到 6 ℃左右时幼芽出土，8～12 ℃时达出苗盛期。细辛生长发育极为缓慢，播种后第二年只长 2 片叶子，第三年才长出 1 片真叶，第四年仍为 1 片真叶，或少数为 2 片真叶，仍极少数开花，第五、六年才多数为 2 片真叶并大量开花结实。春天幼苗出土，5 月地上部基本定形，以后不再长新的枝叶，即使因病虫或外伤失去茎叶，当年也不再生长。根茎在地下休眠，秋季形成一个小芽，越冬后来年抽出较小的叶片，因此保护地上部健壮生长极为重要。

种子有休眠习性，因此采收种子后需保温贮藏，使种胚继续发育可完成后熟过程。种子忌干燥，干种子不出苗，而鲜种子的出苗率达90％以上。

（二）生态环境条件

1. 温、湿度 细辛喜冷凉气候，耐寒。早春地温在5～6 ℃时，根状茎的新芽便膨胀开裂，植株开花期适温为20～22 ℃。种子采收后，种胚形态成熟发育适温为20～23 ℃，温度太高、土壤温度大时，种子易腐烂。打破下胚轴休眠的温度为-4～4 ℃，所需时间为50～90 d。种子采收后需与湿沙拌匀贮放，贮藏场所雨季要注意排水，地面不能积水。

2. 光照 细辛为喜阴植物。尤忌强光，因此人工栽培必须注意遮阳。

3. 土壤 土壤以疏松、肥沃、富含有机质为佳，酸碱度以中性或微酸性为好。

【任务实施】

一、细辛的种植

（一）选地与整地

细辛喜疏松肥沃、富含有机质土壤，因此东北主产区多选林下栽培，用老参地或农田种植必须搭棚遮阳。林下栽培对树种要求不严，但以阔叶林最好，针阔混合林次之。坡向以东或西向为好，坡度最好在10°以内。整地宜在春、夏季进行，早整地有利于土壤熟化，使细辛生长良好，病害轻。刨地前将林地的小灌木或密树枝去掉，保持林下有50％～60％的透光率。刨地深度15～20 cm，消除石块、树根，搂平土面，做成宽1～1.2 m、长10～20 m、高20 cm左右的高畦，作业道宽50～100 cm，土层厚作业道可稍窄，土层薄作业道宽些。

（二）育苗与移栽

细辛主要用种子繁殖，也可分根繁殖。

1. 育苗移栽 种子处理：在林下背阴处挖一浅坑，深约15 cm，大小依种子多少而定，将1份种子与5份以上的沙子拌匀放火坑内，上盖约一层5 cm厚的沙子，上面再盖树叶或稻草。经常检查，注意保温和排除积水，一般45 d即可播种。

播种方法：撒播、条播、穴播均可。撒播可将种子与10倍细沙或土拌匀撒于畦面，每平方米播种子30 g左右。条播行距10 cm，播幅4 cm，每行播130粒左右。穴播行距13 cm，穴距7 cm，每穴播7～10粒。播后用腐殖土或过筛的细土覆盖，厚约2.5 cm，其上再盖草或树叶，保持土壤湿润。

细辛可直播，在原地生长3～4年收获，在种子充足的情况下可以采用直播。目前，产区为了充分利用种子扩大种植面积，多采用育苗移栽，以移栽2～3年苗为好，在每年的秋末、春初地上部枯萎后或幼苗萌动前进行。栽植方法是在施足基肥的畦上横身开沟，行距17～20 cm，株距7～10 cm，将种根在沟内摆好，让根舒展，覆土厚度以芽苞离土表层5 cm左右为宜，上面盖草或树叶。还可按行距15 cm挖穴栽植，每行栽7～10穴。

2. 分根栽植 利用收获的植株，将根状茎上部4～5 cm长的一段剪下，每段必须有1～2个芽苞并保留根条，然后按20 cm×20 cm的株距挖穴，每穴种2～3段根茎。

（三）田间管理

1. 浇水 细辛根系浅，不耐干旱，特别是育苗地，种子细小，覆土浅，必须经常检查土壤湿度，土壤干时及时浇水，以保证苗全、苗壮。

2. 施肥培土　细辛是喜肥植物，种植在瘠薄的土壤里，如果不施肥，生长极其缓慢。根据辽宁省的经验，基肥以猪圈粪为最好，熏土肥（老虎粪）次之，化肥以过磷酸钙为好。每年5月和7月可分别用过磷酸钙1 kg加清水50 kg搅拌溶解后取上清液，用喷壶向畦面浇灌，每20 m²用过磷酸钙1 kg。入冬以后，每亩用猪圈粪4 000 kg掺入过磷酸钙40 kg一起发酵，将已发酵好的肥料与5倍左右的腐殖土混合一起撒盖于细辛畦上，既起到来年的施肥作用，又可保护芽苞安全越冬。因为细辛根茎每年向上生长一节，其上芽苞最易受冻害。

3. 除草　应注意及时拔草，畦上畦沟均应无杂草。

4. 调节光照　5月以前气温低，细辛苗要求较大光照，可不用遮阳。从6月开始，光照应该控制在50%～60%的透光率，利用老参地栽细辛必须搭好荫棚，林间栽培也要按细辛对光照的要求补棚或修剪树枝。

5. 摘除花蕾　多年生植株每年开花结实，消耗大量养料，影响产量，因此除种地以外，当花蕾从地面抽出时应全部摘除。

二、病虫害防治

（一）病害防治

细辛病害较少，目前危害较严重的是菌核病，每年的早春到夏季发生，早春发病严重，引起根状茎、芽、花腐烂，菌核在病株和土壤中越冬。第二年萌动，靠风雨传播扩大危害。防治方法：加强田间管理，畦内不积水、不板结，注意通风，光照调整到50%～60%透光度。应适时收获或换地种植，药剂防治可用50%多菌灵可湿性粉剂200倍液浸种10 min，并用50%多菌灵500～1 000倍液喷根或灌根。发现病株应彻底清除，在病穴撒石灰或用5%福尔马林进行土壤消毒。

（二）虫害防治

虫害主要有地老虎、黑毛虫、蝗虫、细辛凤蝶等。细辛凤蝶咬食叶片，严重时大部分叶片被吃掉。地老虎危害最重，咬食幼芽，截断叶柄和根茎。地老虎可用敌百虫拌炒香的豆饼或麦麸做成毒饵诱杀，或用毒土毒杀。其他害虫可用敌百虫1 000倍液喷洒叶面防治。

三、采收与初加工

（一）采收

直播的细辛4～5年、移栽的3年即可采收，秋季采收产量高，以9月中旬采收为好。生产上，为了采收种子，一般延长生产年限采收，细辛生产年限不同和田间管理不同，可造成产量很大差异。一般大面积栽培的，低产田每亩产干货120～150 kg，高产田200～300 kg，有的可高达500 kg以上。

采收叶子不利于翌春返青，易患病害，且叶片含挥发油成分极少，加工成的商品药效低，因此生产上不提倡采叶。

（二）产地加工

采收时挖出全部根部，去净泥沙，每十多株为1把，用绳扭结成辫或摊开，置阴凉通风处阴干，绝不能用水洗或日晒，若水洗则叶片发黑，根发白，日晒则叶片发黄，均影响质量。

四、包装与贮藏

贮存于干燥阴凉处，要求温度30℃以下，相对湿度70%～75%，商品安全水分含量为9%～12%。

五、商品质量标准

细辛以根多且呈黄色、叶色绿、香气浓、味麻辣者为佳。辽细辛以东北产的质优，华细辛以陕西华阴产的质优。

【任务评价】

细辛栽培任务评价见表5-9。

表5-9 细辛栽培任务评价

任务评价内容	任务评价要点
栽培技术	1. 选地与整地 2. 繁殖方法：①育苗移栽；②分根栽植 3. 田间管理：①浇水；②施肥；③除草；④调节光照；⑤摘除花蕾
病虫害防治	1. 病害防治：①菌核病；②腐病 2. 虫害防治：①地老虎；②黑毛虫；③蝗虫；④细辛凤蝶
采收与加工	1. 采收：采收方法及注意事项 2. 加工：加工方法及注意事项
包装与贮藏	置于干燥、阴凉处贮藏

【思考与练习】

1. 常用的贮藏方法有哪些？
2. 全草类药材多在何时采收为宜？

任务十 益母草的栽培

【任务目标】

通过对本任务的学习，了解益母草的药用价值，掌握并熟练运用益母草的栽培养护技术，清楚益母草的采收加工与贮藏。

【知识准备】

一、概述

益母草 [*Leonurus artemisia* (Lour.) S. Y. Hu] 为唇形科益母草属植物。别名益母蒿、益母艾、红花艾、充蔚、益明、大札、苦低草、郁臭草、苦草、益母篙、四棱草等。益

益母草

母草按产地分为白花益母草和细叶益母草，根据生长季节可分为春性益母草和冬性益母草。以全草入药，种子（茺蔚子）亦供药用。全草含多种生物碱、不饱和脂肪酸、芸香苷等，种子含益母草宁、油酸、亚麻油酸等成分，具有兴奋子宫、收缩子宫，强心、增加冠脉流量和心肌营养血流量，降压，抑制血小板聚集及红细胞的聚集性作用，并对呼吸中枢有直接兴奋作用。益母草味苦、辛，性微寒；归肝、心经；具活血调经、利尿消肿功能，除传统的用于月经不调、痛经、闭经外；还可用于治疗急性肾炎水肿、冠心病、高黏血症及高血压、高脂血症等疾病。

全国大部分地区均有分布。白花益母草主产江苏、福建、广东、广西、贵州、云南、四川等地，细叶益母草主产于内蒙古、河北、山西及陕西等地，土耳其益母草主产新疆。

二、形态特征

一年生或二年生草本，高 60～100 cm。茎直立，四棱形，每边凹下成槽，具柔毛。叶对生，形状不一，基部叶具长柄，叶片圆形至卵状椭圆形，叶缘有 5～9 浅裂；茎下部叶卵形，掌状 3 裂；中部叶菱形，分裂成 3 至多个长圆状线形的裂片；顶生叶线形。轮伞花序，花冠唇形，粉红色或紫红色。小坚果，三棱形，成熟时黑褐色。种子 1 粒。早熟益母草，秋播花果期 5—6 月，春播花果期 6—7 月，夏播花果期 7—9 月，种子千粒重2.7 g（图 5 - 10）。

图 5 - 10　益母草
1. 植株上部　2. 基生叶　3. 茎下叶部
2、4. 花　5、7. 花冠展开　6. 雌蕊　8. 小坚果
（潘凯元，2005. 药用植物学）

三、生物学特性

（一）生长发育习性

益母草栽培品种具冬性和春性两类。冬性益母草须秋季播种，幼苗经冬季的低温后第二年春、夏季才能抽茎开花；若春播，当年则不抽茎开花。春性益母草春、夏、秋季均可播种，春、夏季播种，当年抽薹开花；秋季播种，第二年夏季开花。生产上，以春性益母草为主。

益母草碱的含量随开花的时间而有变化。开花初期含量少，以花开 2/3 时含量最高，为 0.03%～0.04%，开花后含量下降。

（二）生态环境条件

野生于路边、河沟边、田野间、河滩草丛及宅旁。

1. 温、湿度　喜温暖湿润气候，发芽温度 10～30 ℃，最适温度 20～30 ℃。种子在 10 ℃以上时便可发芽，在土壤水分充足的条件下，发芽速度随温度升高而加快。平均气温 10～15 ℃时，播后 20～30 d 出苗；平均气温 15～20 ℃时，7～18 d 出苗；平均气温 20 ℃以上时，5～7 d 出苗。

2. 日照　需阳光充足条件。在阴湿地带种植益母草，植株生长不良。

3. 土壤　对土壤要求不严。平地、坡地以及栽培一般农作物的土壤均可种植，但以肥沃、疏松、排水良好的沙质壤土为好。

【任务实施】

一、益母草的种植

（一）选地与整地

宜选择向阳、肥沃疏松、排水良好的沙质壤土地块。坡地、平地均可。零星种植可利用房前屋后、田边地角。播种前，深翻 25～30 cm，每亩施堆肥或厩肥 2 000 kg，翻入土中，耙细整平，平地做 1.3 m 宽的高畦或平畦，坡地可不开畦。四周开好排水沟，以利排水。

（二）育苗与移栽

种子繁殖方法有直播和育苗移栽。生产上多用直播，由于育苗移栽生长不良，且费工多，一般不采用。

1. 播种时间　冬性栽培品种于秋季 9—10 月播种，春性栽培品种秋播时间与冬性益母草相同；春播于 2 月下旬至 3 月下旬为宜，夏播为 6 月下旬至 7 月下旬。在海拔 1 000 m 以下地区，可一年两熟，即秋、春播种者于 6—7 月收获，随即整地播种，即可于当年 10—11 月收获。

2. 播种方法　生产上多采用点播和条播。因撒播难于管理，生产上少用。播种前将种子用火灰或细土拌匀，再适量用人畜粪水拌湿，称为"种子灰"，以便播种。点播者按行距25 cm、穴距 23 cm 开穴，穴深 3～5 cm，每穴施入人畜粪水 0.5～1 kg，然后将种子灰播入穴内，注意尽量使种子灰散开，不能丢成一团。播后不另覆土。点播每亩用种子 300～400 g。条播者按行距 25 cm 开 5 cm 深的播种沟，播幅 10 cm，沟中施入人畜粪水，将种子灰均匀地播入沟内，不另覆土。条播每亩用种子 500 g。秋播者 15 d 左右出苗，春播者 15～20 d 出苗，夏播者 5～10 d 出苗。

（三）田间管理

1. 排灌　干旱应及时浇灌，以免干旱枯苗；雨后应及时疏沟排水，以免地面积水，使苗溺死或黄化。

2. 施肥　结合中耕除草进行，肥料以氮肥为主，有机肥为好。每次每亩施人畜粪水 1 000～1 500 kg、饼肥 50 kg、尿素 3～5 kg。幼苗期可适量减少尿素用量或不施用，以免"烧苗"。

3. 除草　应适时中耕除草，使地面疏松、无杂草，为益母草生长创造良好条件。通常进行 3～4 次。益母草种植密度大，中耕宜浅，以免伤苗，除草宜勤。

4. 间苗、补苗　要进行 2～3 次间苗，在苗高 5～7 cm 时开始进行，间去弱苗、过密苗；苗高 15～17 cm 时定苗，点播者每穴留苗 2～3 株；条播者按株距 10 cm，错株留苗。定苗时如有缺窝、缺株，应随即补植。生产实践证明，益母草每亩基本苗 3 万～4 万株产量最高。

二、病虫害防治

（一）菌核病

为益母草最严重病害，整个生长期都可发生，以 4—8 月阴雨连绵季节发病为重。感病植株自茎基部产生白色绢丝状菌丝，皮层腐烂。幼苗患此病，即自患部腐烂死亡；茎伸长期患此病，患部表皮腐烂脱落，内部呈纤维状，渐至病株死亡。死亡植株茎及根内部中空，并生有黑色状。防治方法：实行轮作，最好与禾本科作物水旱轮作；发现病株及时拔出烧毁，并用生石灰粉封穴消毒；发病初期用 65％代森锌可湿性粉性剂 600 倍液或 1∶1∶120 波尔多液防治。

（二）白粉病

多在春末、夏初发生，危害叶及茎部。患病部位生白色粉状物，后期在粉状斑上产生黑色小点，即病原菌的闭囊壳。防治方法：发病初期施 50％甲基硫菌灵可湿性粉剂 800～1 500倍液或 0.3 波美度石硫合剂防治。

（三）锈病

4—5 月发病，主要危害叶片。受害叶面具黄色斑，叶背出现红褐色突起。防治方法：发病初期用 92％敌锈钠 300～400 倍液或 25％三唑酮 1 000 倍液喷雾防治，每 7～10 d 喷 1 次，连喷 2～3 次。

（四）蚜虫

蚜虫是危害益母草最严重的虫害，一般在春、秋季发生，每亩用 20％氰戊菊酯乳剂 10～15 mL 加水 40～60 kg 喷雾；也可用 40％乐果乳油 1 500～2 000 倍液防治。收获前 20 d 左右停止喷药。

（五）小地老虎

幼虫危害幼苗。用人工捕杀、黑光灯诱杀成虫或堆草诱杀。

三、采收与初加工

（一）采收

采收全草以花开 2/3 时采收为宜。根据益母草总生物碱日积累的 S 形变化规律，凌晨 4 时和中午 12 时为积累高峰，晚 22 时和 24 时为积累低谷。一般而言，白天均可采收益母草，而不必刻意去追求积累高峰，选晴天，用镰刀齐地割下地上部分，运回加工。采收种子（茺蔚子）以全株花谢、下部果实成熟时采收。

（二）产地加工

割去益母草的地上部分，去除枯叶杂质，洗净泥土，及时晒干或烘干；不可堆积，以免发酵叶片变黄。拣去杂质，稍回润后切段，晒干即成药材益母草。种子（茺蔚子）：成熟的益母草种子易脱落，可在田间初步脱粒后，小心将带果实植株堆放 3～4 d，于晒场上晒干脱粒，除去杂质即可。

四、包装与贮藏

干品益母草稍放置回润后，打捆包装，置通风干燥处。

五、商品质量标准

益母草以茎细嫩、叶多、色灰绿、带有紫红色花者为佳。茺蔚子以粒大、饱满者为佳。

【任务评价】

益母草栽培任务评价见表 5-10。

表 5 - 10　益母草栽培任务评价

任务评价内容	任务评价要点
栽培技术	1. 选地与整地 2. 繁殖方法：①播种时间；②播种方法 3. 田间管理：①排灌；②施肥；③除草；④间苗、补苗
病虫害防治	1. 病害防治：①菌核病；②白粉病；③锈病 2. 虫害防治：①蚜虫；②小地老虎
采收与加工	1. 采收：采收方法及注意事项 2. 加工：加工方法及注意事项
包装与贮藏	1. 包装：稍放置回润后打捆包装 2. 贮藏：置于干燥、通风处贮藏

【思考与练习】

1. 益母草在茎、叶生长旺盛期如何采收？
2. 简述益母草的种植技术。

叶类药材的栽培

任务一　半枝莲的栽培

【任务目标】

通过对本任务的学习，掌握半枝莲的种植及田间管理技术，了解半枝莲的病虫害及防治方法。

【知识准备】

一、概述

半枝莲（*Scutellaria barbata* D. Don）为唇形花科黄芩属植物。别名并头草、牙刷草、通经草、赶山鞭等。半枝莲以全草入药，主要含有生物碱、黄酮苷、酚类和甾体化合物，具有清热解毒、化瘀利尿、消肿止痛、抗癌等功能；半枝莲性寒，味辛、苦；归肺、肝、肾经。主治疔疮肿毒、咽喉肿痛、毒蛇咬伤、跌扑伤痛、水肿、黄疸等症。临床上可以用来治疗急性肾炎、慢性肾功能衰竭、癌症等。

主产于江苏、江西、福建、广东、广西等地，陕西、贵州云南、河南、台湾等地也有分布。

二、形态特征

多年生草本，株高30～40 cm。茎下部匍匐生根，上部直立，茎方形、绿色。叶对生，叶片三角状卵形或卵圆形，边缘有波状钝齿，下部叶片较大，叶柄极短。花小，2朵对生，排列成偏侧的总状花序，顶生；花梗被黏性短毛；苞片叶状，向上渐变小，被毛。花萼钟状，外面有短柔毛，二唇形，上唇具盾片。花冠唇形，蓝紫色，外面密被柔毛；雄蕊4枚；子房4裂，柱头完全着生在子房底部，顶端2裂。小坚果卵圆形，棕褐色，花期5—6月，果期6—8月。种子寿命为1年(图6-1)。

图6-1　半枝莲

（谢凤勋，2002. 中药原色图谱及栽培技术）

三、生物学特性

半枝莲喜欢生长在气候温和、环境比较湿润的地区，过于干燥的地区生长不良，种子发芽适温为 25 ℃。对光照要求不高，苗期要求适当遮阳。半枝莲对土壤的要求不高，常野生于丘陵和平坦地区的田边或溪沟旁，但以疏松、肥沃的夹沙土为好。

【任务实施】

一、半枝莲的种植

（一）选地与整地

选择排水良好、疏松肥沃、地势较为平坦的缓坡平坝或田边、沟边种植，以夹沙土为好。在选好的地块上，先行翻土整地，整细肥平，开好四周的排水沟，做 1.3 m 宽的畦；零星种植的可不开畦。每亩施腐熟农家肥 2 000 kg 作基肥。

（二）育苗与移栽

生产用的半枝莲种苗一般可采用种子直播或育苗移栽法，也可以采取分株栽植法。

1. 种子直播

（1）选种晒种。选择饱满、黄绿色或黄褐色的种子。播前将种子在背风向阳处晾 1～2 d，但不可晒在水泥地板上，通过晒种可以增强发芽势，保证齐苗。

（2）播种期。春、夏、秋播均可。春季温、湿度适宜，易出全苗，是最佳播期；夏季高温、多雨易出苗，但雨后猛晴，地表面很快晒干，会造成回芽或死苗，应遮阳保墒，播后如遇雨地面板结，应及时松土，以利出全苗；秋播最晚 9 月底进行，过晚播种不利于根系完整发育，影响安全越冬。

（3）播种量。一般每亩用种量 0.5～0.8 kg，如遇高温、干燥气候，应增大播种量，以保证全苗。

（4）播种方法。可分为大田直播、芝麻混播、套播 3 种。

① 大田直播法。有撒播和条播两种，一般用撒播方法较多。半枝莲种子很小，播前应拌入用种量 3～5 倍的湿润细土，混合均匀再下种。为了撒种均匀，可将种子和地块分成相同的几份，再把每份种子均匀地撒入整好的地块。播种后，用细柳枝捆扎成长把扫帚形状，将地面轻轻拉抹 1 遍，达到为种子覆一层薄土的目的。大田条播的，先按照行距 25 cm 开 3 cm 深的小沟，顺沟均匀撒入种子，然后再用细柳枝扫抹地面 1 次，给种子覆土，覆土不要过厚，以免影响出苗。

② 芝麻混播法。因半枝莲苗期要适当遮阳，通常用半枝莲和芝麻混播，用芝麻苗生长快的特点，让芝麻作为半枝莲苗期的遮阳物。方法是：撒播半枝莲种子后，当即撒播芝麻种子（每亩用 1 kg），然后再用扎好的细柳枝扫抹地面；在半枝莲长至 5 cm 左右时，随着拔草要同时将芝麻拔除。芝麻混播法工作量较大，但可保证半枝莲出苗全，为丰产打下基础。

③ 套播法。春季在小麦抽穗期或扬花后期，或在油菜开花后期，可将半枝莲种子拌细土均匀撒播于地里；秋季在黄豆开花后期，或在水稻生长后期不再灌水时，将半枝莲种子拌细土均匀撒播于地里，可保证全苗。作物收获时，亦不怕踩压。与作物套播法播种半枝莲相比，不但争取了时间提早播种，又可利用作物为其遮阳保墒，出苗快，出苗齐，不影响粮食

作物生长和收获，省工、省时，效果很好。

2. 育苗移栽　参照大田直播法在整好的育苗地上撒播或按照行株距 10～12 cm 开沟条播，待苗高 7 cm 左右时，按行株距 25 cm×10 cm 移栽大田，每穴 3～5 株，浇定根水，育苗移栽的效果比大田直播、套播的效果都好。

3. 分株栽植　可在夏季收获后，将生长健壮的植株老蔸挖起，分成小蔸，按照行株距 25 cm×10 cm 栽植，淋足定根水。

（三）田间管理

1. 排灌水　苗期要经常保持土壤湿润，不能缺水。遇干旱季节应及时灌溉。雨季及每次灌大水后，要及时疏沟排水，防止积水淹根苗。

2. 间苗、补苗　在苗高 5～8 cm 时，进行匀苗、补苗。将弱苗和过密的幼苗拔除；与此同时，若发现缺苗，随即进行补苗，宜带土移栽，栽后浇水。

3. 中耕除草及追肥　采用种子繁殖的，间苗后进行第一次中耕除草及追肥，每亩用清淡人畜粪水 1 000 kg。第二年起，相继进行 3～4 次，于 3 月上旬分枝期与 5、7、9 月后各进行 1 次，中耕后每次每亩施人畜粪水 1 500～2 000 kg，还可以适当施些硫酸铵。

4. 翻蔸更新　连续种植 3～4 年后，由于根蔸老化，萌发力减弱，须进行根蔸更新或重新播种。在夏季收获后，把老蔸挖起，选生长好、无病虫害的新苗，分成小蔸，按行距 30 cm、株距 7～10 cm 栽种，栽后淋人畜粪水。

二、病虫害防治

（一）锈病

主要危害叶片，受害植株叶背面呈黄褐色斑点，严重时叶片变黄，翻卷脱落。防治方法：发病初期可用 97% 敌锈钠 300～400 倍（加少量洗衣粉），或用 0.2～0.3 波美度石硫合剂每隔 7～10 d 喷 1 次，连续 2～3 次。

（二）疫病

在高温多雨季节易发生，叶片上呈现水渍状暗斑，随后萎蔫下垂。防治方法：用 1：1：120 波尔多液或敌磺钠 800 倍液于傍晚时进行喷洒防治。

（三）虫害

主要有蚜虫、非洲蝼蛄、斜纹夜蛾等，可用 40% 乐果乳油 1 000 倍液喷雾防治。花期易发生蚜虫和菜黑虫危害，前者可用乐果防治，后者可用 50% 的敌敌畏 1 000 倍液喷雾防治。

三、采收与初加工

（一）采收

在开花期采收全草，收时用镰刀齐地割取全株，每年可收 4～6 茬。第一茬在 6 月上旬。以后隔 50 d 左右采收 1 次，收割时留根部 2～3 cm 以利再生，每亩产干药材 500～1 000 kg。可以连茬 3～4 年，然后更新 1 次根苗。

（二）初加工

将采收的半枝莲拣除杂草，捆成小把晒干或阴干即可。

四、包装与贮藏

贮藏于阴凉干燥处。

五、商品质量标准

半枝莲以身干、无杂质、无霉变者为合格商品。

【任务评价】

半枝莲栽培任务评价见表6-1。

表6-1 半枝莲栽培任务评价

任务评价内容	任务评价要点
栽培技术	1. 选地与整地 2. 繁殖方法：①大田直播、芝麻混播、套播；②育苗移栽 3. 田间管理：①间苗、补苗；②施肥；③除草；④翻苑更新
病虫害防治	1. 病害防治：①锈病；②疫病 2. 虫害防治：①蚜虫；②蝼蛄；③斜纹夜蛾
采收与加工	1. 采收：采收方法及注意事项 2. 加工：加工方法及注意事项
包装与贮藏	置于干燥、阴凉处贮藏

【思考与练习】

1. 半枝莲、半边莲、穿心莲分别属于什么科？
2. 简述半枝莲的播种方法。

任务二　侧柏的栽培

【任务目标】

通过对本任务的学习，了解侧柏多年生木本药材种植与草本种植技术的区别，掌握侧柏的田间管理、病虫害及防治方法。

【知识准备】

一、概述

侧柏 [*Platycladus orientalis* (Linn.) Franco] 别名扁柏，为侧柏科侧柏属植物，以枝梢及叶（侧柏叶）和种仁（柏子仁）供药用。侧柏叶能凉血、止血、止咳，治咳嗽痰中带血、支气管炎、衄血、吐血。柏子仁能养心、安神、润肠，治心悸怔忡、失眠、便秘。

二、形态特征

侧柏为松柏科常绿乔木。树冠圆锥形，树皮薄，红褐色。小枝扁平，生于中轴，垂直成一个平面。叶成鳞片状交叉对生，两面亮绿色。花雌雄同株。球果，卵形，肉质，果鳞6片，每片顶端有一弯钩。种子椭圆形，褐色，花期3—4月，果熟期9—10月（图6-2）。

三、生物学特性

侧柏性喜向阳，耐寒耐旱，在年降水量 300～1 600 mm，年平均气温 8～16 ℃的气候条件下生长正常，能耐－35 ℃的绝对低温。对土壤要求不严，在向阳干燥、瘠薄的山坡和石缝中都能生长。微酸、微碱性土壤亦能生长，但以中性土壤生长较好；其耐涝能力较弱，地下水位过高或低洼地，易烂根死亡。故以土层深厚、排水良好的土壤栽培较好。除成片造林外，还可利用荒隙地零星种植。

侧柏为喜光树种，但幼苗和幼树都耐阴，在郁闭条件下亦能正常生长。但成年树不宜荫蔽。侧柏的萌发性强，枝干受损伤后能萌发出新枝。浅根性，侧根多，须根发达，抗风力弱。

图6-2　侧　柏
（谢凤勋，2002. 中药原色图谱及栽培技术）

【任务实施】

一、侧柏的种植

（一）选地与整地

可采用密植法营造药材、用材兼用林，先按株距 1.2～1.5 m 挖窝，窝深宽各约 30 cm。于秋季 10—11 月上旬，或春季 2—3 月定植。除了冬季外，其他时间亦可定植，但成活率不如春秋两季高。定植时，挖苗要带土，注意保护，少损伤根系，栽的深度以比原入土部位稍深 3 cm 左右为宜。不宜过深过浅。只要栽好苗，经常保持土壤湿润，成活率可达 100%。

（二）育苗与移栽

用种子和扦插繁殖。通常用种子育苗造林。

1. 采种　侧柏5～6年生开始结实，应选20～30年生以上的健壮母树采种，9—10月果实快开裂时，将果实摘下晒干，种子即从果实中脱落，筛选干净，贮藏备用。出种率约10%，发芽率70%～85%，种子千粒重22 g，每千克种子约45 000粒。种子在一般室温条件下，能在2～3年内保持较高的发芽率。

2. 种子处理　播种前先将种子用 0.5%福尔马林液消毒 15～30 min，再用50～70 ℃温水浸一昼夜捞出，装于筐内或木箱中，用湿布盖好，放在温暖处催芽，每天用20～30 ℃水淘洗1次，3～4 d即开始萌芽，然后取出播种。

3. 播种育苗　2—3月，在整好的地上，开1.3 m宽的高畦，施腐熟堆肥，做成苗床。

条播，在畦上按沟心距约 33 cm 开横沟，深 7～10 cm，播幅 10 cm，施人畜粪水后，每沟撒种子 100 粒左右，亩用种 3.5～4 kg，盖细土约 1 cm 厚，最后盖草，保持土壤湿润，于发芽时揭去。在幼苗出齐后，注意除草，务求除早、除尽，以免苗床荒芜，影响幼苗生长。最好在当年 10—11 月或第二年的 2—3 月，将一年生苗，按行距 10 cm、株距 7 cm 移栽 1 次，促使根系发达。在育苗期中，每年施肥 2～3 次，以人畜粪水为主，也可适当施氮素化肥提苗，促使幼苗迅速生长。一般培育 3 年、苗高 6～7 cm 时，就可定植。

（三）田间管理

幼树要加强管理，成片造林的应进行封山育林，防止人畜践踏损伤。定植后的头几年夏初最好中耕除草、施肥 1 次，以促使幼苗早日成林。冬季进行适当整枝修剪，以后应每隔 2～3 年冬季进行修枝，使树干直立粗壮。在枝叶郁闭时，可以适当疏伐，将枝梢及叶做药，树干作木材，使保留的部分长成大树。

二、病虫害防治

（一）锈病

为真菌病害，主要危害叶片和芽。春季展叶后开始发病，在叶背及叶柄、叶脉上产生黄色锈孢子器，突破表皮后散出橘红色锈孢子，侵入植物。到初夏大量蔓延，形成橘黄色或黄褐色粉状复孢子堆，使枝叶失绿变黄，病斑明显隆起，严重时，全株叶片枯死，或花蕾干瘪脱落。防治方法：结合修剪清除锈病枝叶，集中烧毁或深埋，减少侵染来源；合理施用氮、磷、钾肥，防止徒长，注意通风透光，做好排水工作，降低温度，提高植株抗性；春季喷洒 3～4 波美度石硫合剂，发病初期用 25％三唑酮 1 500～2 000 倍液喷雾。

（二）侧柏毒蛾

4—5 月和 8—9 月危害叶尖，被害严重的树冠呈现枯黄。防治方法：可在幼虫危害期喷洒 50％敌敌畏乳油 800～1 000 倍液，另外，成虫有强烈的趋光性，可用黑灯光诱杀。

（三）红蜘蛛

群聚于小枝及鳞片上，吸取树液，被害叶变成枯黄。防治方法：可在早春喷洒 5％蒽油乳剂毒杀越冬卵；在越冬卵孵化期（5 月中旬）喷洒 20％三氯杀螨砜可湿性粉剂 600 倍液；发生季节喷洒 50％保棉丰乳油 2 000～3 000 倍液或 40％乐果乳油 1 000～1 500 倍液。

（四）松梢小卷蛾（侧柏球果蛾）

危害侧柏果实及种子。防治方法：秋末至春季，彻底剪除被害梢及球果，消灭其中虫蛹，于 3 月中旬在树干上涂枯泥，阻止成虫羽毛。成虫出现期，在树冠上喷 90％晶体敌百虫、50％马拉硫磷或 25％亚胺硫磷乳剂 1 000 倍液，消灭成虫及初孵幼虫。

三、采收与初加工

侧柏叶除随时采集鲜用外，可结合冬季修枝或采疏伐时收集晒干。

柏子仁于 9—10 月种子成熟时，先将柏树周围地面扫净或铺布单，用竹竿将果实打下，收集晒干脱粒，去掉果壳，筛簸去杂质，再用石磨反复磨去种仁外面硬皮（要将磨心垫高，以免将种仁磨碎），风扬干净，至成净仁即成。本品在加工后不宜炕晒，以免泛油。

四、包装与贮藏

贮藏于阴凉干燥处。

五、商品质量标准

侧柏叶以无粗枝干，无枯叶、霉变为合格，以枝嫩、色深绿的为佳。柏子仁以无壳，无油环、杂质为合格，以粒饱满、色黄白的为佳。

【任务评价】

侧柏栽培任务评价见表6-2。

表6-2　侧柏栽培任务评价

任务评价内容	任务评价要点
栽培技术	1. 选地与整地 2. 育苗与移栽：①采种；②种子处理；③播种育苗 3. 田间管理：①封山育林；②施肥；③除草；④修枝
病虫害防治	1. 病害防治：锈病 2. 虫害防治：①侧柏毒蛾；②红蜘蛛；③松梢小卷蛾
采收与加工	1. 采收：采收方法及注意事项 2. 加工：加工方法及注意事项
包装与贮藏	贮藏：置于干燥、阴凉处贮藏

【思考与练习】

1. 简述侧柏的采种技术。

2. 为提高种子发芽率、增强发芽势、预防病虫危害，播种前应如何对侧柏种子进行处理？

任务三　芦荟的栽培

【任务目标】

通过对本任务的学习，了解芦荟的品种及功效，清楚芦荟的种植目的，掌握芦荟的规范种植。

【知识准备】

一、概述

芦荟 ［*Aloe vera* var. chinensis（Halo.）Berg.］为百合科芦荟属多年生肉质草本植物。芦荟的种类很多，能作药用的常见的有中国芦荟（斑纹芦荟）、好望角芦荟（开普芦荟）、美国芦荟（库拉索芦荟）、日本芦荟（木立芦荟）和皂质芦荟等。其中以库拉索芦荟产量高，质量也好。以叶入药。含有芦荟苷、芦荟大黄素、异芦荟苦素、糖类及蛋白质等。味苦，性寒。有清热导积、通便、杀虫、通经的功能。治热结便秘、经闭、疳热虫积，外用治癣疮和烫伤等症。近代研究证明芦荟有抗癌、降低血糖、抗炎、抗过敏、分解毒素、促进伤口愈合、健胃以及美容护肤等作用。主产海南，我国许多地方都有栽培。2~3 年收获。

二、形态特征

常绿、多肉质的草本植物。茎较短。叶近簇生或稍二裂（幼小植株），肥厚多汁，条状披针形，粉绿色，长 15~35 cm，基部宽 4~5 cm，顶端有几个小齿，边缘疏生刺状小齿。花葶高 60~90 cm，不分枝或有时稍分枝；总状花序具几十朵花；苞片近披针形，先端锐尖；花点垂，稀疏排列，淡黄色而有红斑；花被长约 2.5 cm，裂片先端稍外弯；雄蕊与花被近等长或略长，花柱明显伸出花被外（图 6-3）。

图 6-3　芦　荟
（潘凯元，2005. 药用植物学）

三、生物学特性

喜温暖、耐干旱、怕寒冷也怕潮湿。当气温降到 0 ℃时易遭寒害，在－1 ℃时植株开始死亡。土壤以肥沃疏松的沙质壤土为好。主要采用无性繁殖，也可进行有性繁殖。

【任务实施】

一、芦荟的种植

（一）选地与整地

我国广东、广西和海南，以及福建、云南、四川的部分地区，都具备露地栽培芦荟的气候条件，可大面积栽种，北方多在大棚内栽培。

种植地要选排水良好的沙质壤土或沙壤土，过湿、过黏的土壤易遭病虫害，不宜选用。山地可采用梯田种植。每亩施腐熟厩肥或土杂肥 1 500~2 000 kg，撒匀后翻耕，再耙细整平，做成宽 1 m 左右的高畦。

（二）育苗与移栽

采用沙盘播种育苗，再移栽。播种盘可采用塑料浅盘或陶瓷浅盆，底部打许多排水孔，播前把细沙土装在盘内，铺平，将种子均匀撒在沙土上，播后再撒一薄层细沙土或细沙，以盖住种子为度，然后在上面覆盖一张报纸，再把播种盘（盆）置于水槽中，使水浸没盘高的 1/3 左右，当报纸浸湿后，把盘取出，数天后如报纸干了，可再放水槽中浸湿再取出，播后 6~10 d 开始发芽。发芽初期可在报纸上扎些小孔，使透气，再经 5~6 d 大量出苗后，即可揭去报纸。幼苗出土 30 d 左右，可将幼苗移栽到细沙土做的苗床上，按行株距 10 cm×5 cm 移入。栽后怕雨淋，每 10~15 d 施 1 次水肥，中午应盖帘遮阳，早晚揭开。苗高 10 cm 左右就可以移栽定植。

移栽定植时间春季 3—4 月或秋季 9—11 月为宜。将准备好的分株苗和将出圃的芽插苗或有性繁殖苗，按行株距（50~60）cm×（30~40）cm 种于大田。一般每畦种 2 行，穴要挖大点，每穴栽 1 株，苗放在穴中，填土后把苗轻提一下，使根舒展，再把土填满，压紧，如土壤较干，需浇足水，并用小树枝（或芒萁草）插在畦上临时遮阳。

（三）田间管理

1. 浇水　夏季天热时必须淋水，保持土壤湿润。但不宜过于潮湿，注意排除积水，以免烂根。

2. 施肥　为了促进植株的生长，要及时施肥，以腐熟有机肥为主结合化肥。每年施化肥 3～4 次，每次每亩施腐熟有机肥 4 000～5 000 kg，混合尿素 6 kg，过磷酸钙 50 kg。

3. 除草　生长期间要勤除草和松土，雨季除草要将除下的杂草清除出园外，堆沤作肥。旱季除草，要将除出的杂草覆盖根际。在除草的同时结合松土或培土。

二、病虫害防治

（一）芦荟锈病

肉质叶上产生黄褐色病斑。夏孢子堆生在表皮下，裸露后呈红褐色，粉状。冬孢子堆生在表皮下，破裂后呈黑褐色。防治方法：清除田间病残体，集中烧毁。

（二）芦荟褐斑病

芦荟褐斑病发病初期，叶片上产生墨绿色的水渍状病斑，随着病情的发展，病斑扩展为圆形或不规则形，中央凹陷，呈灰褐色或红褐色，边缘有水渍状坏死晕圈。发病后期，病斑上会产生成堆的黑色颗粒，此为病菌的分生孢子器。病害发生严重时病斑密布，导致叶片腐烂。防治方法：加强田间管理，科学施肥，均衡氮、磷、钾肥；做好通风透气，降低田间湿度；及时清除田间发病较严重的病株、病叶，将其深埋，并对发病区土壤用 75％百菌清可湿性粉剂 1 000 倍液＋70％甲基硫菌灵可湿性粉剂 800 倍液进行消毒；苗期喷洒 77％氢氧化铜可湿性粉剂，或 75％百菌清可湿性粉剂 1 000 倍液，每 15～20 d 喷 1 次，1 年内喷 3～4 次。

（三）芦荟叶枯病

多从叶尖或叶缘产生褐色小斑点，后扩展为半圆形干枯，病斑皱缩，中央灰褐色，边缘具水渍状暗褐色的环带，后期病斑上生小黑点排列呈同心轮纹状。防治方法：发病初期喷洒 27％碱式硫酸铜悬浮剂 600 倍液或 1 100 倍波尔多液、75％百菌清可湿性粉剂 600 倍液。

三、采收与初加工

芦荟叶片生长旺盛期，将下部和中部长 15～20 cm 以上的叶片分批割下，切口向下，直放于木槽或其他盛器中，取其流出的汁液干燥即可，也可将叶片洗净、切片，用同量的水煮 3～4 h，再用纱布过滤。将滤液浓缩成黏稠状，倒入模型中烘干即可出售。

四、包装与贮藏

置于阴凉干燥处。

五、商品质量标准

干品中芦荟苷的含量不得少于 18.0％。

【任务评价】

芦荟栽培任务评价见表 6-3。

表 6-3 芦荟栽培任务评价

任务评价内容	任务评价要点
栽培技术	1. 选地与整地 2. 繁殖方法：①沙盘播种；②育苗移栽 3. 田间管理：①浇水；②施肥；③除草
病虫害防治	1. 病害防治：①芦荟锈病；②芦荟褐斑病；③芦荟叶枯病 2. 虫害防治：①蚜虫；②蝼蛄；③斜纹夜蛾
采收与加工	1. 采收：采收方法及注意事项 2. 加工：加工方法及注意事项
包装与贮藏	贮藏：置于干燥、阴凉处贮藏

【思考与练习】

试述芦荟的病虫害及防治方法。

任务四 桑叶的栽培

【任务目标】

通过对本任务的学习，清楚了解桑叶的药用价值，明白桑种植条件，掌握桑种植及采收的技术方法。

【知识准备】

一、概述

桑（*Morus alba* Linn.）为桑科桑属落叶乔木，高达 15 m。主要以叶、皮入药，果实、枝也供药用。叶有疏风清热、清肝明目的功效，主治风热感冒、头痛、目赤、咽喉肿痛、肺热咳嗽。皮（桑白皮）有泻肺平喘、利水消肿的功能，主治肺热喘咳、面目浮肿、小便不利、高血压病。桑树在我国分布很广，南起海南，西经新疆，东达沿海各省（自治区），北至辽宁、吉林。主要分布于浙江、江苏、四川、广东、山东、新疆、湖北、安徽等地。

二、形态特征

为乔木或灌木，高 3～10 m 或更高，胸径可达 50 cm，树皮厚，灰色，具不规则浅纵裂；冬芽红褐色，卵形，芽鳞覆瓦状排列，灰褐色，有细毛；小枝有细毛。叶卵形或广卵形，长 5～15 cm，宽 5～12 cm，先端急尖、渐尖或圆钝，基部圆形至浅心形，边缘锯齿粗钝，有时叶为各种分裂，表面鲜绿色，无毛，背面沿脉有疏毛，脉腋有簇毛；叶柄长 1.5～

5.5 cm，具柔毛；托叶披针形，早落，外面密被细硬毛。花单性，腋生或生于芽鳞腋内，与叶同时生出；雄花序下垂，长 2～3.5 cm，密被白色柔毛，雄花。花被片宽椭圆形，淡绿色。花丝在芽时内折，花药 2 室，球形至肾形，纵裂；雌花序长 1～2 cm，被毛，总花梗长 5～10 mm，被柔毛，雌花无梗，花被片倒卵形，顶端圆钝，外面和边缘被毛，两侧紧抱子房，无花柱，柱头 2 裂，内面有乳头状突起。聚花果卵状椭圆形，长 1～2.5 cm，成熟时红色或暗紫色。花期 4—5 月，果期 5—8 月（图 6-4）。

三、生物学特性

桑为喜光树种，幼树稍耐阴，4～5 年生以上的桑树需光量较大。喜温暖湿润气候，春季地下 30 cm 深处土温达 5 ℃以上时，根系开始活动。气温在 12 ℃以上时冬芽萌动，桑树旺盛生长的适宜温度为 30～32 ℃，当超过 40 ℃时，光合作

图 6-4　桑
1. 果枝　2. 果实　3. 雄花　4. 雌花
5. 雄花花图式　6. 雌花花图式
（崔大方，2012. 植物分类学）

用强度降低，生长受到抑制；当气温降至 12 ℃以下时，则停止生长，植株进入休眠期。桑虽然能耐−40 ℃的低温，但早春的晚霜常使萌芽受冻。桑较抗旱，但在发芽和旺盛生长期间应及时灌溉，以保持土壤湿润。适合桑树生长的土壤湿度为其最大田间持水量的 70%～80%。桑不耐涝，如场地积水则生长不良，甚至死亡，故应栽植在地下水位 1 m 以下的地方。桑树能耐瘠薄的土壤，且适应性强，但栽植地宜选择土壤深厚、肥沃、湿润的地方，土壤以微酸性至微碱性为宜。含盐量 0.2%以下的轻盐碱地上也能生长。

【任务实施】

一、桑的种植

（一）选地与整地

将土地平整、清除杂物，进行深翻。方法有全面深翻和沟翻两种。

1. 全面深翻　深翻前每亩撒施土杂肥或农家肥 4 000～5 000 kg，深翻 30～40 cm。

2. 沟翻　按种植方式进行沟翻，深 50 cm，宽 60 cm，表土、心土分开设置，在沟上每亩施土杂肥或农家肥 2 500～5 000 kg，回表土 10 cm，拌匀。深翻时间：在 11—12 月种桑前均可进行。

（二）育苗与移栽

春、夏、秋季均可播种。夏播于采种后进行，出苗率高，当年幼苗生长期短，须经过一年栽培才能供栽植。秋播苗受自然灾害轻，保苗容易。种子在开花后 30～40 d 陆续成熟，将紫红色的果实采下后。随即拌入 20%草木灰，捣烂果肉，漂洗并除去杂质，取出种子阴干，即可播种，或袋装置通风处贮藏。若春、秋播种时，播种前 5～8 d，将种子浸入 50 ℃的温水中，待自然冷却，后再浸泡 10～12 h，取出种子用清水冲洗干净，平摊在容器内，并

保持湿润，待种皮破裂露出白色牙尖时，即可播种。

宜采用条播，每亩播种量 0.4～0.5 kg。条播管理方便，苗木粗壮，便于嫁接。撒播时将种子均匀地播在苗床上，盖沙 1 cm，每亩播种量 0.8 kg。撒播出苗多，但管理不便，成苗粗细不等。

浅播、保湿是出苗整齐的关键。幼苗出土前，必须保持土壤湿润、疏松。出苗后，要及时浇水和松土。幼苗长出 2 片真叶时，按株距 3～4 cm 进行第一次间苗；当幼苗出现 3～4 片真叶时，按株距 10～15 cm 进行定苗。一般在下雨或施肥后进行。追肥应以腐熟的人尿和化肥为主，以促进幼苗生长。

（三）田间管理

1. 灌溉排水　干旱和涝害都会引起叶质变劣，叶片黄萎脱落，造成减产。须在干旱少雨季节进行灌溉，以利发芽生长。盐碱地进行灌溉可以减轻早春返碱危害。山区、丘陵地可在雨季前修筑水盆以增加积水量，冬季又能积雪。阴雨积水、地势低洼或地下水位高的地方，一般可 2 行并成 1 床，床间开沟，沟渠相连，以利排水和灌溉。

2. 施肥　一年 4 次。有机肥和化肥结合使用。春肥有促进发芽和生长的作用，宜在萌芽前施入，长江流域可在 2 月上旬至 3 月上旬进行，北方则在 8 月下旬至翌年 4 月上旬。以速效肥料为主，如人粪尿、化肥等，也可搭配一部分腐熟的堆肥和厩肥。夏肥在植株进入旺盛生长期施入，施肥量应占全年施肥总量的 1/2，以速效肥为主。秋肥一般在 8 月施用，在寒冷地区，应适当增施磷、钾肥，增强抗旱能力。冬肥以土杂肥为主，在桑树落叶后，土壤上冻前结合冬耕施入。

3. 除草中耕　每年进行 2 次，分别在采果后和冬季落叶后。冬耕宜深，夏耕宜浅。除草要及时，特别是在秋季杂草结籽前，将杂草除尽，减少其繁殖。

4. 疏芽　当幼芽长到 15 cm 左右时进行，以养成合理树形或保持树势旺盛。疏芽时，须留壮去弱，疏密留稀，位置适当，分布均匀。留芽多少，应取决于树势和水肥条件。

二、病虫害防治

（一）桑黑白粉病

危害叶和嫩梢。防治方法：发病初期喷 5％多硫化钡或 20％硫酸钾；危害严重时喷洒 5 波美度石硫合剂，剪除并烧毁感病枝梢，剪口用 1％福尔马林消毒。

（二）桑尺蠖

危害叶片。防治方法：人工捕捉；用 80％敌敌畏乳剂 2 000 倍液或 90％敌百虫 1 000～3 000 倍液喷杀。

（三）桑介壳虫

危害茎叶。防治方法：幼龄期用 50％亚胺硫磷乳剂 500～800 倍液或 4 波美度石硫合剂喷雾，每隔 7 d 喷 1 次，连续数次。

三、采收与初加工

（一）桑叶、桑枝的采收加工

1. 桑叶　10 月下旬降霜后采集叶片晒干，俗称霜桑叶。

2. 桑枝　于秋、冬季采割，以嫩枝为宜。除去叶片略晒，趁鲜时切成斜片或短段，晒干即得。

(二) 桑白皮的采收加工

1. 采收 春、冬季采挖其地下根皮，趁鲜洗净泥土，刮去黄棕色粗皮，除去须根，纵向剖开皮部，除去木心，晒干。

2. 加工 包括下述两方面。

（1）切制。将原药材洗净泥屑，捞起沥干，摊开晒至七八成干，先切成 30 cm 左右长、1 cm 左右宽的长条，再切为 0.2～0.25 cm 顶头中片晒干，筛去灰屑。

（2）蜜炙桑白皮。取蜂蜜 30 kg 置锅内，加热煮沸，再倒入桑白皮片 100 kg，炒至外皮呈深黄色时取出，烘烤至不粘手为度。

四、包装与贮藏

（一）叶
用篾夹捆装，置干燥处保藏，防潮。

（二）枝
用篾夹捆装，片用篾篓装，置干燥处保藏。

（三）桑白皮
放缸甏内，置干燥处，防霉蛀。

五、商品质量标准

（一）桑叶
以黄绿色、无杂质、无柄梗、片状者为佳。

（二）桑枝
以身干、枝细质嫩、断面黄白色、嚼之发黏者为佳。

【任务评价】

桑栽培任务评价见表 6-4。

表 6-4 桑栽培任务评价

任务评价内容	任务评价要点
栽培技术	1. 选地与整地 2. 繁殖方法：①条播；②浅播 3. 田间管理：①灌溉排水；②施肥；③除草；④疏芽
病虫害防治	1. 病害防治：桑黑白粉病 2. 虫害防治：①介壳虫；②桑尺蠖
采收与加工	1. 采收：采收方法及注意事项 2. 加工：加工方法及注意事项
包装与贮藏	1. 叶用篾夹捆装，置干燥处保藏，防潮 2. 枝用篾夹捆装，片用篾篓装，置干燥处保藏 3. 桑白皮放缸甏内，置干燥处，防霉蛀

【思考与练习】

简述桑叶、桑枝、桑白皮的采收加工与贮藏方法。

任务五 茵陈的栽培

【任务目标】

通过对本任务的学习，了解茵陈的药用价值，清楚茵陈栽培种植的目的，掌握茵陈的栽培技术。

【知识准备】

一、概述

茵陈（*Artemisia capillaris* Thunb.）别名茵陈蒿、绵茵陈，为菊科蒿属植物，以幼苗供药用。能清温热，利疸退黄；治黄疸肝炎，尿少色黄。多为野生，有少量栽培。全草入药，可预防流感，治中暑、感冒、头痛身重、腹痛、呕吐、胸膈胀满、气阻食滞、小儿食积腹胀、腹泻、月经过多、崩漏带下、皮肤瘙痒及水肿等症，其散热发表功用，尤胜于薄荷。在云南、贵州、四川 3 省作香薰收购及使用。全草又可提芳香油，鲜茎叶含油 0.07%～0.2%，干茎叶含油 0.15%～4%，除供调配香精外，亦用作酒曲配料。此外它又是很好的蜜源植物。

二、形态特征

多年生半灌木，高 40～100 cm，茎直立，多分枝。基生叶披散地上，有柄较宽，2～3 回羽状全裂或掌状裂，小裂片线形或卵形，两面被灰白色绢毛，下部叶开花时凋落，茎生叶无柄，裂片细线形或毛管状，基部抱茎，叶脉宽，被淡褐色毛，枝端叶渐短小，常无毛。秋季开花，头状花序球形，径达 2 mm，多数集成圆锥状，花淡绿色，外层雌花 6～10 朵，能育，柱头 2 裂叉状，中部两性花 2～7 朵，不育，柱头头状不分裂。瘦果长圆形、无毛。花期 9—10 月，果熟期 11—12 月（图 6-5）。

图 6-5 茵陈蒿

（来自网页：http://blog.sina.cn/dpool/blog/s/blog_7d3d98ad0100xy6v.html? vt=4）

三、生物学特性

茵陈耐寒性较强，土层化冻达 10 cm 时，生长点即开始萌动，地表下 10 cm 日平均温度达 4 ℃，气温日平均达 10 ℃，就能迅速生长。冬季地上部分枯死。它的生活力极强，既抗旱，又耐涝，去掉生长点后，留在地下部分的根又重新形成新的多个生长点。对土壤要求不严格，但以土质疏松、向阳肥沃的土坡或沙坡土最宜。人工栽植能获得较高产量，整个生长周期不发生病虫害，不需要喷药。

生于路旁、山坡、林下及草地，海拔 500～3 600 m。生于低海拔地区河岸、海岸附近的湿润沙地、路旁及低山坡地区。全国各地均有分布。主产于四川、河北、山西等地。商品通称绵茵陈，陕西产者称西茵陈，质量最佳，除供应本省外，并运销南方各地。其他省（自治区）产者，多自产自销。国外分布于日本、朝鲜、蒙古等国家。

【任务实施】

一、茵陈的种植

（一）选地与整地

茵陈对气候的适应性较强，丘陵和平坝都能生长。土壤以排水良好、向阳而肥沃的夹沙土栽种较好。茵陈是多年生深根性植物，在母根定植前，温室或塑料棚进行土壤深翻和施肥。每亩施腐熟有机肥 4 000～5 000 kg，通过深翻混于土中，然后整细耙平，使土壤疏松。移栽前耕翻土地，理好四周大排水沟，打碎土块，整平耙细，开 1.3 m 宽的畦，坡地或土块较小，可以不开畦。

（二）育苗与移栽

以种子繁殖为主，少量栽培也可用分株繁殖。

1. 种子繁殖　采用育苗移栽。11—12 月种子成熟时采回晒干，打下种子，簸去杂质，贮藏备用。1—2 月播种育苗。先翻整土地，整细整平，开 1.3 m 宽的高畦。茵陈种子细小，整地必须细致，才利于出苗。播种前，先施清淡人畜粪水 1 000 kg 左右，每亩用种 750 g，以人畜粪水与火灰充分拌匀后，匀撒畦上，再撒盖火灰或细土一层，以不见种子灰为度，最后盖草保持苗床湿润。播种后要经常检查苗床，如土面干燥时，要及时浇水，发芽时揭去盖草。苗出齐后，注意除草，除去过密弱苗，施清淡人畜粪水提苗。待苗长到 7 cm 左右时，再除草 1 次，随即施清淡人畜粪水及适量的硫酸铵。苗高 10～13 cm 时就可移栽。

2. 分株繁殖　3—4 月挖起老蔸，按幼苗萌发情况，带根分成单株移栽。

3. 移栽　4—5 月上旬，苗高 10～13 cm 时进行，在整好的地上按行距 27 cm、株距 20～23 cm 挖穴，深 7～10 cm，每穴栽苗 1～2 株，用细土压紧，再盖松土稍低于畦面，最后淋水。

（三）田间管理

栽种当年中耕除草 3 次，第一次于苗成活后进行，第二次 6 月，第三次于冬季茎叶枯萎、割去老株后进行。每次中耕除草之后进行追肥，第一次每亩用清淡人畜粪水 1 000 kg 加硫酸铵 2～3 kg，第二、三次每亩用人畜粪水 1 200～1 500 kg。以后每年在初春发芽时、3 月采收嫩苗后及冬季割除老株之后，各进行中耕除草、追肥 1 次。3～4 年后，老蔸萌发力衰退，死苗缺株多，产量降低，需翻蔸另行栽植。

二、病虫害防治

（一）地老虎

危害幼苗，从地面咬断，造成缺苗。防治方法：可每亩用 90% 晶体敌百虫 100 g 与炒香的菜籽饼 5 kg 做成毒饵，撒在田间诱杀，或用人工捕杀。

（二）蚂蚁

7—8月危害根部，咬食皮层，严重时可使植株死亡。防治方法：可用甜、油腥味物诱集捕杀。

三、采收与初加工

茵陈栽后第二年的3—4月就可采收。在苗高10～17 cm时，割取嫩苗、除去杂质，晒干即成。药农经验是"3月茵陈4月蒿，5月6月当柴烧"，因此应注意掌握收获时间。

四、包装与贮藏

置阴凉干燥处，防潮。

五、商品质量标准

以色灰白，质软，具香气，无枝秆老叶、霉变的为合格。以质嫩，绵软，色灰白，香气浓的为佳。

【任务评价】

茵陈栽培任务评价见表6-5。

表6-5　茵陈栽培任务评价

任务评价内容	任务评价要点
栽培技术	1. 选地与整地 2. 繁殖方法：①种子繁殖；②分株繁殖；③移栽 3. 田间管理：①灌溉排水；②施肥；③除草；④翻蔸
病虫害防治	1. 病害防治：病虫害防治中去掉病害防治 2. 虫害防治：①地老虎；②蚂蚁
采收与加工	1. 采收：采收方法及注意事项 2. 加工：加工方法及注意事项
包装与贮藏	置于阴凉干燥处，防潮

【思考与练习】

1. 茵陈有两种称法，这两种有何区别？
2. 简述茵陈的种植方法。

任务六　紫苏的栽培

【任务目标】

通过对本任务的学习，了解紫苏的药用途径、主治功效，重点掌握紫苏的种植方法、田间管理及病虫害防治。

【知识准备】

一、概述

紫苏〔*Perilla frutescens*（Linn.）Britton.〕为唇形科紫苏属植物。别名赤苏、红紫苏、皱紫苏、红苏、黑苏等，是常用中药，以茎、叶及种子供药用。叶称苏叶，有解表散寒、行气和胃的功能，主治风寒感冒、咳嗽、胸腹胀满、恶心呕吐、解鱼蟹毒等症；种子称苏子，有镇咳平喘、祛痰的功能，主治咳嗽、痰多、胸闷、气喘等症；茎秆称苏梗，有顺气、安胎、发散风寒和化痰的功效，主治胸闷气胀、胎动不安和外感等症。鲜紫苏全草可蒸馏紫苏油，是医药工业的原料。种子出油率达 34%～45%，可食用或药用，长期食用苏子油对治疗冠心病及高血脂有明显疗效。紫苏广布于我国长江以南各省，现各地均有栽培。

紫苏

二、形态特征

一年生草本。株高 60～150 cm。有特殊芳香。茎直立，四棱形，紫色或绿紫色，多分枝，密被紫色或白色长柔毛。叶对生，有长柄，叶片皱，卵形至宽卵形，先端突尖或渐尖，边缘有粗圆锯齿，两面紫色，或表面绿色，背面紫色，总状花序，顶生或腋生，花淡紫红色或淡红色，花萼钟状。小坚果倒卵形，灰棕色，种子椭圆形，细小。花期 6—7 月，果期 7—9 月（图 6-6）。

三、生物学特性

喜温暖湿润气候。云南药农多选海拔 1 800 m 左右的高山冷凉区的疏林地带种植，生长良好。对土壤要求不严，但以疏松、肥沃、排水良好的沙质壤土为佳，在稍黏性的土壤也能生长，但生长发育较差。

图 6-6 紫 苏
（谢凤勋，2002. 中药原色图谱及栽培技术）

【任务实施】

一、紫苏的种植

（一）选地与整地

育苗地宜选土壤疏松、肥沃、排水良好的沙质壤土。播前先翻耕土壤，充分整细耙平，结合整地每亩施入腐熟厩肥 1 500 kg 作基肥，然后做成宽 1.3 m 的高畦播种。移栽地，选择阳光充足、排水良好、疏松、肥沃的地块种植。移栽前，先翻耕土壤深 15 cm，打碎土块，整平耙细，做宽 1.3 m 高畦，开畦沟宽 40 cm，沟深 15～20 cm，四周理好排水沟。

（二）育苗与移栽

1. 育苗 于清明前后适时播种。在整平耙细的畦面上，按行距 15～20 cm 横向开浅沟条播。播时，将种子拌火土灰，均匀地撒入沟内，覆盖细土，以不见种子为度。最后畦面盖草，保温保湿，10～15 d 即可出苗。出苗后揭去盖草，进行中耕除草和追肥。苗高 5 cm 进行间苗，拔除密苗和弱苗，保持株距 3～5 cm。间苗后每亩追施稀薄人畜粪水 1 500 kg；当苗高 7～9 cm 时，结合定苗，每亩再追施人畜粪水 1 500 kg。当苗高 10～15 cm、长有 4 对真叶时即可移栽。每亩用种量 1 kg 左右。种子充足时，也可撒播。

2. 直播　以清明前后播种为适期。在整好的栽植地上，按行距 25～30 cm、株距 25 cm 挖穴，按每亩 300 g 的播种量，将种子拌火土灰与人粪尿混合均匀成种子灰，撒入穴内少许。播后覆盖细肥土，以不见种子为度。保持土壤湿润，10～15 d 即可出苗，5 月中旬，苗高 5～7 cm 时进行间苗，每穴留壮苗 2～3 株。其他管理方法同育苗。

3. 移栽　春季育苗，于 5 月中下旬移栽，最迟不得过 6 月底。移栽选阴天进行。土壤干旱时，要于移栽的前一天，先将苗床浇透水，使土壤湿润，易将幼苗根部完整地挖取，有利成活。栽时，按行株距 25 cm×30 cm 挖穴，深 10 cm 左右，穴底挖松整平，先施入适量的火土灰，与底土拌匀。然后，每穴栽入壮苗 2～3 株。栽后覆土压紧，使根系舒展，最后浇 1 次定根水。

（三）田间管理

1. 灌溉排水　播后或移栽后，若遇干旱天气，应注意及时浇水保苗。雨季及灌大水后，及时清沟排除余水，防止积水烂根。

2. 施肥　移栽成活后于 2 次除草的同时每亩追施人畜粪水各 1 000 kg 和 2 000 kg。直播的于除草后进行追肥，第一次每亩施入稀薄人畜粪水 1 000 kg；第二次每亩施人畜粪水 1 500 kg；第 3 次每亩施稍浓的人畜粪水 2 000 kg。

3. 除草　移栽成活后于 7 d 内进行第一次松土除草，第二次于植株封行之前，结合中耕。直播的于间苗、定苗、封行前各进行 1 次中耕除草。

二、病虫害防治

（一）枯斑病

从 6 月开始发生直至收获前。发病初期叶面出现褐色或黑色小斑点，后扩大成大病斑点，后扩大成大病斑，干枯后形成孔洞，叶片脱落。防治方法：①合理密植，改善通风透光条件，注意排水，降低田间湿度；②发病初期喷 65％代森锌 600～800 倍液或 1：1：200 波尔多液，每 7 d 喷 1 次，连喷 2～3 次，在收获前 15 d 内停止喷药。

（二）菟丝子病

菟丝子为寄生性种子植物，以缠绕紫苏，取营养，造成紫苏茎叶变黄、红或白色，生长不良。防治方法：用生物制剂"鲁保 1 号"防治。发生初期孢子的浓度为每毫升中含孢子 3 000 万个；发生盛期，每毫升中含孢子 5 000 万个。按说明书配制。

（三）锈病

叶片发病时，由下而上在叶背上出现黄褐色斑点，后扩大至全株。后期病斑破裂散出橙黄色或锈色的粉末以及发病部位长出黑色粉末状物。严重时叶片枯黄脱落造成绝产。防治方法：①注意排水，降低田间湿度，可减轻发病；②播前在用火土灰拌种时，加入相当于种子量 0.4％的 15％三唑酮，防治效果显著；③发病时，用 25％三唑酮 1 000～1 500 倍液喷洒。

（四）害虫

有银纹夜蛾、避债蛾、尺蠖等危害叶片。防治方法：发生时用 90％敌百虫 1 000 倍液喷杀。

三、采收与初加工

（一）采收

于移栽后的当年 8—9 月，茎叶生长茂盛、种子开始成熟时，选晴天收割，香气足，质量好。若蒸馏紫苏油时，可于 8 月上旬至 9 月上旬花序初现时收割，出油率最高。若作紫苏子药用，则应于 9 月下旬至 10 月中旬，种子大部分成熟时收割，每亩可收种子 40～50 kg。

（二）加工

全株收获后直接晒干，即成全紫苏；摘下叶片，除去杂质，晒干，称为苏叶；打下种子，除去杂质，晒干，称为苏子；无叶的茎枝，趁鲜斜切成片，晒干，称苏梗。

四、包装与贮藏

将紫苏干品置于阴凉干燥通风处保存。

五、商品质量标准

（一）全苏
以身干、茎叶俱全，香气浓者为佳。

（二）苏梗
以身干、外皮棕黄色或紫棕色、香气浓者为佳。

（三）苏子
以干燥、籽粒饱满、灰棕色或灰褐色、油性足者为佳。白苏子色为灰白色，中药称玉苏子。

（四）苏叶
以身干、青紫色、香气浓者为佳。

（五）苏油
以棕色澄明、香气浓郁、无水层、无杂质者为佳。

【任务评价】

紫苏栽培任务评价见表 6-6。

表 6-6　紫苏栽培任务评价

任务评价内容	任务评价要点
栽培技术	1. 选地与整地 2. 繁殖方法：①育苗；②直播；③移栽 3. 田间管理：①灌溉排水；②施肥；③除草

（续）

任务评价内容	任务评价要点
病虫害防治	1. 病害防治：①枯斑病；②菟丝子病；③锈病 2. 虫害防治：①银纹夜蛾；②避债蛾；③尺蠖
采收与加工	1. 采收：采收方法及注意事项 2. 加工：加工方法及注意事项
包装与贮藏	置于阴凉干燥通风处

【思考与练习】

1. 紫苏叶在植物什么时期采收？
2. 简述紫苏叶及全草类药材加工原则。

花类药材的栽培

任务一　白兰的栽培

【任务目标】

通过本任务的学习，能熟练掌握白兰栽培的主要技术流程，并能独立完成白兰栽培的工作。

【知识准备】

一、概述

白兰（*Michelia alba* DC.）又名白玉兰、白缅花、缅桂花等，为木兰科含笑属常绿乔木。原产印度尼西亚爪哇，现广植于东南亚。中国福建、广东、广西、云南等地栽培极盛，长江流域各省（自治区）多盆栽，在温室越冬。白兰主要以花入药，味苦、辛，性温。芳香化湿、止咳化痰、利尿化浊。主治痈疡肿痛、慢性支气管炎、前列腺炎、妇女白带、泌尿系统感染等症。

二、形态特征

白兰高可达 10～20 m，枝扩展，呈阔叶伞形树冠，树皮灰色，幼枝和芽被白色柔毛。叶薄革质，互生，长椭圆形或披针状椭圆形，长 10～25 cm，宽 4～9 cm，两端渐狭，上面无毛，下面疏生微柔毛，干时两面网脉均很明显；叶柄长 1.5～2 cm，上有短的托叶痕迹达叶柄中部。花白色，极香；花被片 10 片，披针形，长 3～4 cm，宽 3～5 mm；雄蕊的药隔伸出长尖头；雌蕊群被微柔毛，雌蕊群柄长约 4 mm，心皮多数，通常部分不发育，成熟时随着花托的延伸，形成蓇葖疏生的聚合果；蓇葖熟时鲜红色。花期 4—9 月，夏季盛开，通常不结实（图 7-1）。

图 7-1　白　兰
（来自网页：园林植物 plant. cila. cu）

三、生物学特征

(一)生长发育习性

白兰性喜温暖湿润环境,不耐寒冷和干旱。除亚热带地区外,均不能露地越冬。喜阳光,不耐阴,要求有充足的阳光,如在光照不足的荫蔽处培养,会引起植株枝叶徒长,枝长叶薄,花稀味淡或不开花。夏季在强光暴晒下,植株的生长会受到抑制,嫩叶的边缘易出现反卷枯黄现象。

(二)生态环境条件

白兰根肉质,对水分比较敏感,在空气湿度大而土壤润而不湿的条件下,植株生长发育良好,一旦积水,就会出现烂根黄叶现象。土壤以微酸性、富含腐殖质、排水良好、肥沃的沙质壤土为佳。

【任务实施】

一、栽培技术

(一)选地

白兰性喜阳光充足和湿润的环境,不宜长期在碱性土壤生长,栽植应选择避风向阳、排水良好和富含腐殖质、疏松、微酸性沙质土壤。

(二)繁殖方法

1. 种子繁殖 播种育苗于9月底或10月初,将成熟的果采下,取出种子,用草木灰水浸泡1~2 d,然后搓去蜡质假种皮,再用清水洗净即可播种;也可将种子洗净后,用湿沙层积法进行冷藏,否则易失去种子发芽能力。于翌年3月在室内盆播,20 d左右即可出苗。

2. 嫁接繁殖 常用木兰、黄兰等作砧木,采用靠接法,接口长5 cm,接后50 d左右可完全愈合,然后切断分离,可在切口下保留10~15 cm白兰枝条,移栽时将此部分枝条埋入土中,可于枝条上长出不定根,有利于促进植株旺盛生长。

3. 压条繁殖 压条繁殖有普通压条和高枝压条两种。

(1)普通压条。压条最好在2—3月进行,将所要压取的枝条基部割进一半深度,再向上割开一段,中间卡一块瓦片,接着轻轻压入土中,不使折断,用U形的粗铁丝插入土中,将其固定,防止翘起,然后堆上土。春季压条,待发出根芽后即可切离分栽。

(2)高枝压条。入伏前在母株上选择健壮和无病害的嫩枝条(直径1.5~2 cm),于盆下部切开裂缝,然后用竹筒或无底瓦罐套上,里面装满培养土,外面用细绳扎紧,小心不去碰动,经常少量喷水,保持湿润,次年5月前后即可生出新根,取下定植。

(三)田间管理

1. 浇水 浇水是养好白兰的关键,但又因根系肉质,怕积水,又不耐干。春季浇透水1次,以后隔天浇1次透水;夏季早晚各1次,太干旱须喷叶面水;秋季2~3 d浇1次;冬季扣水,只要盆土稍湿润即可;雨后及时倒去积水。

2. 施肥 薄肥勤施,以饼肥为好,冬季不施肥,在抽新芽后开始至6月,每3~4 d浇1次肥水,7—9月每5~6 d浇1次肥水,施几次肥以后应停施1次。生长期每旬施肥1次,花期增施磷肥2~3次。

3. 修剪　在入室之前应剪除病枝、枯枝、徒长枝和过密枝，出室时可适当摘掉枝条下部的一些老叶，以促生新枝条、多开花。生长期间发现徒长枝，要及时剪去其顶芽，使其多发侧枝，有利于植株多开花。

二、病虫害防治

（一）病害防治

病害主要为炭疽病。发病初期叶片上出现近圆形黑色小点，后逐渐扩大成不规则病斑，病斑中央淡褐色或黄褐色，边缘为暗褐色或紫褐色。浇水过多、湿度大、通风不良易发此病，6—9月为发病期。引起叶片脱落，影响开花。

防治方法：及时剪除发病部分销毁；喷洒70％福·福锌500～600倍液。

（二）虫害防治

虫害主要为考氏白盾蚧。以刺吸式口器取食植株液汁，使叶片出现许多黄斑，长势衰弱，严重时引起落叶，影响开花。

防治方法：在若虫孵化期选喷45％马拉硫磷1 000倍液，或40％氧化乐果1 000倍液，或50％辛硫磷2 000倍液。

三、采收与加工

（一）采收

1. 采收花　采收的白兰花是呈微开状的花朵，一般在早晨进行，花柄宜短，不要采摘未成熟的花蕾或前一天已开放的花朵。刚开放的花朵一经采收后，在集中过程中必须薄层放置，有条件的地区最好薄层放置在花筛上，以便上下透气，避免发热变质。在运往工厂途中，应按鲜花运送规定进行。到工厂后也要薄层放置在花筛上或花架上，并立即组织生产。一般薄层放置的厚度以不超3朵花重叠的厚度为宜。正常的花朵是洁白、饱满，花瓣微开，香气清雅而浓郁，所以在采收、贮运和保存过程中，必须防止花朵变黄和香气中带有发酵味。

2. 采收叶　采收白兰花叶，也是在生长旺盛季节，这时不但叶子多，而且芳香油的含量也较高。

（二）加工

1. 药用加工　采收初开放花，晒干。

2. 精油加工　精油加工可分为花的精油加工和叶的精油加工。

（1）花的精油加工。是采用石油醚室温间歇浸提，加工设备目前采用鼓式转动浸花机，1次浸提与2次洗涤，时间分别为180 min、60 min，浸液浓缩成膏，2次洗液循环使用。花与溶剂比例为1：（3～3.5）。在浸提过程中，由于从花中游离出来的水分较多，注意中途放水，一般要放2～3次，以保证浸提效率和产品质量。经过浸提、洗涤和回收花渣中石油醚后，将花渣从浸花机中放出，放入蒸馏锅中，用常压直接蒸汽蒸馏约5 h。可得白兰花蕊油。如果采用低温浸提法，所得产品质量较接近鲜花香气，而且色泽较浅。也可采用水中蒸馏方法，蒸5～6 h得白兰花油。白兰花浸膏得取率一般为0.22％～0.25％，棕红色至深棕红色，具有白兰花香；白兰花蕊油得取率为0.1％左右，棕黄色率为0.22％～0.26％，黄色至棕黄色，具有白兰花香味，略带花蕊气息，透明无杂质。

（2）叶的精油加工。白兰花叶可以用常压水蒸气蒸馏法，约蒸 5 h，得白兰花叶油。白兰花油率为 0.2％～0.28％，浅黄色至浅棕黄色，具有白兰花正常气息，透明无杂质。

四、包装与贮藏

袋装、套纸箱或木箱。阴凉、干燥处贮藏。

五、商品质量标准

叶含生物碱、挥发油、酚类。鲜叶含油 0.7％，油主要成分为芳樟醇、甲基丁香油酚和苯乙醇。

【任务评价】

白兰花栽培任务评价见表 7-1。

表 7-1　白兰花栽培任务评价

任务评价内容	任务评价要点
栽培技术	1. 选地 2. 繁殖方法：①种子繁殖；②嫁接繁殖；③压条繁殖 3. 田间管理：①浇水；②施肥；③修剪
病虫害防治	1. 病害防治：炭疽病 2. 虫害防治：考氏白盾蚧
采收与加工	1. 采收：①花；②叶 2. 加工：①药用加工；②精油加工
包装与贮藏	1. 包装：袋装、套纸箱或木箱 2. 阴凉、干燥处贮藏

【思考与练习】

1. 如何根据白兰的习性选择适合的种植地块？
2. 白兰的繁殖方法主要有哪些？

任务二　丁子香的栽培

【任务目标】

通过本任务的学习，能熟练掌握丁子香栽培的主要技术流程，并能独立完成丁子香栽培的工作。

【知识准备】

一、概述

丁子香［*Syzygium aromaticum*（L.）Merr. Et. Perry］为桃金娘科蒲桃属植物，以花

蕾入药，又名鸡舌香、公丁香。性温，味辛。具有温中降逆、温肾助阳的功效。主要用于脾胃虚寒、呃逆呕吐、食少吐泻、心腹冷痛、肾虚阳痿等症。

主产于印度尼西亚、马来西亚、坦桑尼亚、印度、斯里兰卡等国。20 世纪 50 年代引入我国，现广东、广西、海南、云南等地已栽培成功。

二、形态特征

常绿乔木，高 10～12 m。树皮灰白而光滑；叶对生，叶片革质，卵状长椭圆形，全缘密布油腺点，叶柄明显。叶芽顶尖，红色或粉红色；花 3 朵 1 组，圆锥花序，花瓣 4 片，白色而现微紫色，花萼呈筒状，顶端 4 裂，裂片呈三角形，鲜红色，雄蕊多数，子房下位；浆果卵圆形，红色或深紫色，内有种子 1 枚，呈椭圆形。花期 1—2 月，果期 6—7 月（图 7-2）。

三、生物学特性

（一）生长发育习性

幼龄树生长缓慢，喜阴不耐暴晒，5 龄后生长加快，并进入开花阶段。丁子香种植后 5～6 年开花，有大小年，10～15 年为初产期，株产 2～3 kg 花蕾。

（二）生态环境条件

丁子香喜高温，属热带低地潮湿森林树种，年平均气温 23～24 ℃，最高月平均气温 26～27 ℃，最低月平均气温 16～19 ℃，生长良好。引种到我国南

图 7-2　丁子香
（宋晓平，2002. 最新中药栽培与加工技术大全）

方尚有一定忍受低温的能力，当冬季 1～2 月，月平均气温 19～20 ℃，绝对最低气温 9～10 ℃时，生长发育正常，仍能抽枝吐叶，当气温 0 ℃时，植株死亡；丁子香不耐干旱，要求年降水量为 1 800～2 500 mm。苗期以及 1～3 年生幼树，喜阴，不宜烈日暴晒，成龄树喜光，需要充足的阳光才能开花结果。喜上层深厚、疏松肥沃、排水良好的黄壤和红壤。

【任务实施】

一、栽培技术

（一）选地与整地

选择温和湿润、静风环境、温湿变化平缓、坡向最好为东南坡的地区，并选择土层深厚、疏松肥沃、排水良好的土壤上栽培。土壤以疏松的沙壤土为宜。深翻土壤，打碎土块，施腐熟的干猪牛粪、火烧土作基肥，施肥量 37 500～45 000 kg/hm²。平整后，做宽 1～1.3 m、高 25～30 cm 的畦。如果在平原种植，地下水位要低，至少在 3 m 以下。有条件先营造防护林带，防止台风危害。种植前挖穴，植穴规格为 60 cm×60 cm×50 cm，穴内施腐熟厩肥 15～25 kg，掺天然磷矿粉 0.05～0.1 kg，与表土混匀填满植穴，让其自然下沉后待植。

（二）育苗与移栽

繁殖方法主要用种子繁殖。果实 7—8 月陆续成熟。鲜果肉质坚实，每千克鲜果有 600～700 粒。开沟点播，沟深 2 cm，株行距则随育苗方式不同而异。苗床育苗，株行距 10 cm×15 cm；营养钵育苗，株行距 4 cm×6 cm。播种后盖上一层细土，以不见种子为度，切不要盖上太厚。在播前搭好遮阴棚，保持 60%～70% 的郁闭度。播后 19～20 d 即可发芽。3 个月后具 3 对真叶时，把幼苗带土移入装有腐殖土的塑料薄膜袋或竹箩内，每袋（箩）移苗 4 株，置于自然林下或人工遮阴棚下继续培育。定植后 5～6 年开花结果。

（三）田间管理

1. 荫蔽 1～3 年生的幼树特别需要荫蔽，由于植距较宽，可在行间间种高秆作物，如玉米、木薯等，既可遮阳，又可作防护作用，还能增加收益，达到以短养长的目的。

2. 除草、覆盖 每年分别在 7、9、10 月，在丁子香植株周围除草，并用草覆盖植株，但不要用锄头翻土，以免伤害丁子香根，林地上其他地方的杂草被割除作地面覆盖，还可作绿肥，代替天然植被覆盖地面。除草工作直至树冠郁闭而能抑制杂草的生长为止。

3. 补苗 丁子香在幼龄期的致死因素较多，如发现缺苗，应及时补种同龄植株。

4. 排灌 幼龄丁子香，根系纤弱，不耐旱，三年生以下的丁子香树，干旱季节需要淋水，否则幼树干枯。开花结果期在干旱季节易引起落花落果，也要淋水，雨季前流通排水沟，以防积水。

5. 施肥 定植后，一般每年施肥 2～3 次：第一次在 2—3 月，每株施稀人粪尿 10～15 kg 或尿素、硫酸钙和氯化钾各 0.05～0.1 kg；第二次在 7—8 月，除施氮肥外，每株加施 0.1 kg 过磷酸钙或适量堆肥和火烧土，但不宜过量和紧靠根际，以免引起灼根造成腐烂；第三次在 10—12 月施以厩肥或堆肥，掺适量过磷酸钙和草木灰。

6. 培土 丁子香树是浅根系，表土上层的细根必须避免受伤，同时这些细根不应露在土面，若露出要用肥沃松土培土 2～5 cm。

7. 修枝 丁子香树木需要大量修枝，但为了便于采花，可将主干上离地面 50～70 cm 内的分枝修去；若有几个分叉主干，应去弱留强，去斜留直，保留 1 个。上部枝叶不要随便修剪，以免造成空缺，影响圆锥形树冠的形成。

8. 防风 防护林的设置是确保丁子香园完整的一项重要措施。此外，幼龄期在台风来临前要做好防风工作，可用绳子和竹子固定丁子香植株树干，以减轻台风对丁子香植株的摇动，从而减少危害。

二、病虫害防治

（一）病害防治

1. 褐斑病 危害枝叶、果实，幼苗和成龄树都有发生，在高温高湿季节易发病。

防治方法：①可在发病前或发病初期用 1：1：100 倍的波尔多液或 50% 甲基硫菌灵可湿性粉剂 1 000 倍液喷洒；②清洁田园，消灭病残株，集中烧毁。

2. 煤烟病 主要是由黑刺粉虱、蚧类、蚜虫等害虫的分泌物引起真菌寄生而引起的。

防治方法：①发现上述害虫危害时用杀虫剂喷杀；②发病后用 1：1：100 的波尔多液喷洒；③适当修剪，以利通风透光，增强树势，减轻发病。

（二）虫害防治

1. 螨类 危害叶片。防治方法：用0.2～0.3波美度石硫合剂喷杀，每5～7 d 喷1次，连续2～3次。

2. 介壳虫 危害枝叶。防治方法：冬季可用50％马拉硫磷1 000～1 500倍液喷杀，每7～15 d喷1次，连续2～3次。

3. 大头蟋蟀 危害小枝、叶、幼干。防治方法：采用毒饵诱杀，先将麦麸炒香，然后用90％晶体敌百虫30倍液，拌湿麦麸，傍晚放畦周围。

三、采收与加工

丁子香定植5～6年后开花，25～30年为盛产期。在我国海南省引种区，6—7月花芽开始分化，明显看见花蕾，当花蕾由淡绿色变为暗红色时，或偶有1～2朵开放时，即把花序从基部摘下，勿伤枝叶，这样可提高公丁香产量，又可减少丁子香树养分的消耗。如果让花蕾继续生长，翌年3月为盛花期，4—6月坐果，并逐渐长成幼果，采收未成熟果实，即为母丁香。从花芽分化到果实成熟需经3年时间。采收后的丁子香花蕾，拣净杂物于阳光下晒，若天气晴朗一般晒3～4 d即可，为了充分干燥，花蕾不可堆得太厚，而且要定时翻动，晒至干脆易断即为商品丁子香。

四、包装与贮藏

袋装、套纸箱或木箱。丁子香易散气走油，应置阴凉、干燥处。

五、商品质量标准

（一）性状评价
以个大、粗壮、色红棕、油性足、气味浓郁者为佳。

（二）丁子香酚含量
用气相色谱法测定，含丁子香酚（$C_{10}H_{12}O_2$）不得少于11.0％。

【任务评价】

丁子香栽培任务评价见表7-2。

表7-2 丁子香栽培任务评价

任务评价内容	任务评价要点
栽培技术	1. 选地与整地 2. 育苗与移栽 3. 田间管理：①荫蔽；②除草、覆盖；③补苗；④排灌；⑤施肥；⑥培土；⑦修枝；⑧防风
病虫害防治	1. 病害防治：①褐斑病；②煤烟病 2. 虫害防治：①螨类；②介壳虫；③大头蟋蟀
采收与加工	1. 采收：采收方法及注意事项 2. 加工：加工方法及注意事项
包装与贮藏	1. 包装：袋装、套纸箱或木箱 2. 贮藏：阴凉、干燥处

【思考与练习】

1. 如何对丁子香进行修枝？
2. 简述丁子香育苗与移栽的方法。
3. 丁子香的主要病害有哪些？如何防治？

任务三　番红花的栽培

【任务目标】

通过本任务的学习，能熟练掌握番红花栽培的主要技术流程，并能独立完成番红花栽培的工作。

【知识准备】

一、概述

番红花（*Crocus sativus* Linn.）又名藏红花、西红花，为鸢尾科番红花属多年生草本球茎植物。主产于西班牙，意大利、德国、法国、美国、奥地利、伊朗、印度、日本等国亦产，以西班牙产量最大。明朝时番红花由印度传入我国的西藏，《本草纲目》将它列入药物之类，我国西藏、新疆、浙江、江苏、上海等地自 20 世纪 60 年代开始引种，80 年代大面积栽培，但产量不大，主要为进口。

番红花以干燥柱头入药。性平，味甘。具有活血化瘀，凉血解毒，解郁安神的功效。主要用于经闭症瘕、产后瘀阻、温毒发斑、忧郁痞闷、惊悸发狂。

二、形态特征

球茎扁圆球形，直径约 3 cm，外有黄褐色的膜质包被。叶基生，9～15 枚，条形，灰绿色，长 15～20 cm，宽 2～3 mm，边缘反卷；叶丛基部包有 4～5 片膜质的鞘状叶。花茎甚短，不伸出地面；花 1～2 朵，淡蓝色、红紫色或白色，有香味，直径 2.5～3 cm；花被裂片 6 片，2 轮排列，内、外轮花被裂片皆为倒卵形，顶端钝，长 4～5 cm；雄蕊直立，长 2.5 cm，花药黄色，顶端尖，略弯曲；花柱橙红色，长约 4 cm，上部 3 分枝，分枝弯曲而下垂，柱头略扁，顶端楔形，有浅齿，较雄蕊长，子房狭纺锤形。蒴果椭圆形，长约 3 cm。完整的柱头呈线形，先端较宽大，向下渐细呈尾状，先端边缘具不整齐的齿状，下端为残留的黄色花枝。长约 2.5 cm，直径约 1.5 mm。紫红色或暗红棕色，微有光泽（图 7-3）。

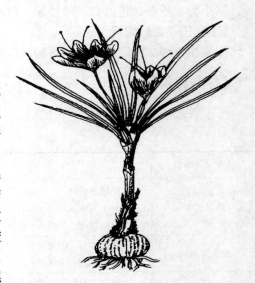

图 7-3　番红花
（宋晓平，2002. 最新中药栽培与加工技术大全）

三、生物学特性

（一）生长发育习性

番红花不结种子，靠球茎繁殖。球茎秋播后从根带上生出大量营养根，叶芽花芽随后迅速伸长，在叶鞘保护下伸出土面。展叶开花后于秋、冬、春季进行营养生长。12月贮藏根生出，3～4月新球茎迅速膨大，贮藏根逐渐萎缩，5月地上部分枯萎，球茎停止生长进入夏休眠，5—9月是新球茎上叶芽和花芽的形成期，一般叶4—7月分化，花6—8月分化。夏休眠结束后可秋播，进入下一个生活周期。

（二）生态环境习性

番红花生长发育喜冬暖夏凉的地中海型气候。秋播后需经高—低—高的变温过程开花并进行营养生长，变温范围5～15℃。夏休眠后需经低—高—低的变温过程进行生殖生长，变温范围15～27℃。此外，在营养生长期需要肥沃、透气性好的土壤和充足的光照，生殖生长需要80%左右的空气相对湿度。

【任务实施】

一、栽培技术

（一）选地与整地

选择冬季温暖湿润地区的向阳、排水良好、肥沃轻质壤土，pH 6～7。腐熟有机肥于种前20 d翻耕入土。切忌使用未腐熟的肥料。

（二）繁殖方法

番红花采用球茎繁殖。母球于5月后夏休眠时已形成新的子球，一般控制增殖率3倍左右。具体方法是在头年秋播母球时除去侧芽，只留3个较大的主芽，则第二年可得3个较大的子球。

1. 越年栽培　9—10月栽种，一般种植行距为16 cm，株距则根据种球大小而定，30 g以上种球株距16 cm，15～30 g为13 cm，15 g以下为10 cm，栽后覆土6～10 cm，再盖一层草，保持畦土湿润，要求栽在冻土层以下。当冬季气温低于5℃时，可在夜间使用草帘等物，保持畦内温度在5～15℃，白天撤掉覆盖物，使阳光射入。第二年4月下旬，在阳畦上设帘遮阳，延长生长期以利于球茎膨大。

2. 室内栽培　选择宽敞明亮的栽培室，室内设高140～170 cm的匾架，每层间隔30 cm，5～6层，底层离地15 cm，匾架上放长90 cm、宽60 cm的匾框，将球茎排列放于匾框上，保持室内空气相对湿度80%左右，温度24～27℃，避免30℃以上的持续高温。10月底至11月中下旬开花，花期约持续20 d。

（三）田间管理

1. 浇水　栽植后要浇透水，有利于球茎发根和植株生长。第二年春季，要保持田间湿润，以促进球茎膨大。雨季要及时排除地内积水，防止球茎腐烂。

2. 追肥　追肥主要在冬季。栽后1月中旬至2月上旬，可结合浇水，施稀薄人粪2次。2月下旬开始，用0.2%磷酸二氢钾按750 kg/hm² 根外追肥，每10 d追肥1次，连续施肥2～3次。

3. 除草   栽后至第二年 3 月前松土除草 1～2 次，4 月以后不再除草，杂草可为球茎遮阳。

二、病虫害防治

（一）病害防治

1. 腐烂病   球茎发黑腐烂。防治方法：排水防涝；除去烂球，防止扩散；种前用 1 500 kg/hm² 的石灰粉翻入土中消毒。

2. 腐败病   球茎主芽黄色或棕褐色，球茎褐色。防治方法：拔出病株，撒石灰粉消毒；种前用 5％石灰水浸种 20 min；苗期喷 75％百菌清可湿性粉剂 500 倍液。

3. 病毒病   叶片卷曲，球茎退化。防治方法：选用优良种球；建立无病毒种球繁殖基地；选用抗病品种；防治蚜虫，防止病毒传播。

（二）虫害防治

虫害主要为蚜虫。春季发生，危害叶片，呈黄色。防治方法：用 4％鱼藤酮 1 000～1 500倍液喷洒，或 40％乐果乳油 1 000 倍液。

三、采收与加工

于 11 月花期时，每天随开随采。摘下整朵花，运回。将花瓣剥离，至基部花冠筒处撕开，摘取雌蕊的红色花柱及柱头，于 50～60 ℃下烘干。

四、包装与贮藏

用铁盒、玻璃瓶或纸盒装。置通风阴凉干燥处，避光、密闭贮藏。

五、商品质量标准

（一）性状评价
以柱头暗红色、黄色花柱少、无杂质、有香气者为佳。

（二）醇溶性浸出物含量
用 30％乙醇作溶剂，浸出物不得少于 55.0％。

（三）西红花苷-Ⅰ和西红花苷-Ⅱ的总含量
含西红花苷-Ⅰ和西红花苷-Ⅱ的总量不得少于 10.0％。

【任务评价】

番红花栽培任务评价见表 7-3。

表 7-3   番红花栽培任务评价

任务评价内容	任务评价要点
栽培技术	1. 选地与整地 2. 繁殖方法：①越年栽培；②室内栽培 3. 田间管理：①浇水；②追肥；③除草

（续）

任务评价内容	任务评价要点
病虫害防治	1. 病害防治：①腐烂病；②腐败病；③病毒病 2. 虫害防治：蚜虫
采收与加工	1. 采收：采收方法及注意事项 2. 加工：加工方法及注意事项
包装与贮藏	1. 包装：铁盒、玻璃瓶或纸盒装 2. 贮藏：通风阴凉干燥处，避光、密闭贮藏

【思考与练习】

1. 怎样对番红花进行田间管理？
2. 简述番红花越年栽培的技术要点。

任务四 桂花的栽培

【任务目标】

通过本任务的学习，能熟练掌握桂花栽培的主要技术流程，并能独立完成桂花栽培的工作。

【知识准备】

一、概述

桂花（*Osmanthus fragrans* Lour.）又名木犀、岩桂，是木犀科木犀属常绿灌木或小乔木。桂花的花、果、根均可入药。花味辛，性温。散寒破结，化痰止咳。用于牙痛，咳喘痰多，经闭腹痛。果味辛、甘，性温。暖胃，平肝，散寒。用于虚寒胃痛。根味甘、微涩，性平。祛风湿，散寒。用于风湿筋骨疼痛，腰痛，肾虚、牙痛。

桂花

图 7-4 桂 花
（来自网页：园林植物 plant. cila. cn）

二、形态特征

桂花高 3～15 m，树皮粗糙，灰褐色或灰白。叶对生，革质，椭圆形或长椭圆形，长 6～12 cm，宽2～4.5 cm，全缘。花3～5朵，花簇生于叶腋，花淡黄白色，4裂，香气极浓。核果椭圆形，熟时紫黑色（图7-4）。

三、生物学特征

（一）生长发育习性

桂花喜温暖环境，宜在土层深厚，排水良好，肥沃、富含腐殖质的偏酸性沙质土壤中生长。不耐干旱，在浅薄板结贫瘠的土壤上，生长特别缓慢，枝叶稀少，叶片瘦小，叶色黄化，不开花或很少开花，甚至有周期性的枯顶现象，严重时桂花整株死亡；它喜阳光，但有一定的耐阴能力。幼树时需要有一定的蔽荫，成年后要求有相对充足的光照，才能保证桂花的正常生长。桂花喜欢洁净通风的环境，不耐烟尘危害，受害后往往不能开花。不十分耐寒，北方需盆栽。

（二）生态环境条件

桂花种植地区平均气温 14~28 ℃，7 月平均气温 24~28 ℃，1 月平均气温 0 ℃以上，能耐最低气温−13 ℃，最适生长气温是 15~28 ℃。湿度对桂花生长发育极为重要，要求年平均湿度 75%~85%，年降水量 1 000 mm 左右，特别是幼龄期和成年树开花时需要水分较多，若遇到干旱会影响开花。

【任务实施】

一、桂花的栽培

（一）选地与整地

1. 选地　选择土层深厚、疏松肥沃、排水良好、通透性强、排灌方便的微酸性沙质壤土作培植圃地。同时保证桂花苗在这里能有足够的光照，强光照也不行。

2. 整地　在种植桂花苗的上年秋、冬季，先将圃地全垦一次。桂花小苗移植前，必须对移植地深耕细耙，要求达到"三耕三耙"。深耕细耙可以改良土壤的物理性质，使土壤疏松，增强透气性和保水能力，有利于好气性细菌的活动，促进有机肥的分解，同时给苗木根系营造一个良好的生长环境。将土壤打松、打碎、整平，切忌边翻地，边做床，边育苗。为了让桂花苗更好地生长，无病虫害，在种植前可以用药水对土壤进行杀虫消毒，可用 50%的多菌灵可湿性粉剂 800 倍液喷洒土壤，消毒后过 1 个星期再种植。翻耕杀虫后，以宽1.5 m 左右、高 20~25 cm 左右垄起一厢苗床。苗床间的步行道，底宽 30 cm 左右，两边稍低，中央略高，以利于排水。根据桂花苗的数量，计算好种植面积和行距。如果是种植时间短，如 1~3 年就再移植或者出售，可种植 39 000 株/hm²，行距在 50 cm 左右。1 年苗的栽植穴在 0.2 m×0.2 m×0.2 m 左右；2 年苗的栽植穴在 0.3 m×0.3 m×0.3 m 左右；3 年苗的栽植穴规格为 0.4 m×0.4 m×0.4 m 左右。具体还要看情况而定。在栽植之前挖好穴晾几天更好。晾晒可以通过阳光给土壤杀菌，而且通过晾晒，底部土壤的含氧量会明显增加，利于根系的恢复与生长。

（二）繁殖方法

可用播种、压条、嫁接和扦插等方法繁殖。

1. 播种法　当果实变为蓝紫色时采收，将采集的果实堆沤 3 d 左右，待果皮软化后，浸水搓洗去果皮和果肉，并漂浮去空瘪的种粒，得出净种，阴干，即混润沙贮藏。于当年秋播或第二年春播。播后盖草保湿并搭设遮阴棚。播种繁殖时，始花期较晚，不易保持原种优良性状，目前很少采用这种方法繁殖。

2. 压条法　可分低压和高压两种。低压桂花必须选用低分枝或丛生状的母株。时间是春季到初夏，选比较粗壮的低干母树，将其下部 1~2 年生的枝条，选易弯曲部位用利刀切割或环剥，深达木质部，然后压入 3~5 cm 深的条沟内，并用木条固定被压枝条，仅留梢端和叶片在外面。高压法是春季从母树选 1～2 年生粗壮枝条，同低压法切割一圈或环剥，或者从其下侧切口，长 6～9 cm，然后将伤口用培养基质涂抹，上下用塑料袋扎紧，培养过程中，始终保持基质湿润，到秋季发根后，剪离母株养护。

3. 嫁接法　嫁接砧木多用女贞、小叶女贞和流苏等作砧木。大量繁殖苗木时，北方多用小叶女贞，在春季发芽之前，自地面以上 5 cm 处剪断砧木；剪取桂花 1～2 年生粗壮枝条长 10～12 cm，基部一侧削成长 2～3 cm 的削面，对侧削成一个 45°的小斜面；在砧木一侧约 1/3 处纵切一刀，深 2～3 cm；将接穗插入切口内，使形成层对齐，用塑料袋绑紧，然后埋土培养。用小叶女贞作砧木成活率高，嫁接苗生长快，寿命短，易形成"上粗下细"的"小脚"现象。盆栽桂花多行靠接法，用流苏作砧木，靠接宜在生长季节进行，不宜在雨季或伏天靠接。靠接时选二者枝条粗细相近的接穗和砧木，在接穗适当部位削成棱形切口，深达木质部，长 3～4 cm，在砧木同等高度削成与接穗大小一致的切口，然后将两切口靠在一起，使二者形成层密结，用塑料条扎紧，愈合后，剪断接口上面的砧木和下面的接穗。

4. 扦插法　在春季发芽以前，用一年生发育充实的枝条，短截成 5～10 cm 长，剪去下部叶片，上部留 2～3 片绿叶，插于河沙或黄土苗床，插后及时灌水，并遮阳，立秋后即可生根。

（三）田间管理

1. 浇水　桂花的浇水主要在新种植后的 1 个月内和种植当年的夏季。新种植的桂花一定要浇透水，有条件的应对植株的树冠喷水，以保持一定的空气湿度。桂花不耐涝，及时排涝或移植受涝害植株，并加入一定量的沙子种植，可促进新根生长。

2. 施肥　合理施肥应以薄肥勤施为原则，以速效氮肥为主，中大苗全年施肥三四次。早春期间在树盘内施有机肥，促进春梢生长。入冬前期需施无机肥或垃圾杂肥。其间可根据桂花生长情况，施肥 1～2 次。新移植的桂花，追肥不宜太早。移植坑穴的基肥应与土壤拌匀再覆土。

3. 松土　深度为 2～3 cm。一般宜浅不宜深，以防伤根。

4. 除草　以人工除草为主，力求做到除早、除小和除净。沟边、步道和田埂的杂草也要除净，以清洁圃地，消灭病虫害滋生场所。

5. 修剪　一般在秋季开花后，进行第一次修剪，根据树势剪去过密枝和徒长枝，使每个侧枝上均匀留下粗壮的短枝；第二次修剪要在早春植株萌芽之前进行，剪除枯枝、细弱枝、病虫枝，以利通风透光，促使孕育更多的花芽。对树势上强下弱者，可将上部枝条短截 1/3，使整体树势强健，同时在修剪口涂抹愈伤防腐膜保护伤口。

二、病虫害防治

（一）病害防治

病害主要为褐斑病。危害叶片，出现圆形或近圆形黑褐色病斑，严重时造成大量焦叶。防治方法：加强水肥管理，注意通风透光，提高植株抗病能力；发病初期喷洒 50%多菌灵 600 倍液或 75%百菌清 700 倍液。

（二）虫害防治

虫害主要为黑刺粉虱。成虫和幼虫群集叶背刺吸汁液，形成黄斑。防治方法：喷洒 2.5%溴氰菊酯或 20%氰戊菊酯 2 000～2 500 倍液，每 5～6 d 喷 1 次，连续进行 3～4 次。

三、采收与加工

（一）花

9—10 月开花时采收，阴干。

（二）果实

4—5 月果实将成熟时采收，用温水浸泡后晒干。

（三）根

9—10 月挖取老树的根，用温水浸泡后晒干。

四、包装与贮藏

用铁盒、玻璃瓶或纸盒装。置通风阴凉干燥处，避光、密闭贮藏。

五、商品质量标准

目前尚无统一标准。

【任务评价】

桂花栽培任务评价见表 7-4。

表 7-4　桂花栽培任务评价

任务评价内容	任务评价要点
栽培技术	1. 选地与整地 2. 繁殖方法：①播种法；②压条法；③嫁接法；④扦插法 3. 田间管理：①浇水；②施肥；③松土；④除草；⑤修剪
病虫害防治	1. 病害防治：褐斑病 2. 虫害防治：黑刺粉虱
采收与加工	1. 花的采收与加工 2. 果实的采收与加工 3. 根的采收与加工
包装与贮藏	1. 包装：铁盒、玻璃瓶或纸盒装 2. 贮藏：通风阴凉干燥处，避光、密闭贮藏

【思考与练习】

1. 简述种植桂花整地的技术要点。
2. 如何做到桂花的合理施肥？

任务五　红花的栽培

【任务目标】

通过本任务的学习，能熟练掌握红花栽培的主要技术流程，并能独立完成红花栽培的工作。

【知识准备】

一、概述

红花（*Carthamus tinctorius* Linn.）又名草红花，为菊科红花属一年生或二年生草本植物。主产河南、山东、四川、新疆等省（自治区），全国大部分地区均可种植。红花，性温，味辛。具有活血通经、散瘀止痛的作用。主要用于经闭、痛经、恶露不行、症瘕痞块、跌扑损伤、疮疡肿痛等。还是现今用途较广泛的天然色素和染料。其采收红花药材后所产的种子含油率达 30% 以上，所加工的红花籽油又是重要的工业原料。

二、形态特征

株高 1 m 左右，全株光滑无毛，茎直立，基部木质化，上部多分枝。叶互生，质硬，卵形或卵状披针形，先端尖，有刺或无刺，基部抱茎，上部叶渐变小，成苞片状，围绕头状花序。花序大，顶生，花托扁平，管状花多数，橘红色，花期 5—7 月（图 7-5）。

三、生物学特性

（一）生长发育习性

红花可分为有刺和无刺两大类型。有刺红花抗病力强，鲜花产量高且稳定，多为花用型；无刺红花开花较晚，花期短，抗病性稍差，鲜花产量稍低，折干率高。我国栽培的主要品种有以下 3 种。

1. 川红 1 号　有刺，花色橘红，产量可达 300 kg/hm²。

2. 杜红华　刺多，花头 30～60 个，花瓣长，金黄色，品质佳。

3. 大红袍　无刺，花鲜红色，产量高。

（二）生态环境条件

适宜温和、较干燥气候，以地势高、排水良好、土层深厚、中等肥沃土质为佳；较耐寒、耐旱，但怕涝，湿度过大，会导致病虫害的发生。生长后期需较长日照。

图 7-5　红　花
1. 花枝　2. 花
（吕晓滨，2009. 中草药种植技术）

【任务实施】

一、红花的栽培

（一）选地与整地

以土层深厚肥沃的中性沙壤土或黏壤土为好。有机肥作底肥，施入量为 3 万～4.5 万 kg/hm²，耕细耙平。北方作畦，南方和多雨水地区作 20～25 cm 高畦。畦的宽度根据是否需要灌溉确定。如需要浇水，可作畦宽 1.2～1.5 m；如不需浇水，可作畦宽 1.5～2 m。

（二）播种

以春播为主。3—4月，当地温在5℃以上时，开始播种。行距40 cm，株距25 cm挖穴，穴深8 cm，然后每穴放2~3粒种子，踩实，搂平浇水。播种量为30~45 kg/hm²。

（三）田间管理

1. 间苗补苗 当幼苗长有3片真叶时，每隔10 cm留壮苗1株；当苗长到8 cm高时，每隔15~20 cm留苗1株，穴播的每穴留壮苗2株。缺苗的地方用间下的壮苗进行补齐。

2. 浇水 在幼苗期及孕蕾期需水量较大，适时注意浇水，可使花蕾增多，花序增大，产量提高。花期过后即停止浇水。雨季及每次灌大水后注意及时疏沟排除余水，以防烂根。

3. 中耕除草 生长前期进行浅耕1~2次，以破除板结，疏松土壤，提高地温。结合中耕，进行适当培土，防止倒伏。待植株封垄后，就不必中耕。

4. 施肥去顶 早春定苗后，施入尿素150 kg/hm²，植株抽茎分枝后封行前追施氮肥750 kg/hm²，磷、钾肥各375 kg/hm²。同时进行打顶，以促进多分枝、多现蕾，提高产量。

二、病虫害防治

红花病虫害较多，要采取综合防治方法。综合防治措施为：选地势高、排水良好的地块种植，不能连作，前茬作物以豆科或禾本科作物为好；田间发现病株要及时拔出，集中烧毁；播前用50％多菌灵可湿性粉剂150倍液浸种。

（一）病害防治

1. 锈病 危害叶片和苞叶，以叶背面发生较多。苗期染病子叶、下胚轴及根部密生黄色病斑，成株叶片染病叶背散生栗褐色至锈褐色或暗褐色稍隆起的小疱状物。

防治方法：采花后拾净残株病叶烧毁；进行轮作，以防治土壤中的病原菌危害。药剂防治可喷25％三唑酮可湿性粉剂1 000倍液或70％代森锰锌可湿性粉剂500倍液，每隔10 d喷1次，连续2~3次即可。

2. 根腐病 由根腐病菌侵染，整个生育阶段均可发生，尤其是幼苗期、开花期发病严重。发病后植株萎蔫，呈浅黄色，最后死亡。

防治方法：发现病株要及时拔除烧掉，防止传染给周围植株，在病株穴中撒一些生石灰，杀死根际线虫，用50％的甲基硫菌灵1 000倍液浇灌病株。

3. 黑斑病 在4—5月发生，受害后叶片上呈椭圆形病斑，具同心轮纹。

防治方法：清除病枝残叶，集中销毁；与禾本科作物轮作；雨后及时开沟排水，降低土壤湿度。发病时可用70％代森锰锌600~800倍液喷雾，每隔7 d喷1次，连续2~3次。

4. 炭疽病 为红花生产后期的病害，主要危害枝茎、花蕾茎部和总苞。

防治方法：选用抗病品种；与禾本科作物轮作；要注意排除积水，降低土壤湿度，抑制病原菌的传播；用70％代森锰锌600~800倍液进行喷洒，每隔10 d喷1次，连续2~3次。

（二）虫害防治

蚜虫是红花生长期间的主要害虫，其危害部位多在红花植株的上半部的主茎与侧枝上危害，常不形成卷叶，只见枝叶出现黄褐色微小斑点，严重时植株枯死。气温高，天气干燥是蚜虫的盛发阶段，它繁殖快，多代危害，而且蚜虫是病毒的主要介体。

防治方法：选用抗虫品种；适期早播；实行间作，如红花与马铃薯间作，对抑制蚜虫的发生有较明显作用；及时拔除中心蚜株并销毁；可选用40％乐果乳油1 500倍液，或5％吡虫啉乳油2 000～3 000倍液喷雾，每隔10～15 d喷1次，视蚜虫发生情况，重复施药多次。

三、采收与初加工

5月的中下旬，红花开始陆续开放，2 d后进入盛花期，于早晨至上午10时前，待红花的花冠顶端有黄变红时进行采收，持续15～20 d，可收完。采收的鲜红花，平、薄铺放在苇席上，放在通风处阴干或上盖报纸在阳光下晒干，也可在40～50 ℃条件下烘干，但注意在干燥过程中不可翻动。红花采完20 d后，茎叶枯萎时，可收割植株，脱粒种子。

四、包装与贮藏

通常用细麻袋或布袋包装。在盛红花的布袋中视数量多少放入木炭包或小石灰包，以利保持干燥，起防潮作用。只有做好防潮才能保持红花颜色鲜艳。置通风阴凉、干燥处，防潮，防蛀。传统贮藏方法：将净红花用纸分包（每包500～1 000 g），贮藏于石灰箱内，以保持红花鲜艳的色泽。如发现红花受潮、生虫，可以用火烘，但切忌用硫黄熏，也不得用烈日晒，否则红花易褪色。红花贮藏的安全水分含量为10%～13%，在相对湿度75%以下贮藏时不至发霉，红花的含水量如超过20%，10 d后即可发霉。

五、商品质量标准

（一）性状
一般以质干、花冠长、色红艳、质柔软、无枝刺者为佳。
（二）羟基红花黄色素A和山奈素的含量测定
用高效液相色谱法测定，本品含羟基红花色素A（$C_{27}H_{30}O_{15}$）不得少于1.0%，含山奈素（$C_{15}H_{10}O_6$）不得少于0.050%。

【任务评价】

红花栽培任务评价见表7-5。

表7-5　红花栽培任务评价

任务评价内容	任务评价要点
栽培技术	1. 选地与整地 2. 播种 3. 田间管理：①间苗补苗；②浇水；③中耕除草；⑤施肥去顶
病虫害防治	1. 病害防治：①锈病；②根腐病；③黑斑病；④炭疽病 2. 虫害防治：蚜虫
采收与加工	1. 采收：采收方法及注意事项 2. 加工：加工方法及注意事项
包装与贮藏	1. 包装：通常用细麻袋或布袋包装 2. 贮藏：通风阴凉、干燥处，防潮，防蛀

【思考与练习】

1. 我国目前栽培的主要红花品种有哪些？
2. 如何贮藏红花？

任务六　金银花的栽培

【任务目标】

通过本任务的学习，能熟练掌握金银花栽培的主要技术流程，并能独立完成金银花栽培的工作。

【知识准备】

一、概述

金银花为忍冬科忍冬属植物忍冬（*Lonicera japonica* Thunb.）的干燥花蕾或带初开的花。又名银花、双花、二宝花。性寒，味甘。归肺、心、胃经。具有清热解毒、疏散风热的功效。用于痈肿疔疮，喉痹，丹毒，热毒血痢，风热感冒，温病发热。全国大部分地区均产，以河南新密市的密银花和山东平邑、费县的金银花最著名。

二、形态特征

金银花属多年生半常绿缠绕及匍匐茎的灌木。小枝细长，中空，藤为褐色至赤褐色。卵形叶子对生，枝叶均密生柔毛和腺毛。夏季开花，苞片叶状，唇形花有淡香，外面有柔毛和腺毛，雄蕊和花柱均伸出花冠，花成对生于叶腋，花色初为白色，渐变为黄色，黄白相映，球形浆果，熟时黑色。花蕾呈棒状，上粗下细。外面黄白色或淡绿色，密生短柔毛。花萼细小，黄绿色，先端 5 裂，裂片边缘有毛。开放花朵筒状，先端二唇形，雄蕊 5 枚，附于筒壁，黄色，雌蕊 1 枚，子房无毛（图 7-6）。

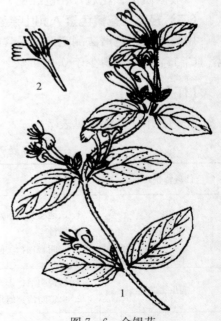

图 7-6　金银花
1. 植株　2. 花
（吕晓斌，2009. 中草药种植技术）

三、生物学特性

（一）生长发育习性

根系发达，细根很多，生根力强。10 年生植株，根冠分布的直径可达 300～500 cm，根深 150～200 cm，主要根系分布在 10～50 cm 深的表土层。须根则多在 50～30 cm 的表土层中生长。只要有一定湿度，气温不低于 5 ℃，便可发芽，春季芽萌发最多。幼枝绿色，密生短毛，老枝毛脱落，树皮呈棕色。

（二）生态环境条件

金银花生长喜温和的气候，生长适宜温度为 20～30 ℃，喜湿润的环境，以空气湿度大、透气性强为好。喜长日照，应种植在光照充足的地块，不宜和林木间作。

【任务实施】

一、栽培技术

（一）选地

金银花对土壤要求不严，以湿润、肥沃的深厚沙质土壤上生长最佳。

（二）繁殖方法

1. 种子繁殖　以每年的 10—11 月果实成熟呈黑色时采收。可将种子籽粒洗净随播或晾干待来年 2—3 月用湿沙催芽播种。

2. 扦插育苗繁殖　可扦插育苗或直接扦插。

（1）直接扦插。在夏、秋阴雨连绵季节，选取 1～2 年生健壮无病虫害的枝条，剪成 30 cm 长，摘去下部叶片，按穴距 1.3 m，每穴放 10～15 根插条，露出地面 10 cm 左右，填土压紧，浇水，直接栽植在山坡、地堰等处，保持土壤湿润，半月左右即长出新根。

（2）扦插育苗。一年四季除严冬外均可进行。选肥沃、湿润、灌溉方便沙壤土，以土杂肥作基肥，翻耕整平耙细作苗床。按行距 25～30 cm 开沟，沟深 15～20 cm，将截好的插条均匀地排列在沟中，插条之间有空隙即可。填上踏实，地上露出 5 cm 左右，立即浇透水，若气温在 20 ℃以上，保持土壤湿润，半个月左右，即能生根发芽。秋冬季节育的苗，因处于休眠期，年前不生根，但也不能缺水，否则会干枯致死。扦插育苗的应在其生出粗壮的不定根后移栽。金银花移栽应选在春季 3 月上中旬，秋季 8 月上旬至 10 月上旬。选择土层疏松，排水良好，靠近水源的肥沃土壤，施入厩肥 45 000 kg/hm²，深翻 30 cm 以上，整成平畦，按行株距 1.5 m×1.5 m 挖穴；穴深宽视苗子大小而定，穴底施肥土拌匀，半年至 1 年的幼苗每穴 5～8 株分散穴内，按圆形栽种；2 年左右大苗每穴 1～3 株分散穴内，按半月形栽种，填土压实浇水。此外，沟旁、田埂、荒地，房前屋后的空地均可种植。

（三）田间管理

1. 山区栽培管理　山区土壤瘠薄，水利条件差，金银花长势相对弱。因此，管理上新栽植株以轻剪、定形、促生长为主，投产植株以轻剪促稳产、高产为主。移栽生长 1 年的植株冬季或春季萌动前，将枝条上部剪去，留 30～40 cm 培养做主干，以后每年春季注意将新发的基生枝条及时除去，留好侧枝，通过多年修剪，使之主干明显，枝条分布均匀，生长旺盛，呈伞形。投产植株采花后，剪去花枝节上部，剪后以枝条能直立为度，同时剪去枯老枝，过密枝，以保持其旺盛的生命力。通过剪枝，改善通风透光条件及植株内部的营养分配，减少病虫害的发生，在其他条件相同的情况下，山区剪枝较不剪的增产 20%～30%。冬季封冻前培土，防止根部受冻害。春初，距植株 30 cm 处开环形沟，深 15 cm，沟内施肥，然后覆土。施肥量视花墩大小而定，一般 5 年以上花墩每株施土杂肥 5 kg 或碳酸氢铵 50 g。如长势旺盛，土质肥沃，不宜施氮肥。施肥后将植株整成鱼鳞坑式，以保持水分。

2. 平原栽培管理　平原土层肥沃深厚，水利条件好，管理上以剪枝定型为主，选节间短，直立性强、开花多的品种，保证稳产、高产。平原栽金银花，通过 4 年的整形修剪，主干高 30～40 cm，直径 6～8 cm，主干以上有数条粗壮的侧干，侧干上密生花枝，整个植株呈圆锥形，株高 1.5～1.7 m，枝条分布均匀。具体做法是：第一、二年培养主干及选留二级干枝。冬季在主干上 30～40 cm 处留 4～7 个强壮枝条，枝条间保持适当角度，其余枝条全部剪去，保留 5～7 对芽，然后再剪去枝条上部，使二级干枝固定下来，第三年除补定、调整二级枝外，主要是选留三级干枝，在每个二级干枝上，本着去弱留强的原则，留 3～5 个健壮枝作为三级干枝，整株选留三级干枝 20～30 个。每条三级干枝选留 4～6 个饱满芽，上部枝条全部剪去，以固定三级干枝，整个株型也基本培养好。第四年开始进入正常产花树龄，修剪时除调整三级骨干枝外，主要是选留花枝母枝及花枝上的饱满芽数。本着留强去弱的原则，每个三级干枝留花条母枝 4～6 个，整株花条母枝控制在 100 条左右，选留下来的花条母枝除留下 4～6 对饱满芽外，其余全部剪去，以利抽出花芽，为丰收奠定基础。第五年，进入丰产期，修剪时除继续调整三级干枝外，主要是留花条母枝，做到每年更换，保留强枝、旺枝，以利抽出花枝。每次花后，修剪花枝，以剪枝后枝条能直立为度。通过剪枝，再结合浇水、施肥，促使侧芽形成旺盛、整齐的新花枝，同时开花时间相对集中。这样一年可收 4 次。剪枝时间：冬剪于冬季至翌春萌动前，结合整形进行。夏、秋剪一般于每次花后，除选留适当花枝外，及时剪去交叉枝、缠绕枝、重叠枝、细弱枝、徒长枝及枯老枝，以缓和树势，改善通风透光条件。掌握冬剪宜重、夏剪宜轻，短截促进开花，控制冠幅的原则。

二、病虫害防治

（一）病害防治

病害主要为忍冬褐斑病。叶片上病斑呈圆形或受叶脉所限呈多角形，黄褐色，潮湿时背面生有灰色霉状物。7—8 月发病重。

防治方法：清除病枝落叶，减少病菌来源；加强栽培管理，增施有机肥料，增强抗病力；用 3% 井冈霉素 50 mg/kg 液或 1∶1.5∶200 的波尔多液在发病初期喷雾，每隔 7～10 d 喷 1 次，连续 2～3 次。

（二）虫害防治

1. 中华忍冬圆尾蚜和胡萝卜微管蚜　以成虫、若虫刺吸叶片汁液，使叶片卷缩发黄，花蕾期被害，花蕾畸形。危害过程中分泌蜜露，导致煤烟病发生，影响叶片的光合作用。胡萝卜微管蚜于 10 月从第一寄主伞形科植物上迁飞到金银花上雌雄交配产卵越冬，5 月上中旬危害最激烈，严重影响金银花的产量和质量，6 月迁回至第一寄主上。

防治方法：用 40% 乐果乳剂 1 000 倍液喷雾，每隔 7～10 d 喷 1 次，连续 2～3 次，最后一次用药须在采摘金银花前 10～15 d 进行，以免农药残留而影响金银花质量。

2. 咖啡虎天牛　是金银花的重要蛀茎性害虫。初孵幼虫先在木质部表面蛀食，当幼虫长到 3 mm 后向木质部纵向蛀食，形成迂回曲折的虫道。蛀孔内充满木屑和虫粪，十分坚硬，且枝干表面无排粪孔，因此不但难以发现，且此时药剂防治也不奏效。

防治方法：于 4—5 月在成虫发生期和幼虫初孵期用 80% 敌敌畏乳剂 1 000 倍液喷雾防治成虫和初孵幼虫有一定的效果。近年来，在田间释放天牛肿腿蜂取得良好的防治效果，放蜂时间在 7—8 月，气温在 25 ℃ 以上的晴天为好。

3. 豹纹木蠹蛾　幼虫孵化后即自枝杈或新梢处蛀入，3～5 d 后被害新梢枯萎，幼虫长至 3～5 mm 后从蛀入孔排出虫粪，易发现。幼虫在木质部和韧皮部之间咬一圈，使枝条遇风易折断，被害枝的一侧往往有几个排粪孔，虫粪长圆柱形，淡黄色，不易碎，9—10 月花墩出现枯株。该虫有转株危害的习性。

防治方法：及时清理花墩，收二茬花后，一定要在 7 月下旬至 8 月上旬结合修剪，剪掉有虫枝，如修剪太迟，幼虫蛀入下部粗枝再截枝对花墩生长势有影响；7 月中下旬为幼虫孵化盛期，这是药剂防治的适期，用 40％氧化乐果乳油 1 500 倍液，加入 0.3％～0.5％的煤油，促进药液向茎内渗透。该方法效果较好。

4. 柳干木蠹蛾　幼虫孵化后先群居于金银花老皮下危害，生长到 10～15 mm 后逐步扩散，但当年幼虫常数头由主干中部和根际蛀入韧皮部和浅木质部危害，形成广阔的虫道，排出大量的虫粪和木屑，严重破坏植株的生理机能，阻碍植株养分和水分的输导，致使金银花叶片变黄，脱落，8—9 月花枝干枯。

防治方法：加强田间管理，柳干木蠹蛾幼虫喜危害衰弱的花墩，幼虫大多从旧孔蛀入，因此，加强抚育管理，适时施肥、浇水，促使金银花生长健壮，提高抗虫力；幼虫孵化盛期，用 40％氧化乐果 1 000 倍加 0.5％煤油，喷于枝干，或在收花后用 40％氧化乐果乳油按药∶水＝1∶1 的比例配成药液浇灌根部，即先在花墩周围挖 1 穴，深 10～15 cm，每墩灌 20 mL 左右，视花墩大小适当增减，然后覆土压实，由于药液浓度高，使用时要注意安全。

5. 金银花尺蠖　是金银花重要的食叶害虫。大发生时叶片被吃光，只存枝干。

防治方法：清洁田园减少越冬虫源；可在幼龄期用 80％敌敌畏乳油 1 000～1 500 倍液喷雾防治。

三、采收与初加工

（一）采收

适时采摘是提高金银花产量和质量的重要环节。按现在的栽培技术，每年可以采摘 4 次金银花。但第一、二次花较多，以后两次较少。一般在 5 月中下旬采摘第一次花，6 月中下旬采摘第二次，7 月和 8 月分别采摘第三次和第四次。在生产中根据金银花开花的规律，掌握好采摘的时期和标准。金银花从幼蕾到花开放，大体可以分为幼蕾（绿色，花蕾约 1 cm）、三青（绿色，花蕾 2.2～2.4 cm）、二白（淡绿白色，花蕾 3～3.9 cm）、大白（白色，花 3.8～4.6 cm）、银花（刚开放，白色花 4.2～4.8 cm）、金花（花瓣黄色，4～4.5 cm）、凋花（棕黄色）7 个阶段。药材以大白、二白和三青为佳，银花、金花次之。花的绿原酸含量从幼蕾到花开放，绿原酸含量呈下降趋势。每天采集的时间为上午，最好是在露水未干之前。金银花开放时间集中，必须抓紧时机采摘。对达到采摘标准的花蕾，先外后内，自下而上进行采摘，注意不要折断树枝。

（二）加工

金银花采下后立即晾干或烘干。将花蕾放在晒盘内，摊在干净的石头、水泥地面或席上，厚度以 2 cm 为宜，以当天晾干为原则。晒时不要翻动，以防花蕾变黑。最好用筐或晒盘晒，遇雨天或当天不能晒干，可以及时收起堆放。晒干法简单易行，成本较低，为产区普遍采用。遇阴雨天气则应采用烘干法。烘干时采用变温法，初烘时温度不宜过高，一般 30～35 ℃，烘 2 h 后，温度可升至 40 ℃左右，鲜花排出水气，经 5～10 h 后室内保持 45～50 ℃。烘 10 h 后鲜花水分大部分排出，再把温度升至 55 ℃，使花迅速干燥。一般烘 12～20 h 可全部烘干，烘干时不能用手或其他东西翻动，否则易变黑，未干时不能停烘，停烘发热变质。烘干法是金银花生产中提高产品质量的一项有效措施。

四、包装与贮藏

木箱、纸箱或袋装，置阴凉、干燥处，防潮，防蛀。

五、商品质量标准

（一）性状评价
以花蕾多、肥壮、色青绿微白、气清香者为佳。

（二）绿原酸含量
用高效液相色谱法测定，含绿原酸（$C_{16}H_{18}O_9$）不得少于 1.5%。

【任务评价】

金银花栽培任务评价见表 7-6。

表 7-6　金银花栽培任务评价

任务评价内容	任务评价要点
栽培技术	1. 选地 2. 繁殖方法：①种子繁殖；②扦插育苗繁殖 3. 田间管理：①山区栽培管理；②平原栽培管理
病虫害防治	1. 病害防治：忍冬褐斑病 2. 虫害防治：①中华忍冬圆尾蚜和胡萝卜微管蚜；②咖啡虎天牛；③豹纹木蠹蛾；④柳干木蠹蛾；⑤金银花尺蠖
采收与加工	1. 采收：采收方法及注意事项 2. 加工：加工方法及注意事项
包装与贮藏	1. 包装：木箱、纸箱或袋装 2. 贮藏：阴凉、干燥处，防潮，防蛀

【思考与练习】

1. 山区栽培的金银花如何进行田间管理？
2. 平原栽培的金银花如何进行田间管理？
3. 简述金银花采收的最佳时期。

任务七　菊花的栽培

【任务目标】

通过本任务的学习，能熟练掌握菊花栽培的主要技术流程，并能独立完成菊花栽培的工作。

【知识准备】

一、概述

菊花〔*Dendranthema morifolium*（Ramat.）Tzvel〕又名白菊花、黄白菊、真菊，为菊科菊属多年生草本。以干燥头状花序入药。菊花性微寒，味甘、苦。归肺、肝经。具有散风清热，平肝明目，清热解毒的功效。用于风热感冒，头痛眩晕，目赤肿痛，眼目昏花，疮痛肿毒。全国各地均有栽培，主产于安徽、河南、浙江、四川等地。

二、形态特征

株高 50～150 cm，茎直立，多分支，全株被白色短柔毛。单叶互生，卵形或卵状披针形，边缘通常羽状深裂，有柄，茎基部稍木质化。头状花序顶生或腋生，总苞半球形，苞片 3～4 层，绿色，被毛。舌状花雌性，位于边缘，舌片线状长圆形，白色、黄色、淡红色或淡紫色（图 7-7）。由于品种和加工方法不同，菊花性状也不尽相同。

（一）亳菊

呈圆盘或扁扇形，松散。黄白色或土黄色，少数淡紫红色。花头大小约 2.1 cm×3.4 cm。质轻，每 10 g 约 100 朵花。舌状花瓣直伸，不卷曲，无典型管状花，每花基部有 1 枚膜质鳞片。香气淡，具干草样气味。

（二）滁菊

呈扁球形或长扁圆形。白色或灰白色，中心略见黄色。花头大小约为 0.8 cm×2.4 cm。质较重，每 10 g 约 60 朵花。舌状花瓣常向花心卷曲，或互相扭曲，基部无膜质鳞片；管状花约外露，或被舌状花蔽盖。香气浓，具艾蒿香气。

图 7-7　菊　花

（宋晓平，2002. 最新中药栽培与加工技术大全）

（三）贡菊

呈扁圆形，中厚周薄。四周白色，中心黄色，花头大小约 0.7 cm×2.2 cm。每 10 g 约 95 朵花。舌状花平展，由内至外层层叠压，基部无膜质鳞片，或偶有膜质鳞片；管状无花或罕见，或花冠外露，气清香。

（四）杭菊

呈碟形或扁球形压缩状。朵大瓣阔，白色或黄白色，中心深黄色。花头大小约 2.4 cm×3.5 cm。每 10 g 约 65 朵花。舌状花平展或微折叠，彼此粘连，管状花多，外露。气清香。

（五）怀菊

呈圆盘或扁扇形，直径 1.5～2 cm，瓣小多紧密，花白色或浅紫色，舌状花长约 1 cm，宽约 3 mm。花序中央为短小的浅黄色管状花，气清香、味淡微苦。

三、生物学特征

（一）生长发育习性

菊花以宿根越冬，开春后在根际周围发生许多蘖芽，随着茎节的伸长，基部密生须根。

（二）生态环境条件

菊花喜温和凉爽气候和向阳、稍干燥的环境。能耐寒，怕水涝。在荫蔽的环境里生长不良。生长期要求土壤稍湿润，过于干旱，植株抽枝少，发育缓慢，产量低，尤其是近花期，不能缺水，否则使花蕾数大为减少。但水分过多，则易造成烂根死苗。菊花喜肥，在疏松肥沃、含腐殖质丰富、排水良好的夹沙土中生长良好，花多产量高。土壤以中性至微酸性或微碱性为适宜。凡土壤黏重、地势低洼、排水不良、盐碱性大的地块不宜栽培。忌连作，连年在同一块土地上种植，病虫害多，产量和质量大幅度下降。菊花属短日照植物，对日照长短反应敏感，要求每天不超过 $10\sim11$ h 的光照，才能现蕾开花。

【任务实施】

一、栽培技术

（一）选地与整地

菊花为浅根性植物。对土壤要求不严，以肥沃疏松、排水良好的壤土、沙壤土、黏壤土为好。于前一年秋冬季深翻土地，使其风化疏松。在翌年春季进行扦插繁殖前，再结合整地施足基肥，浅耕一遍。然后做成宽 1.5 m，长视地形而定的插床，四周开好大小排水沟，以利排水。于前作收获后，翻耕土壤 25 cm 左右，结合整地施入腐熟厩肥或堆肥 2 500 kg/hm²，翻入土内作基肥。然后整细耙平做成宽 1.5 m 的高畦，开畦沟宽 40 cm，四周挖好大小排水沟，以利排水。

（二）繁殖方法

以分根和扦插繁殖最为常见。

1. 分根繁殖　摘花前，选留株壮、花大的优良植株，做好标记。于 11 月收获菊花后，将地上茎枝齐地面割除，将菊花全棵挖起，集中移栽到一块肥沃的地块上，用腐熟厩肥或土杂肥覆盖保暖越冬。翌年 3—4 月，扒开土粪等覆盖物，浇施 1 次稀薄人畜粪水，促其萌发生长。4—5 月，当菊苗高 15 cm 左右时，挖出根蔸，选取种根粗壮、须根发达、无病虫害的作种苗，立即栽入大田。栽前，将苗根用 50% 多菌灵 600 倍液浸渍 12 h，可预防叶枯病等病。栽时，在整好的栽植地上按行株距 40 cm×30 cm 挖穴，每穴栽入种苗 1~2 株。栽后用手压紧苗根并浇水湿润。

2. 扦插繁殖　于每年 4—5 月或 6—8 月，在菊花打顶时，选择发育充实、健壮无病虫害的茎枝作插条。去掉嫩茎，将其截成 10~15 cm 长的小段，下端近节处，削成马耳形斜面。先用水浸湿，快速在 1.5~3 g/kg IAA 溶液中浸蘸一下，取出晾干后立即进行扦插。插时，在整好的插床上，按行株距 10 cm×8 cm 画线打孔，将插条斜插入孔内。插条入土深度为穗长的 1/2~2/3。插后用手压实并浇水湿润。插条最适宜生根温度 15~18 ℃。插条生根萌发后，若遇高湿天气，应给予搭棚遮阳，增加浇水次数；发现床面有杂草，要及时拔除。当苗高 20 cm 左右时，即可出圃栽植。栽植密度以 60 000~75 000/hm² 株为宜。

（三）田间管理

1. 中耕除草　菊苗栽植成活后至现蕾前要中耕除草 4～5 次；第一次在立夏后，宜浅松土，勿伤根系，除净杂草，避免草荒；第二次在芒种前后，此时杂草滋生，应及时除净，以免与菊花争夺养分；第三次在立秋前后；第四次在白露前；第五次在秋分前后进行。前两次宜浅不宜深，后 3 次宜深不宜浅。在后两次中耕除草后，应进行培土，防止植株倒伏。

2. 追肥　菊花为喜肥作物，前期氮肥不宜多，合理增施磷肥，可使菊花结蕾多、产量高。除施足基肥外，在生长期还应追肥 3 次：第一次于移栽后半个月左右，当菊苗成活开始生长时，追施稀薄人畜粪水 15 000 kg/hm²，或尿素 120～150 kg 兑水浇施，以促进菊苗生长；第二次在植株开始分枝时，施入稍浓的人畜粪水 22 500 kg/hm²，或腐熟饼肥 750 kg 兑水浇施，以促多分枝；第三次在孕蕾前，追施较浓的人畜粪水 30 000 kg/hm²，或尿素 150 kg 加过磷酸钙 375 kg 兑水浇施，以促多孕蕾开花。大量的速效肥料应在 7 月中旬至 8 月中、下旬施入，有利增产。此外，在孕蕾期喷施 0.2% 磷酸二氢钾，能促进开花整齐，提高菊花产量和质量。

3. 打顶　打顶可促进菊花多分枝、多孕蕾开花和主干生长粗壮。应于小满前后、当苗株高 20 cm 左右时进行第一次，即选晴天摘去顶心 1～2 cm。以后每隔半月 1 次，共 3 次。在大暑后必须停止，否则分枝过多，营养生长过旺，营养跟不上，则花头变得细小，反而影响菊花产量和质量。

二、病虫害防治

（一）病害防治

1. 霜霉病　菊花霜霉病危害叶片和嫩茎，春、秋两季均能发病。春季发病，使幼苗叶片褪绿，微向上卷曲，叶背长满白色霉层，随着幼苗的生长，叶片自下而上变为褐色，最后干枯而死。秋季发病，使叶片、嫩茎、花蕾全部布满白色霉层，叶片呈现灰绿色，微显萎蔫，最后植株逐渐枯死。霜霉病是菊花的毁灭性病害。

防治方法：选育抗病品种。实行与禾谷类作物 3 年以上的轮作，或选择未曾发生过霜霉病的地块栽植。移栽前，幼苗用 90% 三乙膦酸铝 500～600 倍液浸种苗 5～10 min，或用 50% 多菌灵 600 倍液浸泡 12 h，晾干药液后栽植。春季发病喷洒 90% 三乙膦酸铝 500～600 倍液，每隔 7～10 d 喷 1 次，连喷 2 次；秋季发病，于 9 月上旬发病前和发病初期，喷洒 50% 多菌灵 800～1 000 倍液，或 90% 三乙膦酸铝 500～600 倍液，或 58% 甲霜·锰锌 600～800 倍液，每隔 10 d 喷 1 次，上述农药交替使用，连喷 5 次，效果显著。

2. 褐斑病　又名叶枯病、斑枯病。危害叶片，由下至上蔓延。发病初期，叶片上出现圆形的黄色至紫褐色病斑。后期病斑中心变为灰褐色至灰黑色，并生有许多小黑点。严重时几个病斑连接成大斑，使叶片干枯，但不脱落，悬垂在茎上。在雨水过多，湿度过大的年份，叶片枯死率可达 90% 以上，是菊花严重的病害之一。

防治方法：增施磷、钾肥，如喷施磷酸二氢钾，可增强植株抗病力。在雨季注意排水，降低田间湿度，可减轻发病。发病初期，喷洒 50% 多菌灵 800～1 000 倍液，或 50% 甲基硫菌灵 1 000～1 500 倍液；在阴雨季节来临时，喷洒 1 次 1∶1∶100 波尔多液；在 9 月上旬和中旬再各喷 1 次。

3. 花叶病　又名病毒病。被害植株的叶片有的变为灰绿色，具灰白色不规则微隆起的线状条纹，有的叶脉绿色，叶肉出现色泽不同、形状不规则的斑纹；有的叶片变小变厚，叶尖短而钝圆，叶缘内卷，正面暗绿色，背面沿叶缘变为紫红色。病株生长衰弱，叶片自下而上枯萎而死。

防治方法：选健壮植株作为分株或扦插繁殖的母株；增施磷、钾肥，增强植株抗病力；及时防治传毒害虫，如蚜虫、红蜘蛛等，可减少病毒病的发生。

4. 菊花叶枯线虫病　危害叶片，也危害花芽。由于线虫侵害叶片组织，使叶片变黄，后逐渐变为褐色。叶片上的病斑逐渐扩大成为三角形的褐色枯斑，或因受叶脉的限制而成为角状枯死斑。发病严重时全株叶片枯死，但不脱落，悬垂在茎上。花芽由线虫浸染，使其干枯或退化不能形成花蕾，或使花器畸形。

防治方法：建立无病留种田，不到病区引种菊花苗；发现病株及时销毁并深埋，防止扩大蔓延；进行扦插育苗时，将插穗用 50 ℃温水浸泡 10 min，以杀死线虫，然后进行扦插。

（二）虫害防治

1. 菊蚜　4—5 月，菊蚜虫密集在嫩梢、叶片背面或花蕾上吸取汁液，使叶片变黄、皱缩、枯萎，严重影响菊花产量和质量，还能传播病害。

防治方法：喷施 20％氰戊菊酯乳油 1 000～1 500 倍液灭杀。

2. 菊天牛　又名菊虎、蛀心虫。其成虫和幼虫咬食茎梢以至根部。成虫为小天牛，黑色。于 5 月发生，咬食茎顶嫩梢，使嫩梢枯死。成虫产卵于茎中，孵化后的幼虫蛀入茎的髓部，并向下取食直至根部，使茎秆折断。

防治方法：在 6—7 月的清晨露水未干前捕杀成虫；大量发生时，喷 40％乐果 1 000 倍液；结合打顶或摘心，从断茎处以下 4 cm，摘除枯茎，集中烧毁；在 4—5 月菊花进行分株繁殖时，注意检查越冬成虫，进行人工捕杀。

三、采收与初加工

（一）采收

霜降至立冬为采收适期。一般以管状花（即花心）散开 2/3 时采收为宜。采菊花宜在晴天露水干后采收，不采露水花，否则容易腐烂、变质，加工后色逊，质量差。一般产量干品为 1 500～2 250 kg/hm^2。

（二）加工

菊花品种繁多、各地加工方法不一，现介绍 3 种传统加工方法。

1. 亳菊　在花盛开齐放、花瓣普遍洁白时连茎秆一起割取，然后扎成小把，倒挂在通风干燥处晾干。不能暴晒，否则香气差。当晾到八成干时，即可将花摘下，置薰房内用硫黄熏蒸至白色。取出再薄摊晾晒 1 天，即可干燥。

2. 滁菊　采后阴干。再用硫黄薰白，取出晒至六成干时，用竹筛将花头筛成圆球形，晒至全干即成。晒时切忌用手翻动，只能用竹筷等轻轻翻晒。

3. 贡菊　先将菊花薄摊于竹床上，置烘房内用无烟煤或木炭作燃料烘焙干燥。初烘时温度控制在 40～50 ℃。当第一轮菊花烘至九成干时，再转入温度 30～40 ℃，烘第二轮。当花色烘至象牙白时，即可将其从烘房内取出，置通风干燥处晾至全干即成商品。此法加工菊花，清香而又甘甜。花色鲜艳而又洁白，且挥发油损失甚少，较晒、熏、蒸等法加工质量好，没有硫化物污染，深受香港、澳门及海外药商和消费者的欢迎。

四、包装与贮藏

亳菊和滁菊干后装入木箱，内衬牛皮纸防潮，一层菊花一层白纸相间压实贮藏。贡菊花包装：每 0.5 kg 压成宽 15 cm、长 20 cm、厚 6 cm 的长方形"菊花砖"。再用几层牛皮纸防潮包装，装入木箱或竹篓内。

五、商品质量标准

（一）性状评价
一般以身干、色白（黄）、花朵完整不散瓣、香气浓郁、无杂质者为佳。
（二）绿原酸含量
用液相色谱法测定，含绿原酸（$C_{16}H_{18}O_9$）不得少于 0.20%。

【任务评价】

菊花栽培任务评价见表 7 - 7。

表 7 - 7　菊花栽培任务评价

任务评价内容	任务评价要点
栽培技术	1. 选地与整地 2. 繁殖方法：①分根繁殖；②扦插繁殖 3. 田间管理：①中耕除草；②追肥；③打顶
病虫害防治	1. 病害防治：①霜霉病；②褐斑病；③花叶病；④菊花叶枯线虫病 2. 虫害防治：①菊蚜；②菊天牛
采收与加工	1. 采收：采收方法及注意事项 2. 加工：①亳菊的加工；②滁菊的加工；③贡菊的加工
包装与贮藏	1. 亳菊包装与贮藏 2. 滁菊包装与贮藏 3. 贡菊包装与贮藏

【思考与练习】

1. 菊花为喜肥作物，如何合理施肥？
2. 菊花种植过程中的主要病害有哪些？怎样防治？
3. 菊花品种繁多，各地加工方法不一，列举 2~3 种。

任务八　玫瑰花的栽培

【任务目标】

通过本任务的学习，能熟练掌握玫瑰花栽培的主要技术流程，并能独立完成玫瑰花栽培的工作。

【知识准备】

一、概述

玫瑰（*Rosa rugosa* Thunb.）为蔷薇科蔷薇属植物，以干燥花蕾入药。性温，味甘、微苦。具有行气解郁、和血、止痛的作用。用于肝胃气痛，食少呕恶，月经不调，跌扑伤痛。

二、形态特征

玫瑰为直立灌木，株高为 1～2 m。茎丛生，有茎刺。单数羽状复叶互生，玫瑰小叶 5～9 片，连叶柄 5～13 cm，椭圆形或椭圆形状倒卵形，长 1.5～4.5 cm，宽 1～2.5 cm，先端急尖或圆钝。基部圆形或宽楔形，边缘有尖锐锯齿，上面无毛，深绿色，叶脉下陷，多皱，下面有柔毛和腺体，叶柄和叶轴有绒毛，疏生小茎刺和刺毛；托叶大部附着于叶柄，边缘有腺点；叶柄基部的刺常成对着生。花单生于叶腋或数朵聚生，苞片卵形，边缘有腺毛，花梗长 5～25 mm 密被绒毛和腺毛，花直径 4～5.5 cm，上有稀疏柔毛，下密被腺毛和柔毛；花冠鲜艳，紫红色，芳香；花梗有绒毛和腺体（图 7 - 8）。

图 7 - 8　玫瑰花
（来自网页：园林植物 plant. cila. cn）

三、生物学特征

（一）生长发育习性

玫瑰的花芽和萌动要求平均气温 7 ℃以上。玫瑰花期最忌干热风和土壤干旱，有水利条件的田块可进行一次蕾期灌水。玫瑰在生产发育的过程中有 2 次停止生长期（一般在 6—7 月称夏眠，11—12 月称冬眠），此时不发枝，枝条不伸长。

（二）生态环境条件

玫瑰应栽植在通风向阳及浇灌、排水条件好的田间、地边的肥沃壤土中。玫瑰忌低洼易涝地，遇涝时下部叶片变黄脱落乃至全株死亡。

【任务实施】

一、玫瑰的栽培

（一）选地与整地

1. 育苗地　应该选择疏松、肥沃的沙质土和有水源的地方。深翻后，施入土杂肥或火土灰 37 500 kg/hm² 作为基肥。整平耙平做成 1.3 m 的高畦，畦长以 5～8 m 为好。再开畦沟宽 40 cm，四周挖好排水沟。

2. 栽植地　应该选择地势高燥、阳光充足、土壤疏松肥沃、排水良好的地块。在冬季深翻土地，让其风化熟化。于栽前施足基肥，整平耙细做宽 1.3 m 的高畦种植。

（二）移栽定植

栽种密度以 67 500～75 000 株/hm² 为准，最多可以种植 105 000～120 000 株，采取每墒种两行，行距 40 cm，每行距墒边 35 cm，株距 12～14 cm。定植深度与苗扦插时深度相符，太浅成活率低，太深则容易感染茎秆类疾病。移栽后浇透水 1 次，使土与根密贴，以后浇水就看情况而定，一般等表土稍干才能进行。栽后及时浇足定根水，喷施好生灵或恶霜•锰锌等杀菌剂；采用 60% 遮阳网覆盖 15～20 d，缓苗后移去。缓苗期，一定要做好秧苗的保湿，如果湿度太低，叶片有脱水现象，采用喷雾方式对植株补充水分。小苗成活后，待嫩叶泛绿时，方可施肥。用农家肥与生物菌肥混合肥覆盖在小苗间，不仅可以保证土壤的通透性，减少水分散失，还可盖住草籽使杂草难以生长。

（三）田间管理

1. 整形修剪　整形修剪的目的一是养壮植株；二是培养株型；三是更新主枝；四是决定花期。其中养壮植株主要疏枝疏蕾。培养株型应在幼苗时苗基选三根主枝为第一层，第一层每根主枝长出 2 根为第二层，再引导第二层长出第三层。主枝更新主要利用基部以上 3～5 cm 抽发的强壮枝。决定花期主要借助于修剪的时期和部位。从修剪至开花之间温度越高，间隔的时间就越短。另外，修剪时所留芽位越低，开花也就会越迟，大约会有几天的差异。修剪要将主干剪至距地面 50～60 cm 处，保留一年生健壮新枝 3～5 枝，每枝上留 2～3 片叶，留芽要向外侧。

2. 浇水　玫瑰较耐旱而不耐湿，浇水时掌握见干见湿，浇则浇透的原则。旱季注意灌溉，干旱会减少花的产量，降低花的质量。雨季要防涝排水，避免烂根。春夏秋三季如果天晴可以隔天浇水。

3. 中耕除草　幼苗期杂草用手拔除，中耕宜浅，勿伤及根。生长期应保持地内无杂草。在玫瑰生长期进行，每年进行中耕 4～5 遍，中耕深度一般为 10～15 cm，结合中耕，及时清除杂草，特别是多年生宿根杂草和蔓生攀缘植物。

4. 追肥　一般从小苗压枝后开始，一般每 10～15 d 追施 1 次，以薄肥勤施为原则，追肥可用腐熟的稀人粪尿、饼肥水及各种无机肥配制成的营养液。在几个特殊阶段要追肥，小苗期用 225～300 kg/hm² 的氮肥催苗，催肥过程中对容易产生畸形花的品种田块上要注意补充硫酸锌和硼砂等；在营养生长期每周施尿素 300 kg/hm²，结合浇水，1 个月加施 1 次 600 kg 的饼肥；发芽阶段可用 45 kg/hm² 的复合肥催芽；进入花期，要增施磷、钾肥，减少氮肥。另外叶面喷施稀土微肥等对开花也有明显的好处。产花期用 0.1% 浓度的磷酸二氢钾喷施以提升花色。追肥过程中切忌氮肥过重，过量的氮容易引发霜霉病、灰霉病等病害，施肥后要及时补水以降盐。

二、病虫害防治

（一）病害防治

1. 锈病　常危害玫瑰的叶片、幼枝、花朵。病发初期，叶色出现铁锈红斑点，严重时叶片枯焦脱落，影响来年开花。

防治方法：发现病叶应及时摘除，集中销毁；也可于 5—8 月，每半月喷洒 1 次 150～200 倍等量式波尔多液进行预防；发病期，可选用 25% 三唑酮可湿性粉剂 1 500 倍液或 65%

代森锌可湿性粉剂 500 倍液或 50％福美双 500 倍液，每隔 7～10 d 喷 1 次，共喷 3～4 次。

2. 黑霉病 主要危害叶片及花蕾基部，多雨闷热天发病严重，会引起大量落叶。

防治方法：可于植株萌发前，用 3～5 波美度石硫合剂喷洒防治；发病初期，亦可用 50％甲基硫菌灵可湿性粉剂 600 倍液喷雾，每 10 d 喷 1 次，根据病情连续喷 3～5 次防治。

（二）虫害防治

1. 玫瑰茎叶蜂 为蛀干害虫，主要危害玫瑰的茎，造成枝条枯萎，导致植株死亡。

防治方法：修剪植株时，检查根茎髓部，发现有蛀道，可滴入 1～2 滴 80％敌敌畏乳油，再用泥封口；发现嫩枝条被侵害，可剪除销毁。

2. 玫瑰中夜蛾 以幼虫危害叶片，同时咬食花蕾和花。

防治方法：可用 90％晶体敌百虫 1 000～1 500 倍液喷雾防治。

3. 螨类 危害叶片正反面，引起叶片枯干脱落。

防治方法：病发初期，可用 40％氧化乐果 1 000 倍液或 15％哒螨灵乳油 2 000 倍液喷雾，每隔 7～10 d 喷 1 次，共喷 3～4 次。因红蜘蛛抗药性强，应注意交替用药；喷药时叶片正反面都喷效果较好。

三、采收与加工

（一）采收

玫瑰花一般分 3 期采收，有"头水花""二水花""三水花"之分。其中"头水花"肉分厚、香味浓、含油分高、质量最佳。采收标准是已充分膨大但未开放的花蕾。时间在 4 月下旬至 5 月下旬，即盛花期前。而提炼玫瑰精油的花要掌握在花开放盛期采收，时间在 5 月上中旬。此阶段花朵含玫瑰油量最高。采收标准为花朵刚开放，呈现环状；如花心保持黄色，虽花已开足但仍能采。如到花心变红时再采，质量就显著下降。采花时间可从清早开始，8—10 时采的油量最高；如遇低温，花未开放，则可推迟采花时间。

（二）加工

药用花需采用文火烘干。具体操作方法：一般是先晾去水分，依次排于有铁丝网底的木框烘干筛内。花瓣统一向下或向上，依次顺序更换文火烘烤，到花托掐碎后呈丝状时，表示已干透，一般头水花 4 kg 烘 1 kg，其他为 4.5～5 kg 烘 1 kg。

四、包装与贮藏

经干燥的花，一般是分装在纸袋里。置阴凉干燥处，或贮藏在有石灰的缸里，加盖密封。

五、商品质量标准

目前尚无统一标准。

【任务评价】

玫瑰花栽培任务评价见表 7-8。

表 7-8　玫瑰花栽培任务评价

任务评价内容	任务评价要点
栽培技术	1. 选地与整地：①育苗地；②栽植地 2. 移栽定植 3. 田间管理：①整形修剪；②浇水；③中耕除草；④追肥
病虫害防治	1. 病害防治：①锈病；②黑霉病 2. 虫害防治：①玫瑰茎叶蜂；②玫瑰中夜蛾；③螨类
采收与加工	1. 采收：采收方法及注意事项 2. 加工：加工方法及注意事项
包装与贮藏	1. 包装：分装在纸袋里 2. 贮藏：置阴凉干燥处，或贮藏在有石灰的缸里，加盖密封

【思考与练习】

1. 为什么要对玫瑰花进行整形修剪？
2. 简述玫瑰花的加工方法。
3. 如何对玫瑰花进行采收？

任务九　辛夷的栽培

【任务目标】

通过本任务的学习，能熟练掌握辛夷栽培的主要技术流程，并能独立完成辛夷栽培的工作。

【知识准备】

一、概述

辛夷为木兰科木兰属植物望春玉兰（*Magnolia biondii* Pampan.）、玉兰（*Magnolia denudate* Desr.）或武当木兰（*Magnolia sprengeri* Pampan.）的干燥花蕾。性温，味辛。归肺、胃经。具有祛风，通窍的功效。用于治头痛，鼻渊，鼻塞不通，齿痛。望春花分布于陕西南部、甘肃、河南西部、湖北西部及四川等地；玉兰分布于安徽、浙江、江西、湖南、广东等地；武当玉兰分布于陕西、甘肃、河南、湖北、四川等地（图 7-9）。

图 7-9　辛　夷

（宋晓平，2002. 最新中药栽培与加工技术大全）

二、形态特征

(一)望春花

落叶灌木,高达 3 m,常丛生,树皮灰褐色,小枝绿紫色或淡褐紫色。叶椭圆状倒卵形或倒卵形,先端急尖或渐尖,基部渐狭沿叶柄下延至托叶痕,上面深绿色,幼嫩时疏生短柔毛,下面灰绿色,沿脉有短柔毛。花蕾卵圆形,被淡黄色绢毛;先花后叶,瓶形,直立于粗壮、被毛的花梗上,稍有香气。聚合果深紫褐色,圆柱形,长 7~10 cm。

(二)玉兰

落叶乔木。冬芽密被淡灰绿色长毛。叶互生。花先叶开放,直立。玉兰花,钟形,芳香,碧白色,有时基部带红晕。聚合果,种子心脏形,黑色。

(三)武当玉兰

落叶乔木。树皮灰色,光滑。芽长圆形,被淡黄绿色柔毛。叶倒卵状长圆形,先端急尖,基部楔形。花芽先一年秋末形成,外被灰白色厚绒毛,花先叶开放,大形,白色外带玫瑰红色,有香气,花丝紫红色花药狭细,尖锥形,较花丝长。聚合果圆柱形,长达 13 cm。

三、生物学特性

辛夷喜光,不耐阴,较耐寒,喜肥沃、湿润、排水良好的土壤。低洼地、重黏土、盐碱地不宜栽培。肉质根,忌水湿,根系发达,萌蘖力强。望春花生于海拔 400~2 400 m 的山坡林中;玉兰生于海拔 1 200 m 以下的常绿阔叶树和落叶阔叶树混交林中;武当玉兰生于海拔 1 300~2 000 m 的常绿、落叶阔叶混交林中。

【任务实施】

一、栽培技术

(一)选地与整地

选地势高,排水好的田块,精耕细作。结合整地,施足基肥:施土杂肥 4 500 kg/hm²、尿素 300 kg/hm²、磷钾肥 750 kg/hm²。然后做成 1.5 m 宽的高畦。

(二)繁殖方法

辛夷可用种子繁殖,也可扦插、分株和嫁接繁殖。

1. 种子繁殖 播前先将采集的种子与粗沙混拌,反复揉搓,使其脱去红色肉质皮层。然后进行沙藏,将种子按 1∶3 的比例与湿沙拌匀,平摊于事先挖好的地坑内,上盖杂草,保持湿度。待翌春种子露白时,即可按行距 25 cm 条播入整好的畦面上,浇水保墒,以利成活。齐苗后,加强田间管理,培育 1~2 年后,即可移栽。

2. 扦播繁殖 于夏季,选 1~2 年生粗壮嫩枝,取其中下段,截成 20 cm 长的插条,每段需有 2~3 个节位。下端削成马耳形斜面,每 50 个为 1 捆,将下部放入浓度为 500 mg/kg 的生根粉溶液中浸 15 s,即可按行株距 20 cm×7 cm 插入整好的畦面上,浇水保墒,以利成活。齐苗后,加强田间管理,培育 1~2 年后,即可移栽。

3. 分株繁殖 于立春前后,挖取老株的根蘖苗另行定植即可。浇水保墒,以利成活。

4. 嫁接繁殖 砧木采用紫玉兰或白玉兰 1~2 年生实生苗,接穗用已开花结果的优良母株上的一年生枝条，于 5 月下旬，采用带木质部的稍，芽接或丁字形芽接法，于下午 2—5 时嫁接成活率高。成活后解除绑绳。待新芽长出后，进行剪贴，抹除砧芽，进行管理即可。嫁接繁殖是辛夷早产丰产的主要途径。

（三）移栽

于春、秋两季，将辛夷苗按行株距 3 m×2 m 定植在整好的畦面上，浇水保墒，以利成活。

（四）田间管理

1. 中耕除草 定植后至成林前，每年在夏、秋两季各中耕除草 1 次，并将杂草覆盖根际。

2. 施肥 定植时应施足基肥，在冬季适施堆肥，或在春季施人畜粪水，促进苗木迅速成林。始花后，每年应在冬季增施过磷酸钙，使蕾壮花多。

3. 修剪 为了控制树形高大，矮化树干，主干长至 1 m 高时打去顶芽，促使分枝。在植株基部选留 3 个主枝，向四方发展，各级侧生短、中枝条一般不剪，长枝保留 20～25 cm。每年修剪的原则是：以轻剪长枝为主，重剪为辅，以截枝为主，疏枝为辅，在 8 月中旬还要注意摘心，控制顶端优势，促其翌年多抽新生果枝。

二、病虫害防治

（一）病害防治

1. 立枯病 4—6 月多雨时期易发，危害幼苗，基部腐烂。

防治方法：苗床平整，排水良好可减少发病；发现病株立即拔除并烧毁；进行土壤消毒处理。

2. 根腐病 幼苗期发病较重，成年树也有发生。初期根系发黑，逐渐腐烂，后期地上部分枝干枯死。

防治方法：发现病株，拔除烧毁，撒生石灰于病穴，用 50％甲基硫菌灵 1 000 倍液灌浇根部。

（二）虫害防治

苗期有蝼蛄、地老虎等危害嫩茎，可用 2.5％敌百虫粉拌毒饵诱杀。生长期主要有刺蛾、蓑蛾等危害，其幼虫食叶肉，留下叶脉。可用 80％敌敌畏 1 000 倍液，或 40％辛硫磷 500 倍液喷雾防治。

三、采收与加工

在春季采集未开放的花蕾，采时连花梗摘下加工。采回的花蕾，除去杂质，晒至半干时，收起堆放 1～2 d，使其发汗，然后，再晒至全干即成商品。

四、包装与贮藏

将干燥的花蕾用洁净麻袋包装，置于干燥通风处，防潮湿，防霉变。

五、商品质量标准

本品按干燥品计算，含木兰脂素（$C_{23}H_{28}O_7$）不得少于 0.40％。

【任务评价】

辛夷栽培任务评价见表 7-9。

表 7-9 辛夷栽培任务评价

任务评价内容	任务评价要点
栽培技术	1. 选地与整地 2. 繁殖方法：①种子繁殖；②扦插繁殖；③分株繁殖；④嫁接繁殖 3. 移栽 4. 田间管理：①中耕除草；②施肥；③修剪
病虫害防治	1. 病害防治：①立枯病；②根腐病 2. 虫害防治：蝼蛄、地老虎、袋蛾、刺蛾
采收与加工	1. 采收：采收方法及注意事项 2. 加工：加工方法及注意事项
包装与贮藏	1. 包装：洁净麻袋包装 2. 贮藏：干燥通风处，防潮湿，防霉变

【思考与练习】

1. 辛夷的主要繁殖方法有哪些？
2. 如何对辛夷进行田间管理？

任务十 月季花的栽培

【任务目标】

通过本任务的学习，能熟练掌握月季花栽培的主要技术流程，并能独立完成月季花栽培的工作。

【知识准备】

一、概述

月季花（*Rosa chinensis* Jacq.）又名四季花、月月红、胜春、斗雪红，为蔷薇科蔷薇属植物月季的干燥花。性温，味甘。归肝经。具有活血调经、疏肝解郁的功效。用于气滞血瘀、月经不调、痛经、闭经、胸肋胀痛。

二、形态特征

月季为落叶或常绿灌木，或蔓状与攀缘状藤本植物。茎为棕色偏绿，具有钩刺或无刺。叶为墨绿色，叶互生，奇数羽状复叶，小叶一般 3~5 片，椭圆形或卵状长圆形，长 2.5~6 cm，先端渐尖，具尖齿，叶缘有锯齿，两面无毛，光滑。花生于枝顶，花朵常簇生，花色甚多，色泽各异，径 4～5 cm，多为重瓣也有单瓣者；萼片尾状长尖，边缘有羽状裂片，花有微香。肉质蔷薇果，成熟后呈红黄色，顶部裂开，"种子"为瘦果，栗褐色。果卵球形或梨形，长 1～2 cm，萼片脱落（图 7 - 10）。

图 7 - 10　月季花
（来自网页：园林植物 plant. cila. cu）

三、生物学特性

（一）生长发育习性

有连续开花的特性。冬季气温低于 5 ℃，月季即进入休眠。如夏季高温持续 30 ℃以上，则多数品种开花减少，品质降低，进入半休眠状态。

（二）生态环境条件

适应性强，耐寒耐旱，对土壤要求不严格，但以富含有机质、排水良好的微带酸性沙壤土为好。喜欢阳光，但是过多的强光直射又对花蕾发育不利，花瓣容易焦枯，喜欢温暖，一般气温在 22～25 ℃最为花生长的适宜温度，夏季高温对开花不利。空气相对湿度宜 75％～80％。

【任务实施】

一、月季的栽培

（一）选地与整地

栽培地选择地势较高，阳光充足，空气流通，土壤微酸性。栽培时深翻土地，并施入有机肥料做基肥。

（二）繁殖方法

月季的繁殖以营养繁殖为主，可扦插、嫁接、分株、压条等，以扦插、嫁接应用最多。

1. 扦插繁殖　月季的扦插繁殖，首先要做好扦插温床的准备工作，要在温床里装入酿热物，如马粪或树叶，浇水压实，都会产生一定的热量。从月季的母株上剪下花落后的半木质化的枝条，长度在 10 cm 左右，一般枝条有 3 个芽眼，要把插条下部的叶片全部剪掉，只留顶端两片叶子进行光合作用，叶片留的不能过多，消耗了茎内的养分和蒸发大量的水分，插条的基部剪成"马蹄"斜形，放在清水盆里防止风干，要及时扦插。月季生根最适宜的温度为 22～25 ℃，一般 8 ℃以上才能开始生根。先要用木棒扎孔后再把插条扦插在沙孔里用手按实，插的深度为插条的 1/3，间距以叶片不搭在一起为宜，插完后要及时浇透水，把床沙洒实后用塑料薄膜盖好，遮阳 1 周，叶片喷洒每天 1～2 次，伤约 1 周以后开始愈合，一个月左右可生根移植，在移植时要做到根粘泥浆，边挖边栽，在泥浆中掺入 1％～2％的硫酸铜和 0.5％左右的尿素，既可防止根烂又可促进幼苗生长和成活。

2. 嫁接繁殖　嫁接是繁殖月季的主要手段，嫁接时，砧木的选择非常重要。插条来源充足，生根容易，能适应当地的气候条件，与接穗有很好的亲和力，目前国内常用的砧木为蔷薇。休眠期嫁接常采用枝接，在春季叶芽萌动以前。生长期嫁接常采用芽接。

（三）田间管理

1. 浇水 月季对水要求严格，不能过湿过干，过干则枯，过湿则伤根落叶。浇水时注意最好早上浇，而且对着根部直接浇，不要打湿叶片。

2. 追肥 除重施基肥外，生长季节还应追肥，需在花后追施速效性氮肥以壮苗催花。

3. 修剪 移植后可进行修剪，先剪去密枝、枯枝，再剪去老弱枝，留 2～3 个向外生长的芽，以便向四面展开。生长期还应注意摘芽、剪除残花枝和砧木萌蘖。每批花谢后，及时将与残花连接的枝条上部剪去，不使其结籽消耗养料，保留中下部充实的枝条，促进早发新枝再度开花。

二、病虫害防治

（一）病害防治

1. 黑斑病 主要侵害叶片、叶柄和嫩梢，叶片初发病时，正面出现紫褐色至褐色小点，扩大后多为圆形或不定形的黑褐色病斑。

防治方法：可用 50% 的多菌灵可湿性粉剂 500～1 000 倍液喷洒叶面。

2. 白粉病 侵害嫩叶，两面出现白色粉状物，早期病状不明显，白粉层出现 3～5 d 后，叶片呈水渍状，渐失绿变黄，严重伤害时则造成叶片脱落。

防治方法：可选用 25% 三唑酮可湿性粉剂 1 500 倍液或 50% 福美双 500 倍液喷雾防治。

3. 叶枯病 多数叶尖或叶缘侵入，初为黄色小点，以后迅速向内扩展为不规则形大斑，严重受害的全叶枯达 2/3，病部褪绿黄化，褐色干枯脱落。

防治方法：除加强肥水管理外，冬天应剪掉病枝病叶，清除地下落叶，减少初侵染来源；发病时应采取综合防治，并喷洒多菌灵、甲基硫菌灵等杀菌药剂。

（二）虫害防治

1. 刺蛾 主要为黄刺蛾、褐边绿刺蛾、丽褐刺蛾、桑褐刺蛾、扁刺蛾的幼虫，于高温季节大量啃食叶片。

防治方法：一旦发现，应立即用 90% 的敌百虫晶体 800 倍液喷杀，或用 2.5% 的溴氰菊酯乳油 1 500 倍液喷杀。

2. 介壳虫 主要有白轮蚧、日本龟蜡蚧、红蜡蚧、褐软蜡蚧、吹绵蚧、糠片盾蚧、蛇眼蚧等，其危害特点是刺吸月季嫩茎、幼叶的汁液，导致植株生长不良，主要是高温高湿、通风不良、光线欠佳所诱发。

防治方法：刚出现介壳虫时用牙刷或竹签剔除；对于发生严重的虫区，通过更新修剪烧毁虫枝，或更换栽培地点；在若虫期用 40% 氧化乐果 1 500 倍液喷杀；在休眠期用 3～5 波美度石硫合剂喷杀，并注意保护和利用天敌，如澳洲瓢虫、大红瓢虫、小红瓢虫等。

3. 蚜虫 主要为月季管蚜、桃蚜等，它们刺吸植株幼嫩器官的汁液，危害嫩茎、幼叶、花蕾等，严重影响植株的生长和开花。

防治方法：及时用 10% 的吡虫啉可湿性能粉剂 2 000 倍液喷杀。

4. 蔷薇三节叶蜂 多在幼虫期，数十条或百余条群集危害，短时间内可将植株的嫩叶吃光，仅剩下几条主叶脉，严重危害植株的正常生育。

防治方法：少量盆栽，可于刚出现时，采摘聚集有大量幼虫的叶片，将其踩死；大量出现可用 75％的辛硫磷乳油 4 000 倍液喷杀。

5. 朱砂叶螨　高温干旱季节发生猖獗，常导致叶片正面出现大量密集的小白点，叶背泛黄偶带枯斑。

防治方法：一旦发现，及时用 40％氧化乐果 1 000 倍液，或 15％哒螨灵乳油 2 000 倍液喷雾防治。

6. 金龟子　主要为铜绿金龟子、黑绒金龟子、白星花金龟子、小青花金龟子等，常以成虫啃食新叶、嫩梢和花苞，严重影响植株的生长和开花。

防治方法：利用成虫的假死性，于傍晚振落捕杀；利用成虫的趋光性，用黑光灯诱杀；在成虫取食危害时，用 50％的马拉硫磷乳油 1 000 倍液喷杀。

三、采收与加工

全年均可采收，花微开时采摘，阴干或低温干燥。

四、包装与贮藏

密封。置阴凉干燥处，防压、防蛀。

五、商品质量标准

以完整、色紫红、半开放、气清香者为佳。

【任务评价】

月季花栽培任务评价见表 7 - 10。

表 7 - 10　月季花栽培任务评价

任务评价内容	任务评价要点
栽培技术	1. 选地与整地 2. 繁殖方法：①扦插繁殖；②嫁接繁殖 3. 田间管理：①浇水；②追肥；③修剪
病虫害防治	1. 病害防治：①黑斑病；②白粉病；③叶枯病 2. 虫害防治：①刺蛾；②介壳虫；③蚜虫；④蔷薇三节叶蜂；⑤朱砂叶螨；⑥金龟子
采收与加工	1. 采收：采收方法及注意事项 2. 初加工：加工方法及注意事项
包装与贮藏	1. 包装：密封 2. 贮藏：阴凉干燥处，防压、防蛀

【思考与练习】

1. 月季花栽培过程中的害虫有哪些？怎样防治？

2. 月季花的主要繁殖方法有哪些？繁殖时应注意哪些问题？

皮类药材的栽培

任务一　牡丹皮的栽培

【任务目标】

通过本任务的学习，能熟练掌握牡丹栽培的主要技术流程，并能独立完成牡丹栽培的工作。

【知识准备】

一、概述

牡丹皮为毛茛科芍药属植物牡丹（*Paeonia suffruticosa* Andr.）的干燥根皮。性微寒，味苦、辛。归心、肝、肾经。具有清热凉血，活血化瘀的功效。用于热入营血，温毒发斑，吐血衄血，夜热早凉，无汗骨蒸，经闭痛经，跌扑伤痛，痈肿疮毒。全国各地多有栽培，主产安徽、四川、甘肃、陕西、湖北、湖南、山东、贵州等地。

二、形态特征

牡丹为多年生落叶小灌木，生长缓慢，株型小，株高多在 0.5～2 m；根肉质，粗而长，中心木质化，长度一般在 0.5～0.8 m，极少数根长度可达 2 m；枝干直立而脆，圆形，为从根茎处丛生数枝而成灌木状，当年生枝光滑、草木，黄褐色，常开裂而剥落；叶互生，叶片通常为二回三出复叶，枝上部常为单叶，小叶片有披针、卵圆、椭圆等形状，顶生小叶常为 2～3 裂，叶上面深绿色或黄绿色，下为灰绿色，光滑或有毛；总叶柄长 8～20 cm，表面有凹槽；花单生于当年枝顶，两性，花大色艳，形美多姿，花径 10～30 cm（图 8-1）。

图 8-1　牡　丹

（宋晓平，2002. 最新中药栽培与加工技术大全）

三、生物学特性

（一）生长发育习性

牡丹喜夏季凉爽、冬季温暖气候，要求阳光充足、雨量适中环境。耐旱忌水涝。通常幼年时期生长缓慢，一年生苗高不足 10 cm，根系长也仅有 10 cm 左右。三年生以后生长发育逐渐加快，4～5 年生始能开花，进入青壮年时期，生长强健旺盛，开花繁茂。中原品种群在正常年份，早春气温稳定在 3.5～6 ℃时萌芽，6～8 ℃左右抽发新枝，10～16 ℃花蕾迅速发育，16～22 ℃开花，26～28 ℃进行花芽分化。

（二）生态环境条件

牡丹为深根作物，要求土壤肥沃疏松、排水及通气性良好，中性或微酸性沙质壤土或轻壤土。对土壤中的微量元素铜敏感。盐碱地、低湿地不宜种植。

【任务实施】

一、栽培技术

（一）选地与整地

选择干燥向阳、土层深厚、排水良好、地下水位较低的沙质壤土。深翻 60 cm，充分风化，施入有机肥 4.5 万～6 万 kg/hm²。做成宽 1.5 m 的畦，开排水沟。4～5 年内不可连作。

（二）繁殖方法

1. 种子繁殖　牡丹种子具有上胚轴休眠特性，以秋播为好。播期北京地区 9 月中下旬；安徽 8 月上旬至 10 月下旬；山东 8 月上旬至 9 月上旬。种子播前以 1% 的赤霉素处理 48 h 或 50 ℃温水浸 24 h，促使发芽。春播种子需进行湿沙贮藏后播种。行距 6～9 cm 开浅沟将种子均匀播于沟中，覆土盖平稍镇压，越冬覆保墒土 6 cm 或牛马粪 1.5～3 cm，再盖草以保温。翌年早春去掉覆盖物，随地温回升，再扒去保墒土。在幼苗出土前浇 1 次催芽水，幼苗出齐后追肥 1～2 次。秋季选健壮幼苗按株行距 30 cm 移栽，栽后培土 6～9 cm，保护过冬。

2. 分株繁殖　整地做成高垄，在收获牡丹皮时选择健壮、无病虫害小根，按根丛形状分劈，每根留芽子 2～3 个，以 1% 硫酸铜抹伤口，防止感染。按行株距 25 cm×35 cm 栽于整好地内，每穴斜栽种 1 株。施入基肥 9 万 kg/hm²，栽后浇水、保墒，封冻前培土。

（三）田间管理

1. 浇水　浇水的次数不宜过多，最好选用地面漫灌的方式，每次浇水都要浇透。

2. 中耕除草　开春后结合除草中耕数次，应保持地中无杂草，不板结。要防止伤根。

3. 追肥　定植后的第二年开始，每年追肥两次，第一次在春季发芽前，第二次在秋冬季落叶时。肥料以菜籽饼肥为主，春季用肥量为 1 125～1 500 kg/hm²，亦可加施人尿及黄牛粪。冬季用肥量为 1 500～2 250 kg/hm²，亦可加施畜粪。施肥时应注意将饼肥放到离根 6 cm 以外的土中，以防灼伤根部，造成植株坏死。

4. 摘花　每年春天都要在现蕾后及时摘去花蕾。留种等特殊用途者除外。

5. 整形修剪　每年 11 月之前，应剪除枯黄枝叶。另外，还要进行疏剪，将过密枝和交叉枝都剪掉。

二、病虫害防治

（一）病害防治

1. 灰霉病　引起幼苗的倒伏、枯萎。其症状有两种类型。一种是叶部病斑近圆形或不规则形，多发生于叶尖和叶缘，呈褐色或紫褐色，具不规则的轮纹。茎上病斑褐色，呈软腐状，茎基部被害时，可使植株倒伏；花部被害变成褐色、软腐，产生灰色霉状物；病斑处有时产生黑色颗粒状的菌核。第二种症状是叶部边缘产生褐色病斑，使叶缘产生褐色轮纹状波皱，叶柄和花梗软腐，外皮腐烂，花梗被害时影响种子成熟；叶柄及茎干病斑多为长条形、暗褐色、略凹陷，病部易折断；花芽受侵染变褐、干枯、花瓣变褐色、腐烂。在潮湿条件下，发病部位均可产生灰色霉层，即病菌的分生孢子。

防治方法如下。①减少侵染来源，秋季清除病株的枯枝落叶，春季发病时摘除病芽、病叶，对病残体进行深埋处理。②1％石灰等量式波尔多液，或70％甲基硫菌灵1 000倍液，或65％代森锌500倍液，每隔10～15 d喷1次，连续喷2～3次。③加强栽培管理，栽植密度要适度；氮肥施用要适量，雨后及时排水，株丛基部不要培湿土；重病区要实行轮作；栽植无病种苗，苗木栽植前用70％可湿性代森锰锌粉剂300倍液浸泡10～15 min或用65％代森锌300倍液浸泡10～15 min。④土壤处理，用70％五氯硝基苯可湿性粉剂与70％代森锰锌等量混合，用量8～10 g/m²，或者用敌磺钠处理土壤，防止土传病菌滋生。

2. 紫纹羽病 俗称紫色或黑色根腐病。老株和多年连作的园地发病率较高。病根初呈黄褐色，严重时变为深紫或黑色、湿腐，病根表层有一层似棉絮状的菌丝体，后期病根表层完全腐烂，但仍完好地套在木质部外围，且可以上下移动。受害植株生长势减弱、黄化、叶片变小，呈大小年开花，严重时部分枝干或整株枯死。

防治方法如下。①苗木栽植前可用土壤消毒剂对树穴消毒，防止土壤传病菌滋生，提前预防根部病的发生；施肥时施用有机肥要充分腐熟，增施钾肥，施肥时薄肥勤施，忌未腐熟肥，更忌施肥过重，促进新根生长；中耕冬翻，保持土壤通透性，给根系一个透水透气的环境；浇水，掌握牡丹的浇水次数及浇水量，尤其早春和夏末菌丝体活动期，当土壤含水量不少于60％时，尽量少浇或不浇水，以减少感染。②发病植株，若发病严重，应立即清除掉，如果初发或病情较轻的植株，可进行开沟灌根治疗，药剂可选50％福美双可湿性粉剂500～800倍液；70％甲基硫菌灵1 000倍液，于早春或夏末，沿株干周围开挖3～5条放射状沟，长同树冠，宽20～30 cm，深30 cm左右，将根部暴露出来更好，灌药后封土。灌根后最好置换病株周围的土，半年后再换1次。也可用晾根和挖沟隔离将患病植株周围的土扒开使病根暴露在空气中，经日光暴晒和通风，以减轻和抑制病情的发展，早春至秋末均可进行。另在罹病和健康植株之间，视株根分布深度，开挖60～80 cm深的沟，以防止和阻断菌丝体延伸造成接触传染。为防止牡丹根腐病的蔓延和传染，牡丹园周围宜栽植松、柏树，不宜栽杨、柳、槐树和白蜡。

3. 炭疽病 牡丹炭疽病危害牡丹的叶、茎、花器等部位。6月叶正面出现褐色小斑点，逐渐扩大为近圆形病斑，其大小因牡丹品种而异，直径为4～25 mm，叶缘病斑为半椭圆形；病斑的扩展多受主脉的抑制而呈半椭圆形，病斑黑褐色，后期中部为灰白色，斑缘为红褐色。7、8月病斑上长出轮状排列的黑色小粒点，即病原菌的分生孢子盘，湿度大时分生孢子盘内溢出红褐色粘孢子团，成为识别该病的特征。病斑后期开裂，穿孔。茎和叶柄上的病斑多为棱形长条斑，稍凹陷，长3～6 mm，红褐色；后期为灰褐色，病茎有扭曲现象，病重时会折断。嫩茎发病会迅速枯死。芽鳞和花瓣受害引起芽枯死和花冠畸形。高温、多雨、多露、株丛郁闭等有利于病害发生。

防治方法如下。①清除病源病害流行期及时摘除病叶，防止再次侵染危害。秋冬彻底清除地面病残体连同遗留枝叶，集中深埋或烧毁，减少次年初侵染源。②发病初期即6月上旬喷药，常用药剂可选50％福美双可湿性粉剂800倍液、50％多菌灵可湿性粉剂500～800倍液、50％甲基硫菌灵湿性粉剂500～800倍液等。每7～8 d喷1次，连喷2～3次，喷药遇雨后补喷。也可用75％百菌清可湿性粉剂1 000倍液加70％甲基硫菌灵可湿性粉剂1 000倍液，防治效果比单一使用好。

（二）虫害防治

1. 牡丹吹绵蚧　栽植密度过大、枝叶相接时容易发生。严重时不仅可使牡丹花朵开的量少花小，而且还会造成牡丹叶片脱落甚至全株死亡。多固着于枝条或叶片上吸食牡丹树液。

防治方法：卵的初孵期可使用10.8％吡丙醚进行防治；冬季，可用竹刀将枝干上所有的虫体刮去烧掉，并用3～5波美度石灰硫黄合剂涂抹枝干，以毒杀越冬的雌虫和虫卵；冬季防治后如仍有残留的虫体未被杀死，可于第二年3—4月幼虫初孵期喷布50％的氧化乐果或马拉硫磷1 000倍药液，连续喷洒2～3次，即可较为彻底地杀灭此种害虫。

2. 蛴螬　金龟子幼虫，体呈C形，多皱纹，危害牡丹根部。
防治方法：4—5月用黑光灯诱杀成虫，撒5％辛硫磷颗粒剂3.75 kg/hm²。
3. 地老虎　以幼虫在土壤危害，喜食牡丹根。
防治方法：越冬前翻地，消灭幼虫、冬蛹，用氧化乐果灌根消灭幼虫。

三、采收与加工

栽培3～5年后收获，于10—11月挖根，洗净，去掉须根及茎基。根条较粗直、粉性较足的根皮，用竹刀或碎碗片刮去外表栓皮，晒干，即为刮丹皮，又称粉丹皮。根条较细、粉性较差或有虫疤的根皮，不刮外皮，直接晒干，称原丹皮，又称连皮丹。

四、包装与贮藏

用木箱或竹篓包装。置阴凉干燥处贮藏。

五、商品质量标准

（一）形状评价
以条粗、皮厚、断面色淡红、粉性足、结晶多、香气浓者为佳。
（二）醇溶性浸出物含量
用乙醇作溶剂用热浸发测定，不得少于15.0％。
（三）丹皮酚（$C_9H_{10}O_3$）的含量
用高效液相色谱法测定，不得少于1.20％。

【任务评价】

牡丹皮栽培任务评价见表8-1。

表8-1 牡丹皮栽培任务评价

任务评价内容	任务评价要点
栽培技术	1. 选地与整地 2. 繁殖方法：①种子繁殖；②分株繁殖 3. 田间管理：①浇水；②中耕除草；③追肥；④摘花；⑤整形修剪
病虫害防治	1. 病害防治：①灰霉病；②紫纹羽病；③炭疽病 2. 虫害防治：①牡丹吹绵蚧；②蛴螬；③地老虎
采收与加工	1. 采收：采收方法及注意事项 2. 加工：加工方法及注意事项
包装与贮藏	1. 包装：用木箱或竹篓包装 2. 贮藏：置阴凉干燥处贮藏

【思考与练习】

1. 如何防治牡丹皮灰霉病？
2. 牡丹皮的商品质量标准有哪些？

任务二 杜仲的栽培

【任务目标】

通过本任务的学习，能熟练掌握杜仲栽培的主要技术流程，并能独立完成杜仲栽培的工作。

【知识准备】

一、概述

杜仲（*Eucommia ulmoides* Oliv.）又名胶木、丝棉皮、棉树皮，为杜仲科杜仲属植物。以干燥树皮入药，是中国名贵滋补药材。性温，味甘。归肝、肾经。具有补肝肾，强筋骨，安胎的功效。用于肝肾不足，腰膝酸痛，筋骨无力，头晕目眩，妊娠漏血，胎动不安。杜仲原产中国，有近千年栽培历史。主产于贵州遵义、贵阳、安顺，四川广元、达县、万县，湖北宜昌、恩施、十堰，陕西汉中、安康，湖南常德、吉首等地。销往全国各地。

图8-2 杜 仲

（宋晓平，2002. 最新中药栽培与加工技术大全）

二、形态特征

杜仲为落叶乔木，高达20 m，胸径50 cm。树冠圆球形。树皮深灰色，枝具片状髓，树体各部折断均具银白色胶丝。小枝光滑，无顶芽。单叶互生，叶椭圆形或卵状椭圆形，长6～13 cm，有锯齿，羽状脉，老叶表面网脉下限，无托叶。花单性，花期4—5月，雌雄异株，无花被，生于幼枝基部的苞叶内，与叶同放或先叶开放。翅果扁而薄，长椭圆形，顶端2裂，种子1粒（图8-2）。

三、生物学特性

（一）生长发育习性

植株萌芽力极强，根或枝干一旦受伤，休眠芽可抽出多数萌枝。杜仲树的高度在幼年期生长缓慢，速生期出现在 10～20 年，20 年以后生长速度又逐年降低，50 年后植株自然枯萎，树高生长基本停止。树皮生长过程与树干生长过程一致。

（二）生态环境条件

强阳性树。耐寒性强，喜温暖湿润气候，对土壤适应性较广，但以土层深厚、土质肥沃、质地疏松、排水良好的中性、微酸性或微碱性土壤为好。

【任务实施】

一、栽培技术

（一）选地与整地

选地势向阳、疏松肥沃、湿润、排灌方便的土地，播种前施足底肥，翻耕耙细，整平、作畦，畦高 15 cm，宽 40 cm，长随地形而定。

（二）育苗与移栽

1. 育苗　用种子、扦插、压条、分蘖。以种子繁殖为主。从杜仲树皮的形态特征可分为粗皮杜仲（青冈皮）与光皮杜仲（白杨皮）两种类型，栽培以光皮杜仲为优。

（1）种子繁殖。选 20～30 年生的生长发育健壮、树皮光滑、无病虫害和未剥过树皮的植株，9—10 月果实成熟后采摘，晾干，扬净，切忌暴晒。种子寿命短，不宜用陈种。播种期为冬播（11—12 月）或春播（2—3 月），以冬播为宜。春播因种子外皮含胶质，干燥后会影响发芽，播前将种子在 20～25 ℃温水中浸泡 3 d，每天换水 1 次，待种子膨胀后再用湿沙拌匀，每隔 2～3 d 翻动 1 次，约 15 d 种子即可萌动。用种量为 105～120 kg/hm²。播种方法用条播法，按行距 20～30 cm 开条沟，沟深 4 cm，将种子均匀播入沟内，覆土 2～3 cm，稍加镇压，烧水，覆盖草，以防霜冻。出苗后，幼苗 5～7 cm 时，选阴天时进行第一次间苗，苗高 15～20 cm 时进行第二次间苗或定苗。苗期适量灌水，保持土壤湿润，7—8 月生长旺盛时，加强施肥，全年施肥 6～8 次，有机肥和无机肥交替施用。

（2）扦插繁殖。剪取一年生嫩枝，剪成 10～15 cm 含有 3～4 个芽的插穗，5 月初按行、株距 20 cm×10 cm 开穴扦插，插入土中 2/3，留 1/3 于地面，扦插后搭棚遮阳，保持土壤湿润，待生根后第二年移栽。也可用 50 mg/L 的萘乙酸处理 24 h，可提高插条成活率。

（3）压条繁殖。用普通压条或高空压条。普通压条在早春（1—2 月）植株未萌动前，将母株近根部的健壮枝条，压入土中 20 cm 左右，使枝梢露出地面，1 年后即可生根成苗，与母体分离后栽种。高空压条，3—4 月或 6—7 月，选 2～3 年生，直径 1 cm 粗的枝条，割伤后用塑料薄膜或对半开竹筒盛装肥土，包裹于枝条割伤部位，经常检查湿度，生根后与母株分离栽种。

（4）分蘖繁殖。用砍树后的老桩培土，促进萌生新芽，初冬劈开分株栽种。

2. 移栽　春秋两季均可，利用树木的休眠期进行移栽定植。移栽应选择苗径粗壮，茎高 50 cm 以上，根系发达，侧根和须根较多，无徒长枝、无病虫害的苗木。培育 1～2 年移植。行株距各 2 m×3 m 定点挖穴，每穴施以底肥。

（三）田间管理

1. 浇水 浇水次数应根据当地气候条件而定，降水量大于 600 mm 地区，正常年份可不浇水，降水量小于 600 mm 地区，应浇水 3～4 次，萌芽前、新梢生长期、休眠期各灌 1 次，剥皮前 3～5 d 浇水 1 次，浇水要结合追肥进行。

2. 施肥 每年春季萌芽前和落叶后各施农家肥 1 次，追施优质厩肥 30 000～37 500 kg/hm²。

3. 中耕除草 移栽当年一般中耕 3～4 次，以后可适当减少次数，结合中耕除掉田间杂草。

4. 截干 刚移栽后的幼树根系不发达，生长力较弱，待幼树叶子全部脱落时或翌年春季新芽萌动前，将植株离地面 10 cm 以上全部截去，1 年后即可萌发出高达 1 m 端直而粗壮的主干。

5. 修剪 每年需加强管理，修剪旁枝，使主干健壮生长。

二、病虫害防治

（一）病害防治

1. 根腐病 病菌先从须根、侧根侵入，逐步发展至主根，根皮腐烂萎缩，地上部出现叶片萎蔫，苗茎干缩，乃至整株死亡。病株根部至茎部木质部呈条状不规则紫色纹，病苗叶片干枯后不落，拔出病苗一般根皮留在土壤中。

防治方法如下。①选好圃地。宜选择土壤疏松、肥沃、灌溉及排水条件好的地块育苗，尽量避开重茬苗圃地。长期种植蔬菜、豆类、瓜类、棉花、马铃薯的地块也不宜作杜仲苗圃地。冬季土壤封冻前施足充分腐熟的有机肥，同时加施 1 500～2 300 kg/hm² 硫酸亚铁（黑矾），将土壤充分消毒。酸性土壤撒 300 kg/hm² 石灰，也可达到消毒目的。精选优质种子并进行催芽处理，加强土壤管理，疏松土壤，及时排水，也能有效抵抗和预防根腐病。②幼苗初发病期要及时喷药，控制病害蔓延，用 50％甲基硫菌灵 400～800 倍液、50％福美双 500 倍液或 25％多菌灵 800 倍液灌根，均有良好的防病效果。③已经死亡的幼苗或幼树要立即挖除烧掉，并在发病处充分杀菌消毒。

2. 立枯病 立枯病又称猝倒病，在各产区都有不同程度的发生，主要危害当年实生幼苗。苗木在不同生长发育阶段表现出种芽腐烂、幼苗猝倒、子叶腐烂、苗木立枯等症状。立枯病的防治参照根腐病的防治方法。

3. 叶枯病 为真菌引起的病害，成年植株多见。发病初期，叶片出现褐色圆形病斑，以后不断扩大，密布全叶。病斑边缘褐色，中间白色，有时使叶片破裂穿孔，严重时叶片枯死。

防治方法：冬季结合清洁田园，清扫枯枝落叶，集中处理，用土封盖严密，使其发酵腐熟，既减少了病害的污染，又可以积肥；发病初期，及时摘除病叶，挖坑深埋。避免病叶随风飘扬，到处传播；发病后每隔 7～10 d 喷 1 次 1∶1∶100 波尔多液，连续喷洒 2～3 次。

（二）虫害防治

1. 金龟子 主要以幼虫危害杜仲幼苗，在黄河流域及其以北地区发生普遍。危害杜仲的金龟子主要有华北大黑鳃金龟、铜绿金龟子、毛黄鳃金龟、茶色金龟等。

防治方法如下。①在选择育苗地时，应充分调查了解虫情，如蛴螬量过大，撒施 50％

辛硫磷颗粒剂 30～45 kg/hm² 处理土壤，并可兼治其他地下害虫。②适时翻耕土地、人工捕杀和放养家禽啄食，可减轻危害。③苗圃地必须使用充分腐熟的农家肥作肥料，以免滋生蛴螬。④幼苗生长期发现幼虫危害，可用 50％辛硫磷乳油灌注根际，可取得较好的防治效果。⑤成虫盛发期，利用灯光诱捕。

2. 地老虎　初龄幼虫群集于幼嫩部分取食，3 龄后分散，白天卷缩于幼苗根茎部以下 2～6 cm 深处，晚上出来食害，从根茎部咬断幼苗嫩茎，拖入洞内。

防治方法如下。①及时清除杂草，减少消灭成虫产卵场所，改变幼虫的吃食条件。②幼虫危害期间，每天早晨在断苗处将土挖开，捕捉幼虫。③在幼虫 3 龄前用 50％辛硫磷乳油 800～1 000 倍液喷施根茎部；或利用地老虎食杂草的习性，在苗圃堆放用可湿性 6％敌百虫粉剂拌过的湿润鲜杂草，诱杀地老虎，草药比例为 50∶1。④用黑光灯诱杀成虫。

3. 蝼蛄　蝼蛄喜食刚发芽的种子，危害幼苗，不但能将地下嫩苗根茎取食成丝丝缕缕状，还能在苗床土表下开掘隧道，使幼苗根部脱离土壤，失水枯死。

防治方法如下。①施用充分腐熟的有机肥料，可减少蝼蛄产卵。②做苗床前，用 50％辛硫磷颗粒剂用细土拌匀，撒于土表再翻入土内，用量为 375 kg/hm²。③用 50％辛硫磷乳油 0.3 kg 拌种 100 kg，可防治多种地下害虫，不影响发芽率。④毒饵诱杀：用 90％敌百虫原药 1 kg 加饵料 100 kg，充分拌匀后撒于苗床上，可兼治蝼蛄和蛴螬及地老虎。⑤灯光诱杀：一般在闷热天气，晚上 8—10 时用灯光诱杀。

三、采收与初加工

（一）采收
杜仲种植 10～15 年以上才能开始剥皮，剥皮于 4—6 月进行。用锯子齐地面锯一环状口，深达木质部，向上间隔 80 cm 处再锯第二道环状口。在两环状口之间纵割一切口，用竹片刀纵切口处轻轻剥边，使树皮与木质部脱离。

（二）加工
刮去粗皮，堆置"发汗"至内皮呈紫褐色，晒干。取原药材，刮去残存粗皮，洗净，切成块或丝，干燥，为"生杜仲"块或丝。取杜仲块或丝，用盐水拌匀，润透，置锅内，用中火加热炒或炒烫至丝易断，取出，晾干，为"盐杜仲"（每 100 kg 杜仲用盐 2 kg）。

四、包装与贮藏

打捆或箱装。杜仲易发霉，应贮藏于阴凉、干燥、通风处保存。

五、商品质量标准

（一）形状评价
一般以皮厚、块大、内表面暗紫色、断面丝多、弹性大者为佳。

（二）醇溶性浸出物含量
药材用 75％乙醇作溶剂，用热浸法测定，不得少于 11.0％，盐杜仲不得少于 12.0％。

（三）松脂醇二葡萄糖苷（$C_{32}H_{42}O_{16}$）的含量
用高效液相色谱法测定，不得少于 0.10％。

【任务评价】

杜仲栽培任务评价见表 8-2。

表 8-2　杜仲栽培任务评价

任务评价内容	任务评价要点
栽培技术	1. 选地与整地 2. 育苗与移栽。①育苗。a. 种子繁殖；b. 扦插繁殖；c. 压条繁殖；d. 分蘖繁殖。②移栽 3. 田间管理：①浇水；②施肥；③中耕除草；④截干；⑤修剪
病虫害防治	1. 病害防治：①根腐病；②立枯病；③叶枯病 2. 虫害防治：①金龟子；②地老虎；③蝼蛄
采收与加工	1. 采收：采收方法及注意事项 2. 加工：①"生杜仲"加工方法及注意事项；②"盐杜仲"加工方法及注意事项
包装与贮藏	1. 包装：打捆或箱装 2. 贮藏：阴凉、干燥、通风处保存

【思考与练习】

1. 怎样对杜仲进行移栽？
2. 杜仲的加工方法有哪些？
3. 杜仲的主要育苗方法有哪些？哪种最常用？

任务三　厚朴的栽培

【任务目标】

通过本任务的学习，能熟练掌握厚朴栽培的主要技术流程，并能独立完成厚朴栽培的工作。

【知识准备】

一、概述

厚朴原植物为厚朴（*Magnolia officinalis* Rehd. et Wils.）和凹叶厚朴 [*Magnolia officinalis* subsp. biloba（Rehd. et wils.）Cheng et Law]，为木兰科木兰属植物。主产于四川广元、涪陵，湖北恩施、宜昌，湖南衡阳等地，历史上称为川厚朴，或称紫油厚朴；主产于浙江丽水，福建南平，江西等地的为"温厚朴"。以川厚朴质优。以干皮、根皮及枝皮入药。性温，味苦、辛。具有燥湿消痰，下气除满的功效。主要用于湿滞伤中、脘痞吐泻、食积气滞、腹胀便秘、痰饮喘咳等（图 8-3）。

二、形态特征

（一）厚朴

落叶乔木，高 15～20 m，树干通直。单叶互生，具柄；叶片革质，倒卵形或椭圆状倒卵形。花单生于幼枝顶端，花被片 9～12 或更多，白色；雌雄蕊均多数。聚合果长椭圆状卵形、木质，内含种子 1～2 粒，种皮鲜红色。

（二）凹叶厚朴

外形与上述相似，主要区别点在于本种叶片先端凹陷成钝圆浅裂片或呈倒心形。

图 8-3　厚　朴

（宋晓平，2002. 最新中药栽培与加工技术大全）

三、生物学特性

（一）生长发育习性

厚朴生长缓慢，树龄 8 年以上进入成年树，花期 4—5 月，果熟期 10—11 月；凹叶厚朴比厚朴生长快些，5 年以上就进入成年树，花期 3—4 月，果熟期 9—10 月。

（二）生态环境条件

厚朴性喜温和，潮湿、雨雾多的气候，怕炎热，能耐寒；凹叶厚朴则喜温暖，耐炎热能力比厚朴强，耐寒。两者都是阳性树种，移栽定植应选择向阳地块，但幼苗怕强光，所以应适当荫蔽。

【任务实施】

一、栽培技术

（一）选地与整地

选择疏松、富含腐殖质、呈中性或微酸性的沙壤土和壤土种植。深翻、整平，按株行距 3 m×4 m 或 3 m×3 m 开穴，穴深 40 cm、50 cm 见方，备栽。育苗地应选向阳、高燥、微酸性而肥沃的沙壤土。施足基肥，翻耕耙细，整平，做成 1～1.5 m 宽的苗床。

（二）育苗与移栽

1. 育苗　繁殖方法有种子繁殖、压条繁殖和扦插繁殖。

（1）种子繁殖。9—11 月果实成熟时，采收种子，趁鲜播种，或用湿沙子贮放至翌年春季播种。播前进行种子处理：①浸种 48 h 后，用沙搓去种子表面的蜡质层；②浸种 24～48 h，盛竹箩内在水中用脚踩去蜡质层；③浓茶水浸种 24～48 h，搓去蜡质层。条播为主，行距为厚朴 30～33 cm，凹叶厚朴 20～25 cm，粒距 5～7 cm，播后覆土、盖草。也可采用撒播，用种量 150～230 kg/hm²。一般 3—4 月出苗，1～2 年后当苗高 30～50 cm 时即可移栽。

（2）压条繁殖。11 月上旬或 2 月选择生长 10 年以上成年树的萌蘖，横割断蘖茎一半，向切口相反方向弯曲，使径纵裂，在裂缝中央夹一小石块，培土覆盖。翌年生多数根后割下定植。

(3) 扦插繁殖。2月选径粗1 cm左右的1~2年生枝条，剪成长约20 cm的插条，插于苗床中，翌年移栽。

2. 移栽 将幼苗于2—3月萌芽前或10—11月落叶后移栽定植。每穴栽苗1株，浇水。

(三) 田间管理

定植后经常浇水，苗成活为止。幼苗期可套种大豆、蚕豆等农作物，有利于树苗抚育管理。每年春天施农家肥料、草木灰、人粪尿或混合施硫酸铵过磷酸钙。施肥方法：植株旁边开穴施入肥料并在树根部培土。移栽于干旱地方要注意抗旱保苗。幼树期除需压条繁殖外，应剪除萌蘖，以保证主干挺直、快长。生长15年以上的树，树皮还很薄，必要时可在春季砍几刀促进树皮增厚。

二、病虫害防治

(一) 病害防治

1. 立枯病 立枯病常发生于苗期，并多发生在梅雨季节。苗木发病后蔓延迅速，常造成成片死亡。

防治方法：①播种前用30％恶霜灵可湿性粉剂按种子量0.2％~0.3％拌种消毒；②苗期用500倍液恶霜灵，用量为3 kg/m²；③发现病株应立即拔除，并用500倍液恶霜灵灌根，以防未病植株发病。

2. 叶枯病 初期叶片病呈黑褐色，圆形，直径0.2~0.5 cm，以后逐渐扩大，布满全叶，导致叶片干枯而死。

防治方法：①冬季清除病叶，集中烧毁或深埋以减少病菌的来源，发病后及时摘除病叶；②每隔7~10 d喷1次1：1：100波尔多液或50％福美双800倍液，连续喷洒2~3次等。

3. 根腐病 苗期发病，根部发黑腐烂，呈水渍状，全株枯死。

防治方法：①在做苗床前，用敌磺钠原粉，拌适量细土，均匀撒入圃地表土层中，进行土壤消毒；②注意排水；③发现病株马上拔除集中烧毁，根据病情，喷洒65％敌磺钠与黄心土拌匀后撒在苗木根茎部，50％多菌灵500倍液灌入病株附近苗木根部，可以控制病害蔓延。

(二) 虫害防治

1. 褐天牛 幼虫危害植株茎干，影响树势，严重时植株死亡。

防治方法：成虫盛发期（5—7月），在裂口处刮除卵粒及初孵幼虫；用药棉浸80％敌敌畏原液塞入蛀孔，用泥封口，毒杀幼虫。

2. 白蚁 危害根部。

防治方法：可用灭蚁灵粉毒杀，还可挖巢灭蚁。

三、采收与加工

4—6月剥取15~20年的树皮、枝皮、根皮，直接阴干。干皮入沸水中微煮后，堆置阴湿处，"发汗"至内表面变紫褐色或棕褐色时，蒸软，取出，卷成筒状，晒干或烘干。

四、包装与贮藏

打捆或木箱装。厚朴易散失香气，故应避光、避风。置阴凉、干燥处，防潮贮藏。

五、商品质量标准

（一）性状评价

以皮厚、肉细、内表面色紫棕、油性足、断面有亮星、香气浓者为佳。

（二）厚朴酚（$C_{18}H_{18}O_2$）与和厚朴酚（$C_{18}H_{18}O_2$）的总含量

用高效液相色谱法测定，不得少于 2.0%。

【任务评价】

厚朴栽培任务评价见表 8-3。

表 8-3　厚朴栽培任务评价

任务评价内容	任务评价要点
栽培技术	1. 选地与整地 2. 育苗与移栽。①育苗：a. 种子繁殖；b. 压条繁殖；c. 扦插繁殖。②移栽 3. 田间管理
病虫害防治	1. 病害防治：①立枯病；②叶枯病；③根腐病 2. 虫害防治：①褐天牛；②白蚁
采收与加工	1. 采收：采收方法及注意事项 2. 初加工：加工方法及注意事项
包装与贮藏	1. 包装：通常用细麻袋或布袋包装 2. 贮藏：通风阴凉、干燥处，防潮，防蛀

【思考与练习】

1. 简述厚朴的采收与加工方法。
2. 厚朴的苗期病害主要有哪些？如何防治？

任务四　黄柏的栽培

【任务目标】

通过本任务的学习，能熟练掌握黄柏栽培的主要技术流程，并能独立完成黄柏栽培的工作。

【知识准备】

一、概述

黄柏为芸香科植物黄皮树（*Phellodendron chinense* Schneid.）和黄檗（*Phellodendron amurense* Rupr.）的干燥树皮。前者习称"川黄柏"，后者习称"关黄柏"。具清热解毒、泻火燥湿等功能。川黄柏主产四川、湖北、贵州、云南、江西、浙江等地；关黄柏主产东北和华北地区（图 8-4）。

二、形态特征及品种简介

（一）形态特征

1. 川黄柏　落叶乔木，高 10～12 m。树干暗灰棕色，幼枝暗棕褐色或紫棕色，皮开裂，有白色皮孔，树皮无加厚的木栓层。叶对生，奇数羽状复叶，小叶通常 7～15 片，长圆形至长卵形，先端渐尖，基部平截或圆形，上面暗绿色，仅中脉被毛，下面浅绿色，有长柔毛。花单性，淡黄色，顶生圆锥花序，花瓣5～8 片。浆果状核果肉质，圆球形，黑色，密集成团，种子 4～6 粒，卵状长圆形或半椭圆形，褐色或黑褐色。

2. 关黄柏　与川黄柏的主要区别为树具有加厚的木栓层。小叶 5～13 片，卵状披针形或近卵形，边缘有个明显的钝锯齿及缘毛。花瓣 5 片。浆果状核果圆球形。

图 8-4　黄　柏
（宋晓平，2002. 最新中药栽培与加工技术大全）

（二）品种简介

黄柏分为川黄柏和关黄柏两种，生产上没有品种区分。

三、生物学特性

（一）生长发育习性

花期 5—7 月，果期 6—10 月。

（二）生态环境条件

以山西吕梁山为界，以北适宜关黄柏生长，以南适宜川黄柏生长。黄柏对气候适应性强，苗期稍能耐阴，成年树喜阳光。野生多见于避风山间谷地，混生在阔叶林中。喜深厚肥沃土壤，喜潮湿，喜肥，怕涝，耐寒。黄柏幼苗忌高温、干旱。

【任务实施】

一、黄柏的种植

（一）选地与整地

黄柏为阳性树种，山区、平原均可种植，但以上层深厚、便于排灌、腐殖质含量较高的地方为佳。在选好的地上，按穴距 3～4 m 开穴，并每穴施入农家肥 5～10 kg 作底肥。育苗地则宜选地势比较平坦、排灌方便、肥沃湿润的地方，施农家肥 45 000 kg/hm² 作基肥，深翻 20～25 cm，充分细碎整平。

（二）育苗与移栽

1. 育苗　主要用种子繁殖，也可用分根繁殖。

（1）种子繁殖。春播或秋播。春播宜早不宜晚，一般南方在 3 月上中旬，华北地区在 3 月下旬，东北地区 4 月下旬至 5 月下旬。播前用 40 ℃温水浸种 1 d，然后进行低温或冷冻层积处理 50～60 d，待种子裂口后，按行距 30 cm 开沟条播。播后覆土，搂平稍加镇压、浇水，40～50 d 出苗。秋播在 11—12 月或封冻前进行，播前 20 d 湿润种子至种皮变软后播种。第二年春季出苗。用种 30～45 kg/hm²。培育 1～2 年后，当苗高 40～70 cm 时，即可移栽。

（2）分根繁殖。在休眠期间，选择直径 1 cm 左右的嫩根，窖藏至翌年春解冻后扒出，截成 15～20 cm 长的小段，斜插于土中，上端不能露出地面，插后浇水。也可随刨随插。1 年后即可成苗移栽。

2. 移栽　在冬季落叶后至翌年新芽萌动前，将幼苗带土挖出，剪去根部下端过长部分，每穴栽 1 株，填土一半时，将树苗轻轻往上提，使根部舒展后再填土至平，踏实，浇水。

（三）田间管理

1. 浇水　播种后出苗期间及定植半月以内，应经常浇水，以保持土壤湿润，夏季高温也应及时浇水降温，以利幼苗生长。郁闭后，可适当少浇或不浇。多雨积水时应及时排除，以防烂根。

2. 中耕除草　一般在播种后至出苗前，除草 1 次，出苗后至郁闭前，中耕除草 2 次。移栽定值当年和随后 2 年内，每年夏、秋两季，应中耕除草 2～3 次，3～4 年后，树已长大，只需每隔 2～3 年，在夏季中耕除草 1 次，疏松土层，并将杂草翻入土内。

3. 施肥　育苗期，结合间苗中耕除草应追肥 2～3 次，每次施入畜粪水 30 000～45 000 kg/hm²，夏季在封行前也可追施 1 次。定植后，于每年入冬前施 1 次农家肥，每株沟施 10～15 kg。

二、病虫害防治

（一）病害防治

锈病是危害黄柏叶部的主要病害，病原是真菌中的一种担子菌。发病初期叶片上出现黄绿色、近圆形、边缘不明显的小点，发病后期叶背呈橙黄色微突起小疱斑，这就是病原菌的夏孢子堆，疱斑破裂后散出橙黄色夏孢子，叶片上病斑增多以至叶片枯死。在东北一带发病重，一般在 5 月中旬发生，6—7 月危害严重，时晴时雨有利发病。

防治方法：发病初期用 25％三唑酮 700 倍液喷雾，每隔 7～10 d 喷 1 次，连续喷 2～3 次。

（二）虫害防治

1. 花椒凤蝶　5—8 月发生，危害幼苗叶片。

防治方法：利用天敌，即寄生蜂抑制凤蝶发生；在幼虫幼龄时期，喷 90％敌百虫 800 倍液，每隔 5～7 d 喷 1 次，连续喷 1～2 次。

2. 蛞蝓　蛞蝓是一种软体动物，以成、幼体舔食叶、茎和幼芽。

防治方法：发生期用瓜皮或蔬菜诱杀；喷 1％～3％石灰水。

三、采收与加工

黄柏定植 15～20 年后即可采收，时间在 5 月上旬至 6 月下旬，砍树剥皮。也可采取只剥去一部分树皮，让原树继续生长，以后再剥的办法。连续剥皮，但再生树皮质量和产量不如第一次剥的树皮。剥下的树皮趁鲜刮去粗皮，至显黄色为度，晒至半干，重叠成堆，用石板压平，再晒干即可。

四、包装与贮藏

打捆，以篾席包装。黄柏易虫蛀、发霉、变色，应置干燥、通风处，避光保存。

五、商品质量标准

（一）性状评价

1. 川黄柏 以皮厚、色鲜黄、无栓皮者为佳。

2. 关黄柏 无粗皮及死树的松泡皮。以皮厚、色黄绿、无栓皮者为佳。

（二）醇溶性浸出物含量

用稀乙醇作溶剂，用冷浸法测定，不得少于14.0%。

（三）小檗碱含量

1. 川黄柏 用高效液相色谱法测定，以盐酸小檗碱（$C_{20}H_{17}NO_4$）·HCL 计，不得少于3.0%。

2. 关黄柏 用高效液相色谱法测定，以盐酸小檗碱（$C_{20}H_{17}NO_4$）·HCL 计，不得少于0.60%。

【任务评价】

黄柏栽培任务评价见表8-4。

表8-4 黄柏栽培任务评价

任务评价内容	任务评价要点
栽培技术	1. 选地与整地 2. 育苗与移栽。①育苗：a. 种子繁殖；b. 分根繁殖。②移栽 3. 田间管理：①浇水；②中耕除草；③施肥
病虫害防治	1. 病害防治：锈病 2. 虫害防治：①花椒凤蝶；②蛞蝓
采收与加工	1. 采收：采收方法及注意事项 2. 加工：加工方法及注意事项
包装与贮藏	1. 包装：打捆，以篾席包装 2. 贮藏：干燥、通风处，避光保存

【思考与练习】

1. 我国黄柏的种类有几种？各适合在什么地方种植？

2. 两种黄柏在商品质量标准上有何不同？

任务五 肉桂的栽培

【任务目标】

通过本任务的学习，能熟练掌握肉桂栽培的主要技术流程，并能独立完成肉桂栽培的工作。

【知识准备】

一、概述

肉桂（*Cinnamomum cassia* Presl）为樟科樟属植物，以树皮和嫩枝入药。主产于广西钦州、玉林，广东茂名、肇庆，云南，福建等地。

二、形态特征

肉桂，常绿乔木，高 12～17 m。树皮灰褐色，芳香，幼枝略呈四棱形。叶互生，革质，长椭圆形至近披针形，先端尖，基部钝，全缘，上面绿色，有光泽，下面灰绿色，被细柔毛。浆果椭圆形或倒卵形，种子长卵形，紫色（图 8-5）。

图 8-5 肉 桂

（宋晓平，2002. 最新中药栽培与

加工技术大全）

三、生物学特性

（一）生长发育习性

属半阴性树种，常野生于疏林中，幼苗喜阴，忌烈日直射，成龄树喜阳。种植 6～8 年开花结果，花期 5—7 月，果期至翌年 2—3 月。

（二）生态环境条件

肉桂喜欢气候温暖湿润、雨量分布均匀的热带、亚热带地区。要求年平均气温在 18 ℃以上，年平均降水量 1 200 mm 以上。肉桂属半阴性植物，幼树喜荫蔽，要求 60%～70% 荫蔽度，忌烈日直晒，随着树龄的增长，逐步能耐较多阳光，成株喜阳光充足，阳光可提高结实率和促进桂皮油分充足，药材质量好。肉桂为深根性植物，喜土层深厚，排水良好，通透性强，肥沃的沙质壤土、灰钙土或呈酸性（pH 4.5～5.5）的红色沙壤土为宜。

【任务实施】

一、肉桂的种植

（一）选地与整地

育苗地宜选荫蔽较好、水源方便、土质疏松、肥沃、排水良好的东南向林下坡地，土壤以沙质壤土、灰钙土或呈酸性（pH4.5～5.5）的红色沙壤土为好。选地后，于冬季耕翻土壤。于播种前1个月，施腐熟有机肥，耙平后作畦，畦面宽1.2～1.5 m，高20 cm，畦间距30 cm，四周开好排水沟。植地宜选用背风向阳，坡度15°～30°的缓坡山林腹地，适当选留部分原有林木作定植苗未成林前的荫蔽树。

（二）育苗与移栽

1. 育苗　以种子繁殖为主，也萌蘖促根法育苗繁殖。

（1）种子繁殖。一般选用10～15年生、树干通直、皮厚多油、生长健壮、无病虫害，由实生苗长成的植株为母株。当果实成熟呈紫红色时采收，随采随播。如不能及时播种，可用有潮气的细沙贮藏或堆积于室内阴凉处。选粒大饱满的种子、去除果肉后用0.3％的福尔马林浸种0.5 min，放入密闭缸内处理2 h，用清水洗去药液，并用清水再浸种24 h。然后将种子与湿沙按（1∶3）～（1∶4）比例混匀，埋藏于坑中，底垫2～3 cm厚的湿沙，再放入湿沙种子，上盖稻草，并经常保持湿润，当种子出现芽点时即可播种。一般3～4月播种，播种量为150～240 kg/hm²，每行播40～50粒，覆土2 cm，上盖稻草，并经常保持湿润。其间注意除草、松土和追肥。1～2年后定植。

（2）萌蘖促根法育苗。此法专供栽培大树所需的苗木。4月上旬先在萌芽株中选择1～2年生、高1.5～2 m、直径2～3.5 cm的萌蘖，在紧接地面处，进行割皮处理，随即培土，促进生根。1年后即可移栽。

2. 移栽　移栽期以6—7月雨季初为好。选阴天或小雨天气，在备好的地块上按行株距（1.2～1.5 m）×（1～1.2 m）开穴，每穴施入土杂肥10～20 kg，与底土拌匀，上盖部分细土，每穴栽苗1株。分层压紧，填土一半时，将苗轻轻上拔，使根条舒展，再覆土略高于地面，浇透定根水，盖草保湿即可。为提高成活率，移栽时可修去幼苗过长的叶片和侧枝，及过长的主侧根，并用黄泥浆蘸根后栽植。

（三）田间管理

1. 中耕除草　定植后3年内，每年冬季夏末及初春，各进行一次中耕除草，锄去植株周围1 m的杂草，并松土，将杂草埋入穴中。中耕除草时注意不要损伤树干基部树皮，以免萌生蘖苗，影响主干生长。

2. 追肥　前2～3年，每年追肥1～2次，在春季中耕除草时。肥料可用堆肥、尿素、过磷酸钙、人粪尿等。齐树冠外缘开环形沟，施肥于沟中，然后覆土还原，如是干肥，施后又无雨就及时浇水。

3. 修枝　每年冬、春各进行1次修枝，主要把多余的萌蘖、靠近地面的侧枝剪去，使茎干直而粗壮，并改善林内的通风透光状况。

4. 疏林　肉桂林保留的杂木树，在肉桂长大成为成年树时，应逐步疏伐或适当疏伐杂木树，以利于阳光投入，于肉桂生长有利。

二、病虫害防治

（一）病害防治

1. 根腐病　主根首先腐烂，其后逐渐蔓延，使整个根系死亡，全部枯萎。

防治方法：开好排水沟；及时拔除病株，用石灰消毒病穴；用50％福美双稀释500倍全面浇洒。

2. 褐斑病　4—5月发生于苗木新生叶片上，初期叶缘或者叶尖出现病斑，并逐渐扩展成不规则的大斑块，初为黑褐色，后变成灰白色，表面密生黑色小粒点，严重时整株落叶。

防治方法：及时清除病叶，集中烧毁，防止病菌传播；发病流行期可用 1∶1∶100 波尔多液，每 7 d 喷 1 次，防止蔓延。

（二）虫害及防治

1. 肉桂木蛾　幼虫钻蛀茎干并取食附近树皮和叶片，被害枝干易折断或干枯，虫口密度大时，严重影响肉桂生长。

防治方法：在幼虫孵化盛期用 50%杀螟硫磷乳油稀释 500～800 倍液喷洒，每 10 d 喷 1 次，共喷 2～3 次；若幼虫蛀入木质部，可将新鲜虫孔内的虫粪清除干净，然后用棉球蘸 90%敌百虫塞入蛀孔，并用泥封口；剪除被害枝条，集中烧毁。

2. 肉桂褐色天牛　幼虫危害韧皮部，随着虫体长大蛀食树的髓部成洞。受害部位枝叶干枯，遇强风易折断。

防治方法：在成虫羽化盛期，在树干上涂抹生石灰、硫黄、水（10∶1∶40）混合剂以防成虫产卵；发现树干有新鲜虫孔的粪便，立即清除干净，或将棉花用 90%敌百虫浸湿塞入洞内，或用注射器将配制好的药液从虫孔注入。

三、采收与初加工

（一）采收

1. 桂皮　当树龄 10 年生以上，即可采收。采收在树液流动、皮层容易剥脱时进行。每年可分 2 次采收。4—5月采收的称"春桂"，9—10月采收的称"秋桂"，一般"秋桂"质量较好。剥皮分环状剥皮和一定面积的条状剥皮。环剥法就是按商品规格长度稍长（一般为 41 cm），将桂皮剥下来，然后按商品规格的宽度略宽（8～12 cm）截成条状。条形剥皮即在树上按商品规格的长宽度稍大的尺寸画好线，逐条地从树上剥下来。

2. 桂枝　每年修枝剪下筷子般粗细的枝条，或砍伐后不能剥皮的细小枝梢及伐桩的多余萌蘖，均可作桂枝入药。

（二）加工

1. 桂皮　加工方法很多，目前多采用箩筐外罩薄膜焖制法：将采下的桂皮放入水池中浸泡一昼夜后捞起，洗去杂物，擦干表面水分或稍晾干，放入竹篓内焖制。竹篓外面用薄膜封严，篓底部铺垫约 10 cm 厚的稻草、鲜桂叶，周围铺垫 5～10 cm 厚，然后将桂皮逐块地竖放竹篓内，上面再铺 10 cm 厚的稻草、桂叶，并盖上厚麻布，用砖头压紧，置室内阴凉处。每天或隔天将竹篓内桂皮上下倒换一次，如此焖制至竹篓内的桂皮内表面由黄白色转棕红色，即可取出晾干。

2. 桂枝　可截成约 40 cm 长的段条晒干，也可趁鲜湿时用切片机切成桂片晒干。

四、包装与贮藏

肉桂通常用防压、防潮性能较好的木箱或纸箱包装，贮藏于阴凉、避风、遮光处，高温高湿季节宜密封保存。

五、商品质量标准

(一) 性状评价

以体重、肉厚、外皮细、断面色紫、油性大、香气浓厚、味甜辣、嚼之渣少者为佳。

(二) 挥发油含量

照挥发油测定法测定，不得少于 1.2%（mL/g）。

(三) 桂皮醛（C_9H_8O）的含量

用高效液相色谱法测定，不得少于 1.5%。

【任务评价】

肉桂栽培任务评价见表 8-5。

表 8-5　肉桂栽培任务评价

任务评价内容	任务评价要点
栽培技术	1. 选地与整地 2. 育苗与移栽。①育苗：a. 种子繁殖；b. 萌蘖促根法育苗。②移栽 3. 田间管理：①中耕除草；②追肥；③修枝；④疏林
病虫害防治	1. 病害防治：①根腐病；②褐斑病 2. 虫害防治：①肉桂木蛾；②肉桂褐色天牛
采收与加工	1. 桂皮的采收与加工 2. 桂枝的采收与加工
包装与贮藏	1. 包装：通常用防压、防潮性能较好的木箱或纸箱包装 2. 贮藏：阴凉、避风、遮光处，高温高湿季节宜密封保存

【思考与练习】

1. 如何对肉桂进行田间管理？
2. 桂皮的主要加工方法有哪些？

菌类药材的栽培

　　菌类药材多限于在生长发育的一定阶段能够形成个体较大的子实体或菌核结构的高等真菌，其中大部分属于担子菌亚门，少数属于子囊菌亚门，这些药用真菌都经历了长期的医疗实践，疗效得到了充分验证，至今已被广泛应用。它们在生长、发育的代谢活动中，能于菌丝体、菌核或子实体内产生酶、蛋白质、脂肪酸、氨基酸、肽类、多糖、生物碱、甾醇、萜类、苷类以及维生素等具有药理活性或对人体疾病有抑制或治疗作用的物质，临床上或是直接利用菌丝体、菌核或子实体，或是利用从菌体中分离出来的有效物质。

任务一　茯苓的栽培

【任务目标】

　　通过本任务的完成，能独立进行茯苓栽培，并能解决茯苓栽培中遇到的问题，如段木发霉、菌丝萎缩、不结苓、污染、病虫危害、安全越冬等。

【知识准备】

一、概述

　　茯苓〔*Poria cocos*（Schw.）Wolf〕，别名松茯苓、茯灵、玉灵、松艘、金翁、茯菟、松柏芋、松木薯、茯胎等，以其大型菌核入药，其商品名有云苓（云南）、皖苓（安徽）、闽苓（福建）、鄂苓（湖北）等。茯苓在分类上属于真菌门、孢子菌纲、多孔菌目、多孔菌科、卧孔菌（茯苓）属。茯苓寄生于松科植物的树根上，深入地下 20～30 cm，多于 7—9 月采挖，挖出后除去泥沙，堆置"发汗"后（所谓"发汗"，就是指将茯苓除去部分水分，干燥缩身的过程），摊开晾至表面干燥，再"发汗"，反复数次至现皱纹、内部水分大部散失后，阴干，称为"茯苓个"；将鲜茯苓按不同部位切制，阴干，分别称为"茯苓块"和"茯苓片"。

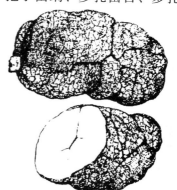

图 9-1　茯苓菌核
（卯晓岚，2000. 中国大型真菌）

二、形态特征

　　茯苓的菌核体（图 9-1）是茯苓的贮藏器官和休眠器官，多为不规则的块状、球形、扁形、长圆形或长椭圆形等，大小不一，小的像拳头那么大，大的直径可以达到 40 cm 左右或更大，偶有近 50 kg 者。表皮较薄，呈浅灰棕色或黑褐色，粗糙呈瘤状皱缩，有时部分剥落，内部白色稍带粉红，质坚实，断面纹密细腻，粉质颗粒状。菌核鲜时质软，内部菌丝具有生活力，可进行无性繁殖；干后变硬，皮色变黑，菌丝失去活力。

【任务实施】

一、栽培材料的选择与准备

段木栽培茯苓以松木为主。虽然任何松树都是人工栽培茯苓的适生树种，但主要采用的松树品种有马尾松、黄山松、云南松、赤松、红松、黑松等，也可用杉树和枫香树栽培茯苓，但产量低。松树最好选择生长 10～15 年或者树干直径为 10～40 cm 的松树。生长在阴坡的树木比生长在阳坡的树木栽培茯苓效果好一些。砍树的时间，在老叶枯黄、新叶萌发期为好，也就是每年 10 月至翌年 1 月为最佳时期。特别应注意的是，立春后一般不能备料，因为立春后水分上树，砍伐的树木接种后容易脱皮，不适宜栽培茯苓。砍伐的树木及时剔除枝权，使松树干燥后锯成长度 65 cm 左右的段木，然后再根据树木的大小开始削皮留筋。树大的削 4 处左右，树小的削 2 处左右。用利斧头纵向削去 3 cm 宽的皮，深度为半颗米粒大小或见白即可，要削皮对削，留皮对留。将削皮留筋后的段木堆码在向阳、干燥、通风的地方，用砖头或石头将段木垫高 30 cm 左右，堆成"井"形，堆高 1.5 m 左右。料堆顶上用塑料布或者编织袋盖好，千万不能让雨水淋湿段木，更不能让段木生霉，以免茯苓减产或传染病菌。

二、栽培场地的选择与准备

栽培茯苓的场地海拔在 200～1 000 m 均可，未种过庄稼的荒地更好。茯场可以选择东、南、西方向的坡地，切忌朝北，坡度在 15°～30°最好，场地要向阳、沥水、疏松的沙质土壤，含沙量为 70%的油沙土、白沙土、黄沙土、粗沙土为最好，大泥土、黄泥土次之，若是黏土则必须要在冬季翻挖后才可以，但过于细的沙土并不好，因为过于细的沙土通气性欠佳，沙质过密会影响茯苓的质量和生长。总之，选择栽培茯苓的地要越瘦越好，千万不要选肥土栽培，如果是肥土，可荒废一年或半年不种庄稼，使肥地里面一些对茯苓有害的物质散发掉。

当外界气温稳定在 7～15 ℃时，就可以栽培茯苓了。首先要根据木料的形状、大小以及场地的坡度挖造斜面，顺山挖穴，开穴的方式为长条式或不规则式，一般穴宽 10 cm 左右，长 70 cm 左右，深 10 cm 左右，太深容易积水、烂菌种。穴挖好后先适当地撒些白蚁粉在穴里，大约每亩撒 1 kg，然后放木料。栽培时注意木料不能有裂缝，手触无粘连感即可；如果木料有生霉现象，可用刀削去后用清水洗干净，晾干即可栽培；脱皮的木料不能接种，放木料时一般 1 穴为 3 木，其中较粗的 2 根木料用来接种，较细的一根木料用来做连接。具体的做法是先将木料削皮处紧靠，缝隙用沙土填好，但不要塞得过紧。

三、接种

每穴放入菌种 1～2 袋，根据木料大小、多少而定，切忌将菌种捏成细块或粉末，要掰成小块。将菌种合理放在木料顶端，再用小松针盖在上面。然后将段木压紧，覆土 5~6 cm 即可，覆盖成书背形。两边打好排水沟，排水沟必须低于木质部底部 6~10 cm，以防雨水进入苓穴，致使茯苓和菌丝、木棒腐烂发霉。接种后 15 d 内不能淋雨，如果下雨，需要及时盖上塑料膜，以防止淋雨后烂种，塑料膜还可以在雨天起到一定的保温作用。

四、接种后的管理

（一）初期管理

接种一周后，轻轻拨开木料，观察菌丝在木料上是否正常生长。若菌丝没有生长或污染了杂菌，可将原来接有菌种的木料处理干净，晒干后重新接上菌种。接种后 30 d，菌丝可蔓延 30 cm，50 d 可成网状连接包围木料，70 d 后穴内有小茯苓菌核生成。

（二）结苓期管理

在茯苓生长旺季，即温度较适宜的 6—9 月，苓块生长迅速，地面可出现龟裂，应及时培土填缝，否则雨淋风吹苓块很快就会烂掉，此时要防止人畜践踏，践踏过的地方应及时培土埋好。茯苓长出后，培土厚度应根据季节灵活掌握，春秋应薄一些，3~4 cm；冬夏应培土厚一些，6~7 cm。遇干旱严重时，可在早晚适当灌水保湿，但要少喷些水。此期要随时注意除草。

五、采收与加工

茯苓接种一次可连续收获 3~4 年。段木接种后，快者 4~6 个月，慢者 7~10 个月就可以采收茯苓了。到了采收时期，可以经常翻开土壤检查茯苓是否可以采收。判断茯苓是否成熟的标准是：如果茯苓的裂痕（裂口）愈合，不见白色苓肉，表皮颜色变成黑色，就表明茯苓成熟，即可采收。

采收时用刀子割断茯苓，不要伤及木料上的苓皮和树皮，以利于新茯苓的生长，采收完毕后再用沙土盖好穴，原来生长茯苓的地方很快又会长出新茯苓。由于茯苓的成熟期不一致，所以采收时应遵循采大留小的原则，将长大成熟的茯苓陆续分批采收。如果木料是白黄色就能继续生长茯苓，采收后将其埋在土里以收获下一批茯苓；如果木料全部变黑或腐烂，就证明不能再生长茯苓了，就需要换木料重新接种。

茯苓采收以后，要先将其表皮的泥土用净水清洗干净，待表皮的水分挥发后，迅速送进发汗室发汗。只要有门窗的普通民房就可以做发汗室。将室内打扫干净，用 0.1% 高锰酸钾溶液喷雾于室内的地面、墙壁，达到消毒的目的。室内干燥后，发汗室就建成了。室内铺一层厚 3 cm、宽 1.5 m 的稻草，把洗净干燥的茯苓分 5 层堆放在稻草上，茯苓上再铺 15 cm 厚的稻草，过 5 d 后第一次将茯苓翻堆，再上、中、下交换堆放，过 5 d 再翻堆 1 次，直到茯苓表皮出现白色瘤状物，表皮皱缩、松软，一撕即开就可结束。在"发汗"过程中，每隔 3 d 打开门窗透气 20 min。把"发汗"结束的茯苓逐个拿出，将茯苓表皮全部撕掉，根据用户需要，切成小块，晒干或烘干，即成商品。

六、病虫害防治

（一）病害

危害茯苓的病害有很多种，其病原菌主要是木霉、青霉、曲霉等真菌。另外，软腐病主要危害茯苓子实体。预防方法：备料时将木料先在地下垫枕木后码起，下雨前，最好在木料上盖地膜或稻草，以防被雨淋湿。在栽培前一天，用 0.1% 高锰酸钾溶液或 1：800 的多菌灵悬浊液，将所有木料喷雾 1 次，以杀死真菌孢子或其菌丝体。如果发现长成的大茯苓表皮软腐，应及时采收加工。

(二) 虫害

危害茯苓的害虫也有很多种，但最大的天敌是白蚁。可以说，能否防治白蚁，是茯苓栽培者能否获得栽培成功和效益的首要条件。白蚁的防治方法介绍如下：如果想把某一块农田准备拿来作为明年的茯苓栽培场所，当年立夏过后，在这块田中等距离挖 3～5 个 0.5 m³ 的小坑，坑中放入干枯的松枝，用水泼湿，掩土，过半个月后，扒开覆土，如果发现有白蚁活动，就用灭蚁灵粉剂涂撒在白蚁身上，白蚁便会中毒相互传染，最后倾巢死亡。这便为明年栽培创造了良好的条件。

七、茯苓商品等级标准

(一) 个苓

不规则圆球形，外皮棕褐色或黑褐色，体坚实，断面白色或棕黄色。货干、味淡，无泥沙，无霉烂。个苓可分为如下 4 种。①米苓。圆形，坚实，个小，一般在 150～250 g，皮细腻，略现光泽，内粉洁白。②排苓。呈扁形板状，质较坚，个体大小不等，皮细腻，略现光泽，内粉洁白。③大川。形状不一，质轻，个大，内粉白色，皮粗糙，多皱纹。④拣苓。呈圆形或柱形，个大小不等，内粉洁白，皮褐色，较粗糙。

(二) 茯苓片 (平片)

扁平，薄厚均匀，但大小、形状不一，茯苓片可分为如下两种：白苓片货干、白色，光滑结实，边缘整齐，长、宽各 6 cm，厚约 1 cm；赤苓片颜色间杂黄棕色，其余同白苓片。

(三) 茯苓块

全块质地均匀，扁平，正方形，每块重 15 g 以上，分为白苓块和赤苓块。白苓块：货干、白色，光滑整齐，长、宽、厚各 3～4 cm，无杂质，无虫蛀。赤苓块：颜色间杂黄棕色，其余同白苓块。

(四) 茯神块

质地要求同茯苓块，块内留有腐透松根。以松根的粗细可分为如下两种。①茯神。通入茯苓块内的松根直径在 1.5 cm 以下。②神木。通入茯苓块内的松根直径在 1.5 cm 以上，2.7 cm 以下。

(五) 骰方

小立方茯苓块，大小不一，形状有别，可分为如下两种。

1. 白苓钉　货干，白色，长、宽、厚各 1 cm 左右，呈块状或大小玉米粒以上的碎块，无杂质、无虫蛀。

2. 赤苓钉　颜色棕黄色，其余同白苓钉。

(六) 碎苓

茯苓加工时遗下的边材，大小不等，色泽不分。货干，无泥沙，无霉变。

（七）苓粉

茯苓加工时遗下的细小碎渣或粉状物，大小、色泽不分。货干，无泥沙，无杂质。

（八）苓皮

不规则片状，外表面棕黄色，内白色或淡棕色。质松软，略具弹性。无碎末，无灰沙，无虫蛀，无霉变。

【任务评价】

1. 段木树种选择及砍树季节安排合理，不影响整个生产的进度与质量。
2. 对段木的削皮留筋恰到好处，既能防止树皮脱落，又有利于菌丝的生长。
3. 覆土提前做好消毒工作，没有发生污染及白蚁危害，污染率至少控制在 5% 以下。
4. 及时关注覆土湿度，掌握菌丝生长情况，发现有菌丝没长的地方，及时补种。
5. 接种后及时除杂草、排积水。
6. 结苓期及时培土填缝，培土厚度适中。
7. 采收及时，随成熟随采收，分批进行。
8. "发汗"及越冬处理得当，没有发生不必要的损失。

【思考与练习】

1. 茯苓栽培时进行的机械刺激有何作用？
2. 段木的树种选择什么样的比较好？
3. 一年中什么季节进行段木的砍伐比较合适？为什么？
4. 请详细叙述对段木进行削皮留筋的具体方法。
5. 结苓后如何判断菌核是否成熟，能否采收？
6. 简述"发汗"的具体做法。
7. 生产过程中如何防治白蚁的危害？

任务二　猴头菇的栽培

【任务目标】

通过本任务的完成，能独立进行猴头菇的栽培，并能解决猴头菇栽培中遇到的问题，如原基不分化、子实体萎缩死亡、畸形菇，害虫危害，料袋发生杂菌等。

【知识准备】

一、概述

猴头菇［*Hericium erinaceus*（Bull.）Pers.］又名猴头菌、猴头蘑、猴蘑、猴头、猴菇。属担子菌亚门、层菌纲、多孔菌目、齿菌科、猴头菌属。现代医学和药理学的很多研究对猴头菇多糖的药用功效概括为提高免疫力、抗肿瘤、抗衰老、降血脂等多种生理功能。

二、形态特征

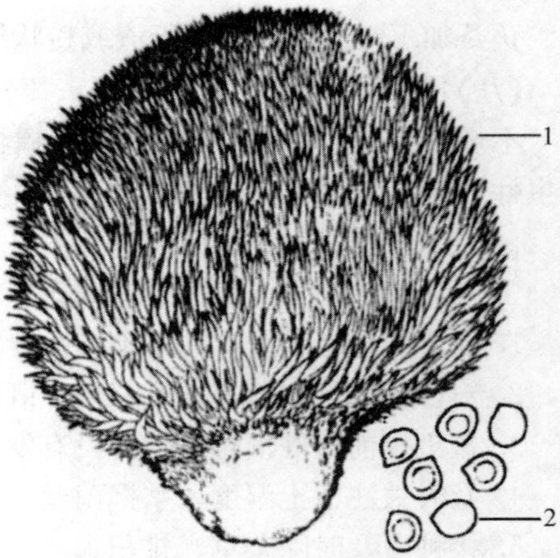

猴头菇外形似猴子的头，因而得名。子实体（图9-2）呈块状，扁半球形或头形，肉质，直径5～15 cm，不分枝，新鲜时呈白色，干燥时变成褐色或淡棕色。子实体基部狭窄或略有短柄。菌刺密集下垂，覆盖整个子实体，肉刺圆筒形，刺长1～5 cm，粗1～2 mm，每一根细刺的表面都布满子实层，子实层上密集生长着担子及囊状体。

图9-2 猴头菇形态
1. 子实体 2. 担孢子
（卯晓岚，2000. 中国大型真菌）

【任务实施】

一、确定栽培季节

每年可分春、秋两季栽培，春季1—2月制种，3—4月栽培，5—6月出菇；秋季8月中旬至9月制种，9—11月栽培，10—12月出菇。

二、栽培原料的选择与处理

主辅材料应选择新鲜、不腐烂、不变质、无虫蛀、无农药污染，符合NY5099—2002《无公害食品 食用菌栽培基质安全技术要求》。推荐培养基配方如下：①棉籽壳55%、麦麸10%、木屑10%、米糠10%、玉米粉7%、棉籽饼5%、过磷酸钙2%、石膏1%。②玉米芯56%、麦麸10%、木屑10%、米糠10%、玉米粉7%、棉籽饼7%。③玉米芯30%、棉籽壳25%、麦麸10%、木屑10%、米糠10%、玉米粉7%、棉籽饼7%、石膏1%。以上配方含水量均为65%，pH为5～6。

三、培养料的配制、装袋、灭菌

配制培养料前，所用主料应在太阳下翻晒3～5 d。有些原料，如粗木屑、玉米芯等，应将其预湿后再用，可装入尼龙编织袋，压入水池中直至湿透。这项工作应在闷堆前4～5 h进行。拌料时先把麦麸、米糠、玉米粉、过磷酸钙、石膏等干辅料搅拌均匀，撒在主料堆上，随后仔细搅拌，搅拌均匀后堆成堆，并盖以塑料薄膜，以防水分散失，之后即可装袋。装袋要使袋料紧实无空隙。13 cm×27 cm的菌袋一头接种，17 cm×40 cm的菌袋两头接种。袋装好后要立即灭菌，100 ℃维持12 h，料袋装锅完毕立即旺火猛攻，冷空气排尽后，使灶内温度尽快上升到100 ℃，做到中途不停火，不加凉水，不降温，持续灭菌，保持12～14 h。灭菌结束，闷3～5 h，等灶内温度降至70 ℃以下，才逐渐开灶门、取出，放入冷却室内冷却；或者高压灭菌，0.13～0.14 Mpa，125～127 ℃保持2～3 h。灭菌完毕后，在洁净无尘场所冷却。当袋温下降至28 ℃以下方可进行接种。

四、接种

将灭菌后的料袋送入接种室，用克霉灵杀菌剂进行喷雾消毒。当菌袋温度降至室温时才能接种。常规无菌操作，每瓶菌种可接30～35袋。

五、发菌管理

接种后，将菌袋移到培养室内进行避光培养。菌袋码垛及倒垛方法同灰树花。菌袋初入培养室的1～4 d，室温应调到24～26 ℃，以使所接菌种在最适环境中尽快吃料，定植生长，造成优势，减少杂菌污染。从第五天起，随着菌丝生长，袋内温度上升，比室温高出2 ℃左右，为此应将室温调至24 ℃以下。第16天以后，新陈代谢旺盛时期，室温以控制在20～23 ℃为宜。室内空气相对湿度控制在60%即可。菌袋入培养室后3～4 d，一般不宜翻动。7 d后检查菌丝生长情况和有无污染杂菌。一旦发现杂菌污染菌袋立即清出，焚烧或深埋处理以防传染。适温下30～50 d菌丝即可长满菌袋。为促进菌蕾形成，养菌后期适当给予40～50 lx的光照。当菌丝达到生理成熟后即可出菇，及时把菌袋移入出菇棚进行出菇管理。

六、出菇管理

菌袋进菇棚立体排放，堆高8～12层，一般菌丝长满料后需继续培养5～7 d方可达到生理成熟，原基发生后及时打开袋口，并补充水分，若发现料面有干皮形成，及时用小铁钩等工具划破干皮，并用水喷湿培养料，再松松地扎住袋口，保持适宜湿度，促使菇蕾发生。菇棚温度要调至14～20 ℃，空气相对湿度控制在80%～90%。保持200～400 lx光照。菇棚每天必须通风1～2次，保持空气新鲜，并注意通风与保湿的关系。通风时注意不要让子实体受到直流风吹袭，否则会引起菇体萎黄或变红。在子实体生长期间，不要随意移动菌袋位置，因为猴头菇刺有明显的向地性，移动菌袋菌刺有可能卷起，影响其品质。

七、病虫害防治

若在料面出现少量的点状杂菌，用酒精棉或灼烧的铁片烧烫杀灭，然后喷0.2%的多菌灵药液控制。塑料袋局部出现杂菌，可用2%的甲醛和5%的苯酚混合液注射感染部位以控制蔓延，其未感染部位仍能正常长出子实体。对于严重污染杂菌的料袋则要及时搬出烧毁，以防孢子扩散蔓延。害虫主要采用阻隔法防治，在场地周围挖沟，在菇房安装沙门窗防止害虫飞入。禁止使用化学农药。

八、采收及采后处理

一般从原基形成到采收需10～12 d，猴头菇子实体成熟标志为：菇体色白，表面出现菌刺，菌刺0.5 cm左右，形状圆整，球块肉质坚实，即可采摘。在没有弹射孢子前适时采收，适时采收产量最高、品质最好；若子实体已有些发黄，菌刺长达1 cm以上，开始大量弹射孢子，说明已老熟，采收过迟，子实体变得疏松，发黄，鲜重减轻，苦味浓，品质和食用价值均下降。成熟的猴头菇要全部采净，不要采大留小，采摘时，一只手捏住子实体基部，另一只手按住菌袋，轻轻拧下，不要伤及培养料和菌根，置于包装箱或筐内，及时运走销售或晾晒保藏。猴头菇采后应及时晾晒，晾晒时菌刺向上晾至半干，再将根部向上继续晾干。晾干后及时装入塑料袋密封，避免吸潮、虫蛀。

九、猴头菇商品质量标准

猴头菇产品的质量标准可参照浙江省地方标准 DB 33/384.3—2002《无公害猴头菇商品菇的要求》。感观指标应符合表 9-1 和表 9-2。

表 9-1 鲜菇感官指标

项目	等级		
	一级	二级	三级
色泽	洁白	洁白	白或微黄
形状	菇形完整	菇形完整	残缺菇 10%～20%
大小（菇形直径）	≥5 cm	≥3.5 cm	≥3 cm
菌刺	0.2～0.5 cm	0.2～1 cm	0.1～1.5 cm
气味	具有猴头菇固有的清香味，无异味		
不允许混入物	活虫体、动物毛发和其他杂物		

表 9-2 干菇感官指标

项目	等级		
	一级	二级	三级
色泽	淡黄	金黄	深黄带褐色
形状	菇形完整	菇形较完整	残缺菇 10%～15%
大小（菇形直径）	≥4 cm	≥3 cm	<3 cm
气味	具有猴头菇固有气味，无异味		
菌刺	≤0.2 cm		≤1 cm
不允许混入物	异种菇、活虫体、动物毛发和其他杂物		

【任务评价】

1. 菌袋进棚开口时期掌握准确、方法得当，不影响正常出菇。

2. 生产过程中没有发生大面积害虫危害。

3. 发菌管理到位，温湿度控制合适，及时通风，并检查、剔除被杂菌感染的菌袋，后期适时给予光照，不影响原基分化。

4. 出菇期管理到位，温湿度控制合适，及时通风，不出现畸形菇。

【思考与练习】

1. 哪种树种的木屑适合栽培猴头菇？

2. 请列举猴头菇发菌期及出菇期不同阶段适宜的温度及湿度。

3. 出菇期如何合理通风换气，既能保证菇体对氧气的需要，又不至于引起生理性病害？

4. 如何防治菇蚊、菇蝇等害虫危害？

5. 发菌结束后，菌袋移至出菇棚，打袋开口是很关键的一步。请简述开口适宜的时期、方法及注意事项。

6. 猴头菇播种到收获都需精心管理，环境条件稍有不适就会引起生理性病害。请列举猴头菇生理性病害的症状、引起原因及解决措施。

任务三　灰树花的栽培

【任务目标】

通过本任务的完成，能独立进行灰树花的栽培，并能解决灰树花栽培中遇到的问题，如原基形成迟缓甚至不形成原基、畸形菇、原基或成菇腐烂等。

【知识准备】

一、概述

灰树花 [*Grifola frondosa*（Dick. Fr.）S. F. Gray] 属担子菌亚门、层菌纲、非褶菌目、多孔菌科、树花菌属。灰树花的异名很多，有些著作称之为贝叶多孔菌，河北称为栗子蘑、栗蘑，四川称为千佛菌。由于灰树花的子实体非常像盛开的莲花，所以又被人们称为莲花菇。由于我国较早的权威专著《中国的真菌》的采用，灰树花便成为比较通用的汉语名称，俗称"舞菇"。

二、形态特征

灰树花子实体（图 9-3）肉质，短柄，呈珊瑚状分枝，末端生扇形至匙形菌盖，重叠成丛，灰色至浅褐色。表面有细毛，老后光滑，有反射性条纹，边缘薄，内卷。灰树花在不良环境中形成菌核，菌核外形不规则，长块状，表面凹凸不平，棕褐色，坚硬，呈棕褐色，半木质化，内为白色。子实体由当年菌核的顶端长出。

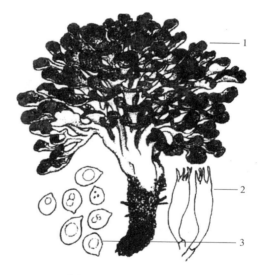

图 9-3　灰树花子实体
1. 子实体　2. 担子　3. 担孢子
（卯晓岚，2000. 中国大型真菌）

【任务实施】

按照北京市地方标准 DB11/T 1086—2014《无公害农产品——灰树花（栗蘑）生产技术规程》，下述内容以北京地区气候为准。

一、确定生产季节

灰树花属中温型菌类，灰树花菌丝的生长周期较长，一般需 50～65 d，所以制袋时应比最适出菇时间提早 2 个月左右进行。生产季节安排应符合表 9-3 的要求。

表 9-3　灰树花生产季节安排

制袋期	菌丝培养期	菌棒入畦覆土时间	出菇期
11—12 月	11 月—翌年 3 月	3—5 月	5—9 月

二、备料

（一）培养料要求

灰树花培养料应符合《无公害食品　食用菌栽培基质安全技术要求》规定的要求。主辅原料在收获前 1 个月不能使用高残毒农药，重金属含量不得超标；陈料在使用前要暴晒 2～3 d，以杀灭霉菌和虫卵，降低杂菌和病虫基数。木屑颗粒大小 0.5～2 mm，颗粒过细，容易出现畸形子实体；颗粒过粗，又容易使产量下降。此外，新培养料中混入 20%～30% 出过灰树花的旧菌糠，有 5%～10% 的增产效果。在培养料中添加 10%～20% 的果园土也可促进出菇。

（二）配方及用水

常用配方如下：①板栗树木屑 78%、麦麸 20%、白砂糖 1%、石膏 1%；②板栗树木屑 78%、麦麸 15%、玉米粉 5%、白砂糖 1%、石膏 1%；③板栗树木屑 40%、棉籽壳 40%、玉米粉 8%、麦麸 10%、石膏 1%、白砂糖 1%。上述配方 pH 均为 5.5～6.5，含水量均为 60%～62%。拌料用水应符合 GB 5749—2006《生活饮用水卫生标准》规定。塑料袋应符合 GB/T 4456—2008《包装用聚乙烯吹塑薄膜》国家标准的要求。

三、培养料配制

（一）拌料

板栗树木屑使用前过筛去除过大块和可扎破塑料袋的尖锐颗粒。将木屑、棉籽壳等主料称好，混在一起搅拌均匀，再将麸皮、玉米粉、红糖、石膏等辅料随水拌入料中，用试纸测 pH，过酸加石灰，过碱加过磷酸钙。拌好料后堆闷 1 h 左右，用手抓一把料用力紧握，指缝有水渗出但不滴下为适。

（二）装袋

塑料袋选用 17 cm×（33～37）cm 规格的高密度低压聚乙烯（HOPE）料或聚丙烯（PP）料薄膜袋，厚度 0.04～0.06 mm，装湿料 1 kg 左右。

（三）灭菌与冷却

灰树花要求熟料栽培，即培养料装袋后必须经灭菌才能接种。常压灭菌方法同猴头菇。

四、接种

选用适龄菌种，先将袋（瓶）外壁用消毒剂（75% 酒精或 0.1% 高锰酸钾）擦拭并消毒，按无菌操作要求接种。一瓶容量 500 mL 的原种，一般可接 20～30 个栽培袋。

五、发菌期管理

接种后移至发菌室进行暗培养，发菌室要求干燥、洁净、通风良好，避免直射光，使用前应进行空间消毒。菌丝培养期间菌袋码垛不超过 4 层，或井形交叉重叠码放，排放时袋与袋之间隔 3～4 cm，以保证通气良好，并有利散热。发菌期间，每隔 10～15 d 倒垛 1 次。倒垛时做到上下、里外、侧向相互对调，使温度均匀一致。及时检出污染菌袋并移出室外。记录菌丝长满日期，菌丝满袋后再培养 10～15 d，表面形成菌皮，然后逐渐隆起，变成灰白色或深灰色，即为原基，可以进入出菇阶段。发菌期间环境条件控制如下。

（一）温度

保持室内温度 22～24 ℃，控制袋内料温低于 28 ℃。料温超过 28 ℃时，应及时采取降温措施，喷水或通风。接种后 15 d 左右，菌丝生长加快，呼吸量增加，料温会升高 2～3 ℃，培养室温度要下降 3 ℃。菌丝基本走透后，将室温降至 22 ℃左右，避免菌丝生长过盛，而后劲不足。为促使原基尽量一致形成，在培养后期降温 2～3 ℃。

（二）湿度

空气相对湿度前期保持 60％，成品率高、污染少，后期湿度 70％，有利于原基的形成。

（三）光照

培养前期，除检查外，保持室内黑暗，如果在这期间经常受光照射，袋面会变成浅褐色，原基形成迟缓，甚至不能形成原基。培养后期，给予一定的光照（50 lx 左右），并拉开菌袋距离接受光线刺激，在培养料表面即会有菌丝束形成，呈馒头状隆起，隆起部分产生皱褶，并由灰白色渐变为深褐色，有黄色水滴凝成，这时宜将菌袋移入出菇室，如果过早搬入出菇室会造成原基表面细菌污染而腐烂；如果皱褶部分的水滴消失，再移入出菇室则过迟，会对菇的品质造成不良影响。培养料表面菌丝如结成膜状而没有呈馒头状隆起，原因可能是培养初期光照过度或灭菌时培养料变硬。

（四）通风

保持环境空气新鲜，通风时间和次数根据设施和季节温度灵活掌握。遇持续阴雨天气，室内放生石灰或木炭吸潮。日通风 1～2 次。

六、覆土

灰树花最佳下地覆土期为 3—5 月，因为此时空气和土壤中的病虫及杂菌不活跃，不侵害菌丝，而灰树花菌丝耐低温，菌丝连接紧密，长势健壮，对菌丝吸收营养有利。低温期排菌下地虽然发育期较长，但出菇早、产量高，可在雨季前完成产量的 80％，4 月底以后栽种的灰树花，因为气温高，杂菌活跃，菌袋易感染杂菌，并会出现子实体生长快，单株小，总产量低，易受高温和暴雨危害。

（一）挖畦、灌水

场地选择背风、向阳，地势高、干燥、不积水、近水源、排灌方便，远离厕所及畜禽圈舍的地方。使用前应清洁整理，清除杂物、杂草等，然后平整土地，挖成东西走向的小畦，畦长 2.5～3 m，宽 40 cm±3 cm，深 25 cm±2 cm，畦间距 80 cm±5 cm，在畦的四周筑成宽 15 cm±2 cm、高 10 cm±1.5 cm 的土埂，以便挡水。深层土（生土）堆放一边作覆土用。畦做好后暴晒 2～3 d。栽培前 2～3 d 将畦灌 1 次大水，灌水量视土壤的墒情而定，土壤干旱和保墒能力差的灌满畦为止，反之少灌一些。水渗干后在畦内每平方米撒 0.5～0.6 kg 生石灰粉进行消毒。

（二）菌袋摆放及覆土

将菌袋脱掉，单层直立摆放于畦内，上面平齐，菌棒间留适当间隙，在菌棒缝隙及周围填土，表面覆上 1.5～2.0 cm 的土层。覆土后浇足水，水渗下后畦面不平的地方用土找平，上面摆放直径 2.5～3.5 cm 大小的石子，间隔 3～5 cm，以减少出菇时菇柄上的泥土。用塑料薄膜或尼龙袋将坑四周包严，以防坑边土脱落到子实体上影响食用价值。2 月以前排菌下地的，还需在畦内铺一层薄膜，在薄膜上覆盖 5～7 cm 土层以保温，到 4 月中旬将畦内薄膜和浮土铲净，准备出菇管理。

七、出菇管理

覆土后，在适宜条件下，经 15～20 d 培养，子实体可长出覆土层，初期成团，如脑状有皱褶，继而形似珊瑚。随着时间推移，扇形菌盖分化，形成覆瓦状重叠，直至子实体成熟。各环境因子的调控如下。

（一）温度

温度控制在白天 22～26 ℃，夜间 20 ℃以上。

（二）水分管理

4 月下旬自然气温达到 15 ℃以上，在畦内灌一次水，覆土后 7～10 d，不能放大水，保持地面不干燥，室内空气相对湿度维持在 60%～70%。随后逐步加大喷水量，使空气相对湿度在 85%～90%。覆土以后，经常揭膜观察菌丝生长情况，前 20 d 不用浇水，当土壤较干燥时，每天早、中、晚各喷水 1 次，水量以湿润地面为宜，并尽量往空间喷。灰树花原基产生后，喷水时注意远离原基，避免将原基上的黄水珠冲掉；灰树花长大后可以向菇体上喷水，促进菇体长大。

（三）通风

应保持栽培场所通风良好，通风时间和次数根据设施和季节温度灵活掌握。早晚喷大水前后要适当加大通风。通风要和保温、保湿、遮阳协调进行。菇蕾分化期少通风、多保湿，菇蕾生长期多通风促蒸发。

（四）遮阳管理

保持灰树花生长的稳定散射光，适宜的光照度为 200～500 lx，每天早晚晾晒 1～2 h 增加弱直射光。出菇期避免强直射光，不可为了保温和操作方便而撤掉遮阳物，造成强光照射菇体。

八、病虫害防治

（一）侵染性病虫害防治

灰树花出菇期较长，特别是贯穿整个高温季节，时常发生病虫侵害，应贯彻"预防为主，综合防治"的植保方针，优先使用农业防治和物理防治措施，用药时应符合《农药安全使用标准》农药安全使用标准的相关规定。生物防治：培养料配制可采用植物抑菌剂和植物农药，如中药材紫苏、菊科植物除虫菊、木本油料植物菜籽等制成的植物农药杀虫治螨剂。用寄生性线虫来防治蚤、瘿蚊和眼菌蚊等。物理防治：栽培场所采用 30 W 紫外线照射或臭氧灭菌器消毒杀菌。经常保持环境卫生，撒石灰粉消毒。严格科学用药：在确须使用化学农药时，应选用恶霉灵、霉得克等已在食用菌上获得登记的农药。应在未出菇或每潮菇采收后用药。虫害防治可用黑光灯、频振式杀虫灯、粘虫板等诱杀害虫。定期灭虫，及时清除污染袋运走，远离出菇场地。

（二）生理性病害防治

1. 原基不分化　当环境条件调控不当时，有 $50\%\sim70\%$ 的原基不能分化成子实体，只有少量的原基形成子实体，而且朵形小、质量差、产量低。症状表现为原基表面没有分泌的水珠，表面干燥变黄或腐烂。病因是温、湿、气、光四大要素失调所致，如菌袋失水过多，空气湿度不足，没有调整好通风与提高湿度的关系，顾此失彼。掌握湿度大小的时机不对。光照度不适，原基受灼烤干枯死亡。查清病因后，要有针对性地调整好温、湿、气、光四大要素的相互关系，使之相对平衡。

2. 畸形菇

（1）小老菇。症状为原基分化后菇体即老化，生长缓慢，叶片小而少且内卷，边钝圆，内外均有白色的多孔层及菌孔，菇体小，浅白色，呈现严重的老化现象，6—8月高温季节较多见。病因为营养供应不足、通风不良、菇体缺氧。需加强通风降低温度，适当增厚覆土以保证水分的供应。

（2）鹿角菇和拳形菇。菇体形似鹿角，有枝无叶或小叶如指甲，或紧握如拳。颜色浅白，无灰树花香味。这类畸形菇极易老化，商品价值低。病因是光照不足、通风不良、氧气供应不足。需适当增强光照。在炎热天气，早晚要延长通风时间。

（3）原基或成菇腐烂。症状为原基或菇体部分变黄、变软，进而腐烂如泥，并有特殊臭味，多发生在高温高湿的多雨季节。病因是湿度过大，通风不良，感染病虫害或机械损伤所致，多发于旧的出菇场地。需增大通风，降低湿度。

九、采收、加工与贮运

灰树花应该采摘时的标志：如果阳光充足，灰树花幼小时颜色深，为灰黑色，长出菌盖以后，在菌盖的外延有一轮白色的小白边，这轮小白边是菌盖的生长点。随着菌盖的长大，菌盖由深灰色变为黄褐色，作为生长点的白边颜色变暗，边缘稍向内卷曲，此时可采摘；如果光照不足，灰树花幼小时颜色较白，生长点不明显，到菌盖较大时，要看菌盖背面是否出现多孔现象，如果恰好出现菌孔，此时可采摘，菌孔刚形成即为采摘最佳时期。如果菌管已经很长，说明灰树花已经老化，老化的灰树花不但质量差，也影响下茬的出菇，所以应及时采收。

由于灰树花一般制成干品，所以采收前 1 d 停止浇（喷）水。灰树花的菌盖很脆嫩，操作不当极易折断或菌盖破碎，因此，采收灰树花时，将两手伸平，插入子实体底下，在根的两边稍用力，同时倾向一个方向，菌根即断。注意不要弄伤菌根，因为可以再次出菇。采收后的鲜菇要去除料根和杂质，按照无公害食用菌产品质量检验规则进行检验，合格后，按照无公害的包装要求进行包装。

采收后要及时清理菇根残留物及杂草，并将菇根部补土 $1.5\sim2.0$ cm。采摘后通风干燥 $5\sim7$ d，菌丝恢复后浇大水。按上述方法进行催蕾管理，过 $20\sim40$ d 还可再次出菇，一般出 $2\sim3$ 潮菇。

采收后的鲜菇可以直接出售，最好将它们放在通风阴凉处，鲜菇在 $2\sim5$ ℃温度下可保鲜 $2\sim3$ d，时间长了，品质将会下降。鉴于此，在实际生产中，经常要对它们进行初步加工，以增加其保鲜期。具体方法如下：由于灰树花子实体非常大不容易烘干，因此，我们首先要用刀将它们割成条状，然后，放在阳光下晾晒 $3\sim5$ d，在晾晒的过程中，还要不断地将它们进行翻面，以便两面都能得到阳光的照射，晾晒完成后，再将它们放到烤箱内进行烘干，烘干时温度要达到 65～70 ℃，烘干的时间大约为 12 h，在烘干期间，要不断地检查，以掌握菇体的干燥程度，把握好火候。待完全烘干后，就可以作为干品进行销售了。

十、灰树花产品标准

（一）鲜灰树花标准

鲜灰树花产品应符合中华人民共和国农业部 2001 年 6 月 1 日发布的中华人民共和国农业行业标准 NY/T 446—2001《灰树花》。我国农业部制定的鲜灰树花行业标准如表 9 - 4 所示。

表 9 - 4　鲜灰树花的感官和理化指标

项目	级别		
	一级	二级	三级
菌管长度	≤0.5 mm	≤1.0 mm	≤1.5 mm
色泽	菌盖深灰色至灰黑色，菌管白色	菌盖灰白色，菌管白色	菇形较完整，不均匀，菌管较规则，允许少量管口散开菇
残缺菇率	质量≤3%		质量≤5%
形状	菇形完整，均匀一致，菌管规则，管口未散开	菇形完整，较均匀，菌管规则，管口未散开	菇形较完整，不均匀，菌管较规则，允许有少量管口散开菇
气味	有灰树花特有香味，无异味		
不允许混入物	虫蛀菇、霉变菇、畸形菇、褐变菇		
杂质	无		
水分（鲜样计）	≤92%		
灰分（干样计）	≤8%		
膳食纤维（干样计）	≤36%		

注：灰树花白色变种（白灰树花）的色泽指标不执行本标准规定。

（二）干灰树花标准

我国农业部制定的干灰树花行业标准见表 9 - 5。

表 9 - 5　干灰树花的感官和理化指标

项目	级别		
	一级	二级	三级
菌管长度	≤0.5 mm	≤0.75 mm	≤1.0 mm
色泽	菌盖深灰色至灰黑色，菌管、菌肉白色	菌盖灰白色，菌管、菌肉白色	菌盖乳白色，菌管、菌肉淡黄色
形状	菇形完整，均匀一致，菌管规则，管口未散开	菇形完整，较均匀，菌管规则，管口未散开	菇形较完整，不均匀，菌管较规则，允许有少量管口散开菇
残缺菇率	质量≤3%		质量≤5%
气味	有灰树花特有香味，无异味		

（续）

项目	级别		
	一级	二级	三级
杂　质	无		
不允许混入物	虫蛀菇、霉变菇、畸形菇、褐变菇		
水分	≤13%		
灰分	≤8%		
膳食纤维	≤36%		

注：灰树花白色变种（白灰树花）的色泽指标不执行本标准规定。

【任务评价】

1. 发菌管理到位，温湿度控制合适，及时通风，并检查、剔除被杂菌感染的菌袋，前期遮光，后期适时给予光照，不影响原基分化。

2. 脱袋覆土时期掌握合理，覆土场地处理得当，覆土材料处理到位，菌袋摆放间隙掌握准确，覆土厚度合适。

3. 出菇期管理到位，菇棚搭建合理，透光率合适，温湿度控制合适，及时通风，不出现畸形菇。

4. 采收及时，采后处理得当，不影响后续出菇。

【思考与练习】

1. 什么树种的木屑适合灰树花的栽培？

2. 发菌期完成的标志是什么？即什么时候可以进入出菇阶段？

3. 光照在灰树花栽培中对原基分化及菇品质量有着很大的影响。简述在不同阶段如何处理光照及遮阳。

4. 灰树花覆土用的畦床如何消毒，既能防止杂菌危害，又不影响菌丝正常生长？

5. 什么样的覆土材料适合灰树花栽培？如何处理覆土材料？

6. 几月脱袋覆土有利于提高灰树花产量和品质？

7. 出菇期是否可以往灰树花子实体上喷水？为什么？

8. 灰树花可以采收的标志是什么？

9. 灰树花生产中常易出现的生理性病害有哪些？请叙述症状、病因及防治措施。

任务四　灵芝的栽培

【任务目标】

通过本任务的完成，能独立进行灵芝栽培，可以获得商品价值较高的子实体及其孢子，并能解决灵芝栽培中遇到的问题，如菌丝不生长或菌丝徒长、畸形芝、病虫害防治等。

【知识准备】

一、概述

灵芝〔*Ganoderma Lucidum*（Leyss. Ex Fr.）Karst.〕又称灵芝草、菌灵芝、木灵芝、赤芝、红芝、万年蕈、林中灵、琼珍，在分类上属真菌门、担子菌亚门、层菌纲、非褶菌目、灵芝科、灵芝属，是一种名贵的药用真菌。灵芝孢子粉是灵芝在生长成熟期从菌褶中弹射出来的极其微小的卵形生殖细胞，即灵芝的种子。灵芝孢子是双壁结构，外被坚硬的几丁质纤维素所包围，人体很难充分吸收，破壁后更适合人体肠胃直接吸收。它凝聚了灵芝的精华，具有灵芝的全部遗传物质和保健作用。其药用价值日益受到重视，研究发现灵芝孢子具有增强机体免疫力，抑制肿瘤，保护肝损伤，辐射防护作用。

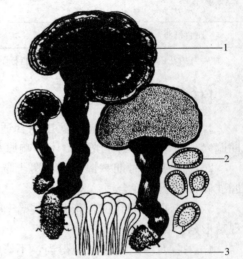

图 9-4　灵芝形态
1. 子实体　2. 担孢子　3. 菌盖表层细胞
（卯晓岚，2000. 中国大型真菌）

二、形态特征

灵芝的大小及形态（图 9-4）变化很大，大型个体的菌盖为 20 cm×10 cm，厚约 2 cm，一般个体为 4×3 cm，厚 0.5～1 cm，下面有无数小孔，管口呈白色或淡褐色，每毫米内有 4～5 个，管口圆形，内壁为子实层，孢子产生于担子顶端。菌柄侧生，极少偏生，长于菌盖直径，紫褐色至黑色，有漆样光泽，坚硬。

【任务实施】

一、产前准备

灵芝一般采取段木栽培。段木组织致密，一般不外加营养源，接种时间一般安排在 12 月初到翌年 1 月下旬。树木直径要求 6 cm 以上、20 cm 以下，长 30 cm 为宜，芝树的砍伐期一般安排在生产前半个月，也可边砍伐边截断，边装袋灭菌，水分不足将抑制子实体发生。

二、装袋与灭菌

新鲜原木用刮刀修光断面周围残留的针刺状物，然后用电钻打 3 个直径 1.8 cm、深 3 cm 的孔穴，修光穴孔，装入折径 20～30 cm、厚 0.005 cm 的低压聚乙烯袋内，孔穴朝袋壁，每袋 2～4 段，松紧适中，收拢袋口用绳扎紧。段木偏干时采用浸水或袋内加水方法增加含水量。灭菌时，井形叠放，100 ℃灭菌 10 h，灭菌及冷却方法同灰树花。

三、接种

将冷却后的料袋放入接种罩内，再次用杀菌剂熏蒸灭菌。然后双人操作，一人在段木孔穴位置刺破袋膜，另一人用长镊子夹取成块菌种填入孔穴内，再转交给第一个人将塑料袋孔处封贴胶布。菌块要求新鲜，菌龄 25 d 以内。

四、发菌管理

发菌室事先经过严格消毒、杀虫后，将菌袋摆放在层架上，或纵横分层堆叠在具垫板或泡沫塑料板的地面上，控温 25 ℃左右。室内保持空气新鲜，每天中午开窗，通风换气，空气相对湿度控制在 70％以下，每周微喷 3％来苏水 1 次，以防杂菌滋生。随着生长菌丝量增加，菌袋内氧气减少，袋壁水珠增多，当菌丝在断面上形成菌被时，结合室内喷雾消毒，微开袋口，排除水气，增氧，保持段木表面少干状态，促进菌丝伸入木质部向切向生长蔓延，积累更多营养。这种排湿、增氧、促生管理，每 10 d 进行 1 次。若袋底积水，可用消毒的注射器将积水抽出，并用透明胶带封贴针孔。

五、搭棚埋棒

选地势开阔、通风良好、排灌方便、土地肥沃的微酸性田块作芝场。土地经深翻暴晒，按东西走向整畦，畦宽 1.5 m，高 20 cm，畦间走道 30 cm，四周开 20 cm 的排灌沟，并撒灭虫药，防虫危害，每 3 畦搭 1 个塑料大棚，棚高 2 m，离棚顶 20 cm 再架平棚，上覆遮阳度为 80％的遮阳网。也可根据海拔高低、地势、生产规模、地理条件等因地适宜，搭建中棚、小拱棚和林下种植。选晴天将菌材从袋中取出，畦上开浅沟，将菌材横放入沟中，接种穴朝上，每行 4 段，行距 8～10 cm，填土过菌材 2 cm，稍压平实，浇水使土壤含水量达 60％左右，保持湿润状态，但忌积水。

六、出芝管理

（一）前期

菌材埋土后气温较低，以保温为主，白天拉开棚顶的覆盖物，接受光照，增加地温。保持棚内温度在 22 ℃以上。约半个月原基即露出土表，注意通风换气，每 2～3 d 选晴天中午通风 1 次，空气相对湿度控制在 85％左右。

（二）中期

气温上升，温差较大，白天注意降温，棚顶增厚覆盖物，控温 28 ℃左右。这时子实体生长较快，应增加通气量，可将四周棚膜往上卷起，离畦面 6～10 cm，防止二氧化碳积累而产生畸形。相对湿度控制在 90％～95％。常向空中喷雾保湿。晚间应放下薄膜减少昼夜温差。每潮芝采收后停水 2 d，促使菌丝恢复生长和原基再次发生。

（三）后期

气温逐渐下降，空气也趋干燥，着重保温，白天拉开覆盖物增加棚内温度，增加喷雾次数。通气时，东南方向通风，防止西北方向袭击。

七、病虫害防治

（一）病害

青霉菌是灵芝主要致病菌，一般在培养料表层、菌柄生长点、菌盖下的子实层及菌丝部分都易发生。防治措施如下。①培养室使用前打扫清洁，每立方米用 40％的甲醛 8 mL 加 5

g 高锰酸钾熏蒸 1 次。投料接种后，地面撒一层石灰，若与硫酸铜合用效果更好。②培养期间要加强环境管理，在发菌期间，应以防为主，每 3 d 喷 1 次 2% 来苏儿，每 3 d 喷 1 次 0.25% 新洁尔灭溶液，每 3 d 喷 1 次 0.2% 多菌灵，每 3 d 喷 1 次 0.1% 高锰酸钾水溶液，每 3 d 喷 1 次 2% 甲醛溶液。这样交替使用消毒药剂以防产生抗药性。

（二）虫害

线虫常危害灵芝，线虫白色透明，圆筒形或线形，两端尖细，中间略粗。畦床湿、黏、臭时易发生线虫。以幼虫刺取菌丝养分，也为其他病菌创造条件，从而加速或诱发各种病害，致使培养基质变黑，发黏，菌丝萎缩或消失。防治措施：①芝场选择排水条件好、土壤渗水强、积水少的地方，减少适合线虫的生长条件；②在芝场四周或地面用浓石灰水或漂白粉水溶液进行喷雾；③保持畦床环境卫生，控制其他虫害的入侵，切断线虫的传播途径。

八、子实体采收

原基发生至子实体成熟一般需要 30 d 左右，当灵芝菌盖已充分展开，边缘的浅白色或淡黄色基本消失，菌盖开始革质化，呈现棕色，开始弹射孢子，经 7 d 套袋搜集孢子后（孢子收集方法下文有介绍）就应及时采收，此时如果不采收，则影响第二茬灵芝子实体的形成，采收时用锋利的小刀，在菌柄 0.5～1 cm 处割取，千万不可连菌皮一起拔掉，以免引起病虫害蔓延。采收后的培养料，经过数天休养后，喷施 1 次豆浆水，数天后就会长出第二茬灵芝子实体。将采收的灵芝清洗干净，放在塑料布或竹帘上晒干，或使用烘干机烘干。

九、孢子粉的套袋收集

一旦子实体成熟，孢子也陆续开始释放，这时即进入套袋最佳时间。套袋务须适时，做到子实体成熟一个套一个，分期分批进行。若套袋过早，菌盖生长圈尚未消失，以后继续生长与袋壁粘在一起或向袋外生长，造成局部菌管分化困难影响产孢子，若套袋过迟则孢子释放后随气流飘失，影响产量。灵芝孢子发生后仍需要较高的相对湿度，控制空气相对湿度达90%。套袋后 20 d 就可采收，采集后的孢子粉摊入垫有清洁光滑白纸的竹匾内，放在避风的烈日下暴晒 2 d，用厚度 0.004 mm 的聚乙烯袋密封保存。

十、灵芝商品质量标准

2015 年版《中国药典》中关于灵芝商品质量标准如下。

1. 赤芝　外形呈伞状，菌盖肾形、半圆形或近圆形，直径 10～18 cm，厚 1～2 cm。皮壳坚硬，黄褐色至红褐色，有光泽，具环状棱纹和辐射状皱纹，边缘薄而平截，常稍内卷。菌肉白色至淡棕色。菌柄圆柱形，侧生，少偏生，长 7～15 cm，直径 1～3.5 cm，红褐色至紫褐色，光亮。孢子细小，黄褐色。气微香，味苦涩。

2. 紫芝　皮壳紫黑色，有漆样光泽。菌肉锈褐色。菌柄长 17～23 cm。

3. 栽培灵芝　子实体较粗壮、肥厚，直径 12～22 cm，厚 1.5～4 cm。皮壳外常被有大量粉尘样的黄褐色孢子。

【任务评价】

1. 段木选择及处理得当，灭菌彻底。

2. 接种严格按照无菌操作要求进行，没有发生污染或污染率控制在 5% 以下。

3. 发菌及出芝阶段均没有病虫危害，至少没有发生大面积病虫害。

4. 出芝期间，温度、湿度及通气控制合适，无畸形芝出现。

5. 采收及时，孢子粉收集妥当。

6. 产品性状较好，等级较高。

【思考与练习】

1. 灵芝适宜在什么季节和场所进行栽培？

2. 栽培灵芝对段木有哪些要求？

3. 在灵芝发菌阶段，菌丝生长缓慢或不生长有哪些原因？

4. 不出芝或出芝少有哪些问题？

5. 出芝阶段子实体长成畸形的原因有哪些？如何解决？

6. 灵芝生产过程中如何防治病虫害？

任务五　猪苓的栽培

【任务目标】

通过本任务的完成，能独立进行猪苓栽培，并能解决猪苓栽培中遇到的问题，如害虫危害、段木发生杂菌、猪苓消失、生长速度慢甚至停止生长等。

【知识准备】

一、概述

猪苓［*Polyporus umbellatus*（Pers.）Fr.］为担子菌亚门、层菌纲、非褶菌目、多孔菌科、树花属的药用真菌。其地下菌核是著名中药，性味平、甘、淡，归肾、膀胱经，含猪苓多糖，有利尿、渗湿之功效，用于急性肾炎、全身浮肿、水肿、小便不利、热淋、泄泻、带下、尿急、尿频、尿道痛、口渴、饮水则吐、受暑水泻、黄疸等病症。近年来发现猪苓有抗辐射、增强免疫力、抗癌等作用。猪苓菌核别名朱苓、豕零、豭猪屎、豨苓、地乌桃、野猪食、猪屎苓、猪茯苓、野猪粪、粉猪苓等。

二、猪苓的生活史

猪苓的生长发育要经过担孢子、菌丝体、菌核和子实体 4 个阶段。担孢子成熟后从菌管中发射出来，遇到适宜的条件会萌发成菌丝（初生菌丝），然后在菌丝细胞内形成简单的横膈膜，多隔菌丝经锁状联合后形成双核菌丝，菌丝不断生长，生长到一定数量时交叉绕结成菌核。夏秋条件适宜时，子实体从接近地表的菌核顶端长出。子实体不常见，一般情况下，埋藏较浅的猪苓，在适宜的条件下才会长出子实体，再次产生担孢子。菌核能贮存营养，环境不适时休眠，环境适宜或遇到蜜环菌就能萌生菌丝。

三、菌核形态特征

每年春天，地温升高到约 10 ℃，土壤含水量在 30%～50% 时，菌核便开始萌发。菌丝突破菌核表皮，不断增多形成菌球，进而长成白苓。白苓皮色乳白，薄而幼嫩，无弹性，质地软易烂，常附着在黑苓或灰苓表皮，易脱落，不具备消化吸收蜜环菌的功能，靠母苓供给营养生长膨大，离开母体即会死亡。白苓是猪苓一生中生命最脆弱的阶段，也是猪苓能否高产的关键时期。猪苓栽培窝内白苓萌发多，生长发育好，窝产就高。白苓含水量高，折干率仅为 12.6%，几乎无内含物，烘干后呈米黄色空皮。

　　秋天地温降低，生长速度渐慢，白苓表皮颜色加深，在越冬后颜色变黄或灰黄色，即成"灰苓"。灰苓有一定的弹性和韧性，质地松，断面菌丝白色、幼嫩，折干率仅 28.3%。灰苓在适宜的环境条件下，可在菌核上萌发出新的白苓，是最好的苓种材料。

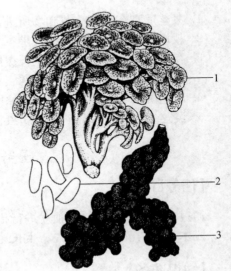

图 9-5　猪苓形态
1. 子实体　2. 孢子　3. 菌核
（卯晓岚，1998. 中国经济真菌）

　　灰苓再经过一个冬季后会变成黑色，即"黑苓"。但在形成黑苓之后，因其生长年限、菌丝的老嫩颜色、菌核软硬和折干率等的不同，又分为黑苓和老苓（枯苓）。黑苓（图 9-5）颜色黑但无漆黑光泽，其中有一部分呈褐黑色，由头年灰苓越冬后转变而来。黑苓菌核用手捏有弹性，掰开断面菌丝为米白色或浅黄色，其菌丝生命力和繁殖力强，可用来作种苓，在适宜的条件下可从黑苓菌核上萌发新苓（白苓）。如手捏菌核无弹性，断面菌丝为黄色或灰黄色，这种黑苓菌核不能作种，只可加工成商品猪苓。黑苓再继续生长，表面颜色黑而光亮，菌核内部菌丝木质化程度高，其内部形成大小形状不一的空洞，形似枯木，故称为枯苓。枯苓只能加工入药、折干率很高，是商品猪苓的主要部分。

四、猪苓与蜜环菌的关系

　　蜜环菌（*Armillaria mellea*（Vahl）P. Kumm.）侵入猪苓菌核，激活了猪苓菌抵御异体侵染免疫反应的本能，猪苓菌丝细胞木质化，形成与菌核表皮结构相似的隔离腔，将蜜环菌索和部分猪苓菌丝包围。在隔离腔中蜜环菌消化分隔在腔中的猪苓菌丝。另外，猪苓菌丝也可侵入或附着在蜜环菌索及侵染带细胞间隙吸收其代谢产物，猪苓菌核即可萌发出新苓正常生长。当隔离腔中的猪苓菌丝被消化后，蜜环菌生活力也减弱，解体后被猪苓菌吸收利用，隔离腔变成空腔。从广义角度看，仍可把蜜环菌与猪苓菌寄生与反寄生的营养关系概括为共生关系。

【任务实施】

一、场地选择

（一）海拔

　　800～1 000 m 海拔选择偏阴的地块；1 000～1 200 m 海拔应选择半阴半阳地块；1 200 m

以上海拔宜选用向阳地块,才能保证猪苓生长所需温度和湿度。

(二) 土质

猪苓和蜜环菌都喜疏松透气土壤环境,因此应选沙壤土为好,要求透气性好,不板结,土层深厚,呈微酸性。若没有理想土质地块,也可用河沙、腐殖土改良。

(三) 前作

以林缘生地、荒地为首选,农耕熟地病虫害基数高,尤其是前茬为天麻、魔芋、黄姜、洋芋、红薯、山药等块根、地下块茎作物更为严重,种了玉米、大豆、苜蓿、小麦等或荒弃了二年以上地块栽培效果较好。

(四) 坡度

以 25°左右缓坡为佳,不宜超过 60°,坡度过大不易积蓄水分,平地易涝(特别是土壤含沙量少的地块易发生)。

二、栽前准备

(一) 菌棒的培育

培育菌棒首选枥类树种,其他阔叶树种也可采用。栽前 1 个月或 20 d,选直径 1～4 cm 枝条,砍成 10 cm 长段木,晾晒,断面现"鸡爪纹"即可。3—7 月购买纯蜜环菌菌种进行培育,挖坑或畦 20～30 cm 深,底层松土后铺一层湿树叶,间距 3～4 cm 摆放新棒(砍 2～3 面鱼鳞口),填土至棒的一半,将菌种枝条靠在棒的两头及砍口处,每根棒放 6～10 节菌种枝条,填土至棒上 3～5 cm,刨平再摆放第二层,一般集中窖棒时最好 2～3 层,上层覆土 10～15 cm,盖一层树叶以保温保湿,适温下 3～4 个月就可发好。

(二) 栽培用新棒、树枝、树叶准备

新棒的选择方法与培育菌棒用材相同。栽前可将新棒砍些"鱼磷口",以利尽早染菌。若剃活树枝,则需晾晒 2～3 d 后再用,同菌棒一样,树枝的皮与木质部交界处砍口为白色能用,深黄色应弃之不用。栽培前应备足新鲜青冈树落叶,每袋(麻袋大小)可栽 5～15 窝,栽前应浇水发透滤干方可使用。

三、作畦接种

作畦,沟宽 80～100 cm,深 10～15 cm,畦底松土铺潮湿树叶一层(厚 1 cm),压实。将备好的新棒 5～6 根顺放在上面,棒间距 6～10 cm,棒间回填壤土至棒径 2/3 处,以手刨平,填实空隙,将蜜环菌枝条靠棒的鱼鳞口摆放,一般每段放 8～10 个枝条,棒的两头段面各一段,两侧各 3～4 段,将苓种也依次序摆放,紧靠树棒,好苓种摆放于棒的两头,苓种间隙摆放生枝条,填土于棒上 6～15 cm 厚,形似龟背以利排水,上盖一层厚树叶以保墒。只栽一层,以缩短生长期,一般在栽后 2～3 年翻窝。海拔 800 m 以下地区,也可栽两层,有效利用土地。

四、栽后管理

猪苓栽好后,一般不需要特殊管理即可栽培成功。但要确保丰产,则应做好以下几项工作。

(一) 严防人畜践踏

猪苓栽好后,严禁人畜践踏畦面,以免踏压致土壤板结,积水而造成不利土壤透气而影

响蜜环菌的生长。在栽培地块四周围做护栏，拦畜拦禽。

（二）防治地鼠

地鼠对猪苓栽培地危害很大，1~2 只地鼠能将整块栽培地掏空，致使栽培失败。毒饵用新挖洋芋拌以环保毒鼠农药投至鼠洞内，多处投放诱杀。

（三）除草

早春、晚秋割除杂草，接受光照，增温，盛夏割倒杂草铺于畦面，降温、保墒，使栽培地的地温尽可能长地保持在 12~22 ℃，提高产量。

（四）排涝、抗旱

在淋雨季节，应在晴天后及时疏通积水，以防雨水浸泡猪苓和菌棒而致减产。在夏季干旱季节，应及时浇水或畦沟灌水，保持最佳湿度。

（五）培土、松土

暴雨前后，结合开挖畦沟，对畦边垮塌地方培土复原，不能让猪苓暴露于外。若雨后土壤板结，用浅齿钉耙疏松畦面，以利透气。

五、采收与加工

（一）采收标准

利用蜜环菌菌种进行人工栽培时，一般 2~3 年即可收获。采收的感官标准是：开穴检查，黑苓上不再分生小（白）苓或分生量很少，甚至猪苓已散架时，可及时予以采挖。如果蜜环菌菌材的木质较硬，或使用的段木较粗，可以只收获老苓、黑苓及灰苓，留下的白苓继续生长，如因段木已被充分腐解、不能继续为蜜环菌提供营养，则必须全部起出，重新进行栽培。

（二）采收季节

一年四季均可采收，如果是规模化栽培，可分批采挖，也可随用随挖。但是，北方地区在 12 月至翌年 2 月期间采收时，应选择晴好天气，并采取适当的保温措施方可；否则，尽量不在该季节采收，以防冻伤。2—11 月，除雨天外均可安排采收。

（三）采后处理

收获后的猪苓，首先必须进行分级，灰苓可直接用于无性栽培播种，老苓、黑苓则按其个体大小分级，利于统一安排加工；其次，将黑苓用清水冲洗，将不慎采挖破损的黑苓用作分离菌种，或切块后作为无性苓种，个体完整无损的，则用于晒制加工，根据气候状况一般晒 5~10 d 即可晒干，使含水率达 10%~12% 时，即可作为商品出售或保存。猪苓也可采用烘干的加工方法。

六、猪苓商品质量标准

2015 年版《中国药典》中关于猪苓商品质量标准如下：本品呈条形、类圆形或扁块状，有的有分枝，长 5~25 cm，直径 2~6 cm；表面黑色、灰黑色或棕黑色，皱缩或有瘤状突起；体轻，质硬，断面类白色或黄白色，略呈颗粒状；气微，味淡。

【任务评价】

1. 栽培场地选择适宜，包括海拔、坡度、前作、土质等。

2. 做菌棒的树种选择适宜。

3. 苓种选择适宜，没有老化、退化或感染病毒、病菌，从而导致栽培后被蜜环菌 "吃掉" 现象。

4. 蜜环菌菌种选择适当。

5. 栽培过程中温度控制适宜，高温季节没有发生休眠现象。

6. 生产过程中做到及时除草、排涝、抗旱、培土、松土。

7. 采收及时，采后处理得当，不影响后续出苓。

【思考与练习】

1. 熟地能栽猪苓吗？

2. 阳坡能栽猪苓吗？

3. 夹沙黄泥地能栽猪苓吗？

4. 栽猪苓时选哪些树种作菌棒为好？

5. 猪苓生长的适宜温度是多少？

6. 蜜环菌生长的适宜温度是多少？

7. 猪苓栽多深为好？

8. 猪苓种应摆放在棒与棒之间、之下还是上面？

9. 栽猪苓不放枝条、树叶可不可以？为什么？

10. 栽了 3 年的猪苓为什么没长？有哪些可能的原因？

11. 要提高猪苓栽培产量，应注意哪几个方面？

12. 猪苓与蜜环菌的关系？

13. 在猪苓生产上，如何防治地鼠？

参 考 文 献

常自立，1990. 木本药用植物栽培与加工［M］. 北京：科学出版社.

车艳芳，2014. 中草药栽培与加工技术［M］. 石家庄：河北科学技术出版社.

陈士瑜，陈惠，2003. 食用菌栽培手册［M］. 北京：科学技术文献出版社.

陈德明，2001. 食用菌生产技术手册［M］. 上海：上海科学技术出版社.

崔大方，2012. 植物分类学［M］. 北京：中国农业出版社.

丁湖广，2011. 银耳菌种规范化生产工艺讲座（六）——银耳菌种退化与病害预防技术［J］. 食药用菌，
  19（2）：13 - 16.

傅俊范，朴钟云，2010. 中草药栽培技术［M］. 沈阳：东北大学出版社.

高启超等，1988. 药用植物病虫害防治［M］. 合肥：安徽科学技术出版社.

龚一富，2011. 植物组织培养实验指导［M］. 北京：科学出版社.

巩振辉，申书兴，2007. 植物组织培养［M］. 北京：化学工业出版社.

郭巧生，2004. 药用植物栽培学［M］. 北京：高等教育出版社.

国家药典委员会，2015. 《中华人民共和国药典》［M］. 北京：中国医药科技出版社.

国家中医药管理局中华本草编委会，1999. 中华本草［M］. 上海：上海科学技术出版社.

胡清秀，2005. 优质食（药）用菌生产实用技术手册［M］. 北京：中国农业科学技术出版社.

黄大芳，2003. 当归、大黄、柴胡高效种植［M］. 郑州：中原农民出版社.

黄晓梅，2011. 植物组织培养［M］. 北京：化学工业出版社.

江西中医学院，1980. 药用植物栽培学［M］. 上海：上海科学技术出版社.

姜宇，杜适普，郭杰，等，2013. 猴头菇生理性病害的病因诊断及防治技术［J］. 中国园艺文摘，（6）：192 - 193.

康廷国，2003. 中药鉴定学［M］. 北京：中国中医药出版社.

李典友，2013. 常用花果全草类中草药栽培与加工［M］. 北京：金盾出版社.

李向高，1994. 药材加工技术［M］. 北京：中国农业出版社.

李宇伟，连瑞丽，2010. 药用真菌云芝高产优质栽培技术［J］. 中国林副特产，（1）：36 - 38.

刘汉珍，周丽丽，毛斌斌，2014. 中草药栽培实用技术［M］. 合肥：安徽大学出版社.

刘合刚，2001. 药用植物优质高效栽培技术［M］. 北京：中国医药科技出版社.

陆善旦，王健，蒙爱东，2009. 百合、泽泻、葛根高产栽培技术［M］. 南宁：广西科学技术出版社.

骆世明，2000. 农业生态学［M］. 北京：中国农业出版社.

吕晓滨，2009. 中草药种植技术［M］. 呼和浩特：内蒙古人民出版社.

南方协作组，1997. 常用中药材品种整理与质量研究（第二册）［M］. 福州：福建科学技术出版社.

农业部农民科技教育培训中心组，2006. 全草类药用植物高效生产新技术［M］. 北京：中国农业出版社.

潘凯元，2005. 药用植物学［M］. 北京：高等教育出版社.

潘佑找，2014. 药用植物栽培学［M］. 北京：清华大学出版社.

皮文庆，1993. 药用植物育种学［M］. 北京：中国农业出版社.

邱运亮，段鹏慧，赵华，2010. 植物组培快繁技术［M］. 北京：化学工业出版社.

冉懋雄，1999. 现代中药栽培养殖与加工手册（上册）［M］. 北京：中国中医药出版社.

任德权，周荣汉，2003. 中药材生产质量管理规范（GAP）实施指南［M］. 北京：中国农业出版社.

四川省中医药研究院南川药物种植研究所，1988. 四川中药材栽培技术 [M]. 重庆：重庆出版社．

宋晓平，2002. 最新中药栽培与加工技术大全 [M]. 北京：中国农业出版社．

宋扬，2014. 植物组织培养 [M]. 北京：中国农业大学出版社．

王春兰，王康才，2002. 中药材种养关键技术丛书 [M]. 南京：江苏科学技术出版社．

王芳，2002. 当归、甘草、龙胆栽培技术 [M]. 延吉：延边人民出版社．

王康才，陈暄，2004. 百合栽培实用技术 [M]. 北京：中国农业出版社．

王书林，2006. 药用植物栽培技术 [M]. 北京：中国中医药出版社．

王书林，2004. 中药材 GAP 概论 [M]. 北京：化学工业出版社．

王书林，2015. 药用植物栽培技术 [M]. 北京：中国中医药出版社．

王水琦，2007. 植物组织培养 [M]. 北京：中国轻工业出版社．

王荫槐，1992. 土壤肥料学．[M]. 北京：农业出版社．

肖培根．杨世林，2001. 药用动植物种养加工技术 [M]. 北京：中国中医药出版社．

谢凤勋，2001. 中草药栽培实用技术 [M]. 北京：中国农业出版社．

谢凤勋，2002. 中药原色图谱及栽培技术 [M]. 北京：金盾出版社．

徐鸿华，2001. 南方药用植物栽培技术 [M]. 广州：南方日报出版社．

徐锦堂，郭顺星，1992. 猪苓与蜜环菌的关系 [J]. 真菌学报，11（2）：142－145.

徐乃良，1993. 名贵中草药高产技术 [M]. 北京：北京医科大学中国协和医科大学联合出版社．

徐昭玺等，2000. 中草药种植技术指南 [M]. 北京：中国农业出版社．

杨继祥，2001. 药用植物栽培学 [M]. 北京：中国农业出版社．

杨胜亚，安维，2004. 半夏、麦冬、百合高效栽培技术 [M]. 郑州：河南科学技术出版社．

姚宗凡，1993. 常用中药种植技术 [M]. 北京：金盾出版社．

姚宗凡等，2003. 常用中药种植技术 [M]. 北京：金盾出版社．

张改英，王敏强，李民，2007. 百种中草药栽培与加工新技术 [M]. 北京：中国农业科学技术出版社．

张丽萍，2004. 181 种药用植物繁殖技术 [M]. 北京：中国农业出版社．

张永福，2013. 植物组织培养 [M]. 重庆：重庆大学出版社．

中国科学院中国植物志编辑委员会，1988. 中国植物志 [M]. 北京：科学出版社．

中国药材公司，1995. 中国常用中药材 [M]. 北京：科学出版社．

中国药用植物资源研究所，1991. 中国药用植物栽培学 [M]. 北京：农业出版社．

中国医学科学院药物研究所，1979. 中草药栽培技术 [M]. 北京：人民卫生出版社．

重庆药用植物种植研究所，2010. 实用药用植物种植技术 [M]. 北京：中国农业出版社．

周成明，2002. 80 种常用中草药栽培 [M]. 北京：中国农业出版社．

图书在版编目（CIP）数据

中草药栽培技术／张成霞，林向群主编．—北京：
中国农业出版社，2018.8（2023.8重印）
高等职业教育农业部"十三五"规划教材
ISBN 978-7-109-24039-1

Ⅰ.①中… Ⅱ.①张… ②林… Ⅲ.①药用植物-栽
培技术-高等职业教育-教材　Ⅳ.①S567

中国版本图书馆CIP数据核字（2018）第062155号

中国农业出版社出版

（北京市朝阳区麦子店街18号楼）

（邮政编码100125）

责任编辑　吴　凯

中农印务有限公司印刷　新华书店北京发行所发行
2018年8月第1版　2023年8月北京第4次印刷

开本：787mm×1092mm　1/16　印张：22.75
字数：555千字
定价：57.00元
（凡本版图书出现印刷、装订错误，请向出版社发行部调换）